高等学校“十二五”规划教材

建筑构造与识图

（第3版）

主编　黄　梅　佟　芳

哈爾濱工業大學出版社

内容简介

本书分为建筑构造与建筑识图两篇，具体章节包括建筑构造概论、基础和地下室构造、墙体构造、楼地层构造、楼梯构造、屋顶构造、门窗构造、变形缝构造、工业建筑概论、房屋建筑施工图概述、建筑施工图以及结构施工图。本书注重把建筑识图与建筑构造的知识融会贯通，把培养学生的专业及岗位能力作为重心，突出其综合性、应用性和技能性的特色。

本书可作为高等职业院校工程造价及其他相关专业的教材，也可作为从事工程造价人员的学习指导用书或常备工具书。

图书在版编目(CIP)数据

建筑构造与识图/黄梅，佟芳主编. —3 版. —哈尔滨：哈尔滨工业大学出版社，2017. 8

ISBN 978-7-5603-6898-6

Ⅰ. ①建…　Ⅱ. ①黄…　②佟　Ⅲ. ①建筑构造　②建筑制图-识图　Ⅳ. ①TU204　②TU22

中国版本图书馆 CIP 数据核字(2017)第 201000 号

责任编辑　王桂芝　段余男
出版发行　哈尔滨工业大学出版社
社　　址　哈尔滨市南岗区复华四道街 10 号　邮编 150006
传　　真　0451-86414749
网　　址　http://hitpress. hit. edu. cn
印　　刷　肇东市一兴印刷有限公司
开　　本　787mm×1092mm　1/16　印张 16. 25　字数 400 千字
版　　次　2012 年 7 月第 1 版　2017 年 8 月第 3 版
　　　　　2017 年 8 月第 1 次印刷
书　　号　ISBN 978-7-5603-6898-6
定　　价　38. 00 元

编　委　会

主　编　黄　梅　佟　芳

副主编　刘志霞　范　杰　郭　颖　王　珣

编　委　马辰雨　刘　佳　刘　星　齐　琳

张玲玲　李　根　李博文　姚冬阳

姜　丹　姜思奇　贺子鹏　贺　楠

赵艳君　赵　婧　高　健　曹思梦

黄冠铭　白雅君

再版前言

建筑是由建筑功能、建筑的物质技术条件和建筑的艺术形象这三个基本要素构成的。由于建筑的形式多样、构造复杂,很难用一般语言文字描述,只能用图示的方法才能形象、具体、完整地表达建筑物的空间、形式、构造及特征。

随着我国经济的持续发展和人民生活水平的提高,当今世界的在建项目一半以上在中国,人们对于建筑水平和规模的要求也不断提高。与此同时,在建筑施工、造价等方面的人才缺口也将会不断扩大,因此我们编写了此书,以满足在校大学生及广大相关工程技术人员的需求。

本书分为两篇:第一篇,建筑构造,主要讲解民用建筑、工业建筑的构造组成、构造要求和构造做法,是从事工程造价专业所必备的知识。第二篇,建筑识图,详细地介绍了建筑施工图与结构施工图的识读方法、示例,使读者在学习过程中做到看到图、认识图、准确地读出图。

本书在编写过程中注意与相关学科基本理论和知识的联系,注意反映新技术、新材料、新工艺在生产中的运用,注意突出对解决工程实践问题的能力培养,力求做到层次分明、条理清晰、结构合理。

本次再版由大连职业技术学院的黄梅与天津工程职业技术学院的佟芳任主编,大连职业技术学院的郭颖、王珣任副主编。具体编写分工如下:黄梅编写第 1、2、8 章,佟芳编写第 3 ~ 7 章,第 9、11 章,郭颖、王珣编写第 10、12 章。

由于编者水平有限,书中难免存有疏漏和不妥之处,敬请同行专家和广大读者批评指正。

编　者

2017 年 8 月

目　录

第一篇　建筑构造

第1章　建筑构造概论

1.1　民用建筑的组成及分类

1.1.1　民用建筑的组成

建筑物由承重结构系统、围护分隔系统和装饰装修大部分及其附属各构件组成。一般的民用建筑由基础、墙或柱、楼地层、楼梯和电梯、门和窗、屋顶等几部分组成，如图1.1所示。此外，还有其他配件和设施，例如通风道、垃圾道、阳台、雨篷、散水、明沟、勒脚等。

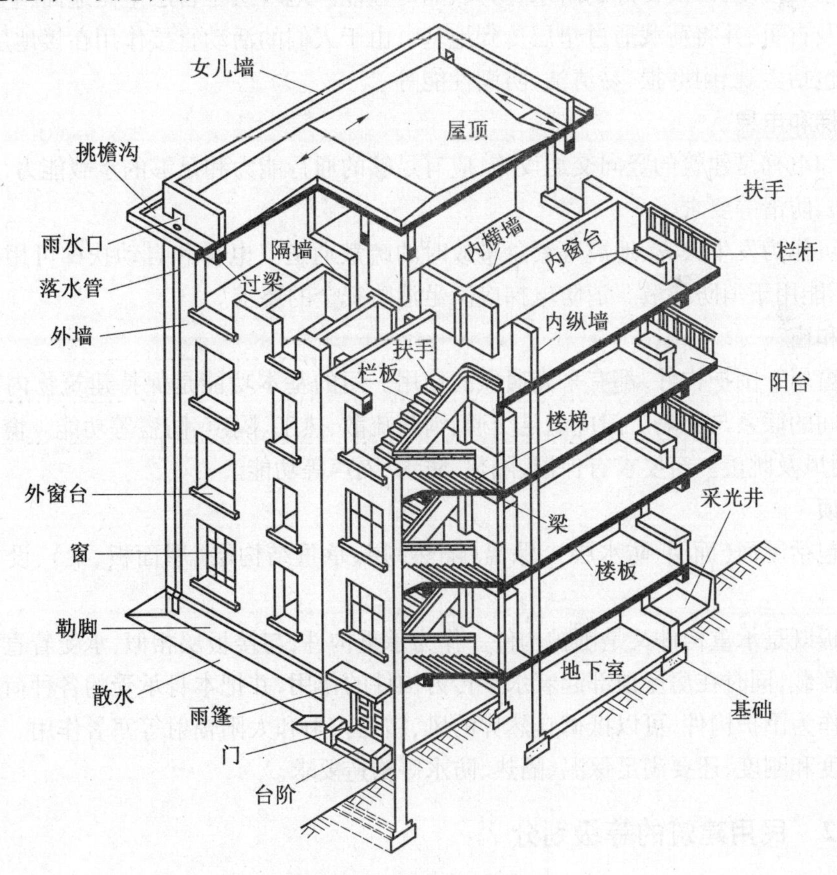

图1.1　民用建筑的组成

1. 基础

基础是建筑物垂直承重构件与支承建筑物的地基直接接触的部分。基础位于建筑物的最下部,承受上部传来的全部荷载和自重,并将这些荷载传给下面的地基。基础是房屋的主要受力构件,其构造要求是坚固、稳定、耐久,并且能经受冰冻、地下水及所含化学物质的侵蚀,保证足够的使用年限。

2. 墙或柱

在墙体承重结构体系中,墙体是房屋的竖向承重构件,它承受着由屋顶和各楼层传来的各种荷载,并把这些荷载可靠地传到基础上,再传给地基,其设计必须满足强度和刚度要求。在梁柱承重的框架结构体系中,墙体主要起分隔空间或围护的作用,柱则是房屋的竖向承重构件。作为墙体,外墙有围护的功能,抵御风霜雪雨及寒暑对室内的影响。内墙有分隔空间的作用,所以墙体还应满足保温、隔热、隔声等要求。

3. 楼地层

楼地层包括楼板层和地坪层。楼板层包括楼面、承重结构层(楼板、梁)、设备管道和顶棚层等。楼板层直接承受着各楼层上的家具、设备、人的重量和楼层自重,对墙或柱有水平支撑的作用,传递着风、地震等侧向水平荷载,并把上述各种荷载传递给墙或柱。楼板层要求要有足够的强度和刚度,以及良好的防水、防火、隔声性能。地坪层是首层室内地面,它承受着室内的活载以及自重,并将荷载通过垫层传到地基。由于人们的活动直接作用在楼地层上,所以对其要求还包括美观、耐磨损、易清洁、防潮性能等。

4. 楼梯和电梯

楼梯和电梯是建筑的竖向交通设施,应有足够的通行能力和足够的承载能力,并且应满足坚固、耐磨、防滑等要求。

楼梯可作为发生火灾、地震等紧急事故时的疏散通道。电梯和自动扶梯可用于平时疏散人流,但不能用于消防疏散。消防电梯应满足消防安全的要求。

5. 门和窗

门和窗属于围护构件,都有采光通风的作用。门的基本功能是保持建筑物内部与外部或各内部空间的联系与分隔。门应满足交通、消防疏散、热工、隔声、防盗等功能。窗的作用主要是采光、通风及眺望。窗要求有保温、隔热、防水、隔声等功能。

6. 屋顶

屋顶包括屋面(面层、防水层)、保温(隔热)层、承重结构层(屋面板、梁)、设备管道和顶棚层等。

屋面板既是承重构件又是围护构件。作为承重构件,与楼板层相似,承受着直接作用于屋顶的各种荷载,同时在房屋顶部起着水平传力构件的作用,并把本身承受的各种荷载直接传给墙或柱。作为围护构件,可以抵御自然界的风、霜、雪、雨和太阳辐射等寒暑作用。屋面板应有足够的强度和刚度,还要满足保温、隔热、防水等构造要求。

1.1.2 民用建筑的等级划分

不同的民用建筑,其重要性、用途、规模等存在差异,考虑到其发生问题产生后果的影响程度不同,对建筑物的耐久年限和耐火等级进行分级。

1. 建筑物的设计使用年限

建筑物的设计使用年限见表 1.1。

表 1.1　建筑物的设计使用年限分类

类别	设计使用年限/年	示例
1	5	临时性建筑
2	25	易于替换结构构件的建筑
3	50	普通建筑和构筑物
4	100	纪念性建筑和特别重要的建筑

2. 建筑物的耐火等级

建筑物的耐火等级是依据房屋主要构件的燃烧性能和耐火极限确定的。我国《建筑设计防火规范》(GB 50016—2006)和《高层民用建筑设计防火规范》(2005 版)(GB 50045—1995)将建筑物的耐火等级分为四级,它是根据房屋的主要构件(梁、柱、楼板等)的燃烧性能和耐火极限来确定的,不同耐火等级建筑物相应构件的燃烧性能和耐火极限不应低于表 1.2 的规定。

表 1.2　建筑物构件的燃烧性能和耐火极限　单位:h

名称		耐火等级			
构件		一级	二级	三级	四级
墙	防火墙	非燃烧体 3.00	非燃烧体 3.00	非燃烧体 3.00	非燃烧体 3.00
	承重墙	非燃烧体 3.00	非燃烧体 2.50	非燃烧体 2.00	难燃烧体 0.50
	非承重外墙	非燃烧体 1.00	非燃烧体 1.00	非燃烧体 0.50	燃烧体
	楼梯间的墙 电梯井的墙 住宅单元之间的墙 住宅分户墙	非燃烧体 2.00	非燃烧体 2.00	非燃烧体 1.50	难燃烧体 0.50
	疏散走道两侧的隔墙	非燃烧体 1.00	非燃烧体 1.00	非燃烧体 0.50	难燃烧体 0.25
	房间隔墙	非燃烧体 0.75	非燃烧体 0.50	难燃烧体 0.50	难燃烧体 0.25
柱		非燃烧体 3.00	非燃烧体 2.50	非燃烧体 2.00	难燃烧体 0.50
梁		非燃烧体 2.00	非燃烧体 1.50	非燃烧体 1.00	难燃烧体 0.50
楼板		非燃烧体 1.50	非燃烧体 1.00	非燃烧体 0.50	燃烧体
屋顶承重构件		非燃烧体 1.50	非燃烧体 1.00	燃烧体	燃烧体
疏散楼梯		非燃烧体 1.50	非燃烧体 1.00	非燃烧体 0.50	燃烧体
吊顶(包括吊顶隔栅)		非燃烧体 0.25	难燃烧体 0.25	燃烧体 0.15	燃烧体

注:1. 除另有规定外,以木柱承重且以非燃烧体材料作为墙体的建筑物,其耐火等级应按四级确定。

2. 二级耐火等级建筑的吊顶采用非燃烧体时,其耐火等级不限。

3. 在二级耐火等级的建筑中,面积不超过 100 m^2 的房间隔墙,如执行本表的规定确有困难时,可采用耐火极限不低于 0.30 h 的非燃烧体。

4. 一、二级耐火等级建筑疏散走道两侧隔墙,按本表的规定执行确有困难时,可采用 0.75 h 非燃烧体。

(1)燃烧性能。

构件的燃烧性能分为三类,即非燃烧体(不燃烧体)、难燃烧体和燃烧体。

1)非燃烧体:用不燃材料做成的建筑构件,如砖、石材、混凝土等。

2)难燃烧体:用难燃材料做成的建筑构件或用可燃材料做成而用不燃材料做保护层的建筑构件,如沥青混凝土、水泥刨花板、经防火处理的木材等。

3)燃烧体:用可燃材料做成的建筑构件,如木材、纺织物等。

(2)耐火极限。

耐火极限是指按时间-温度标准曲线,对建筑构件进行耐火试验,从受到火的作用起,到失去支持能力或完整性破坏或失去分隔作用时的这一段时间,用小时(h)表示。

1.2 建筑构造及其影响因素

建筑构造是研究建筑物的构造组成,以及各组成部分的构造原理和构造方法的学科。而建筑物各部位的材料选择、结构形式和构造做法的确定都必须充分考虑各种因素对建筑物的影响,遵循“功能适用、安全耐久、经济合理、技术先进、切实可行、注意美观”的原则,采取相应的构造方案和措施,保证建筑物的使用质量和耐久性。影响建筑构造的因素很多,大致可归纳为以下几方面。

1. 外界作用力的影响

外界作用力包括人、家具和设备的重量、结构自重、风力、地震力以及雪重等,这些统称为荷载,而荷载又分为静荷载和动荷载。荷载的大小和作用方式均影响着建筑构件的选材、截面形状与尺寸,这些都是建筑构造的内容。在荷载中,风力往往是高层建筑水平荷载的主要因素,地震力是目前自然界中对建筑物影响最大、破坏最严重的一种因素,因此必须引起重视,采取合理的构造措施,予以设防。

2. 人为因素的影响

人们在生产、生活活动中产生的机械振动、化学腐蚀、爆炸、火灾、噪声、对建筑物的维修改造等人为因素都会对建筑物构成威胁。因此在建筑构造上需采取相应的防火、隔声、防振、防腐等措施,以避免对建筑物使用功能产生的影响和损害。

3. 气候条件的影响

自然界中的日晒雨淋、风雪冰冻、地下水等均对建筑物使用功能和建筑构件使用质量有影响。对于这些影响,在构造上必须考虑相应的防护措施,例如防水防潮、保温、隔热、防震、防冻胀、防蒸汽渗透等。

4. 建筑标准的影响

建筑标准所包含的内容较多,与建筑构造关系密切的主要有建筑的造价标准、建筑等级标准、建筑装修标准和建筑设备标准等。对于大量性民用建筑,构造方法通常是常规做法;而对大型性公共建筑,建筑标准较高,构造做法上对美观的要求也更多。

5. 建筑技术条件的影响

建筑技术条件是指建筑材料技术、结构技术和施工技术等。随着这些技术的不断发展和变化,建筑构造技术也在不断更新。

1.3 建筑的结构类型

民用建筑的结构类型见表1.3。

表1.3　民用建筑的结构类型

<table>
<tr><th colspan="2">结构类型</th><th>适用范围</th></tr>
<tr><td rowspan="5">按主要承重结构的材料分</td><td>土木结构</td><td>以生土墙和木屋架作为建筑物的主要承重结构，这类建筑可就地取材，造价低，适用于村镇建筑</td></tr>
<tr><td>砖木结构</td><td>以砖墙或砖柱、木屋架作为建筑物的主要承重结构，这类建筑称为砖木结构建筑</td></tr>
<tr><td>砖混结构</td><td>以砖墙或砖柱、钢筋混凝土楼板、屋面板作为承重结构的建筑，这是目前建造数量最大、普遍被采用的结构类型</td></tr>
<tr><td>钢筋混凝土结构</td><td>建筑物的主要承重构件全部采用钢筋混凝土做法，这种结构主要用于大型公共建筑和高层建筑</td></tr>
<tr><td>钢结构</td><td>建筑物的主要承重构件全部采用钢材制作。钢结构建筑与钢筋混凝土建筑相比自重轻，但耗钢量大，目前主要用于大型公共建筑</td></tr>
<tr><td rowspan="4">按建筑结构的承重方式分</td><td>墙承重结构</td><td>用墙承受楼板以及屋顶传来的全部荷载的，称为墙承重结构。土木结构、砖木结构、砖混结构的建筑大多属于这一类（图1.2）</td></tr>
<tr><td>框架结构</td><td>用柱、梁组成的框架承受楼板、屋顶传来的全部荷载的，称为框架结构。框架结构建筑中，一般采用钢筋混凝土结构或钢结构组成框架，墙只起到围护和分隔作用。框架结构用于大跨度建筑、荷载大的建筑以及高层建筑（图1.3）</td></tr>
<tr><td>内框架结构</td><td>建筑物的内部用梁、柱组成的框架承重，四周用外墙承重时，称为内框架结构建筑。内框架结构通常用于内部需较大通透空间但可设柱的建筑，例如底层为商店的多层住宅等（图1.4）</td></tr>
<tr><td>空间结构</td><td>用空间构架如网架、薄壳、悬索等来承受全部荷载的，称为空间结构建筑。这种类型建筑适用于需要大跨度、大空间并且内部不允许设柱的大型公共建筑，例如体育馆、天文馆、展览馆、火车站、机场等建筑（图1.5）</td></tr>
</table>

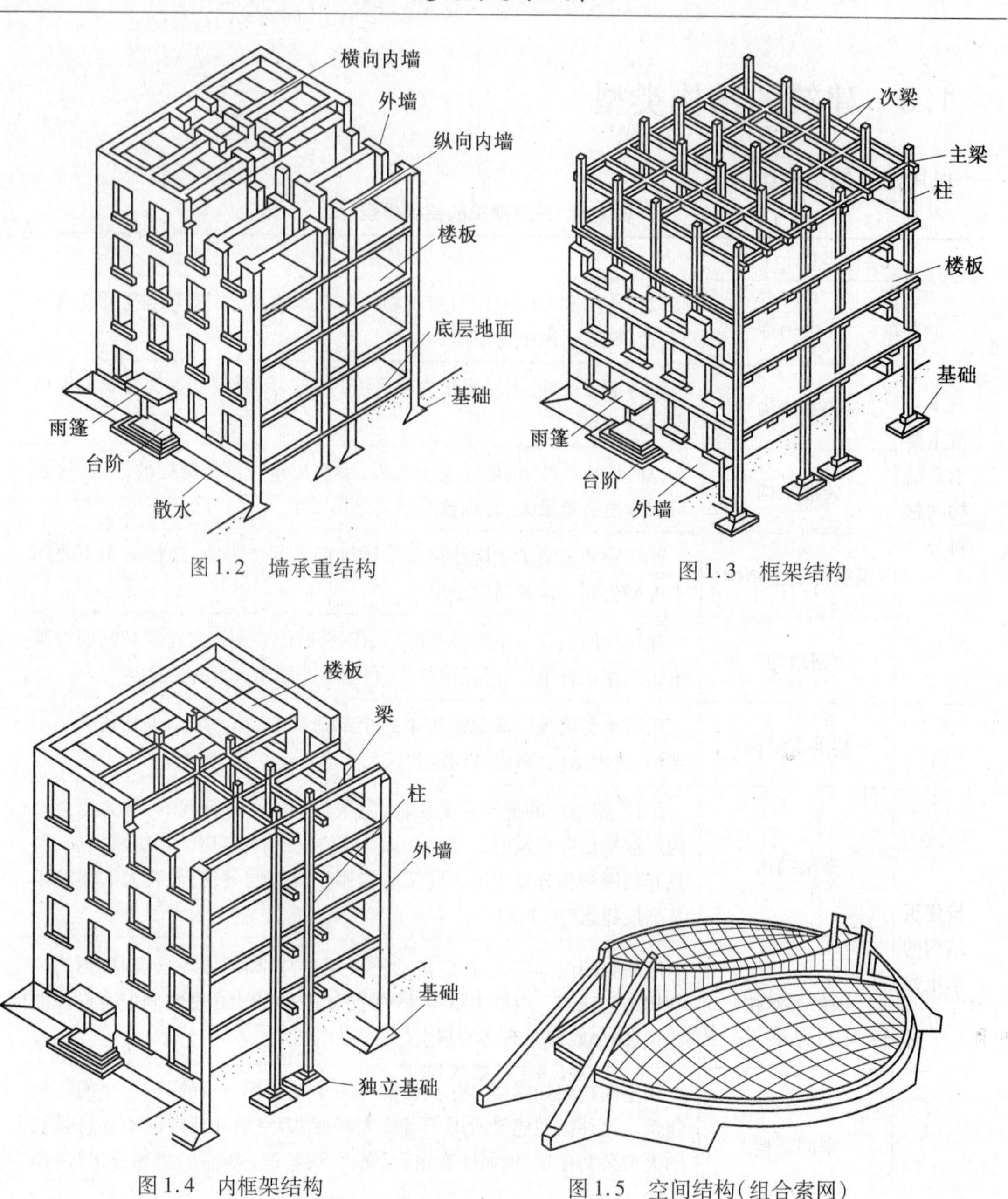

图1.2　墙承重结构

图1.3　框架结构

图1.4　内框架结构

图1.5　空间结构(组合索网)

1.4　建筑标准化和模数协调

1.4.1　建筑标准化

建筑业是国民经济的支柱产业。为了适应市场经济发展的需要,使建筑业朝着工业化方向发展,首先必须实行建筑标准化。

建筑标准化的内容包括以下两方面:

(1)它是建筑设计的标准,包括各种建筑法规、建筑设计规范、建筑制图标准、定额与技术经济指标等。

(2)它是建筑的标准设计,包括国家或地方设计、施工部门所编制的构、配件图集、整个房屋的标准设计图等。

建筑标准化工作的基本任务是制定建筑标准(含规范、规程),组织实施标准和对标准的实施进行监督。建筑标准是建筑业进行勘察、设计、生产或施工、检验或验收等技术性活动的依据,是实行建筑科学管理的重要手段,是保证建筑工程和产品质量的有力工具。

1.4.2　建筑模数协调

建筑模数是选定的标准尺寸单位,作为尺度协调中的增值单位,也是建筑设计、建筑施工、建筑材料与制品、建筑设备、建筑组合件等各部门进行尺度协调的基础。

1. 基本模数

基本模数是模数协调中选用的基本尺寸单位,其数值定为 100 mm,符号为 M,即 1 M=100 mm。整个建筑物及其部分或建筑物组合构件的模数化尺寸应为基本模数的倍数。

2. 扩大模数

扩大模数是基本模数的整倍数。扩大模数的基数应符合下列规定:

(1)水平扩大模数的基数为 3 M、6 M、12 M、15 M、30 M、60 M,其相应的尺寸分别为 300 mm、600 mm、1 200 mm、1 500 mm、3 000 mm、6 000 mm。

(2)竖向扩大模数的基数为 3M 和 6M,其相应的尺寸为 300 mm 和 600 mm。

3. 分模数

分模数是基本模数的分数值,其基数为 1/10 M、1/5 M、1/2 M,其相应的尺寸为 10 mm、20 mm、50 mm。

4. 模数数列

模数数列是指由基本模数、扩大模数、分模数为基础扩展成的一系列尺寸。为了保证不同类型的建筑物及其各组成部分间的尺寸统一与协调,有效地减少尺寸的范围以及使尺寸的叠加和分割有较大的灵活性,模数数列应按表 1.4 采用。

表 1.4　模数数列

基本模数	扩大模数						分模数		
1 M	3 M	6 M	12 M	15 M	30 M	60 M	1/10 M	1/5 M	1/2 M
100	300	600	1 200	1 500	3 000	6 000	10	20	50
100	300						10		
200	600	600					20	20	
300	900						30		
400	1 200	1 200	1 200				40	40	
500	1 500			1 500			50		50
600	1 800	1 800					60	60	
700	2 100						70		

续表 1.4

基本模数	扩大模数						分模数		
1 M	3 M	6 M	12 M	15 M	30 M	60 M	1/10 M	1/5 M	1/2 M
800	2 400	2 400	2 400				80	80	
900	2 700						90		
1 000	3 000	3 000		3 000	3 000		100	100	100
1 100	3 300						110		
1 200	3 600	3 600	3 600				120	120	
1 300	3 900						130		
1 400	4 200	4 200					140	140	
1 500	4 500			4 500			150		150
1 600	4 800	4 800	4 800				160	160	
1 700	5 100						170		
1 800	5 400	5 400					180	180	
1 900	5 700						190		
2 000	6 000	6 000	6 000	6 000	6 000	6 000	200	200	200
2 100	6 300							220	
2 200	6 600	6 600						240	
2 300	6 900								250
2 400	7 200	7 200	7 200					260	
2 500	7 500			7 500				280	
2 600		7 800						300	300
2 700		8 400	8 400					320	
2 800		9 000		9 000				340	
2 900		9 600	9 600						350
3 000				10 500				360	
3 100			10 800						
3 200								380	
3 300			12 000	12 000	12 000	12 000		400	400
3 400					15 000				450
3 500					18 000	18 000			500
3 600					21 000				550
					24 000	24 000			600

续表 1.4

基本模数	扩大模数						分模数		
1 M	3 M	6 M	12 M	15 M	30 M	60 M	1/10 M	1/5 M	1/2 M
					27 000				650
					30 000	30 000			700
					33 000				750
					36 000	36 000			800
									850
									900
									950
									1 000

1.4.3　建筑构件的尺寸

为了保证建筑制品、构配件等有关尺寸间的统一与协调，建筑模数协调尺寸分为标志尺寸、构造尺寸和实际尺寸。

1. 标志尺寸

标志尺寸应符合模数数列的规定，用以标注建筑物定位轴面、定位面或定位轴线之间的垂直距离（例如开间或柱距、进深或跨度、层高等）以及建筑构配件、建筑组合件、建筑制品、有关设备界限之间的尺寸。

2. 构造尺寸

构造尺寸是建筑构配件、建筑组合件、建筑制品等的设计尺寸。一般情况下，标志尺寸减去缝隙尺寸为构造尺寸。缝隙尺寸的大小应符合模数数列的规定。标志尺寸与构造尺寸的关系如图 1.6 所示。

3. 实际尺寸

实际尺寸是建筑构配件、建筑组合件、建筑制品等生产制作后的实有尺寸。实际尺寸与构造尺寸之间的差数，应符合允许偏差值。

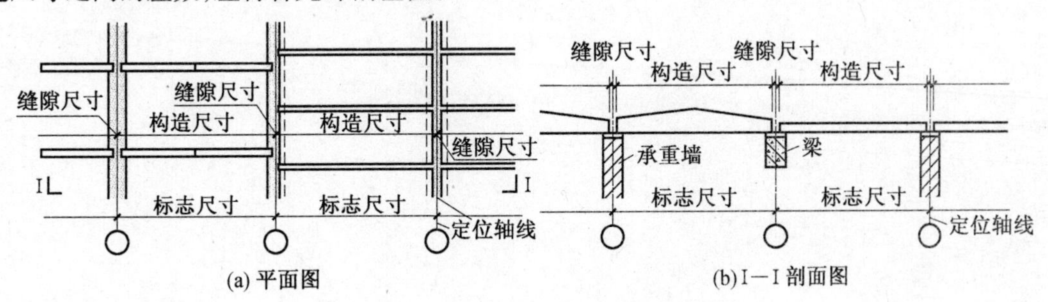

图 1.6　标志尺寸与构造尺寸的关系

1.4.4　建筑的几种空间

1. 协调空间

协调空间即统称的结构空间，也就是结构占有的三度空间。在设计中把相应的模数空间定为结构空间时，称为模数协调空间。

2. 可容空间

可容空间即统称的使用空间，这种空间需要用结构构件或组合件来构成，因此它本身应能容纳建筑构配件或组合件。

3. 装配空间

装配空间是指在构件定位时，构配件的一个界面和该构配件相对应的定位平面之间的剩余空间。即设计中用模数协调空间来组合房屋的模数协调时，这个留给结构占用的空间实际上往往大于结构占有的空间，因此该结构构件外表面与模数协调空间的定位面之间存在一个间隙，即装配空间。这个空间一般需要二次填充。

第2章　基础和地下室构造

2.1　地基与基础概述

2.1.1　地基与基础的关系

地基不是建筑物的组成部分，它只是承受由基础传来的荷载的土层。地基承受建筑物荷载而产生的应力和应变随着土层深度的增加而减小，在达到一定深度后就可忽略不计。直接承受建筑物荷载而需要进行压力计算的土层为持力层，持力层以下的土层为下卧层，如图2.1所示。

基础是指建筑物最下面的，与土层直接接触的部分，也就是说基础是建筑物的组成部分。它承受建筑物上部结构传下来的全部荷载，并把这些荷载连同本身的重量一起传到地基上。因此，要求地基具有足够的承载能力。每平方米地基所能承受的最大垂直压力称为地基承载力。在进行结构设计时，必须计算基础下面的地基承载能力，只有基础底面受到的平均压力不超过地基承载力才能确保建筑物安全稳定。

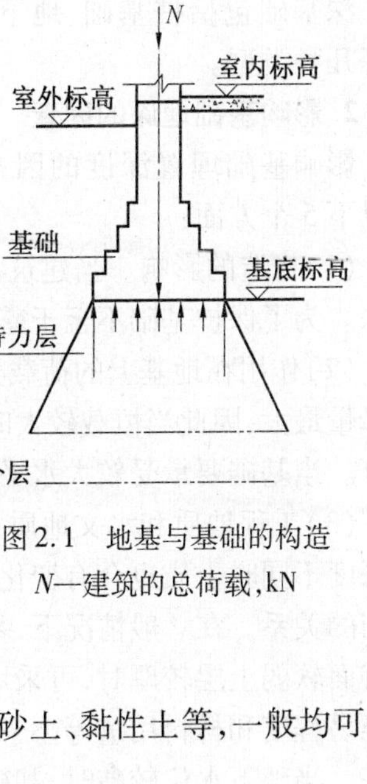

图2.1　地基与基础的构造

N—建筑的总荷载，kN

2.1.2　地基的分类

按土层性质不同，地基可分为天然地基和人工地基。

1. 天然地基

天然地基指在天然状态下即可满足承载力要求、不需人工处理、可直接在上面建造房屋的地基。例如岩石、碎石、砂土、黏性土等，一般均可作为天然地基。

2. 人工地基

人工地基指经人工处理的地基。人工地基的常见处理方法有压实法、换土法和打桩法。

(1)压实法是指利用各种机械对土层进行夯打、碾压、振动，挤压土壤，排走土中的空气，从而提高地基的强度，降低其透水性和压缩性。例如重锤夯实法、机械碾压法等。

(2)换土法是指将地基中的软弱土全部或部分挖除，换以承载力高的好土。例如采用砂石、灰土、工业废渣等强度较高的材料，置换地基软弱土。

(3)打桩法是指将砂桩、钢桩或钢筋混凝土桩打入或灌入土中，将土壤挤实或将桩打入地下坚实的土壤层上，以提高土壤的承载能力。由于房屋的全部荷载都作用到桩上，所以也称为桩基础。

2.1.3　基础的埋置深度及其影响因素

1. 基础的埋置深度

为确保建筑物坚固安全,基础要埋入土层中一定的深度。基础的埋置深度是指室外设计地面至基础底面的距离,简称埋深,如图 2.2 所示。

基础按埋置深度不同,分为浅基础和深基础。埋深超过 5 000 mm 称为深基础,埋深不超过 5 000 mm 称为浅基础。在满足地基稳定和变形要求的前提下,基础宜浅埋。但由于地表土层成分复杂,性能不稳定,因此基础埋深不宜小于 500 mm。当建筑场地的浅层土质不能满足建筑物对地基承载力和变形的要求,而又不适宜采用地基处理措施时,就要考虑采用深基础方案。深基础包括桩基础、地下连续墙和沉井等几种类型。

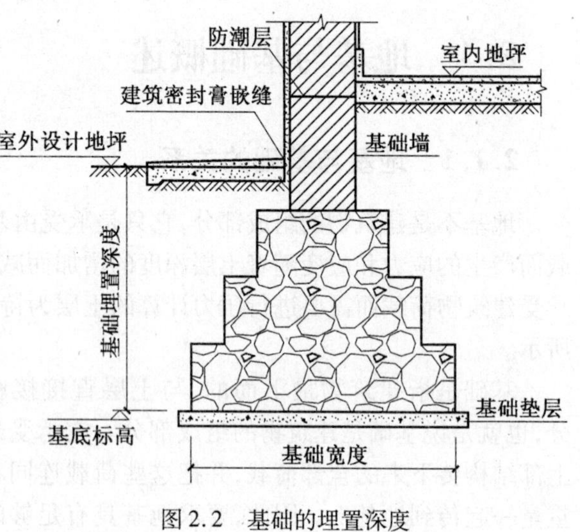

图 2.2　基础的埋置深度

2. 影响基础埋深的因素

影响基础埋置深度的因素很多,主要有以下 5 个方面:

(1)构造的影响。当建筑物设有地下室、地下管道或设备基础时,常需将基础局部或整体加深。为了保护基础不至于露出地面,构造要求基础顶面离室外设计地面不得小于 100 mm。

(2)作用在地基上的荷载大小和性质的影响。荷载有恒载和活载之分。其中恒载引起的沉降量最大,因此当恒载较大时,基础埋深应大些。荷载按作用方向又有竖直方向和水平方向之分。当基础要承受较大水平荷载时,为了保证结构的稳定性,也常将埋深加大。

(3)工程地质和水文地质条件的影响。不同的建筑场地,土质情况不同,就是同一地点,当深度不同时土质也会有变化。因此,基础的埋置深度与场地的工程地质和水文地质条件有密切的关系。在一般情况下,基础应设置在坚实的土层上,而不要设置在淤泥或软弱土层上。当表面软弱土层较厚时,可采用深基础或人工地基。采用哪种方案,要综合考虑结构安全、施工难易程度和材料用量等。一般基础宜埋置在地下水位以上,以减少水对基础的侵蚀,有利于施工。当地下水位较高时,基础不能埋置在最高地下水位以上时,宜将基础埋置在全年最低地下水位以下,且大于或等于 200 mm,如图 2.3 所示。

(4)地基土冻胀和融陷的影响。寒冷地区土层会因气温变化而产生冻融现象,冻结土与非冻结土的分界线称为冰冻线,冰冻线的深度为冻结深度。当基础埋置深度在土层冰冻线以上时,若基础底面以下的土层冻结,会对基础产生向上的冻胀力,严重的会使基础向上拱起;若基础底面以下的土层解冻,冻胀力消失,使基础下沉。日久天长,会使建筑产生裂缝和破坏,因此,寒冷地区基础埋深应在冰冻线以下 200 mm 处,如图 2.4 所示。采暖建筑的内墙基础埋深可以根据建筑的具体情况进行适当调整。对于不冻胀土(例如碎石、卵石、粗砂、中砂等),其埋深可不考虑冰冻线的影响。

(5)相邻建筑基础埋深的影响。同时新建建筑物的相邻基础宜埋置在同一深度上,并设

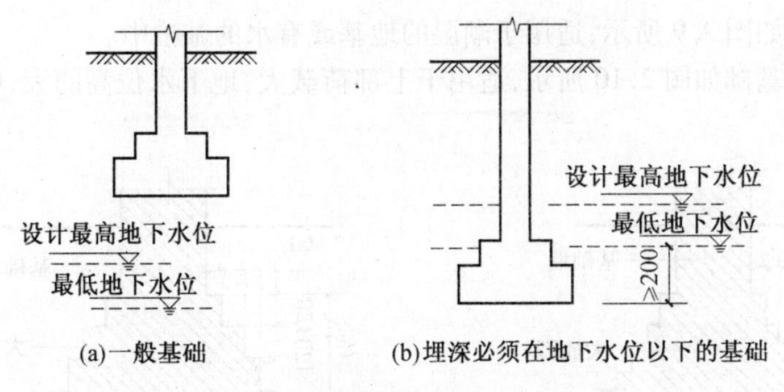

图 2.3　基础的埋置深度和地下水位的关系

置沉降缝。当新建建筑物附近有原有建筑时,为了保证原有建筑的安全和正常使用,新建筑物的基础埋深不宜大于原有建筑的基础埋深。当埋深大于原有建筑基础时,两基础间应保持一定净距,其数值应根据原有建筑荷载的大小、基础形式和土质情况确定,一般取等于或大于两基础的埋置深度差,如图 2.5 所示。上述要求不能满足时,应采取分段施工,设临时加固支撑、打板桩、地下连续墙等施工措施,使原有建筑地基不被扰动。

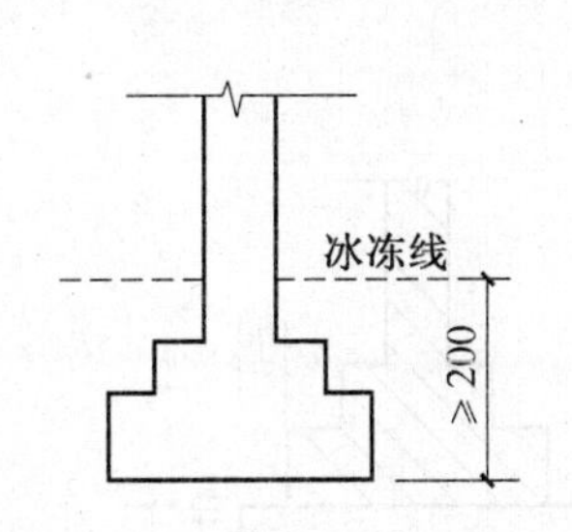

图 2.4　基础埋深和冰冻线的关系

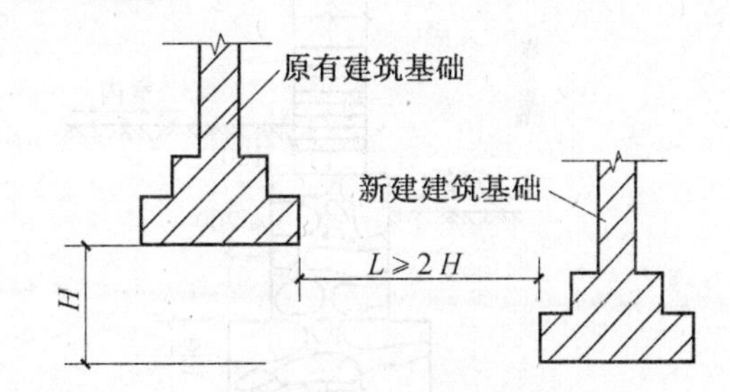

图 2.5　基础埋深与相邻基础的关系

L—两基础间净距; H—两基础埋置深度差

2.2　基础的类型与构造

2.2.1　基础的类型

基础的类型和构造取决于建筑物上部结构和地基土的性质。具有同样上部结构的建筑物建造在不同的地基上时,其基础的形式和构造可能是完全不同的。

1. 按所用材料分类

基础按所用材料分类,可分为砖基础、毛石基础、灰土基础、混凝土基础和钢筋混凝土基础等。

(1)砖基础如图 2.6 所示,适用于地基土质好、地下水位低、5 层以下的多层混合结构民用建筑。

(2)毛石基础如图 2.7 所示,适用于地下水位较高、冻结深度较深、单层或 6 层以下多层民用建筑。

(3)灰土基础如图 2.8 所示,适用于地下水位低、冻结深度较浅的南方、4 层以下民用建筑。

(4)混凝土基础如图2.9所示,适用于潮湿的地基或有水的基槽中。

(5)钢筋混凝土基础如图2.10所示,适用于上部荷载大,地下水位高的大、中型工业建筑和多层民用建筑。

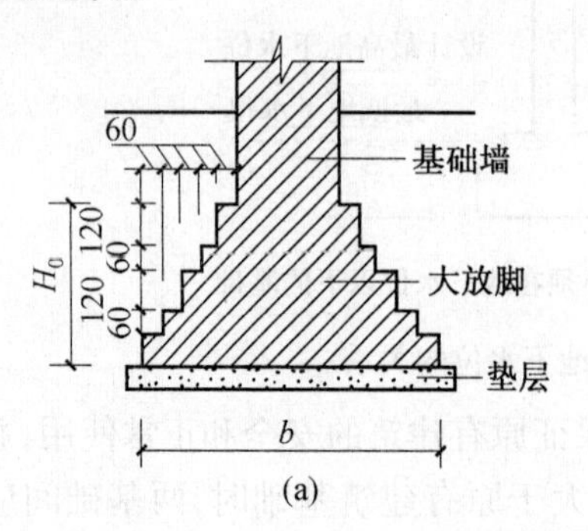

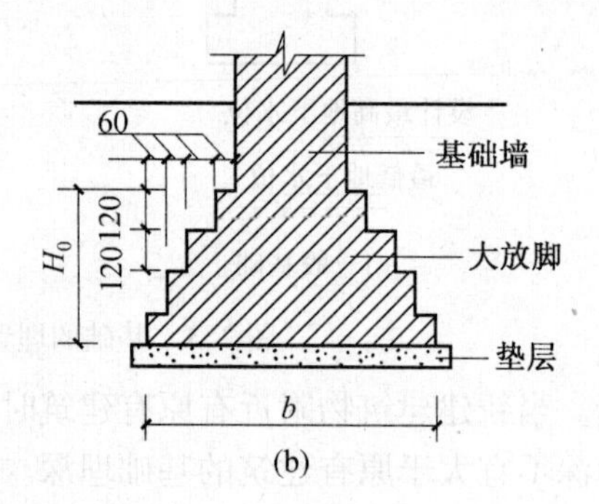

图2.6　砖基础

B—基础宽度　H_0—基础高度

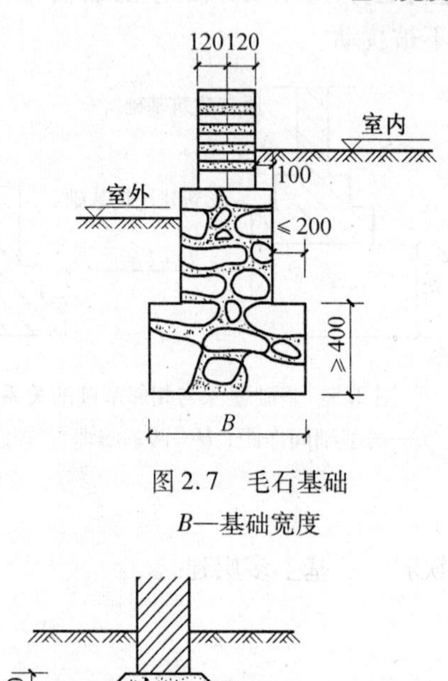

图2.7　毛石基础

B—基础宽度

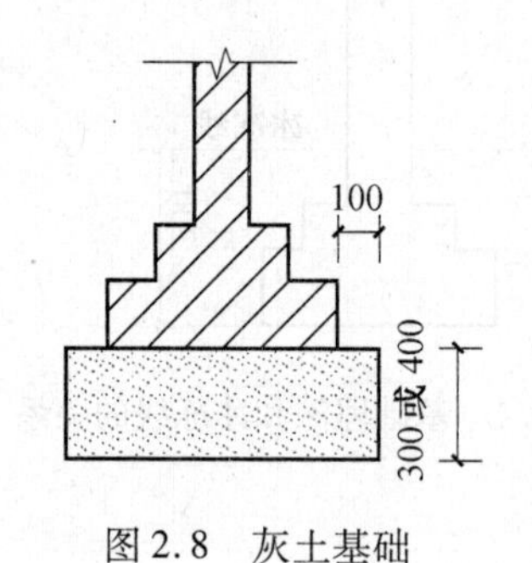

图2.8　灰土基础

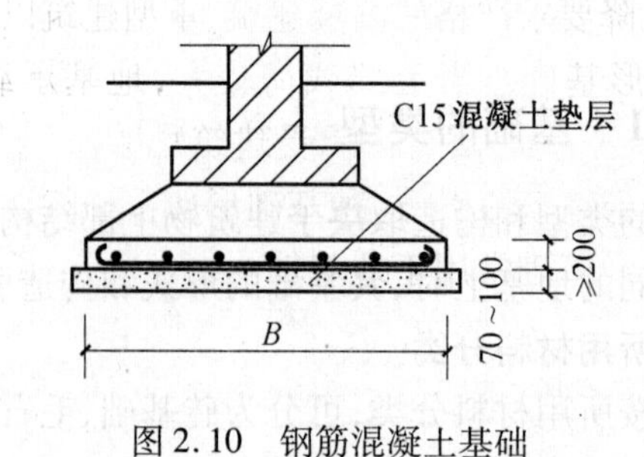

图2.9　混凝土基础

B—基础宽度　H—基础高度

图2.10　钢筋混凝土基础

B—基础宽度

2.按构造形式分类

基础按构造形式分类,可分为独立基础、条形基础、箱形基础、筏形基础和桩基础等。

(1)独立基础。当建筑物上部采用框架结构时,基础常采用方形或矩形的单独基础,这种基础称为独立基础。它是柱承重建筑基础的基本形式,常用的断面形式有阶梯形、锥形、杯形等,如图2.11所示,适用于多层框架结构或厂房排架柱下基础,地基承载力不应低于80 kPa。

(2)条形基础。基础沿墙身设置成长条形,这样的基础称为条形基础。墙下条形基础一

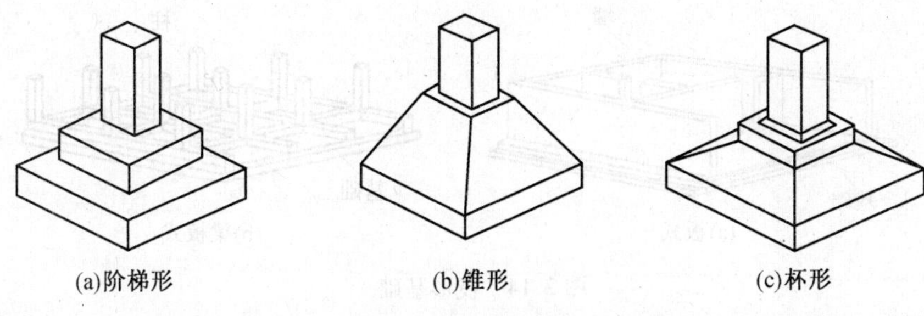

图 2.11　独立基础

般用于多层混合结构的墙下，低层或小型建筑常用砖、混凝土等刚性条形基础。如上部为钢筋混凝土墙或地基较差、荷载较大时，采用钢筋混凝土条形基础；条形基础是墙承重建筑基础的基本形式。上部结构为框架结构或排架结构，荷载较大或荷载分布不均匀，地基承载力偏低时，也可用柱下条形基础，如图 2.12 所示。

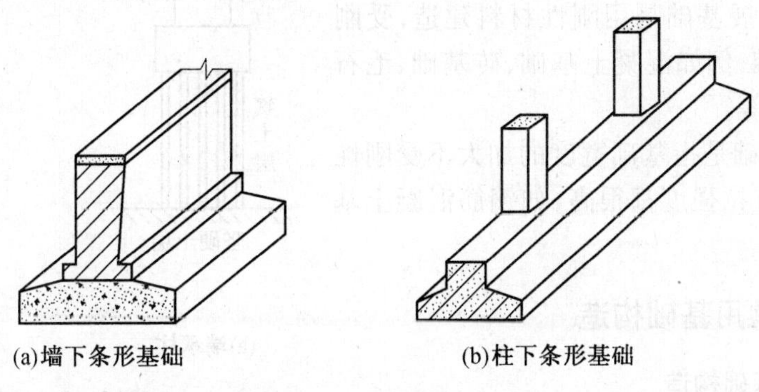

图 2.12　条形基础

(3)箱形基础。当建筑物荷载很大，浅层土层地质情况较差或建筑物很高，基础需深埋时，为增加建筑物整体刚度，不致因地基的局部变形影响上部结构，常采用钢筋混凝土整浇成刚度很大的盒状基础，称为箱形基础，如图 2.13 所示。箱形基础用于上部建筑物荷载大、对地基不均匀沉降要求严格的高层建筑、重型建筑以及软弱土地基上多层建筑。

(4)筏形基础。当上部载荷较大，地基承载力较低，可选用整片的筏板承受建筑物传来的荷载并将其传给地基，由于这种基础形似筏子，称筏形基础。筏形基础常用于地基软弱的多层砌体结构、框架结构、剪力墙结构的建筑，以及上部结构荷载较大且不均匀或地基承载力低的情况。筏形基础按结构形式可分为板式结构与梁板式结构两类。板式结构筏形基础的厚度较大，构造简单，如图 2.14(a)所示。梁板式筏形基础板的厚度较小，但增加了双向梁，构造较复杂，如图 2.14(b)所示。

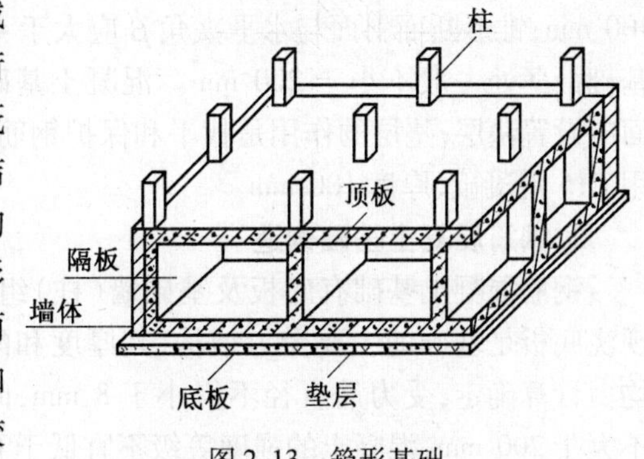

图 2.13　箱形基础

(5)桩基础。当建筑物荷载较大，浅层地基土不能满足建筑物对地基承载力和变形的要求，而又不适宜采取地基处理措施时，就要考虑桩基础形式。桩基础的种类很多，最常采用的

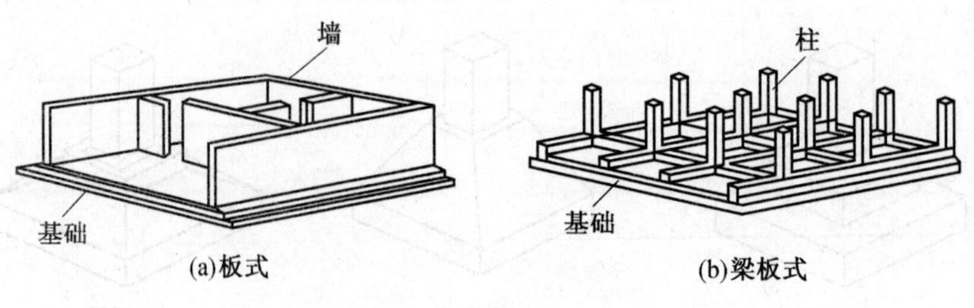

(a)板式　(b)梁板式

图 2.14　筏形基础

是钢筋混凝土桩。根据施工方法不同,钢筋混凝土桩可分为打入桩、压入桩、振入桩及灌入桩等;根据受力性能不同,又可分为端承桩和摩擦桩等,如图 2.15 所示。

3. 按使用材料的受力特点分类

基础按使用材料的受力特点可分为刚性基础和柔性基础,如图 2.16 所示。

(1)无筋扩展基础是用刚性材料建造,受刚性角限制的基础,例如混凝土基础、砖基础、毛石基础、灰土基础等。

(2)扩展基础是指基础宽度的加大不受刚性角限制,抗压、抗拉强度都很高,如钢筋混凝土基础。

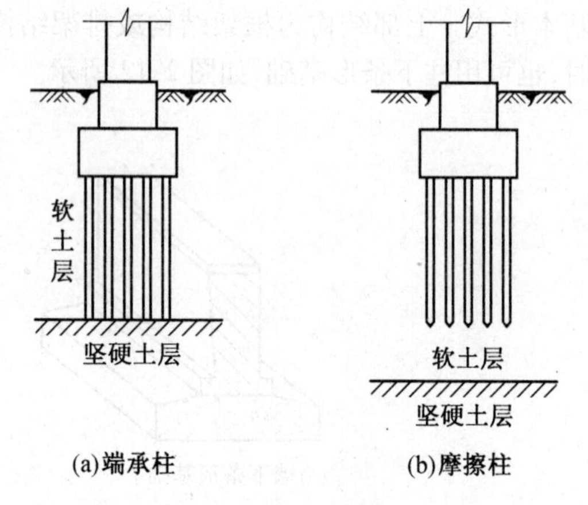

(a)端承柱　(b)摩擦柱

图 2.15　桩基础

2.2.2　常用基础构造

1. 混凝土基础构造

这种基础多采用强度等级为 C15 的混凝土浇筑而成,一般包括锥形和台阶形两种形式,如图 2.17 所示。

混凝土的刚性角 α 为 45°,阶梯形断面台阶宽高比应小于 1∶1 或 1∶1.5,台阶高度为 300 ~ 400 mm;锥形断面斜面与水平夹角 β 应大于 45°,基础最薄处一般不小于 200 mm。混凝土基础底面应设置垫层,垫层的作用是找平和保护钢筋,常用 C15 混凝土,厚度 100 mm。

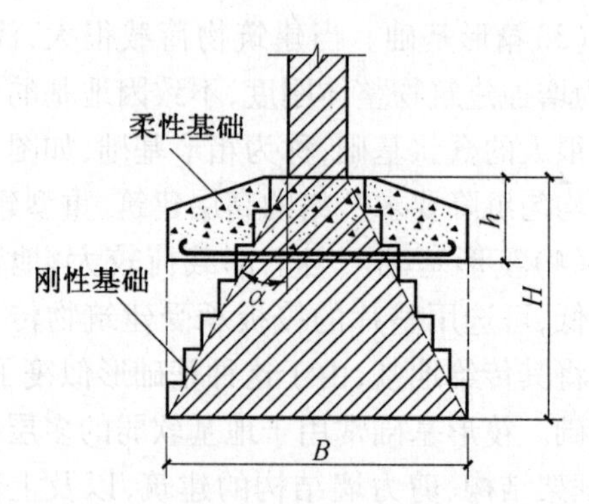

图 2.16　刚性基础和柔性基础
B—基础宽度;H—刚性基础的高度;
h—柔性基础的高度;α—刚性角

2. 钢筋混凝土基础构造

钢筋混凝土基础有底板及基础墙(柱)组成,现浇底板是基础的主要受力结构,其厚度和配筋均由计算确定,受力筋直径不得小于 8 mm,间距不大于 200 mm,混凝土的强度等级不宜低于 C20,有锥形和阶梯形两种。为避免钢筋锈蚀,基础底板下常均匀浇筑一层素混凝土作为垫层。垫层一般采用 C15 混凝土,厚度为 100 mm,垫层每边比底板宽 100 mm。钢筋混凝土锥形基础底板边缘的厚度一般不小于 200 mm,也不宜大于 500 mm,如图 2.18 所示。

(a)锥形　(b)台阶形

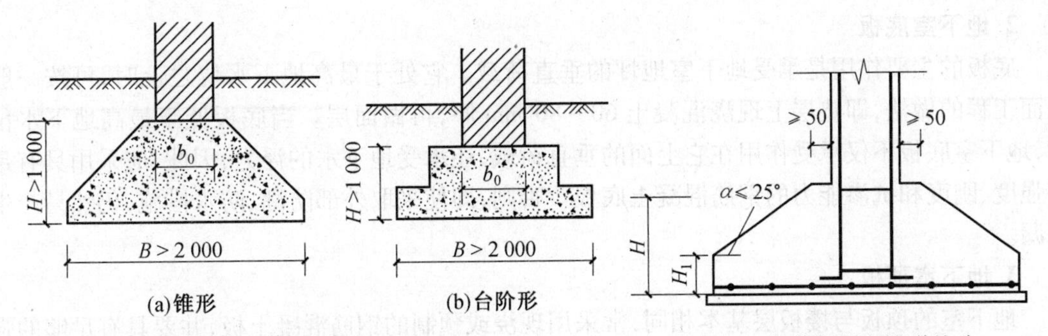

图 2.17　混凝土基础形式

B—基础宽度；H—基础高度；b_0—墙（柱）的宽度

图 2.18　钢筋混凝土锥形基础

H—基础高度；H_1—底板高度

钢筋混凝土阶梯形基础每阶高度一般为 300 ~ 500 mm。当基础高度在 500 ~ 900 mm 时采用两阶，超过 900 mm 时用三阶，如图 2.19 所示。

(a)单阶　(b)两阶　(c)三阶

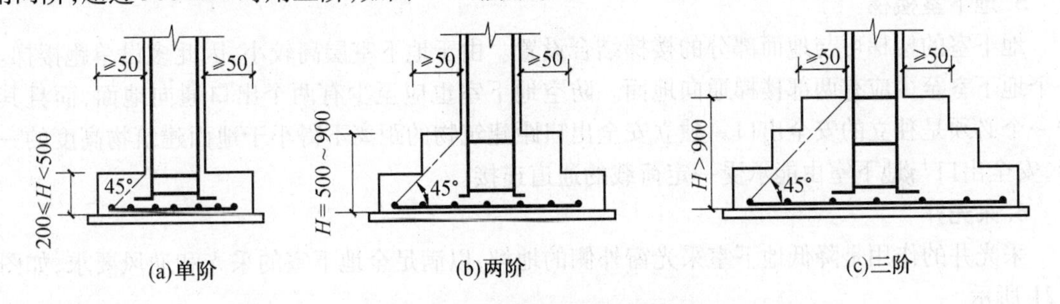

图 2.19　钢筋混凝土阶梯形基础

H—基础高度

2.3　地下室的构造

2.3.1　地下室的组成

地下室一般由墙、底板、顶板、门窗、楼梯和采光井 6 部分组成，如图 2.20 所示。

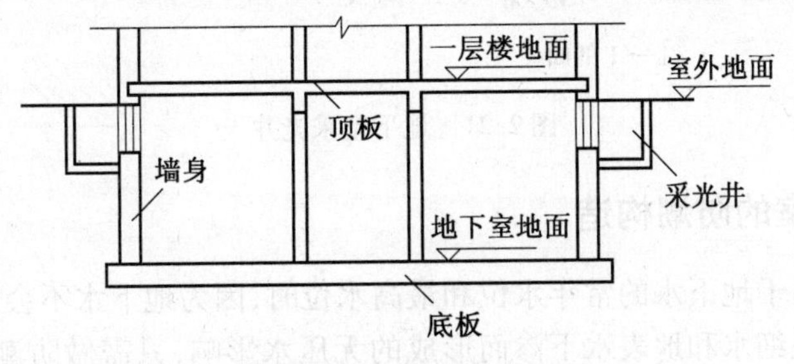

图 2.20　地下室组成

1. 地下室墙

地下室的墙不仅要承受上部的垂直荷载，还要承受土、地下水及土壤冻胀时产生的侧压力。因此，采用砖墙时，其厚度一般不小于 490 mm。荷载较大或地下水位较高时，最好采用混凝土或钢筋混凝土墙，其厚度应根据计算确定，一般不小于 200 mm。

2. 地下室底板

底板的主要作用是承受地下室地坪的垂直荷载。它处于最高地下水位之上时,可按一般地面工程的做法,即垫层上现浇混凝土 60 ~ 80 mm 厚,再做面层。当底板低于最高地下水位时,地下室底板不仅承受作用在它上面的垂直荷载,还承受地下水的浮力,因此,应采用具有足够强度、刚度和抗渗能力的钢筋混凝土底板。否则,即使采取外部防潮、防水措施,仍然易产生渗漏。

3. 地下室顶板

地下室的顶板与楼板层基本相同,常采用现浇或预制的钢筋混凝土板,并要具有足够的强度和刚度。在无采暖的地下室顶板上应设置保温层,以利于首层房间使用舒适。

4. 地下室门窗

地下室门窗的构造与地上部分相同。当为全地下室时,需在窗外设置采光井。

5. 地下室楼梯

地下室的楼梯可与地面部分的楼梯结合设置。由于地下室层高较小,因此多设单跑楼梯。一个地下室至少应有两部楼梯通向地面。防空地下室也应至少有两个出口通向地面,而且其中一个必须是独立的安全出口。独立安全出口距建筑物的距离不得小于地面建筑物高度的一半,安全出口与地下室由能承受一定荷载的通道连接。

6. 采光井

采光井的作用是降低地下室采光窗外侧的地坪,以满足全地下室的采光和通风要求,如图 2.21 所示。

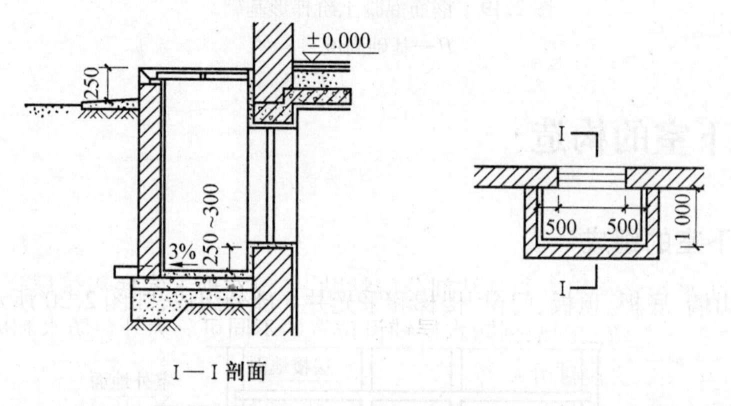

图 2.21　地下室采光井

2.3.2　地下室的防潮构造

当地下室地坪高于地下水的常年水位和最高水位时,因为地下水不会直接侵入地下室,墙和底板仅受土层中毛细水和地表水下渗而形成的无压水影响,只需做防潮处理,如图 2.22 所示。

地下室外墙的防潮做法是在地下室顶板和底板中间的墙体中设置水平防潮层,在地下室外墙外侧先抹 20 mm 厚 1 : 2.5 水泥砂浆找平,并且高出散水 300 mm 以上,再刷冷底子油一道,热沥青两道(至散水底),最后在地下室外墙外侧回填隔水层(黏土夯实或灰土夯实)。此外,地下室的所有墙体都应设两道水平防潮层,一道设在地下室地坪附近,另一道设在室外地

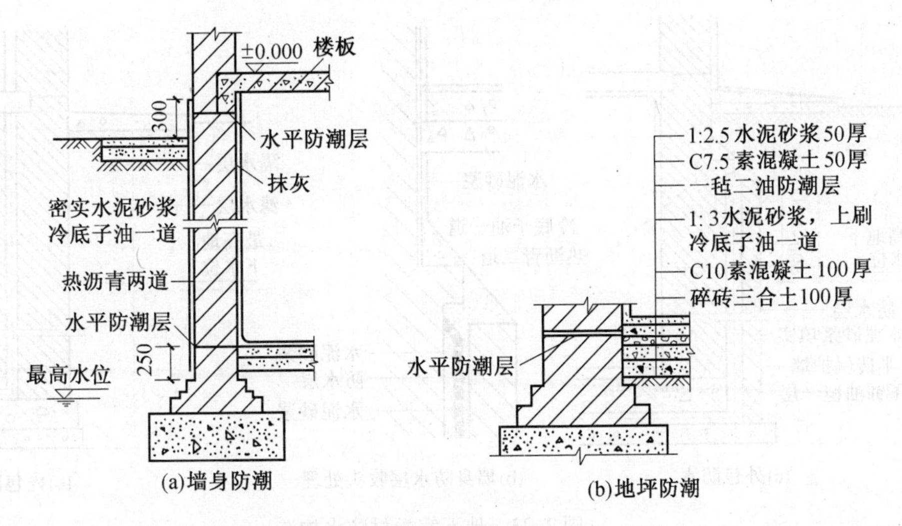

图 2.22　地下室防潮处理

坪以上 150 ~ 200 mm 处，以防地潮沿地下墙身或勒脚处侵入室内。

地下室底板的防潮做法是在灰土或三合土垫层上浇筑 100 mm 厚密实的 C10 混凝土，再用 1∶3 水泥砂浆找平，然后做防潮层、地面面层。

2.3.3　地下室的防水构造

当地下水最高水位高于地下室底板时，底板和部分外墙将受到地下水的侵蚀。外墙受到地下水的侧压力，底板受到浮力的影响，因此需要做防水处理。

目前，我国地下工程防水常用的措施包括卷材防水、混凝土构件自防水、涂料防水等。选用何种材料防水，应根据地下室的使用功能、结构形式、环境条件等因素合理确定。一般处于侵蚀性介质中的工程应采用耐腐蚀的防水混凝土、防水砂浆或卷材、涂料，结构刚度较差或受震动影响的工程应采用卷材、涂料等柔性防水材料。

1. 卷材防水

卷材防水是以防水卷材和相应的黏结剂分层粘贴，铺设在地下室底板垫层至墙体顶端的基面上，形成封闭防水层的做法。根据防水层铺设位置的不同可分为外包防水和内包防水，如图 2.23 所示。一般适用于受侵蚀介质作用或振动作用的地下室。卷材防水常用的材料有高聚物改性沥青防水卷材和合成高分子防水卷材，卷材的层数应根据地下水的最大计算水头（最高地下水位至地下室底板下皮的高度）选用。其具体做法是：在铺贴卷材前，先将基面找平并涂刷基层处理剂，然后按确定的卷材层数分层粘贴卷材，并做好防水层的保护（垂直防水层外砌 120 mm 墙；水平防水层上做 20 ~ 30 mm 的水泥砂浆抹面，邻近保护墙 500 mm 范围内的回填土应选用弱透水性土，并逐层夯实）。

2. 混凝土构件自防水

当地下室的墙和底板均采用钢筋混凝土时，通过调整混凝土的配合比或在混凝土中掺入外加剂等方法，改善混凝土的密实性，提高混凝土的抗渗性能，使得地下室结构构件的承重、围护、防水功能三者合一。为防止地下水对钢筋混凝土构件的侵蚀，在墙外侧应抹水泥砂浆，然后涂刷热沥青，如图 2.24 所示。同时要求混凝土外墙、底板均不宜太薄，一般外墙厚应为 200 mm以上，底板厚应在 150 mm 以上，否则影响抗渗效果。

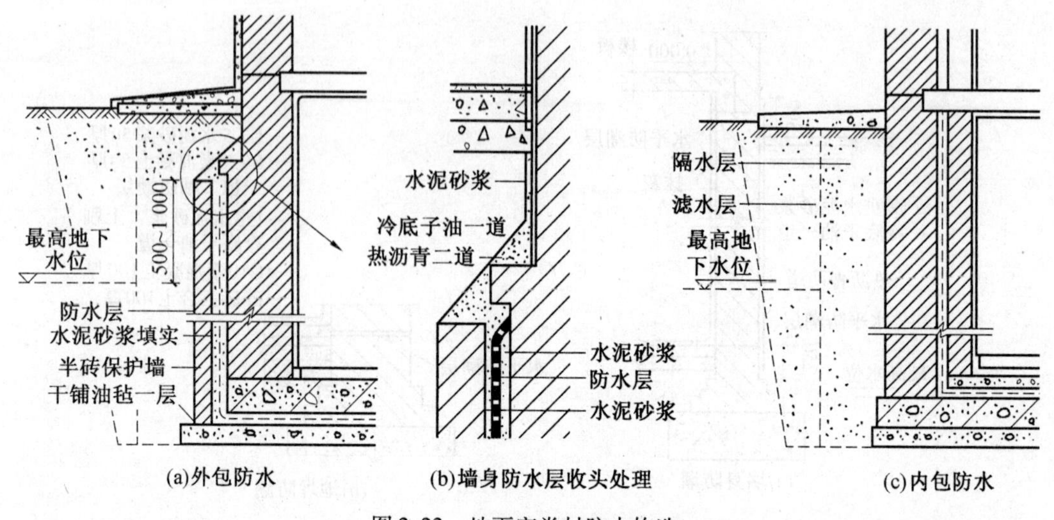

图 2.23　地下室卷材防水构造

防水混凝土主要分为普通防水混凝土和掺外加剂防水混凝土两种。普通防水混凝土是按照要求进行骨料级配,并提高混凝土中水泥砂浆的含量,用来堵塞骨料间因直接接触而出现的渗水通路,达到防水的目的。掺外加剂的防水混凝土则是在混凝土中掺入加气剂或密实剂来提高其抗渗性能。

3. 涂料防水

涂料防水指在施工现场以刷涂、刮涂或滚涂等方法,将无定型液态冷涂料在常温下涂敷在地下室结构表面的一种防水做法,一般为多层敷设。为增强其抗裂性,通常还夹铺 1 ~ 2 层纤维制品(例如玻璃纤维布、聚酯无纺布)。

涂料防水能防止地下无压水(渗流水、毛细水等)以及不大于 1.5 m 水头的静压水的浸入。适用于新建砖石或钢筋混凝土结构的迎水面做专用防水层;或新建防水钢筋混凝土结构的迎水面做附加防水层,加强防水、防腐能力;或已建防水或防潮建筑外围结构的内侧,做补漏措施。但不适用或慎用于含有油脂、汽油或其他能溶解涂料的地下环境,且涂料与基层应有很好的黏结力,涂料层外侧应做砂浆或砖墙保护层。

涂料防水层由底涂层、多层基本涂膜和保护层组成,做法包括外防外涂(图 2.25)和外防

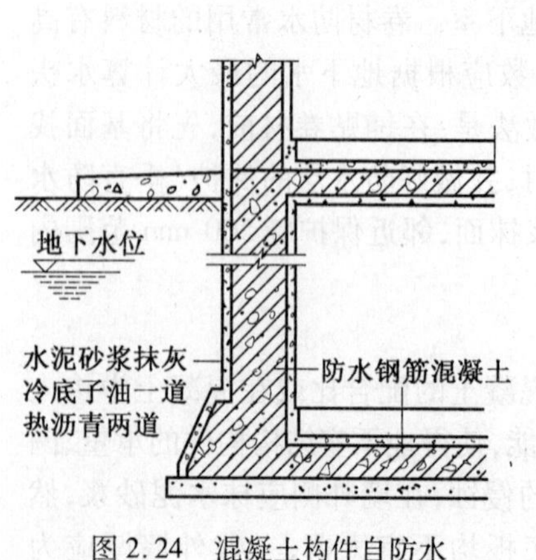

图 2.24　混凝土构件自防水

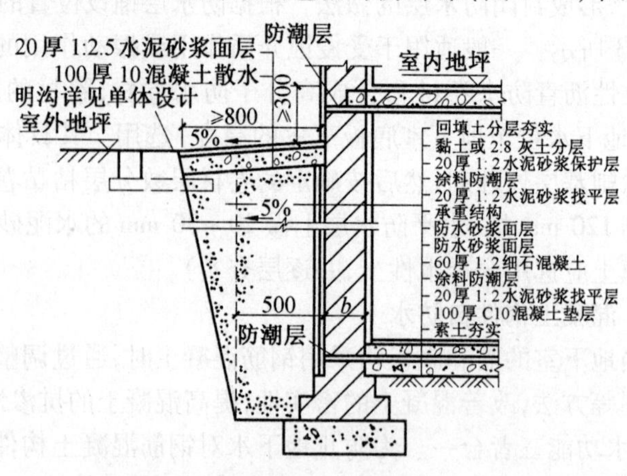

图 2.25　涂料防水

b—墙(柱)宽度

内涂两种。目前我国常用的防水涂料有三大类,即水乳型、溶剂型和反应型。由于材性不同,工艺各异,产品多样,一般在同一工程同一部位不能混用。

随着新型防水材料的不断涌现,地下室防水处理也在不断更新,例如采用三元乙丙橡胶卷材、氯丁橡胶卷材等。用三元乙丙橡胶卷材做地下室防水是在常温下施工,操作简便,不污染环境。

第3章 墙体构造

3.1 墙体概述

3.1.1 墙体的分类和作用

1. 墙体的分类

(1)按位置分类。墙体按所处的位置不同分为外墙和内墙,外墙又称外围护墙。墙体按布置方向又可以分为纵墙和横墙。沿建筑物长轴方向布置的墙称为纵墙,沿建筑物短轴方向布置的墙称为横墙,外横墙又称山墙。另外,窗与窗、窗与门之间的墙称为窗间墙,窗洞下部的墙称为窗下墙,屋顶上部的墙称为女儿墙等,如图3.1所示。

(2)按受力情况分类。根据墙体的受力情况不同可分为承重墙和非承重墙。凡直接承受楼板(梁)、屋顶等传来荷载的墙称为承重墙,不承受这些外来荷载的墙称为非承重墙。非承重墙包括隔墙、填充墙和幕墙。在非承重墙中,不承受外来荷载、仅承受自身重力并将其传至基础的墙称为自承重墙;仅起分隔空间的作用,自身重力由楼板或梁来承担的墙称为隔墙;在框架结构中,填充在柱子之间的墙称为填充墙,内填充墙是隔墙的一种;悬挂在建筑物外部的轻质墙称为幕墙,有金属幕墙和玻璃幕墙等。幕墙和外填充墙虽不能承受楼板和屋顶的荷载,但承受风荷载并将其传给骨架结构。

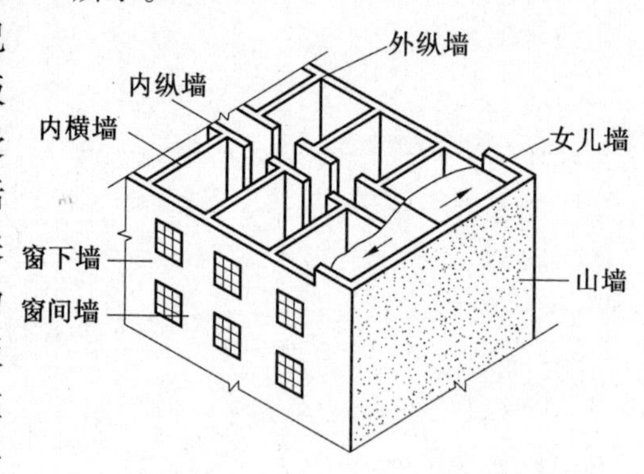

图3.1 墙体各部分名称

(3)按材料分类。按所用材料的不同,墙体有砖和砂浆砌筑的砖墙、利用工业废料制作的各种砌块砌筑的砌块墙、现浇或预制的钢筋混凝土墙、石块和砂浆砌筑的石墙等。

(4)按构造形式分类。按构造形式不同,墙体可分为实体墙、空体墙和组合墙三种,如图3.2所示。实体墙是由普通黏土砖及其他实体砌块砌筑而成的墙;空体墙内部的空腔可以靠组砌形成,例如空斗墙,也可用本身带孔的材料组合而成,例如空心砌块墙等;组合墙由两种以上材料组合而成,例如加气混凝土复合板材墙,其中混凝土起承重作用,加气混凝土起保温隔热作用。

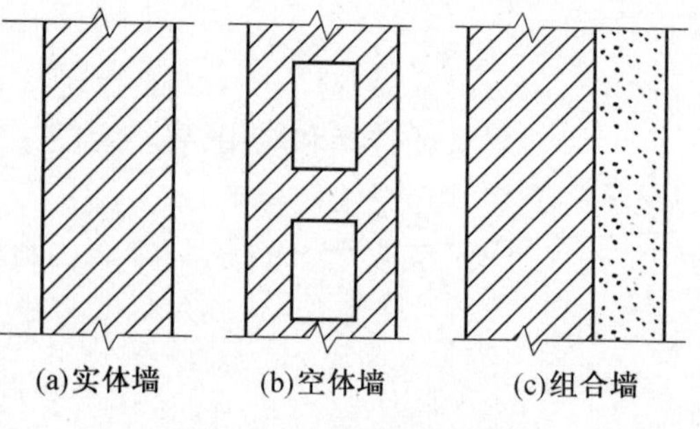

(a)实体墙 (b)空体墙 (c)组合墙

图3.2 墙体构造形式

(5)按施工方法分类。根据施工方法不同,墙体可分为砌块墙、板筑墙和板材墙三种。砌块墙是用砂浆等胶结材料将砖、石、砌块等组砌而成的，例如实砌砖墙。板筑墙是在施工现场立模板现浇而成的墙体，例如现浇混凝土墙。板材墙是预先制墙板，在施工现场安装、拼接而成的墙体，例如预制混凝土大板墙。

2. 墙体的作用

(1)承重作用。墙体承受着自重及屋顶、楼板(梁)传给它的荷载和风荷载。

(2)围护作用。墙体可遮挡风、雨、雪对建筑的侵袭，防止太阳辐射、噪声干扰及室内热量的散失，起保温、隔热、隔声、防水等作用。

(3)分隔作用。通过墙体将房屋内部划分为若干个房间和使用空间。

(4)装饰作用。装饰即墙面装饰，是建筑装饰的重要部分，墙面装饰对整个建筑物的装饰效果作用很大。

3.1.2　墙体的设计要求

1. 具有足够的承载力和稳定性

设计墙体时要根据荷载及所用材料的性能和情况，通过计算确定墙体的厚度和所具备的承载能力。在使用中，砖墙的承载力与所采用砖、砂浆强度等级及施工技术有关。墙体的稳定性与墙体的高度、长度、厚度及纵、横向墙体间的距离有关。

2. 具有保温、隔热性能

作为围护结构的外墙应满足建筑热工的要求。根据地域的差异应采取不同的措施。北方寒冷地区要求围护结构具有较好的保温能力，以减少室内热损失，同时防止外墙内表面与保温材料内部出现凝结水的现象。南方地区气候炎热，设计时要满足一定的隔热性能，还需考虑朝阳、通风等因素。

3. 具有隔声性能

为保证室内有一个良好的工作、生活环境，墙体必须具有足够的隔声能力，以避免噪声对室内环境的干扰。因此，墙体在构造设计时，应满足建筑隔声的相关要求。

4. 满足防潮、防水要求

为了保证墙体的坚固耐久性，对建筑物外墙的勒角部位及卫生间、厨房、浴室等用水房间的墙体和地下室的墙体都应采取防潮、防水的措施。选用良好的防水材料和构造做法，可使室内有良好的卫生环境。

5. 满足防火要求

墙体材料的选择和应用，要符合国家建筑设计防火规范的规定。

6. 满足建筑工业化要求

随着建筑工业化的发展，墙体应用新材料、新技术是建筑技术的发展方向。可通过提高机械化施工程度来提高工效、降低劳动强度，采用轻质、高强的新型墙体材料，以减轻自重、提高墙体的质量、缩短工期、降低成本。

3.1.3　墙体的承重方案

墙体有4种承重方案：横墙承重、纵墙承重、纵横墙承重和墙与柱混合承重，如图3.3所示。

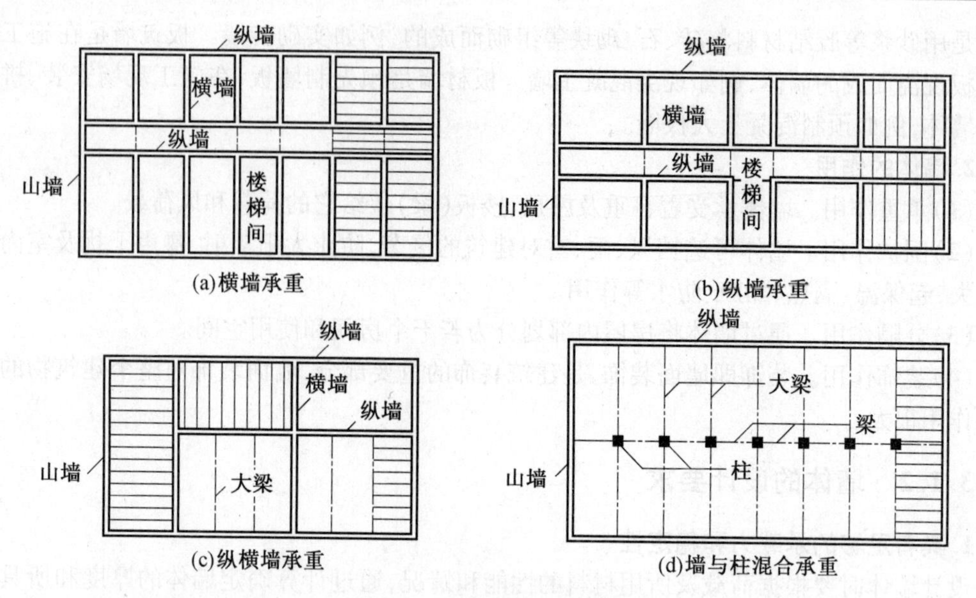

图 3.3　墙体结构布置方式

(1)横墙承重。横墙承重是将楼板及屋面板等水平承重构件搁置在横墙上,楼面及屋面荷载依次通过楼板、横墙、基础传递给地基。这一布置方案适用于房间开间尺寸不大,墙体位置比较固定的建筑,例如宿舍、旅馆、住宅等。

(2)纵墙承重。纵墙承重是将楼板及屋面板等水平承重构件搁置在纵墙上,横墙只起分隔空间和连接纵墙的作用。这一布置方案适用于使用上要求有较大空间的建筑,例如办公楼、商店、教学楼中的教室、阅览室等。

(3)纵横墙承重。这种承重方案的承重墙体由纵横两个方向的墙体组成。纵横墙承重方式平面布置灵活,两个方向的抗侧力都较好。这种方案适用于房间开间、进深变化较多的建筑,例如医院、幼儿园等。

(4)墙与柱混合承重。房屋内部采用柱、梁组成的内框架承重,四周采用墙承重,由墙和柱共同承受水平承重构件传来的荷载,称为墙与柱混合承重。这种方案适用于室内需要大空间的建筑,例如大型商店、餐厅等。

3.2　砖墙的基本构造

3.2.1　砖墙的组砌原则

组砌是指砌块在砌体中的排列,组砌的关键是错缝搭接,使上下皮砖的垂直缝交错,保证砖墙的整体性。砖墙组砌名称及错缝如图 3.4 所示。在砖墙的组砌中,把砖的长方向垂直于墙面砌筑的砖称为丁砖,把砖长方向平行于墙面砌筑的砖称为顺砖。上下皮之间的水平灰缝称为横缝,左右两块砖之间的垂直缝称为竖缝。当墙面不抹灰时称为清水墙。组砌方式影响到砌体结构的强度、稳定性和整体性,还影响到清水墙的美观。组砌的要求是灰浆饱满,厚薄均匀,灰缝横平竖直,上下错缝,内外搭接,避免形成竖向通缝。

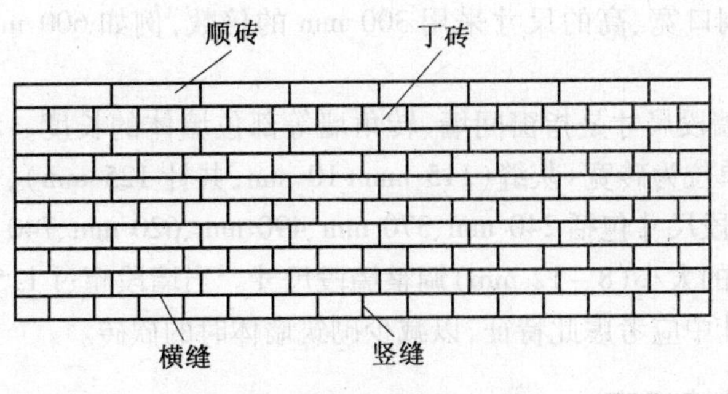

图3.4　砖墙组砌名称及错缝

3.2.2　实心砖墙组砌

实心砖墙,如普通黏土砖墙,常用的组砌方式如图3.5所示。

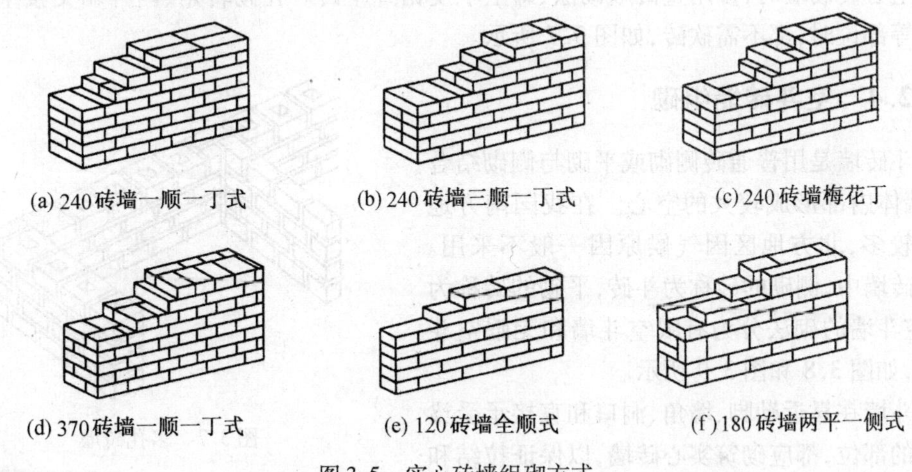

图3.5　实心砖墙组砌方式

1. 墙厚

标准砖的规格为240 mm×115 mm×53 mm,用砖块的长、宽、高作为砖墙厚度的基数,在错缝或墙厚超过砖块尺寸时,均按灰缝10 mm进行组砌。从尺寸上不难看出,它以砖厚加灰缝、砖宽加灰缝后与砖长形成1∶2∶4的比例为其基本特征,组砌灵活。墙厚与砖规格的关系如图3.6所示。

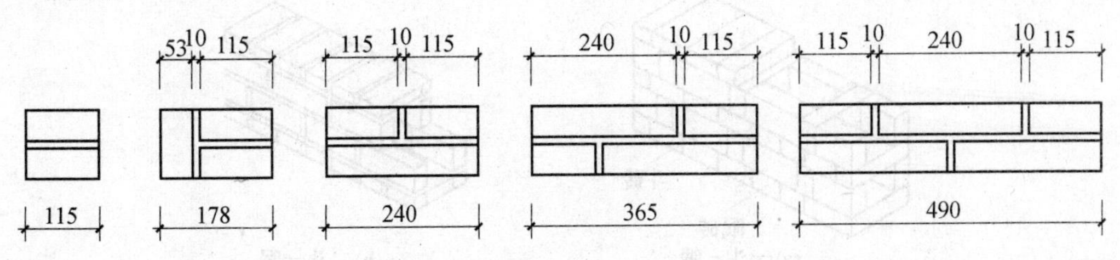

图3.6　墙厚与砖规格的关系

2. 砖墙洞口与墙段尺寸

(1)洞口尺寸。砖墙洞口主要是指门窗洞口,其尺寸应按模数协调统一标准制定,这样可减少门窗规格,有利于工厂化生产。国家及各地区的门窗通用图集都是按照扩大模数3M的倍数,因此一般门窗洞口宽、高的尺寸采用 300 mm 的倍数,例如 600 mm、900 mm、1 200 mm 等。

(2)墙段尺寸。墙段尺寸是指窗间墙、转角墙等部位墙体的长度。墙段由砖块和灰缝组成,普通黏土砖最小单位为砖宽+灰缝(115 mm+10 mm,共计 125 mm),并以此为砖的组合模数。按此砖模数的墙段尺寸包括 240 mm、370 mm、490 mm、620 mm、740 mm、870 mm、990 mm 等数列。可通过灰缝的大小(8～12 mm)调整墙段尺寸。当墙段超过 1.5 m 时,可不用考虑砖的模数,在施工图设计中应考虑此特征,以减少砌筑墙体时的砍砖。

3.2.3　空心砖墙组砌

空心砖为横孔,用于非承重墙的砌筑。因为空心砖有孔洞,所以其自重较普通砖小,保温、隔热性能好,造价低。

用空心砖砌墙时,多用整砖顺砌法,即上下皮错开半砖。在砌转角、内外墙交接壁柱和独立砖柱等部位时,都不需砍砖,如图 3.7 所示。

3.2.4　空斗砖墙组砌

空斗砖墙是用普通砖侧砌或平砌与侧砌结合砌成,墙体内部形成较大的空心。在我国南方地区采用较多,北方地区因气候原因一般不采用。在空斗砖墙中,侧砌的砖称为斗砖,平砌的砖称为眠砖,空斗墙的砌法分为有眠空斗墙和无眠空斗墙两种,如图 3.8 和图 3.9 所示。

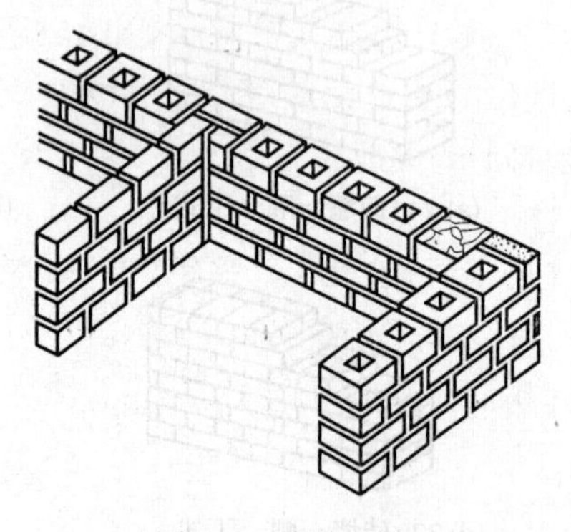

图 3.7　多孔砖墙

空斗墙在靠近勒脚、墙角、洞口和直接承受梁板压力的部位,都应砌筑实心砖墙,以保证拉结和承压,空斗墙不宜在下列情况中采用:

(1)土质较软,并且可能引起建筑物不均匀沉降。

(2)门窗洞口面积超过墙面积 50% 以上。

(3)建筑物会受到振动荷载。

(4)地震烈度为 6 度和 6 度以上地区的建筑物。

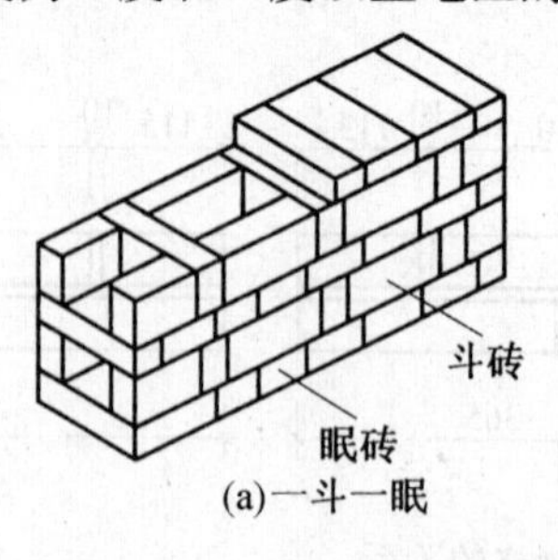

(a)一斗一眠

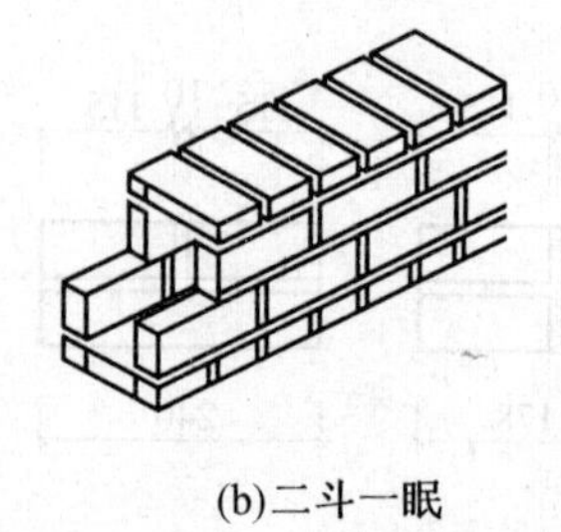

(b)二斗一眠

图 3.8　有眠空斗墙

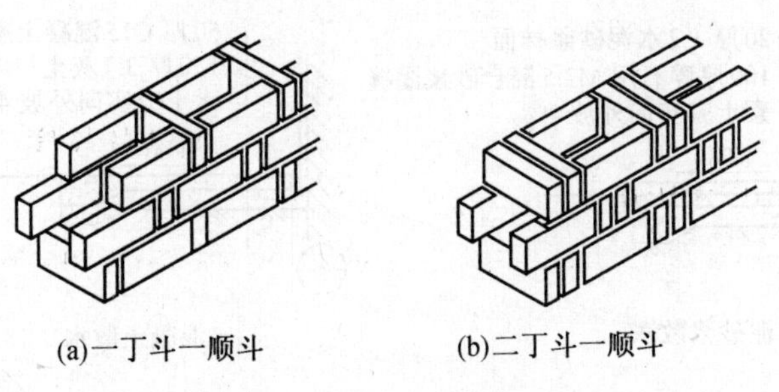

图3.9　无眠空斗墙

3.3　砖墙的细部构造

3.3.1　勒脚

勒脚是外墙与室外地坪接触的部分，勒脚的作用是保护墙体，防止地面水、屋檐滴下的雨水溅到墙身或地面水对墙脚的侵蚀，增加建筑物的立面美观。所以要求勒脚坚固、防水和美观，勒脚的高度应距室外地坪500 mm以上。

常用的勒脚构造做法如图3.10所示，有以下几种：

(1)对一般建筑，可采用20 mm厚1∶3水泥砂浆抹面、1∶2水泥白石子水刷石或斩假石抹面，这种方法经济简单，应用广泛。

(2)对要求较高的建筑物，可采用天然石材或人工石材贴面，例如大理石、花岗石、面砖等。

(3)整个勒脚采用强度高、耐久性和防水性好的材料砌筑，例如混凝土、毛石等。

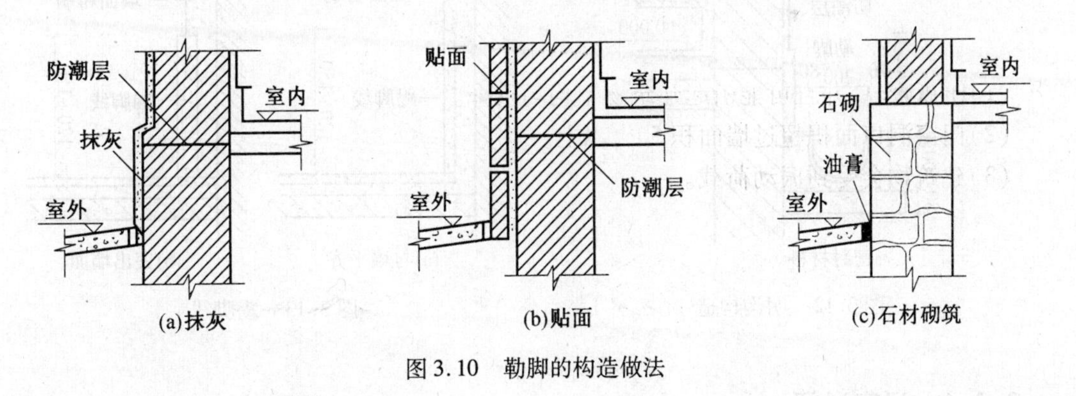

图3.10　勒脚的构造做法

3.3.2　散水与明沟

散水是指在建筑外墙四周将地面做成向外倾斜的坡面，将屋顶落水或地表水及时排至建筑范围以外，保护墙基不受雨水的侵蚀。散水适用于降雨量较少的北方地区，它既利于排水，又不影响行走，坡度一般为3%～5%。散水材料和做法是根据建筑耐久等级和土壤情况选择的，如图3.11所示，散水宽为600～1 000 mm。当屋面排水方式为自由落水时，其宽度比屋檐挑出宽度大150～200 mm。

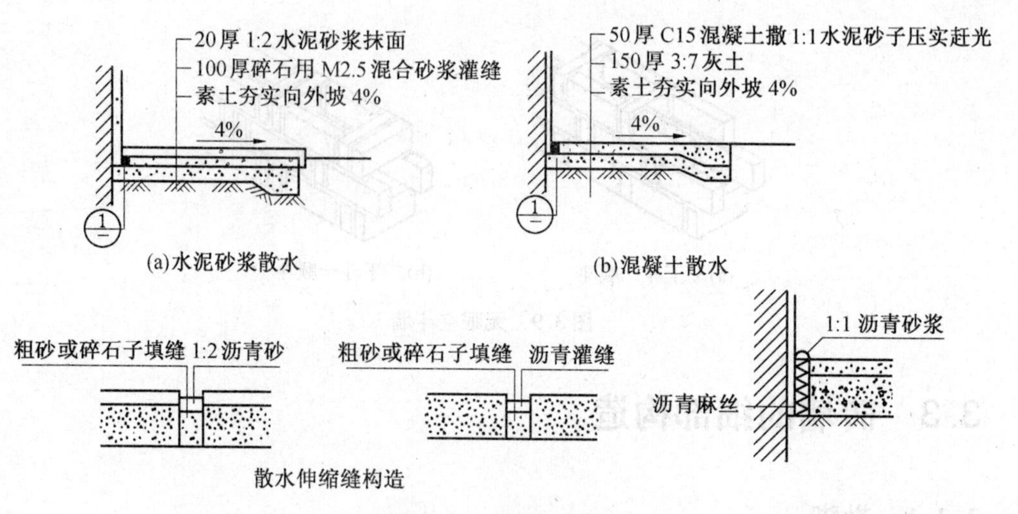

图3.11　散水构造

明沟也称阳沟，是设置在外墙四周的排水沟，将水有组织地导向集水井，然后流入排水系统。明沟适用于降雨量较大的南方地区，它一般用混凝土现浇，再用水泥砂浆抹面。沟底有不小于1%的坡度，保证排水通畅，其构造如图3.12所示。

3.3.3　踢脚线

踢脚线是室内墙面的下部与室内楼地面交接处的构造。其作用是保护墙面，防止因外界碰撞而损坏墙体和因清洁地面时弄脏墙身。踢脚线高度为150 mm，常用的踢脚线材料包括水泥砂浆、水磨石、大理石、缸砖和石板等，一般应随室内地面材料而定，如图3.13所示。

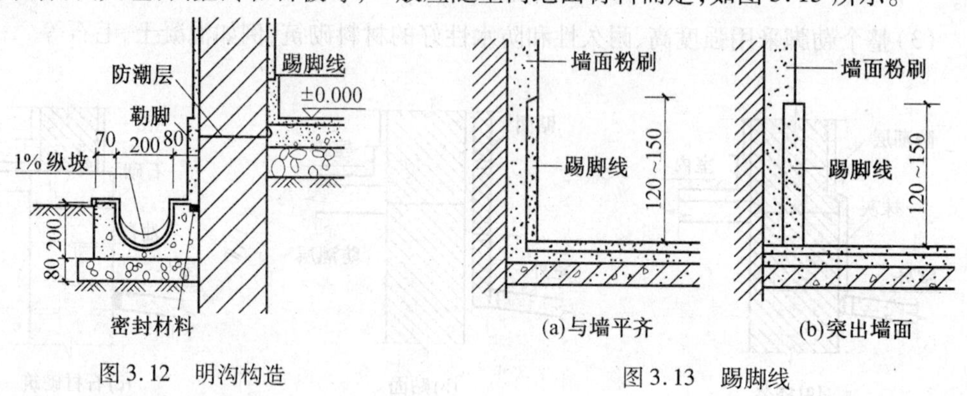

图3.12　明沟构造　　　　图3.13　踢脚线

3.3.4　门窗过梁

当墙体上开设门、窗洞口时，为了支撑门、窗洞口上墙体的荷载，常在门、窗洞口上设置横梁，此梁称为过梁。按过梁采用的材料和构造分，常用的有砖拱过梁、钢筋砖过梁和钢筋混凝土过梁。砖拱过梁现在很少采用。

1. 砖拱过梁

砖拱过梁有平拱和弧拱两种，工程中大多用平拱。平拱砖过梁由普通砖侧砌和立砌形成，砖应当为单数并对称于中心向两边倾斜。灰缝呈上宽（小于或者等于15 mm）下窄（大于或者等于5 mm)的楔形,如图3.14所示。平拱砖过梁的跨度不应超过1.2 m。它节约钢材和水泥,但是施工麻烦,整体性差,不宜用于上部有集中荷载、较大振动荷载或者可能产生不均匀沉降的建筑。

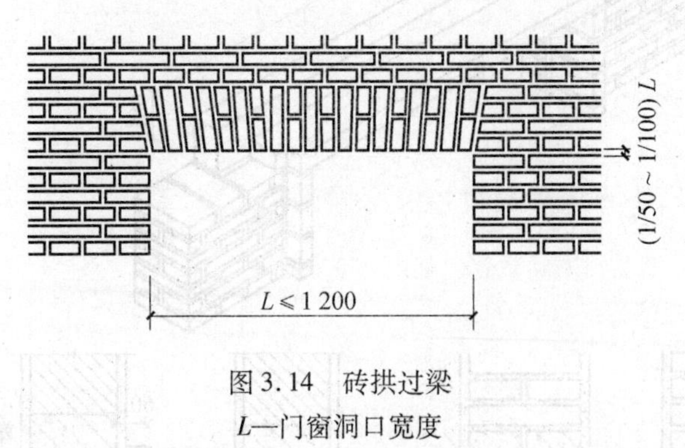

图3.14　砖拱过梁
L—门窗洞口宽度

2. 钢筋砖过梁

钢筋砖过梁用于跨度在2 m以内的清水墙的门窗洞孔上,用不低于M5的砂浆进行砌筑。它在底部砂浆层中放置的钢筋不应少于3根ϕ6,并放置在第一皮砖和第二皮砖之间,也可将钢筋直接放在第一皮砖下面的砂浆层内,同时钢筋伸入两端墙内不小于240 mm,并加弯钩。这种梁施工方便,整体性好,其示意图如图3.15所示。

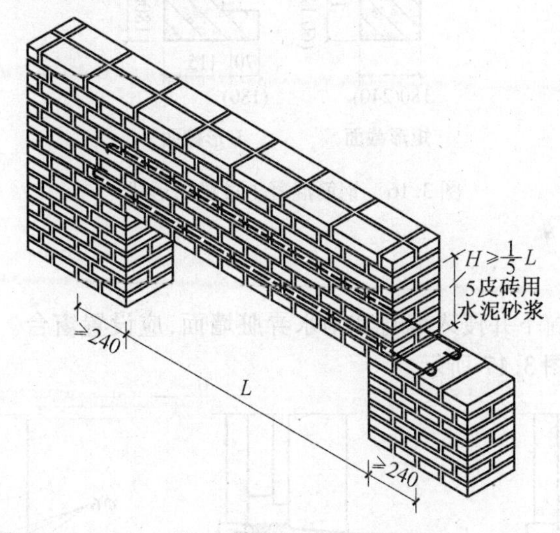

图3.15　钢筋砖过梁立体示意图
L—门窗洞口宽度

3. 钢筋混凝土过梁

钢筋混凝土过梁断面尺寸主要根据跨度、上部荷载的大小计算确定。钢筋混凝土过梁有现浇和预制两种,为了加快施工进度常采用预制钢筋混凝土过梁。过梁两端伸入墙内的支撑长度不小于240 mm,以保证过梁在墙上有足够的承载面积。为了防止雨水沿门窗过梁向外墙内侧流淌,过梁底部外侧抹灰时要做滴水。

钢筋混凝土过梁有矩形截面和L形截面等几种形式,如图3.16所示。矩形截面的过梁一般用于混水墙,在寒冷地区为了避免在过梁内表面产生凝结水,常采用L形截面的过梁。

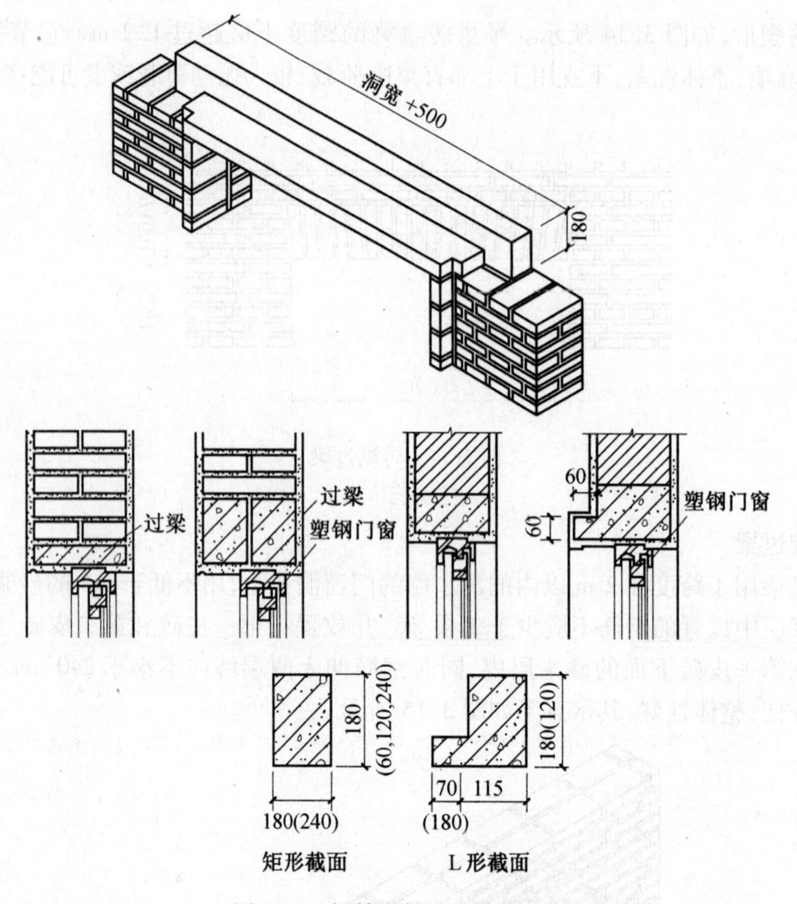

图 3.16　钢筋混凝土过梁的形式

3.3.5　窗台

为了避免雨水聚集窗下并侵入墙身和雨水弄脏墙面，应设置窗台。窗台需向外形成一定的坡度，以利于排水，如图 3.17 所示。

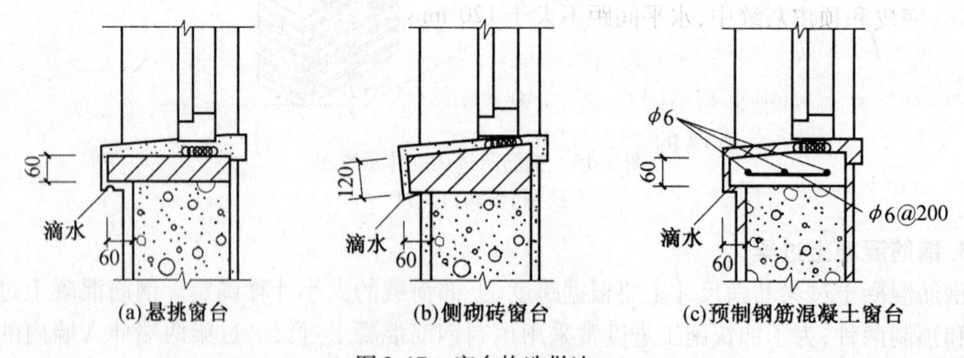

图 3.17　窗台构造做法

窗台的构造要点包括以下几点：

(1)悬挑窗台采用普通砖向外挑出 60 mm，也可采用钢筋混凝土窗台。

(2)窗台表面应做一定的排水坡度，防止雨水向室内渗入。

(3)悬挑窗台底部应做滴水线或滴水槽,引导雨水垂直下落,不致影响窗下的墙面。

3.3.6　墙身加固措施

1. 壁柱和门垛

当墙体的窗间墙上出现集中荷载或墙体的长度和高度超过一定限度时,影响到墙体的稳定性,需在墙身局部适当的位置增设壁柱。壁柱突出墙面的尺寸一般为120 mm×370 mm、240 mm×370 mm、240 mm×490 mm 等,如图3.18所示。

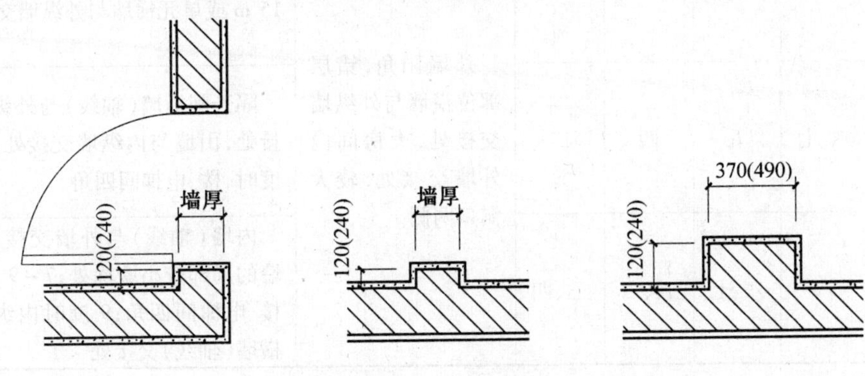

图3.18　壁柱和门垛

为了便于门框的安置和保证墙体的稳定性,在墙上开设门洞且洞口在两墙转角处或丁字墙交接处时,应在门靠墙的转角部位或丁字交接的一边设置门垛,门垛突出墙面为60~240 mm。

2. 圈梁

圈梁是沿建筑物外墙四周及部分内横墙设置的连续闭合梁。其目的是为了增强建筑的整体刚度和稳定性,减轻由于地基不均匀沉降对房屋的破坏,抵抗地震力的影响。

圈梁包括钢筋砖圈梁和钢筋混凝土圈梁两种。

(1)钢筋砖圈梁。它多用于非抗震区,结合钢筋砖过梁沿外墙形成。钢筋砖圈梁在楼层标高的墙身上,其高度为4~6皮砖,宽度与墙同厚,砌筑砂浆不低于M5,钢筋数量至少3ϕ6分别布置在底皮和顶皮灰缝中,水平间距不大于120 mm。

(2)钢筋混凝土圈梁。整体刚度好,应用广泛。它的宽度宜与墙同厚,当墙的厚度为240 mm以上时,其宽度可取为墙厚的2/3,且不小于240 mm;其高度不应小于120 mm,且应与砖的皮数相适应,基础圈梁的最小高度为180 mm。

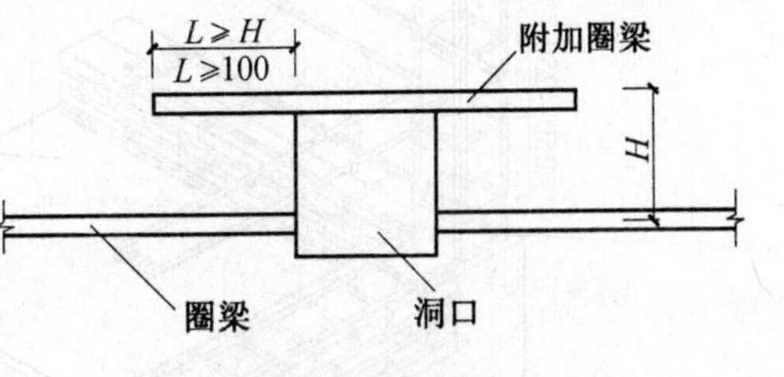

图3.19　附加圈梁

L—附加圈梁与圈梁搭接长度;H—垂直间距

圈梁最好和门窗过梁合二为一,在特殊情况下,当遇有门窗洞口致使圈梁局部截断时,应在洞口上部增设相应截面的附加圈梁,如图3.19所示。附加圈梁与圈梁搭接长度应大于等于其垂直间距的二倍且不得小于1 m。但在抗震设防地区,圈梁应完全闭合,不得被洞口断开。

3. 构造柱

钢筋混凝土构造柱是从抗震角度考虑设置的,一般设置在外墙四角、内外墙交接处、楼梯间的四角及较大洞口的两侧。除此之外，根据房屋的层数和抗震设防烈度不同，构造柱的设置要求也不同，具体见表 3.1。

表 3.1　构造柱设置要求

<table>
<tr><th>抗震设防烈度</th><th>6 度</th><th>7 度</th><th>8 度</th><th>9 度</th><th colspan="2">设置部位</th></tr>
<tr><td rowspan="3">层数</td><td>四、五</td><td>三、四</td><td>二、三</td><td>—</td><td rowspan="3">外墙阳角，错层部位横墙与外纵墙交接处，大房间内外墙交接处，较大洞口两侧</td><td>7 度、8 度时，楼、电梯间四角；隔 15 m 或单元横墙与外纵墙交接处</td></tr>
<tr><td>六、七</td><td>五</td><td>四</td><td>二</td><td>隔开间横墙（轴线）与外纵墙交接处，山墙与内纵墙交接处；7 ~ 9 度时，楼、电梯间四角</td></tr>
<tr><td>八</td><td>六、七</td><td>五、六</td><td>三、四</td><td>内墙（轴线）与外墙交接处，内墙的局部较小墙垛处；7 ~ 9 度时，楼、电梯间四角；9 度时内纵墙与横墙（轴线）交接处</td></tr>
</table>

构造柱必须与各层圈梁紧密连接，形成空间骨架，加强墙体抗弯、抗剪的能力，使墙体在破坏过程中具有一定的延伸性，做到裂而不倒。构造柱的下端应锚固在钢筋混凝土基础或基础梁内。

构造柱的最小截面尺寸为 240 mm×180 mm，纵向钢筋一般用 4ϕ12，箍筋用 ϕ6@ 200，随着烈度的加大和层数增加，箍筋间距不宜大于 250 mm，且在柱上下端宜适当加密；7 度时超过 6 层、8 度时超过 5 层，9 度时纵向钢筋宜用 4ϕ14，箍筋间距不宜大于 200 mm；房屋四角的构造柱可适当加大截面及配筋。为了加强构造柱与墙体的连接，构造柱与墙连接处宜砌成马牙槎，并沿墙高每隔 500 mm 设 2ϕ6 的拉结钢筋，每边伸入墙内不宜小于 1 m。施工时必须先砌墙，然后浇筑钢筋混凝土构造柱，如图 3.20 所示。

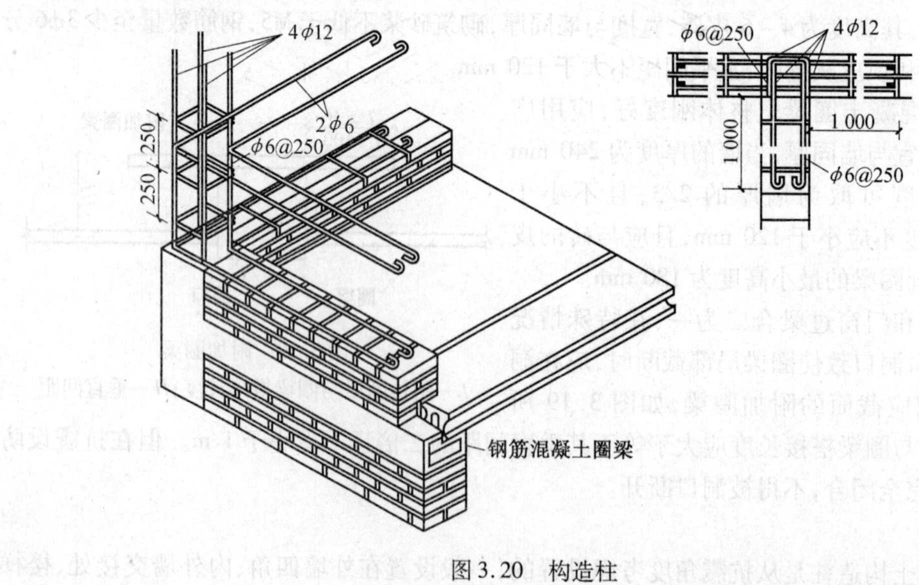

图 3.20　构造柱

3.4　砌块墙的构造

3.4.1　砌块的组砌

砌块墙在砌筑前,必须进行砌块排列设计,尽量提高主块的使用率和避免镶砖或少镶砖。砌块的排列应使上下皮错缝,搭接长度一般为砌块长度的 1/4,并且不应小于 150 mm。当无法满足搭接长度要求时,应在灰缝内设 ϕ4 钢筋网片连接,如图 3.21 所示。

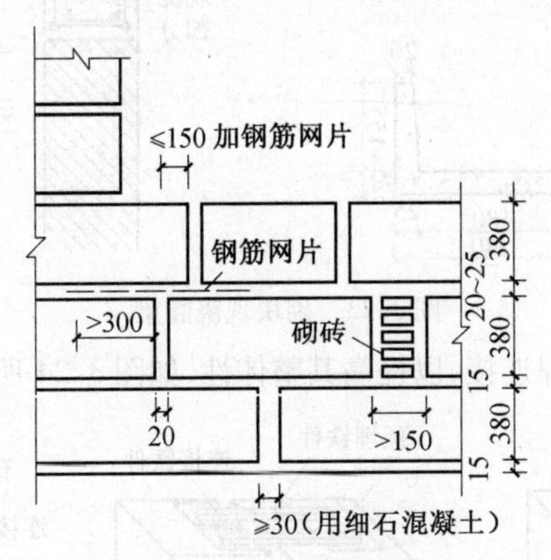

图 3.21　砌块的排列

砌块墙的灰缝宽度一般为 10 ~ 15 mm,用 M5 砂浆砌筑。当垂直灰缝大于 30 mm 时,则需用 C10 细石混凝土灌实。

由于砌块的尺寸大,一般不存在内外皮间的搭接问题,所以更应注意保证砌块墙的整体性。在纵横交接处和外墙转角处均应咬接,如图 3.22 所示。

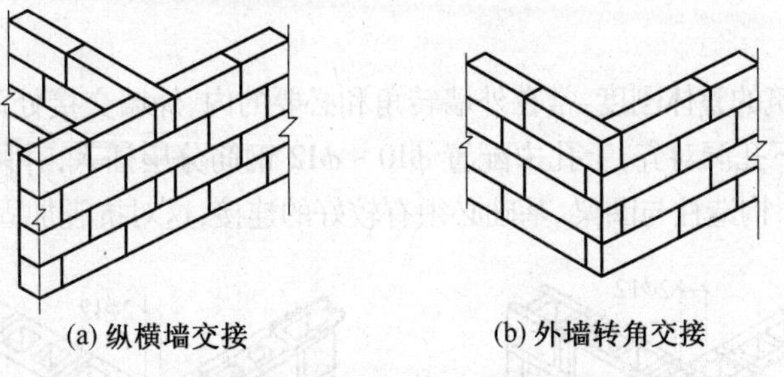

(a) 纵横墙交接　　(b) 外墙转角交接

图 3.22　砌块的咬接

3.4.2　砌块墙的构造

砌块墙是指利用在预制厂生产的块材所砌筑的墙体。过梁、圈梁及构造柱都是砌块墙的重要构件,其主要情况如下所述。

1. 过梁与圈梁

过梁是砌块墙的重要构件,它既起到连系梁和承受门窗洞孔上部荷载的作用,同时又起到调节作用。当层高与砌块高出现差异时,过梁高度的变化可起调节作用,从而使得砌块的通用性更大。

为加强砌块建筑的整体性，多层砌块建筑应设置圈梁。当圈梁与过梁位置接近时，往往圈梁、过梁一并考虑。

圈梁有现浇和预制两种。现浇圈梁整体性强，对加固墙身较为有利，但施工支模较麻烦，故不少地区采用U形预制砌块代替模板，然后在凹槽内配置钢筋，并现浇混凝土，如图3.23所示。

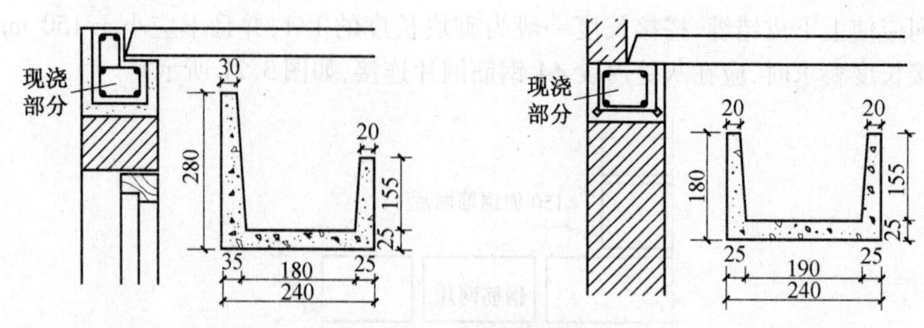

图3.23 砌块现浇圈梁

预制过梁之间一般用电焊连接，以提高其整体性，如图3.24所示。

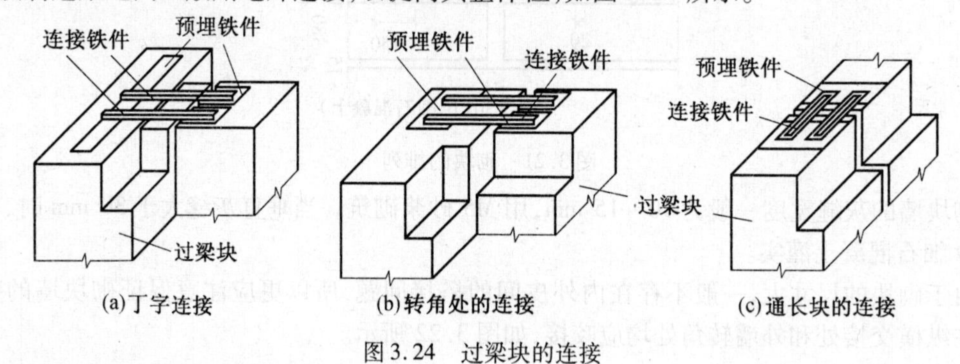

图3.24 过梁块的连接

2.构造柱

为了加强砌块建筑的整体刚度，常在外墙转角和必要的内、外墙交接处设置构造柱。构造柱多利用空心砌块将其上下孔洞对齐，于孔中配置$\phi10\sim\phi12$钢筋分层插入，并用C20细石混凝土分层填实，如图3.25所示。构造柱与圈梁、基础必须有较好的连接，这对抗震加固也十分有利。

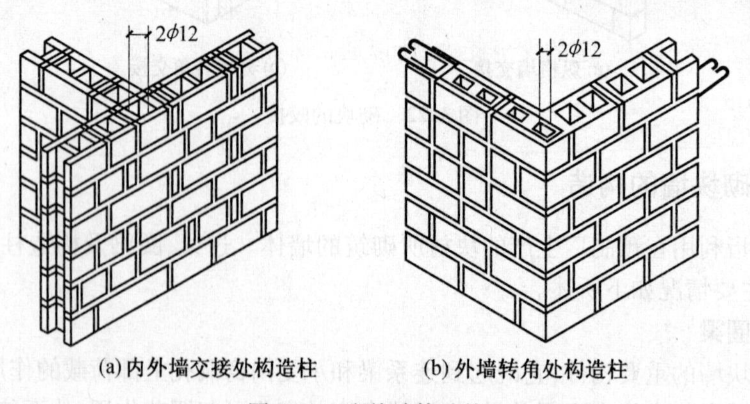

图3.25 砌块墙构造柱

3. 空心砌块墙墙芯柱

当采用混凝土空心砌块时，应在房屋四角、外墙转角、楼梯间四角设芯柱，如图3.26所示。芯柱用C15细石混凝土填入砌块孔中，并在孔中插入通长钢筋。

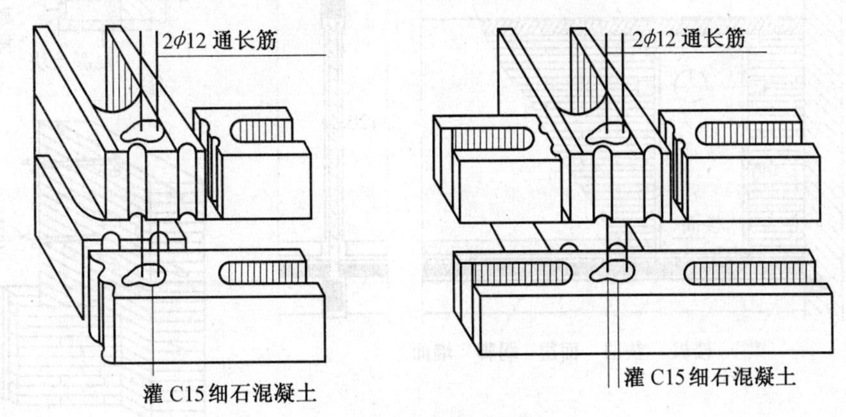

图3.26　砌块墙墙芯柱构造

3.5　隔墙的构造

隔墙是分隔室内空间的非承重构件。在现代建筑中，为提高平面布局的灵活性，大量采用隔墙以适应建筑功能的变化。因为隔墙不承受任何外来荷载，且本身的重量还要由楼板或小梁来承受，所以要求隔墙具有自重轻、厚度薄、便于拆卸、有一定的隔声能力。卫生间、厨房隔墙还应具有防水、防潮、防火等性能。

隔墙的类型很多，按其构造方式可分为块材隔墙、板材隔墙以及轻骨架隔墙。

3.5.1　块材隔墙

块材隔墙是用普通砖、空心砖、加气混凝土砌块等块材砌筑而成的，常用的有普通砖隔墙、加气混凝土砌块隔墙。具有取材方便、造价较低、隔声效果好的优点，同时具有自重大、墙体厚、湿作业多、拆移不便等缺点。

1. 普通砖隔墙

用普通砖砌筑隔墙的厚度有1/4砖和1/2砖两种，1/4砖厚隔墙稳定性差、对抗震不利，1/2砖厚隔墙坚固耐久、有一定的隔声能力，所以通常采用1/2砖隔墙。

1/2砖隔墙即半砖隔墙，砌筑砂浆强度等级不应低于M2.5。为使隔墙与墙柱之间连接牢固，在隔墙两端的墙柱沿高度每隔500 mm预埋2ϕ6的拉结筋，伸入墙体的长度为1 000 mm，还应沿隔墙高度每隔1.2～1.5 m设一道30 mm厚水泥砂浆层，内放2ϕ6的钢筋。在隔墙砌到楼板底部时，应将砖斜砌一皮或留出30 mm的空隙用木楔塞牢，然后用砂浆填缝。隔墙上有门时，用预埋铁件或将带有木楔的混凝土预制块砌入隔墙中，以便固定门框，如图3.27所示。

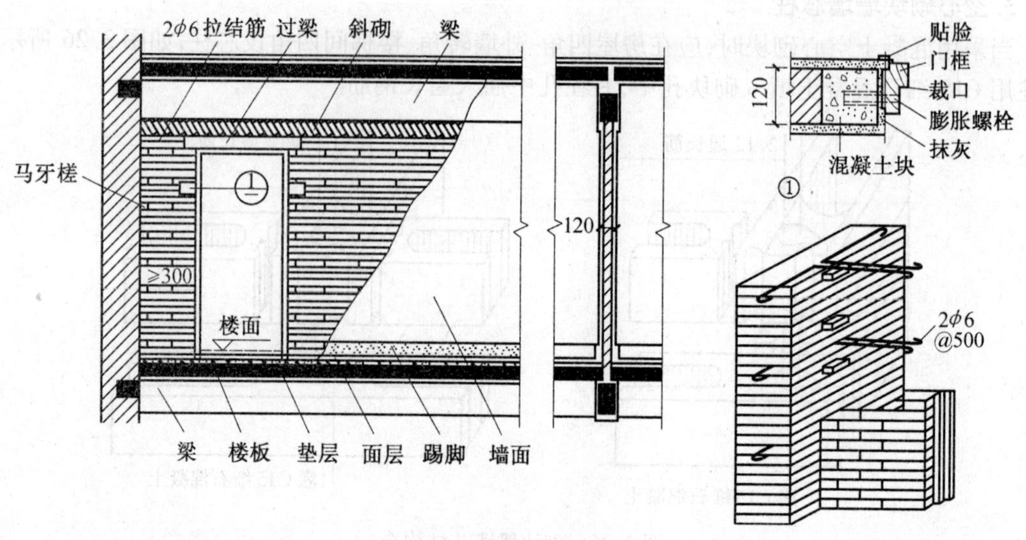

图 3.27　普通砖隔墙

2. 加气混凝土砌块隔墙

加气混凝土砌块隔墙具有重量轻、吸声好、保温性能好、便于操作的特点，目前在隔墙工程中应用较广。但是加气混凝土砌块吸湿性大，所以不宜用于浴室、厨房、厕所等处，如使用需另作防水层。

加气混凝土砌块隔墙的底部宜砌筑 2 ~3 皮普通砖，以利于踢脚砂浆的粘结，砌筑加气混凝土砌块时应采用 1 : 3 水泥砂浆砌筑，为了保证加气混凝土砌块隔墙的稳定性，沿墙高每隔 900 ~1 000 mm 设置 2φ6 的配筋带，门窗洞口上方也要设 2φ6 的钢筋，如图 3.28 所示。墙面抹灰可直接抹在砌块上，为了防止灰皮脱落，可先用细铁丝网钉在砌块墙上再作抹灰。

3.5.2　板材隔墙

板材隔墙是指将各种轻质竖向通长的预制薄型板材用各种黏结剂拼合在一起形成的隔墙。其单板高度相当于房间净高，面积较大，且不依赖骨架，直接装配而成。目前采用的大多为条板，例如加气混凝土条板、石膏条板、复合板和泰柏板等。

1. 加气混凝土条板隔墙

加气混凝土条板规格为长 2 700 ~3 000 mm，宽 600 ~800 mm，厚 80 ~100 mm。隔墙板之间用水玻璃砂浆或 108 胶砂浆粘结。加气混凝土条板具有自重轻，节省水泥，运输方便，施工简单，可锯、刨、钉等优点，但吸水性大、耐腐蚀性差、强度较低，运输、施工过程中易损坏，不宜用于具有高温、高湿或有化学及有害空气介质的建筑中。

2. 增强石膏空心板隔墙

增强石膏空心板分为普通条板、钢木窗框条板和防水条板三类，规格为长 2 400 ~3 000 mm，宽 600 mm，厚 60 mm，9 个孔，孔径 38 mm，能满足防火、隔声及抗撞击的要求，如图 3.29 所示。

3. 复合板隔墙

用几种材料制成的多层板为复合板。复合板的面层有石棉水泥板、石膏板、铝板、树脂板、硬质纤维板、压型钢板等。夹心材料可用矿棉、木质纤维、泡沫塑料和蜂窝状材料等。复合板

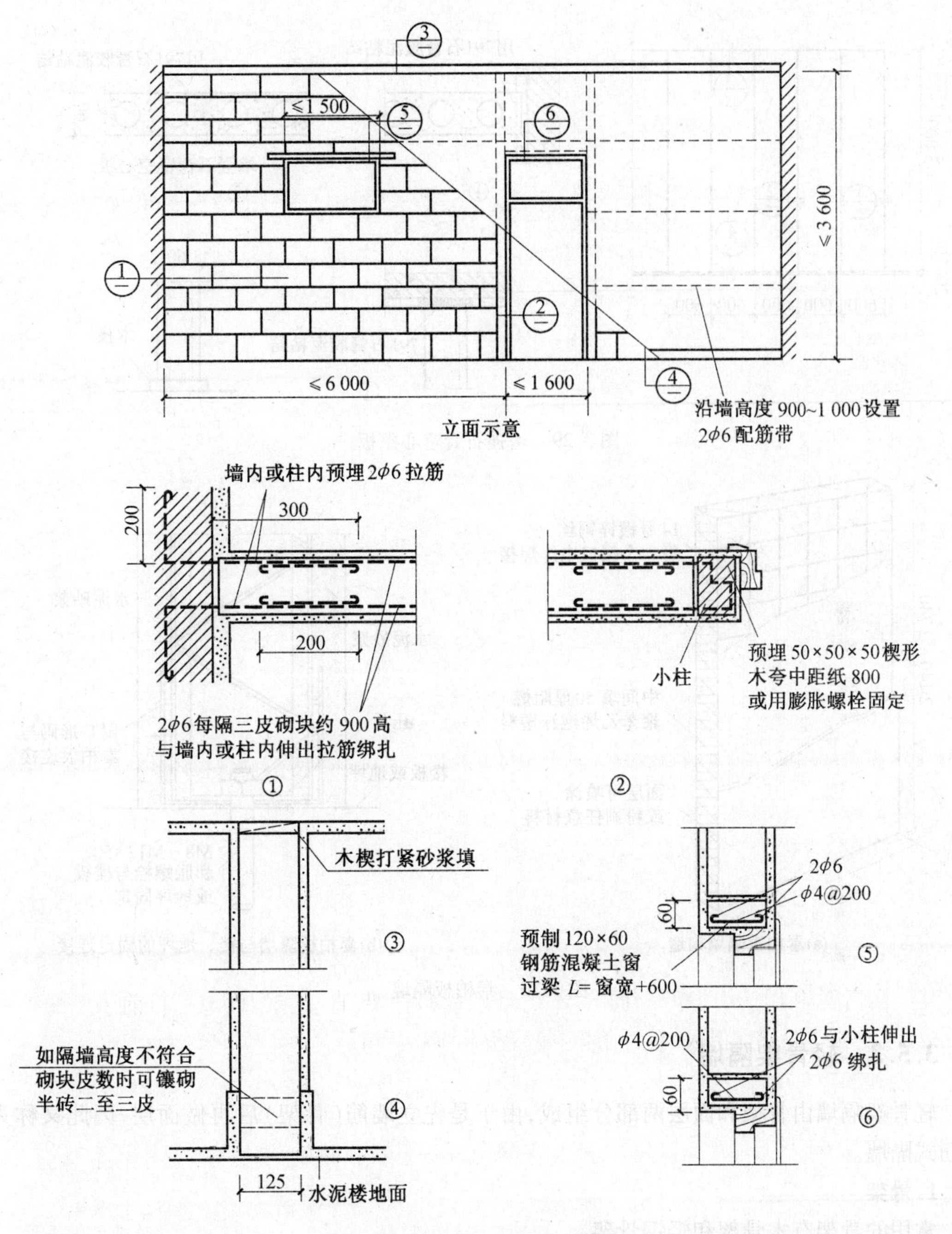

图3.28 加气混凝土隔墙

充分利用材料的性能，大多具有强度高、耐火、防水、隔声性能好等优点，且安装、拆卸简便，有利于建筑工业化。

4. 泰柏板

泰柏板是由 $\phi 2$ 低炭冷拔镀锌钢丝焊接成三维空间网笼，中间填充聚苯乙烯泡沫塑料构成的轻制板材，如图3.30(a)所示。泰柏板隔墙与楼、地坪的固定连接，如图3.30(b)所示。

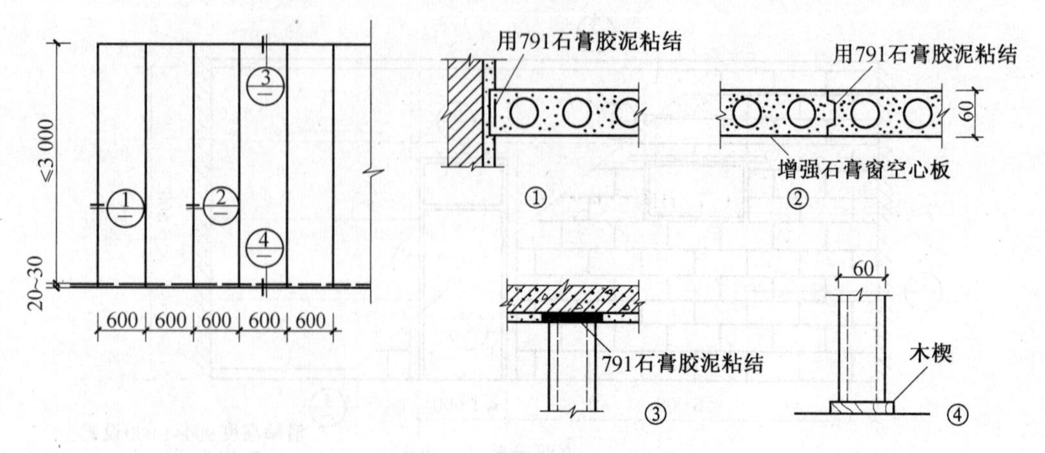

图 3.29　增强石膏空心条板

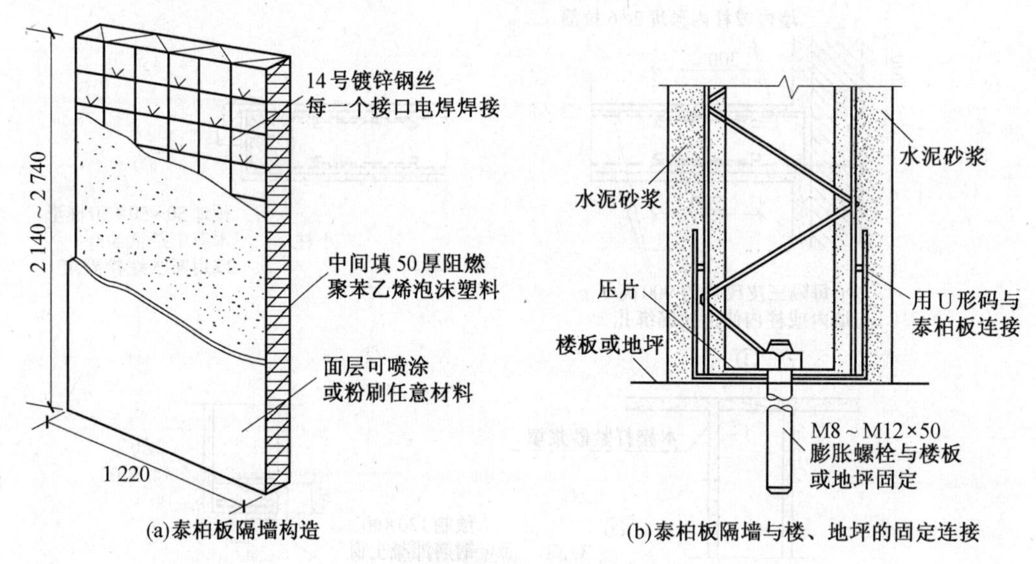

图 3.30　泰柏板隔墙

3.5.3　轻骨架隔墙

轻骨架隔墙由骨架和面层两部分组成，由于是先立墙筋（骨架）后再做面层，因此又称为立筋式隔墙。

1. 骨架

常用的骨架有木骨架和轻钢骨架。

(1)木骨架由上槛、下槛、墙筋、斜撑以及横档组成，上、下槛以及墙筋断面尺寸为(45 ~ 50) mm×(70 ~ 100) mm，斜撑与横档断面相同或略小些，墙筋间距常用 400 mm，横档间距可与墙筋相同，也可适当放大。木骨架板条抹灰面层如图 3.31 所示。木骨架隔墙重量轻，厚度薄，构造简单，施工方便，但是其防水、防潮性能较差，不宜用在潮湿环境。

(2)轻钢骨架是由各种形式的薄壁型钢制成，其主要优点是强度高、刚度大、自重轻、整体性好、易于加工和大批量生产，还可根据需要拆卸和组装。常用的薄壁型钢有 0.8 ~ 1 mm 厚槽钢和工字钢。图 3.32 为一种薄壁轻钢骨架的轻隔墙，其安装过程是先用螺钉将上槛、下槛

(导向骨架)固定在楼板上,上、下槛固定后安装钢龙骨(墙筋),间距为400～600 mm,龙骨上留有走线孔。

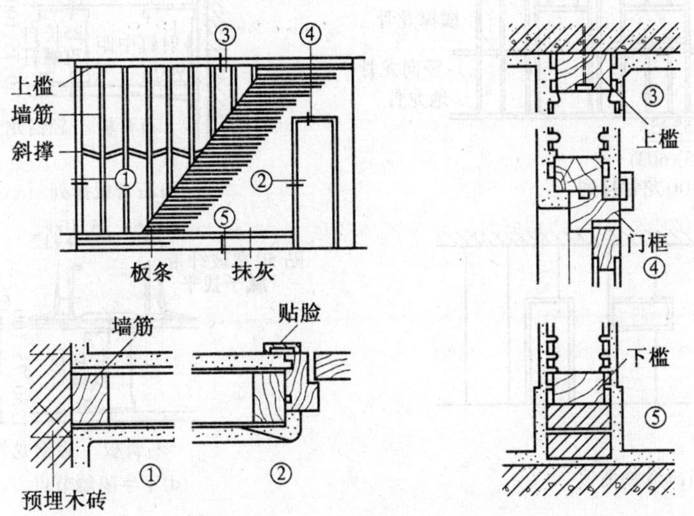

图3.31 木骨架板条抹灰面层

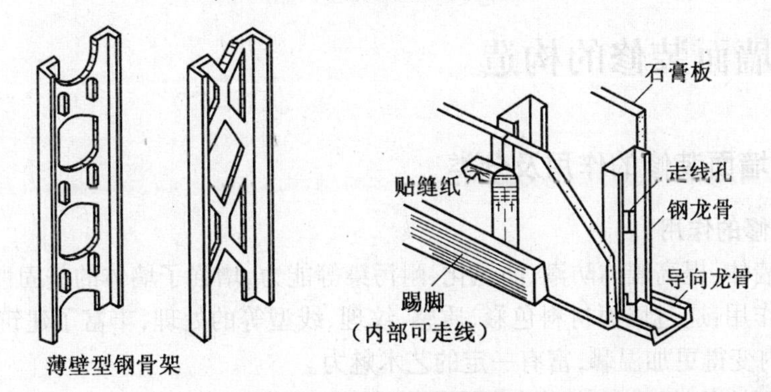

图3.32 薄壁轻钢骨架

2. 面层

轻钢骨架隔墙的面层有抹灰面层和人造板面层。抹灰面层常用木骨架,人造板面层可用木骨架或轻钢骨架。隔墙的名称以面层材料而定。

(1)板条抹灰面层。板条抹灰面层是在木骨架上钉灰板条,然后抹灰,如图3.31所示。

(2)人造板材面层轻钢骨架隔墙。人造板材面层轻钢骨架隔墙的面板多为人造面板,例如胶合板、纤维板、石膏板等。胶合板、硬质纤维板等以木材为原料的板材多用木骨架,石膏面板多用石膏或轻钢骨架,如图3.33所示。它具有自重轻、厚度小、防火、防潮、易拆装、且均为干作业等特点,可直接支撑在楼板上,施工方便、速度快,应用广泛。

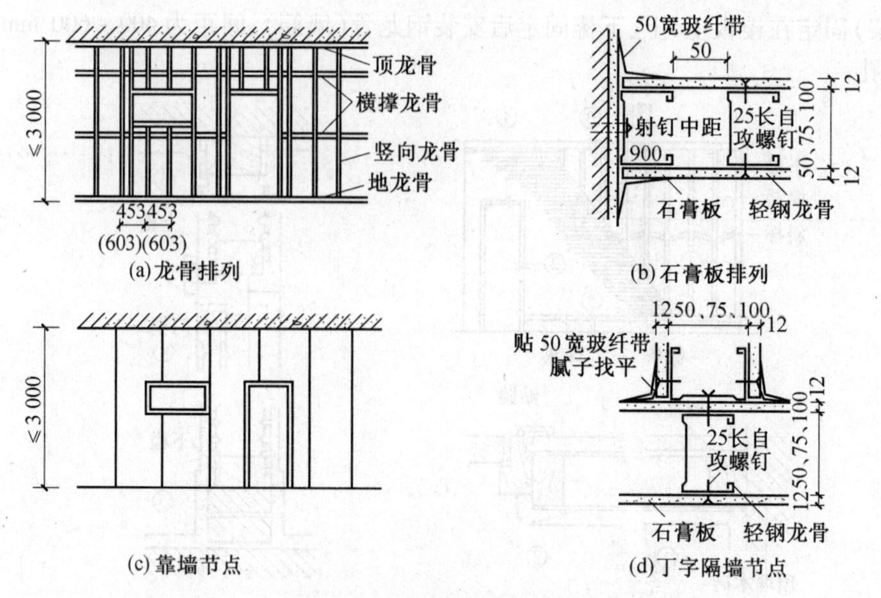

图3.33　轻钢龙骨石膏板隔墙

3.6　墙面装修的构造

3.6.1　墙面装修的作用及分类

1. 墙面装修的作用

(1)保护墙体:提高墙体防潮、防风化、耐污染等能力,增强了墙体的坚固性和耐久性。

(2)装饰作用:通过墙面材料色彩、质感、纹理、线型等的处理,丰富了建筑的造型,改善室内亮度,使室内变得更加温馨,富有一定的艺术魅力。

(3)改善环境条件:满足使用功能的要求。可以改善室内外清洁、卫生条件,增强建筑物的采光、保温、隔热、隔声性能。

2. 墙面装修的分类

墙面装修按所处的位置分室外装修和室内装修;按材料及施工方式分抹灰类、贴面类、涂料类和裱糊类。

3.6.2　墙面装修的构造

1. 抹灰类墙面装修构造

抹灰是我国传统的墙面做法,这种做法材料来源广泛,施工操作简便,造价低,但多为手工操作,工效较低,劳动强度大,表面粗糙,易积灰等。抹灰一般分底层、中层、面层三个层次,如图3.34所示。

(1)抹灰的层次。

1)底层。底层与基层有很好的粘结和初步找平的作用,厚度一般为5~7 mm。当墙体基层为砖、混凝土时,可采用水泥砂浆或混合砂浆打底;当墙体基层为砌块时,可采用混合砂浆打底;当墙体基层为灰条板时,应采用石灰砂浆打底,并在砂浆中掺入适量的麻刀或其他纤维。

2)中层。中层起进一步找平作用,弥补底层因灰浆干燥后收缩出现的裂缝,厚度为5~9 mm。

3)面层。面层主要起装饰美观的作用,厚度为2~8 mm。面层不包括在面层上的刷浆、喷浆或涂料。

(2)抹灰标准。

抹灰按质量要求和主要工序分为3种标准,见表3.2。

普通抹灰适用于简易宿舍、仓库等;中级抹灰适用于住宅、办公楼、学校、旅馆等;高级抹灰适用于公共建筑、纪念性的建筑。

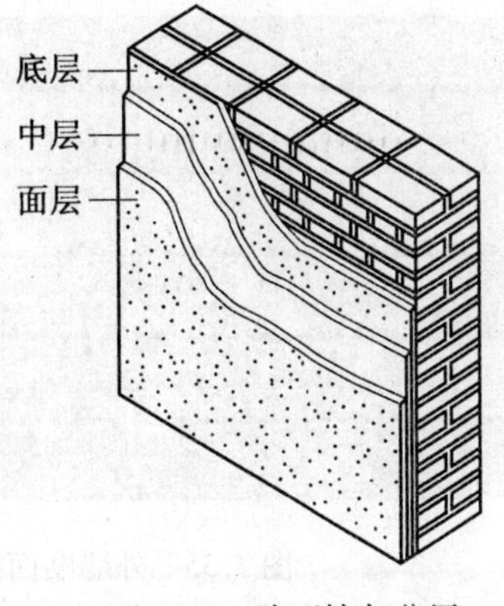

图3.34　墙面抹灰分层

(3)常用抹灰做法。

1)混合砂浆抹灰。用于内墙时,先用15 mm厚1∶1∶6水泥石灰砂浆打底,5 mm厚1∶0.3∶3水泥石灰砂浆抹面。用于外墙时,先用12 mm厚1∶1∶6水泥石灰砂浆打底,再用8 mm厚1∶1∶6水泥石灰砂浆抹面。

2)水泥砂浆抹灰。用于砖砌筑的内墙时,先用13 mm厚1∶3水泥砂浆打底,再用5 mm厚1∶2.5水泥砂浆抹面,压实抹光,然后刷或喷涂料。作为厨房、浴厕等受潮房间的墙裙时,面层用铁板抹光。外墙抹灰时,先用12 mm厚1∶3水泥砂浆打底,再用8 mm厚1∶2.5水泥砂浆抹面。

3)纸筋灰墙抹面。用于砖砌筑的内墙时,先用15 mm厚1∶3水泥砂浆打底,再用2 mm厚纸筋石灰抹面,然后刷或喷涂料。外墙为混凝土墙时,先在基底上刷素水泥浆一道,然后用7 mm厚1∶3∶9水泥石灰砂浆打底,再用7 mm厚1∶3水泥石灰膏砂浆和2 mm厚纸筋石灰抹面,然后刷或喷涂料。若为砌块墙时,先用10 mm厚1∶3∶9水泥石灰砂浆打底,再用6 mm厚1∶3石灰砂浆和2 mm厚纸筋灰抹面,然后刷或喷涂料。

表3.2　抹灰按质量要求和主要工序分类

层次/标准	底灰/层	中灰	面灰/层	总厚度/mm
普通抹灰	1	—	1	≤18
中级抹灰	1	1层	1	≤20
高级抹灰	1	数层	1	≤25

2.贴面类墙面装修构造

(1)面砖。面砖是用陶土或瓷土为原料,压制成形后经烧制而成,如图3.35所示。面砖质地坚固、耐磨、耐污染、装饰效果好,适用于装饰要求较高的建筑。面砖常用的规格有150 mm×150 mm、75 mm×150 mm、113 mm×77 mm、145 mm×113 mm、233 mm×113 mm、265 mm×113 mm等。外墙面粘贴面砖构造如图3.36所示。

图 3.35　外墙贴面砖

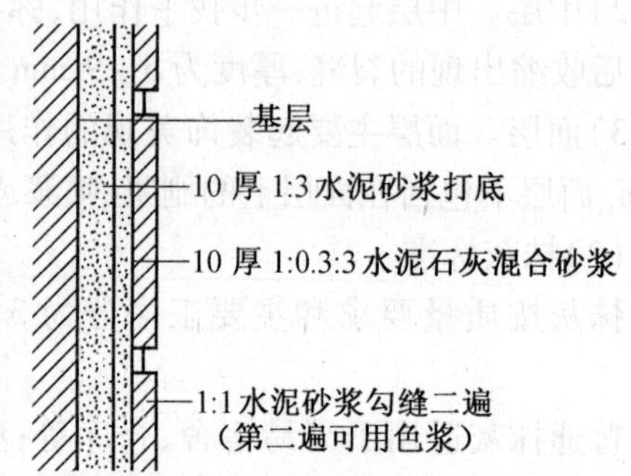

图 3.36　外墙面粘贴面砖构造

面砖铺贴前先将表面清洗干净，然后将面砖放入水中浸泡，贴前取出晾干或擦干。先用 1∶3水泥砂浆打底并刮毛，再用 1∶0.3∶3 水泥石灰砂浆或掺 108 胶的 1∶2.5 水泥砂浆满刮于面砖背面，其厚度不小于 10 mm，贴于墙上后，轻轻敲实，使其与底灰粘牢。面砖若被污染，可用含量为 10% 的盐酸洗涮，并用清水洗净。

(2) 陶瓷锦砖。陶瓷锦砖又称马赛克，是高温烧制的小型块材，表面致密光滑、色彩艳丽、坚硬耐磨、耐酸耐碱，一般不易退色。铺贴时先按设计的图案，用10 mm 厚 1∶2 水泥砂浆将小块的面材贴于基底，待凝后将牛皮纸洗去，再用 1∶1 水泥砂浆擦缝，如图 3.37 所示。

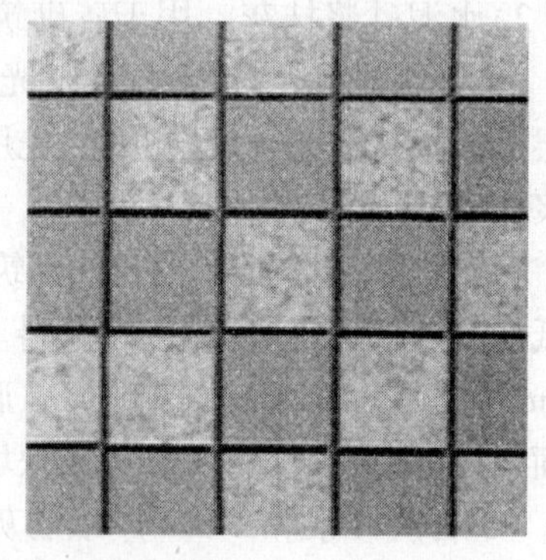

图 3.37　陶瓷锦砖

(3) 花岗岩石板。花岗岩石板结构密实，强度和硬度较高，吸水率较小，抗冻性和耐磨性较好，耐酸碱和抗风化能力较强。花岗岩石板多用于宾馆、商场、银行等大型公共建筑物和柱面装饰，也适用于地面、台阶、水池等，如图 3.38 所示。

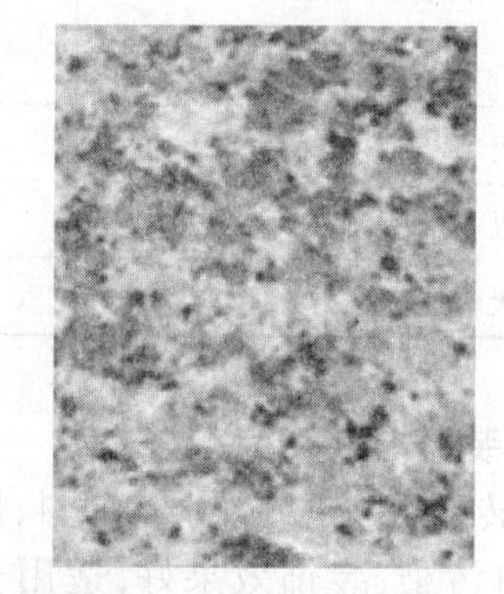

图 3.38　花岗石板

(4) 大理石板。大理石又称云石，表面经磨光加工后，纹理清晰，色彩绚丽，具有很好的装饰性。由于大理石质地软、不耐酸碱，多用于室内装饰的建筑中，如图 3.39 所示。

石板的安装构造有湿贴和干挂两种。干挂做法是先在墙面或柱子上设置钢丝网，并且将钢丝网与墙上锚固件连接牢固，然后将石板用铜丝或镀锌钢丝绑扎在钢丝网上。石板固定好后，在石板与墙或柱间用 1∶3 水泥砂浆或细石混凝土灌注。由于湿贴法施工的天然石板墙面具有基底透色、板缝砂浆污染等缺点，一般情况下常采用干挂的做法。

图 3.39　大理石板

3. 涂料类墙面装修构造

涂料类饰面具有工效高、工期短、材料用量少、自重轻、造价低、维修更新方便等优点，在饰面装修工程中得到较为广泛应用。

涂料分为有机涂料和无机涂料两类。

(1)有机涂料。

有机涂料根据主要成膜物质与稀释不同分为溶剂性涂料、水溶性涂料和乳胶涂料。

1)溶剂性涂料有较好的硬度、光泽、耐水性、耐腐蚀性和耐老化性。但施工时污染环境，涂抹透气性差，主要用于外墙饰面。

2)水溶性涂料不掉粉、造价不高、施工方便、色彩丰富，多用于内外墙饰面。

3)乳胶涂料所涂的饰面可以擦洗、易清洁、装饰效果好。所以乳胶涂料是住宅建筑和公共建筑的一种较好的内外墙饰面材料。

(2)无机涂料。

无机涂料分普通无机涂料和无机高分子涂料。普通无机涂料多用于一般标准的室内装修；无机高分子涂料用于外墙面装修和有擦洗要求的内墙面装修。

4. 裱糊类墙面装修构造

裱糊类墙面饰面装饰性强、造价较经济、施工方法简捷高效、材料更换方便，并且在曲面和墙面转折处粘贴可以顺应基层，可取得连续的饰面效果。

第4章　楼地层构造

4.1　楼板层构造组成

4.1.1　楼板层的构成

楼板层主要由面层、结构层、顶棚层、附加层组成，如图4.1所示。

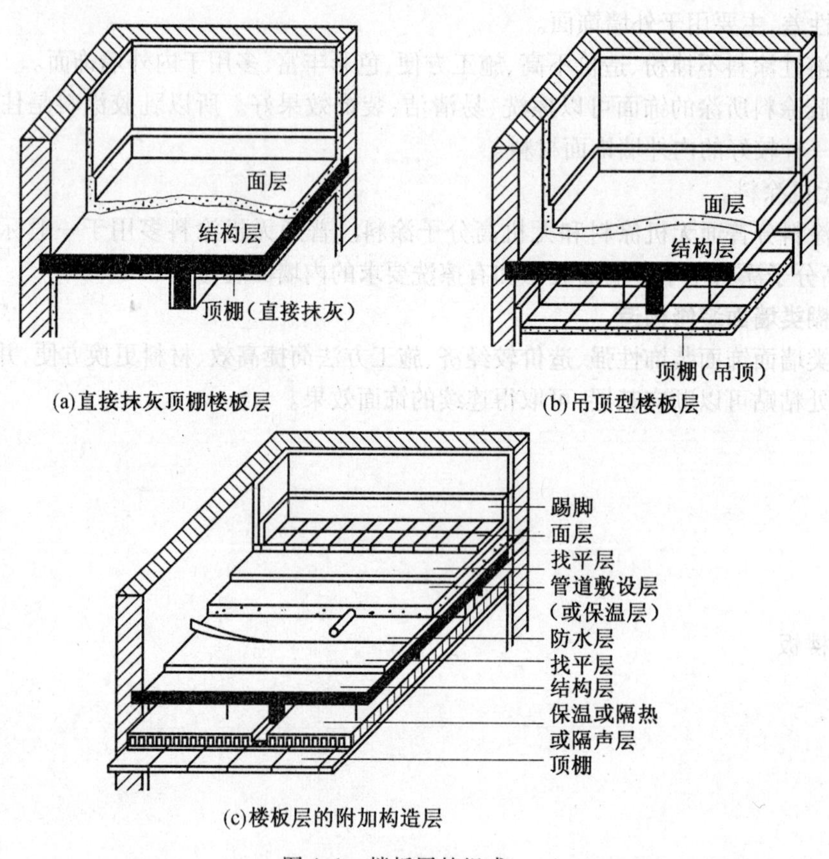

(a)直接抹灰顶棚楼板层　(b)吊顶型楼板层

(c)楼板层的附加构造层

图4.1　楼板层的组成

1. 面层

面层位于楼板层上表面，所以又称为楼面。面层与人、家具设备等直接接触，起着保护楼板、承受并传递荷载的作用，同时对室内有很重要的装饰作用。

2. 结构层

结构层即楼板，是楼板层的承重部分，一般由板或梁板组成。其主要功能是承受楼板层上部荷载，并将荷载传递给墙或柱，同时还对墙身起水平支撑作用，以加强建筑物的整体刚度。

3. 顶棚层

顶棚层位于楼板最下面，也是室内空间上部的装修层，俗称天花板。顶棚主要起到保温、隔声、装饰室内空间的作用。

4. 附加层

附加层位于面层与结构层或结构层与顶棚层之间，根据楼板层的具体功能要求而设置，所以又称为功能层。其主要作用是找平、隔声、隔热、保温、防水、防潮、防腐蚀、防静电等。

4.1.2　楼板的类型

楼板按所用材料不同可分为木楼板、砖拱楼板、钢筋混凝土楼板、压型钢板组合楼板等，如图4.2所示。

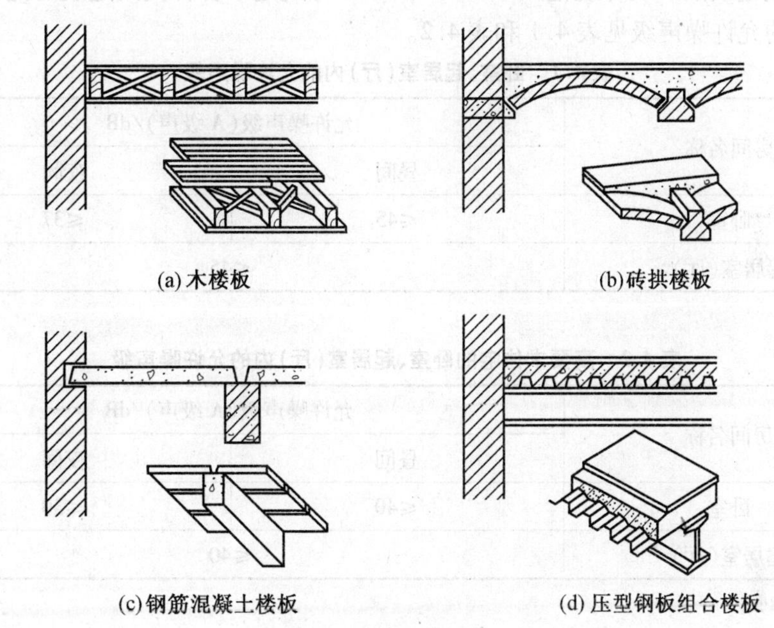

(a) 木楼板　(b) 砖拱楼板

(c) 钢筋混凝土楼板　(d) 压型钢板组合楼板

图4.2　楼板的类型

1. 木楼板

木楼板是在木隔栅上下铺钉木板，并在隔栅之间设置剪力撑以加强整体性和稳定性。木楼板具有构造简单、自重轻、施工方便、保温性能好等特点，但防水、耐久性差，并且木材消耗量大，所以目前应用极少。

2. 砖拱楼板

砖拱楼板是用砖砌或拱形结构来承受楼板层的荷载。这种楼板可以节约钢材、水泥、木材，但自重大，承载能力和抗震能力差，施工较复杂，目前已基本不用。

3. 钢筋混凝土楼板

钢筋混凝土楼板具有强度高、刚度好、耐久又防火，良好的可塑性，便于机械化施工等特点，是目前我国工业与民用建筑中楼板的基本形式。

4. 压型钢板组合楼板

压型钢板组合楼板是在钢筋混凝土楼板基础上发展起来的，利用压型钢板代替钢筋混凝土楼板中的一部分钢筋、模板而形成的一种组合楼板。其具有强度高、刚度大、施工快等优点，但钢材用量较大,是目前正推广的一种楼板。

4.1.3 楼板的设计要求

1. 足够的强度和刚度

强度要求是指楼板应保证在自重和使用荷载作用下安全可靠,不发生任何破坏。刚度要求是指楼板在一定荷载作用下不发生过大变形,保证正常使用。

2. 隔声要求

声音可通过空气传声和撞击传声方式将一定音量通过楼板层传到相邻的上下空间,为避免其造成的干扰,楼板层必须具备一定的隔撞击传声的能力。不同使用性质的房间对隔声要求不同。《民用建筑隔声设计规范》(GB 50118—2010)规定了各种民用建筑的允许噪声级,例如,住宅建筑的允许噪声级见表4.1和表4.2。

表4.1 卧室、起居室(厅)内的允许噪声级

房间名称	允许噪声级(A级声)/dB	
	昼间	夜间
卧室	≤45	≤37
起居室(厅)	≤45	

表4.2 高要求住宅的卧室、起居室(厅)内的允许噪声级

房间名称	允许噪声级(A级声)/dB	
	昼间	夜间
卧室	≤40	≤30
起居室(厅)	≤40	

3. 热工要求

对有一定温度、湿度要求的房间,常在其中设置保温层,使楼板层的温度与室内温度趋于一致,减少通过楼板层造成的冷热损失。

4. 防水防潮要求

对有湿性功能的用房,需具备防潮、防水的能力,以防水的渗漏影响使用。

5. 防火要求

楼板层应根据建筑物耐火等级,对防火要求进行设计,满足防火安全的功能。

6. 设备管线布置要求

现代建筑中,各种功能日趋完善,同时必须有更多管线借助楼板层敷设,为使室内平面布置灵活,空间使用完整,在楼板层设计中应充分考虑各种管线布置的要求。

7. 建筑经济的要求

多层建筑中,楼板层的造价占建筑总造价的20%~30%。因此,楼板层的设计中,在保证质量标准和使用要求的前提下,要选择经济合理的结构形式和构造方案,尽量减少材料消耗和自重,并为工业化生产创造条件。

4.2 钢筋混凝土楼板构造

4.2.1 钢筋混凝土楼板的类型与特点

钢筋混凝土楼板按其施工方法不同,可分为现浇式、预制装配式和装配整体式三种。

1. 现浇式钢筋混凝土楼板

现浇钢筋混凝土楼板是施工现场按支模、扎筋、浇灌振捣混凝土、养护等施工程序而成型的楼板结构。由于是现场整体浇筑成形,结构整体性良好,制作灵活,特别适用于有抗震设防要求的多层房屋和对整体性要求较高的建筑。对平面布置不规则、尺寸不符合模数要求、管线穿越较多和防水要求较高的楼面,应采用现浇式钢筋混凝土楼板。随着高层建筑的日益增多、施工技术的不断革新和工具式钢模板的发展,现浇钢筋混凝土楼板的应用逐渐增多。

2. 预制装配式钢筋混凝土楼板

预制装配式钢筋混凝土楼板是指在构件预制加工厂或施工现场外预先制作,然后运到工地现场进行安装的钢筋混凝土楼板。这种楼板缩短了施工工期,提高了施工机械化的水平,有利于建筑工业化,但是楼板的整体性、防水性、灵活性较差。它适用于平面形状规则、尺度符合建筑模数要求、管线穿越楼板较少的建筑物。

预制钢筋混凝土楼板有预应力和非预应力两种。预应力楼板的抗裂性和刚度均好于非预应力楼板,且板型规整、节约材料、自重轻、造价低。预应力楼板和非预应力楼板相比,可节约钢材30%~50%,节约混凝土10%-30%。

3. 装配整体式钢筋混凝土楼板

装配整体式楼板是先预制部分构件,然后在现场安装,再以整体浇筑其余部分的方法将其连成整体的楼板。它综合了现浇式楼板整体性好和装配式楼板施工简单、工期较短的优点,又避免了现浇式楼板湿作业量大、施工复杂和装配式楼板整体性较差等缺点。

4.2.2 钢筋混凝土楼板的构造

1. 现浇钢筋混凝土楼板

现浇钢筋混凝土楼板按其受力和传力情况可分为板式楼板、梁板式楼板、无梁楼板、钢衬板组合楼板等几种。

(1)板式楼板。

板式楼板是将楼板现浇成一块平板,并直接支撑在墙上。由于采用大规格模板,板底平整,有时顶棚可不另抹灰(模板间混凝土的"缝隙"需打磨平整),是最简单的一种形式,目前采用较多(图4.3),适用于平面尺寸较小的房间及公共建筑的走廊。

板式楼板按受力特点分为单向板和双向板两种,如图4.3所示。当 $l_2/l_1>2$ 时,板上的荷载基本上沿短边传递,这种板称为单向板。当 $l_2/l_1\leq 2$ 时,板上的荷载将沿两个方向传递,这种板称为双向板。

(2)梁板式楼板。

当房间的平面尺寸较大,为使楼板结构的受力与传力较为合理,常在楼板下设梁以增加板的支点,从而减小板的跨度。这样楼板上的荷载是先由板传给梁,再由梁传给墙或柱。这种楼板结构称为梁板式结构,梁有主梁与次梁之分,如图 4.4 所示。梁板式楼板依据其受力特点和支撑情况又可分为单向板、双向板、井式楼板。

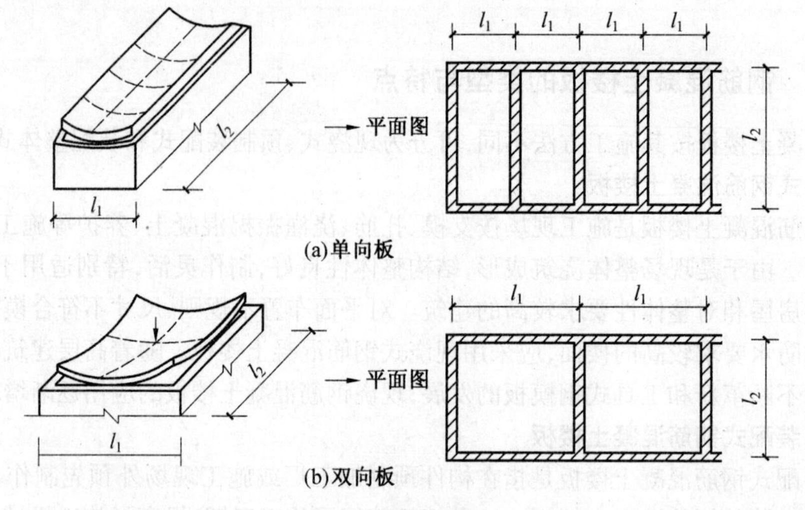

图 4.3　板式楼板

l_1—短边尺寸；l_2—长边尺寸

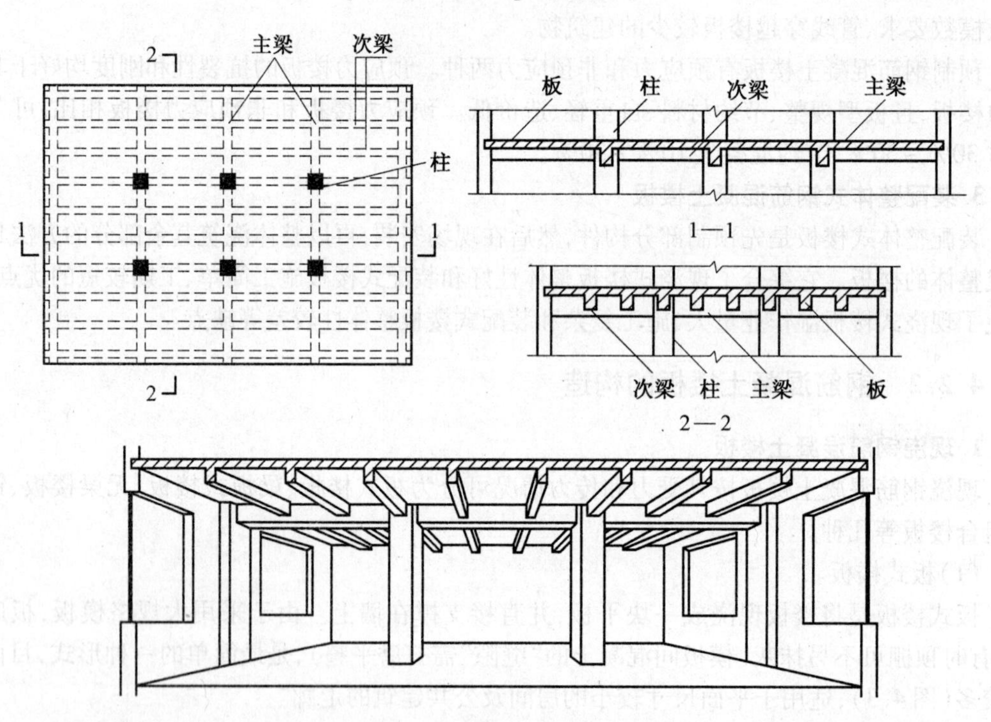

图 4.4　梁板式楼板

1)梁板式楼板结构的经济尺度。梁板式楼板是由板、次梁、主梁组成的,为了更充分地发挥楼板结构的效力,合理选择构件的尺度是至关重要的。通过试验和实践,梁板式楼板的各组成构件经济尺度有如下要求:

梁板式楼板主梁跨度是柱距,一般为 5 ~ 9 m,最大可达 12 m;主梁截面高度依据刚度要求为跨度的 1/14 ~ 1/8;次梁跨度即主梁间距,经济跨度一般为 4 ~ 6 m,次梁截面高度依据刚度要求为跨度的1/18～1/12。梁的截面宽度与高度之比一般为1/3～1/2，其宽度常采用250 mm或300 mm。

板的跨度即次梁(或主梁)的间距，一般为1.7～2.5 m，双向板不宜超过5 m×5 m，板的厚度根据施工和使用要求，一般有如下规定：

单向板时：板厚60～80 mm，一般为板跨的1/35～1/30；民用建筑楼板厚70～100 mm；生产性建筑(工业建筑)的楼板厚80～180 mm，甚至更大。当混凝土强度等级≥C20时，板厚可减少10 mm，但不得小于60 mm。

双向板时：板厚为80～160 mm，一般为板跨的1/40～1/35。

2)楼板的结构布置。结构布置是对楼板的承重构件合理的安排，使其受力合理，并与建筑设计协调。在结构布置中，首先考虑构件的经济尺度，以确保构件受力的合理性；当房间的尺度超过构件的经济尺度时，可在房间增设柱子作为主梁的支点，使其尺度在经济跨度范围之内。其次，构件的布置根据建筑的平面尺寸使主梁尽量沿支点的跨度方向布置，次梁则与主梁方向垂直。当房间的形状为方形且跨度在10 m或10 m以上时，可沿两个方向等间距布置等截面的梁，形成井格形梁板结构，这种楼板称为井式楼板或井字梁式楼板。井式楼板可与墙体正交放置或斜交放置，如图4.5所示。井式楼板底部的井格整齐划一，很有规律，具有较好的装饰效果，可以用于较大的无柱空间，例如门厅、大厅、会议室、餐厅、小型礼堂、舞厅等。

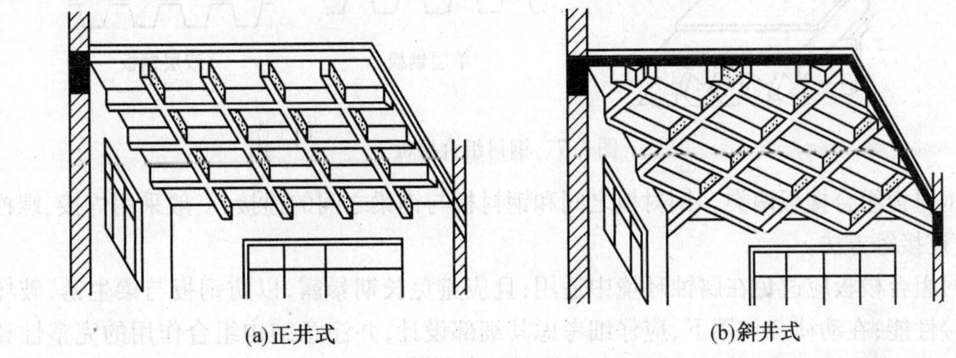

图4.5 井式楼板

(3)无梁楼板。

无梁楼板是将板直接支撑在柱和墙上，不设梁的楼板。无梁楼板分为有柱帽和无柱帽两种。当荷载较大时，为避免楼板太厚，应采用有柱帽无梁楼板，如图4.6所示。无梁楼板的网柱一般采用间距不大于6 m的方形网格，板厚不小于120 mm。无梁楼板具有顶棚平整、净空高度大、采光通风条件较好、施工简便等优点，但楼板厚度较大，适用于楼板上活荷载较大的商店、书库、仓库等荷载较大的建筑。

(4)钢衬组合楼板。

钢衬组合楼板是利用压型钢衬板(分单层、双层)与现浇钢筋混凝土一起支撑在钢梁上形成的整体式楼板结构，如图4.7所示，主要用于大空间的高层民用建筑或大跨度工业建筑。由于压型钢板作为混凝土永久性模板，简化了施工程序，加快了施工进度。压型钢板的肋部空间可用于电力管线的穿设，还可以在钢衬板底部焊接架设悬吊管道、吊顶棚的支托等，从而可充分利用楼板结构所形成的空间。但由于钢衬板组合楼造价较高，所以目前在我国较少采用。

钢衬板组合楼板由楼面层、组合板和钢梁三部分组成。构造形式有单层钢衬板组合楼板

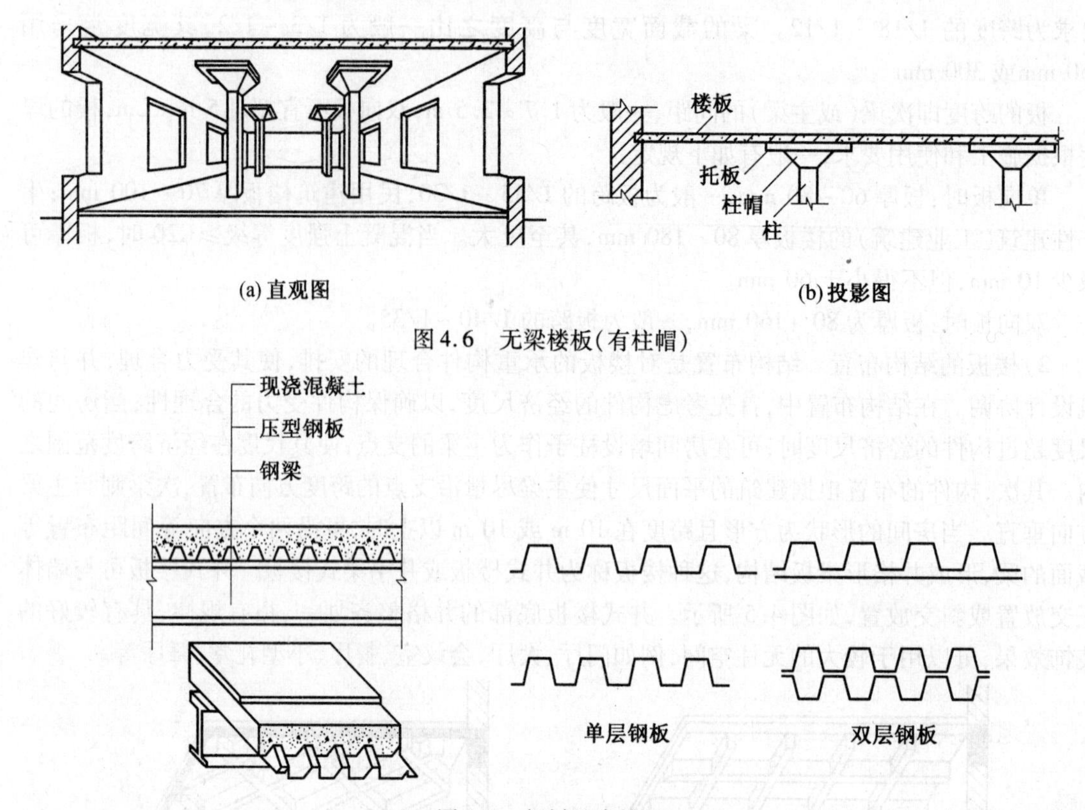

图4.6 无梁楼板(有柱帽)

图4.7 钢衬组合楼板

和双层钢衬板组合楼板两类。钢衬板之间和钢衬板与钢梁之间的连接,一般采用焊接、螺栓连接、铆钉连接等方法。

钢衬组合模板应避免在腐蚀环境中适用;且应避免长期暴露,以防钢板与梁生锈,破坏结构的连接性能;在动荷载作用下,应仔细考虑其细部设计,并注意结构组合作用的完整性和共振问题。

2. 预制装配式钢筋混凝土楼板

由于预制楼板的整体性差,抗震能力比现浇钢筋混凝土楼板低,因此必须采取板缝处理、搁置、连接等一系列构造措施来加强预制楼板的整体性,由于构造复杂,目前工程很少采用。

3. 装配整体式钢筋混凝土楼板

预制薄板叠合楼板是装配整体式钢筋混凝土楼板之一,以预制薄板为永久模板来承受施工荷载,板面现浇混凝土叠合层,所有楼板层中的管线均预先埋在叠合层内,现浇层内只需配置少量承受支座负弯矩的钢筋。预制薄板底面平整,作为顶棚可直接喷浆或铺贴其他装饰材料。叠合楼板跨度大、厚度小、自重减少、可节约模板并降低造价。目前,广泛用于住宅、旅馆、学校、办公楼、医院以及仓库等建筑中。但不适用于有振动荷载的建筑中。

叠合楼板跨度一般为4~6 m,最大可达9 m,以5.4 m以内较为经济。预制预应力薄板板厚为50~70 mm,板宽为1 100~1 800 mm。为使预制薄板与现浇叠合层牢固地结合在一起,可将预制薄板的板面做适当处理,如板面刻凹槽、设置梁肋或板面露出较规则的三角形状的结合钢筋等,如图4.8所示。

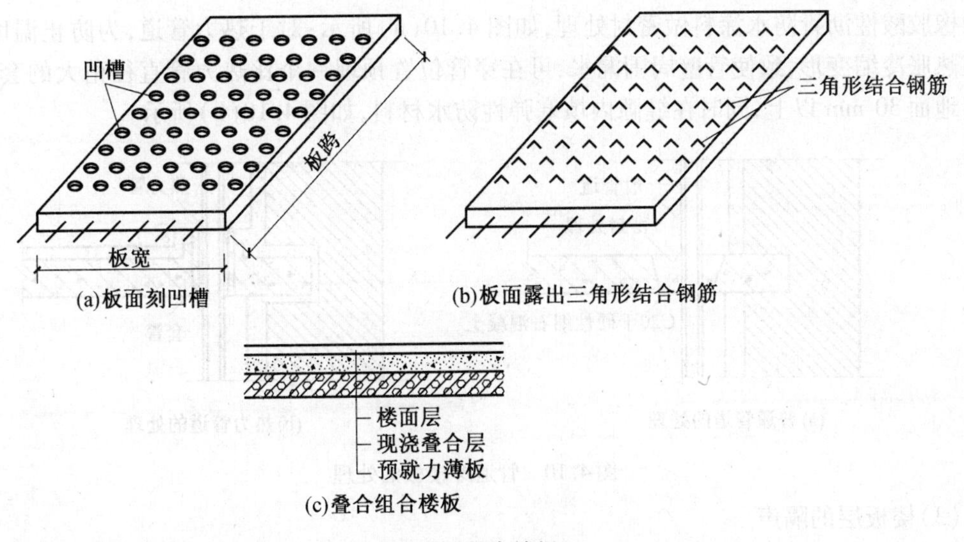

(a)板面刻凹槽　(b)板面露出三角形结合钢筋

(c)叠合组合楼板

图4.8　叠合楼板

4.楼板层的细部构造

(1)楼板层的防水与排水。

1)楼面排水。有水浸蚀的房间(例如厨房、卫生间等),为便于排水,地面应设置一定坡度坡向置地漏,地面排水坡度一般为1%~1.5%。为防止积水外溢,影响其他房间的使用,有水房间的地面标高应比周围其他房间或走廊低20~30 mm,若不能实现此标高差时,也可在门口做高为20~30 mm的门槛,以防水多时或地漏不畅通时积水外溢,如图4.9所示。

2)楼层防水。对于有水的房间,其结构层以现浇钢筋混凝土楼板为好。面层也宜采用水泥砂浆、水磨石地面或贴缸砖、瓷砖、陶瓷锦砖等防水性能好的材料。并在楼板结构层与面层之间设置一道防水层,例如卷材防水层、防水砂浆防水层和涂料防水层等。当遇到门时,其防水层应铺出门外至少250 mm,如图4.9(a)、(b)所示。为防止水沿房间四周侵入墙身,应将防水层沿房间四周边向上伸入踢脚线内100~150 mm,如图4.9(c)所示。

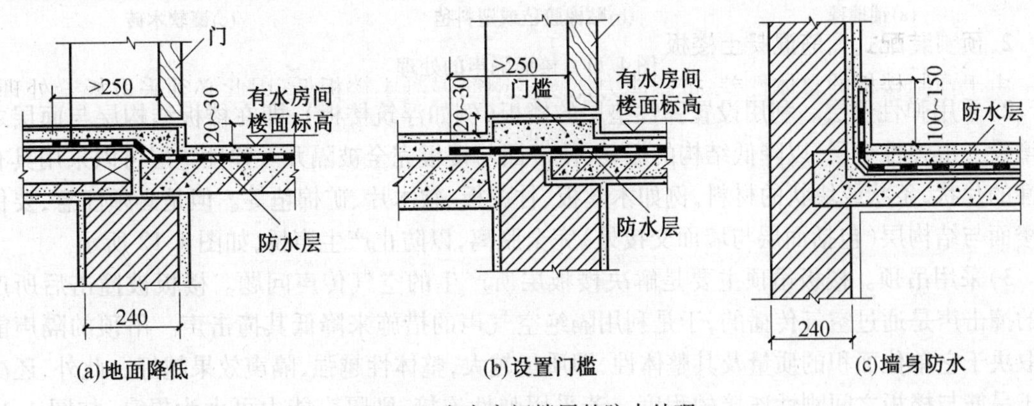

(a)地面降低　(b)设置门槛　(c)墙身防水

图4.9　有水房间楼层的防水处理

(2)立管穿楼板构造。

竖向管道穿越的地方是楼层防水的薄弱环节。穿楼板普通立管的防水处理,可在管道穿楼板处用C20干硬性细石混凝土振捣密实,管道上焊接方形止水片埋入混凝土中,再用两布两油橡胶酸性沥青防水涂料做密封处理,如图4.10(a)所示;对于热力管道,为防止温度变化出现热胀冷缩变形,致使管壁周围漏水,可在穿管位置预埋一个比热力管直径稍大的套管,且高出地面30 mm以上,同时在缝隙内填塞弹性防水材料,如图4.10(b)所示。

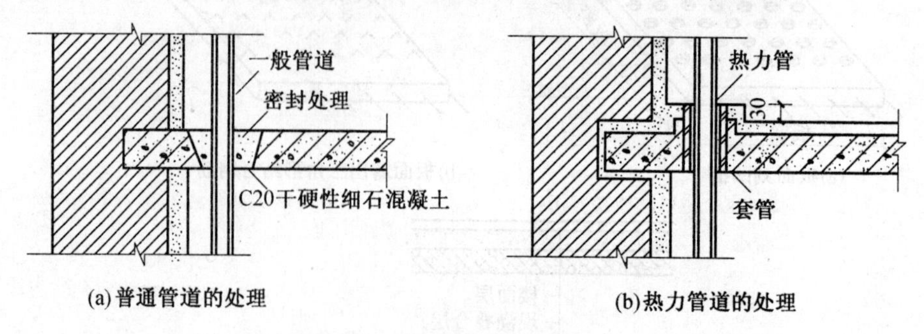

(a)普通管道的处理　(b)热力管道的处理

图4.10　管道穿楼板的处理

(3)楼板层的隔声。

噪声通常是指由各种不同强度、不同频率的声音混杂在一起的嘈杂声,强烈的噪声对人们的健康和工作有很大的影响。噪声一般以空气传声和撞击传声两种方式进行传递。

在无特殊隔声要求的建筑中,一般只考虑楼上人的脚步声,拖动家具、撞击物体所产生的噪声的处理。因此,楼板层的隔声构造主要是针对撞击传声而设计的。若要降低撞击传声的声级,首先应对振源进行控制,然后是改善楼板层隔绝撞击声的性能,通常可以从以下三方面考虑:

1)采用弹性面层。在楼面上铺设富有弹性的材料,例如地毯、橡胶地毡、塑料地毡、软木板等,以降低楼板本身的振动,减弱撞击声声能。采用这种措施,效果是比较理想的,如图4.11所示。

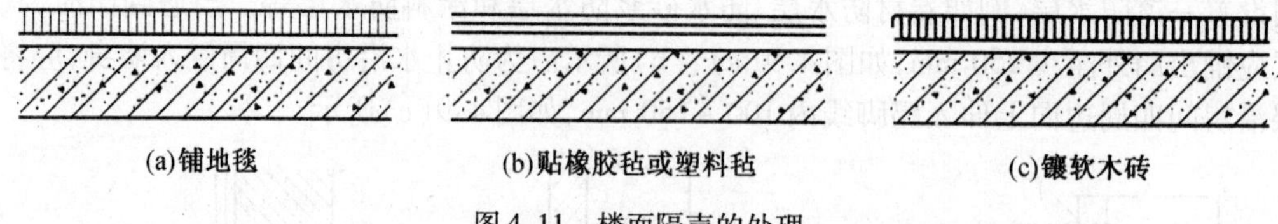

(a)铺地毯　(b)贴橡胶毡或塑料毡　(c)镶软木砖

图4.11　楼面隔声的处理

2)采用弹性垫层。利用设置弹性垫层的楼板(例如浮筑楼板),即在楼板结构层与面层之间增设一道弹性垫层,以降低结构的振动,使楼面与楼板完全被隔开。弹性垫层可以采用具有弹性的片状、条状或块状的材料,例如木丝板、甘蔗板、软木片、矿棉毡等。但是必须注意,要保证楼面与结构层(包括面层与墙面交接处)完全脱离,以防止产生声桥,如图4.12所示。

3)采用吊顶。楼板吊顶主要是解决楼板层所产生的空气传声问题。楼板被撞击后所产生的撞击声是通过空气传播的,于是利用隔绝空气声的措施来降低其撞击声。吊顶的隔声能力取决于它单位面积的质量及其整体性,即质量越大,整体性越强,隔声效果越好。此外,还决定于吊筋与楼板之间刚性连接的程度。若采用弹性连接,则隔声能力可大为提高,如图4.13所示。

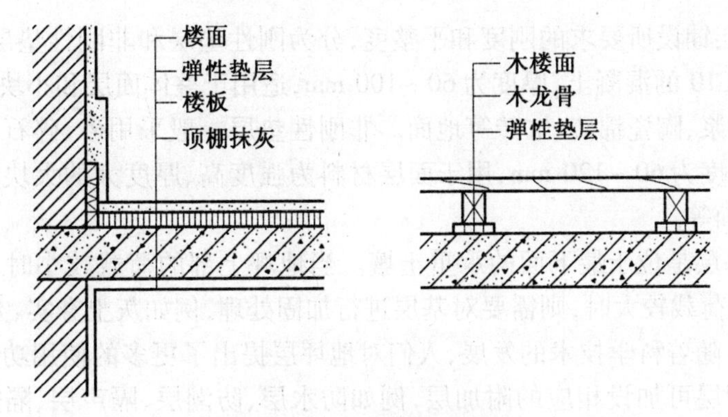

图 4.12　浮筑楼板隔声

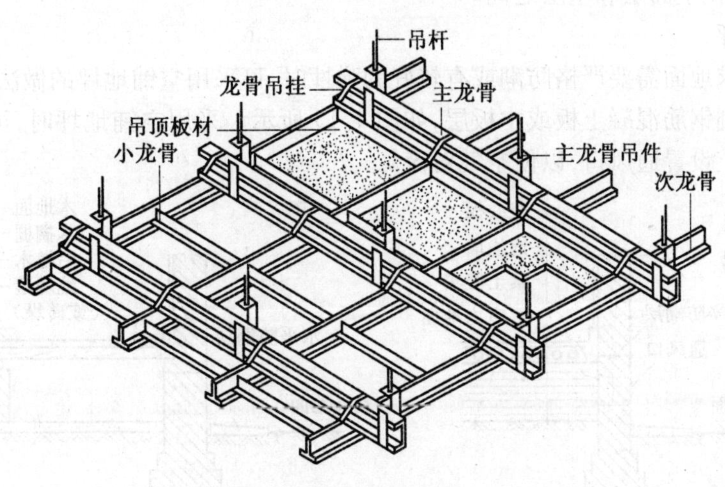

图 4.13　利用吊顶隔声

4.3　地坪层与楼地面的构造

4.3.1　地坪层的构造

地坪层按其与土壤之间的关系分为实铺地坪和空铺地坪。

1. 实铺地坪

实铺地坪一般由面层、垫层、基层三个基本层次组成，如图 4.14 所示。由于实铺地坪构造简单，坚固、耐久，所以在建筑工程中应用广泛。

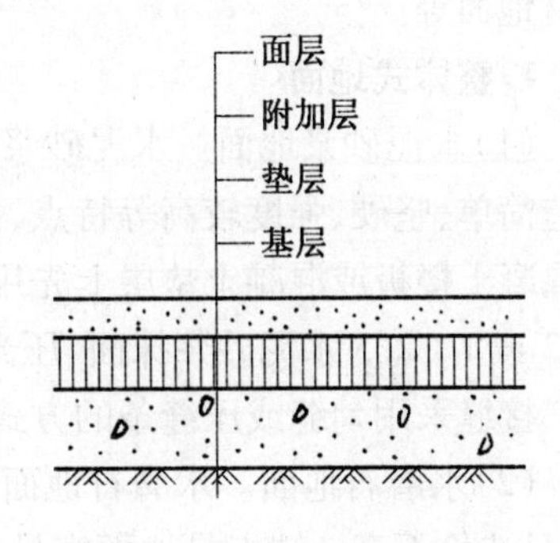

图 4.14　实铺地坪构造

(1)面层。面层属于表面层，是人们生活、工作、学习时直接接触的地面层，直接接受各种物理和化学的作用，应满足坚固、耐磨、平整、光洁、不起尘、易于清洗、防水、防火、有一定弹性等使用要求。地坪层一般以面层所用的材料来命名。

(2)垫层。垫层是位于基层和面层之间的过渡层，其作用是满足面层铺设所要求的刚度和平整度，分为刚性垫层和非刚性垫层。刚性垫层一般采用强度等级为 C10 的混凝土，厚度为 60 ~ 100 mm，适用于整体面层和小块料面层的地坪中，如水磨石、水泥砂浆、陶瓷锦砖、缸砖等地面。非刚性垫层一般采用砂、碎石、三合土等散粒状材料夯实而成，厚度为 60 ~ 120 mm，用于面层材料为强度高、厚度大的大块料面层地坪中，例如预制混凝土地面等。

(3)基层。基层是位于最下面的承重土壤。当地坪上部的荷载较小时，一般采用素土夯实；当地坪上部的荷载较大时，则需要对基层进行加固处理，例如灰土夯实、夯入碎石等。

(4)附加层。随着科学技术的发展，人们对地坪层提出了更多的使用功能上的要求，为满足这些要求，地坪层可加设相应的附加层，例如防水层、防潮层、隔声层、隔热层、管道敷设层等，这些附加层位于面层和垫层之间。

2. 空铺地坪

当房间要求地面需要严格防潮或有较好的弹性时，可采用空铺地坪的做法，即在夯实的地垅墙上铺设预制钢筋混凝土板或木板层，如图 4.15 所示。采用空铺地坪时，可以在外墙勒脚部位及地垅墙上设置通风口，以便空气对流。

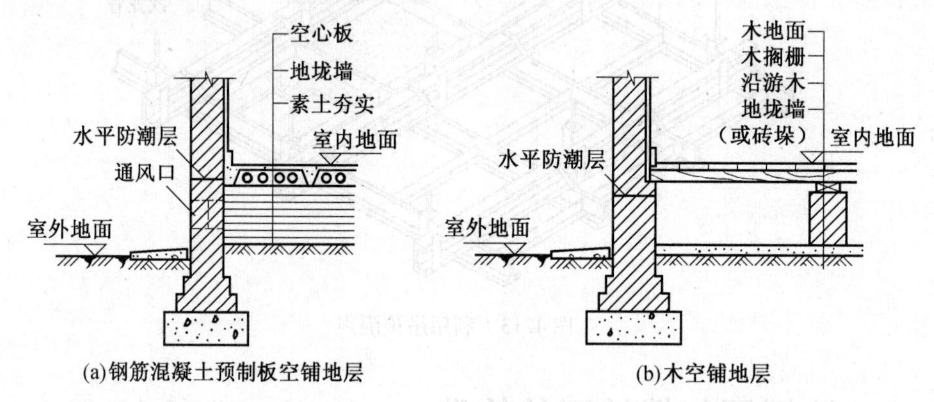

图 4.15　空铺地坪

4.3.2　楼地面的构造

按楼地面所用的材料和施工方式的不同，地面常用的构造类型有整体式地面、块料地面和卷材地面等。

1. 整体式地面

(1)水泥砂浆地面。水泥砂浆楼地面如图 4.16 所示，是普遍使用的一种低档地面，具有构造简单、坚硬、强度较高等特点，但容易起灰，无弹性、热工性较差、色彩灰暗。其做法是在钢筋混凝土楼板或混凝土垫层上先用 15 ~ 20 mm 厚 1 : 3 水泥砂浆打底找平，再用 5 ~ 10 mm 厚 1 : 2 或 1 : 2.5 水泥砂浆抹面、压光。表面可作抹光面层，也可做成有纹理的防滑水泥砂浆地面。接缝采用勾缝或压缝条的方式。

(2)水磨石地面。水磨石地面如图 4.17 所示，表面平整光滑、耐磨易清洁、不起灰、耐腐蚀，且造价不高。缺点是地面容易产生泛湿现象、弹性差、有水时容易打滑，施工较复杂，适用于公共建筑的室内地面。现浇水磨石地面做法是先用 10 ~ 15 mm 厚 1 : 3 水泥砂浆在钢筋混凝土楼板或混凝土垫层上做找平层，然后在其上用 1 : 1 水泥砂浆固定分格条，再用 10 ~

15 mm厚(1∶1.5～1∶2.5)水泥石子砂浆做面层,经研磨清洗上蜡而成。分格条可以采用钢条、玻璃条、铜条、塑料条或铝合金条。

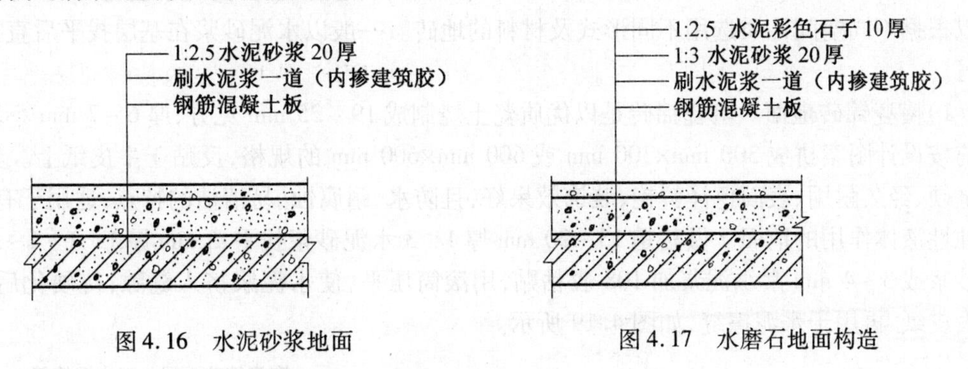

图4.16　水泥砂浆地面　　图4.17　水磨石地面构造

2. 块料地面

块料地面是指以陶瓷地砖、陶瓷锦砖、缸砖、水泥砖以及各类预制板块、大理石板、花岗岩石板、塑料板块等板材铺砌的地面。其特点是花色品质多样,经久耐用,防火性能好,易于清洁,且施工速度快,湿作业量少,因此被广泛应用于建筑中的各类房间。但是此类地面属于刚性地面,弹性、保温、消声等性能较差,造价较高。

(1)大理石、花岗岩石材地面。

花岗岩石材分天然石材和人造石材两种,具有强度高、耐腐蚀、耐污染、施工简便等特点,一般用于装修标准较高的公共建筑的门厅、休息厅、营业厅或要求较高的卫生间等房间地面。

天然大理石、花岗岩板规格大小不一,一般为20～30 mm厚。构造做法是在楼板或垫层上抹30 mm厚1∶4～1∶3干硬性水泥砂浆,在其上铺石板,最后用素水泥浆填缝,用于有水的房间时,可以在找平层上做防水层。如为提高隔声效果和铺设暗管线的需要,可在楼板上做厚度60～100 mm轻质材料垫层,如图4.18所示。

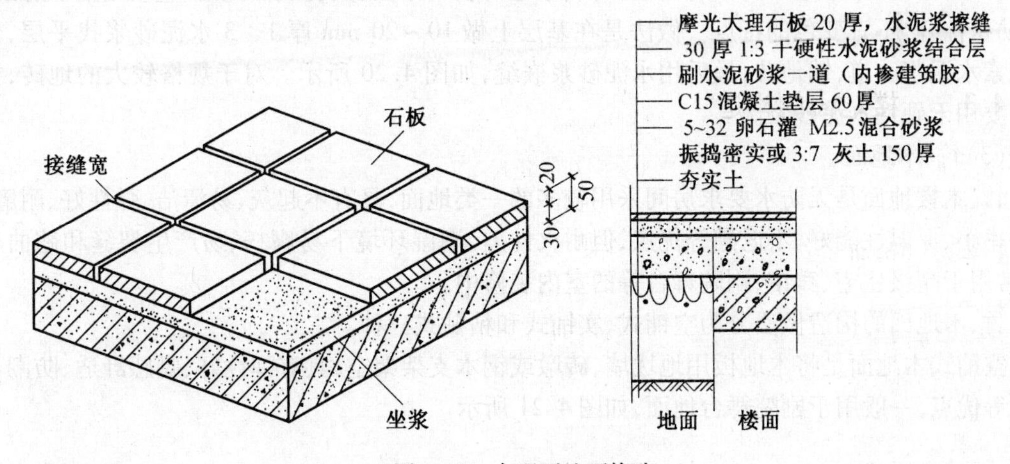

图4.18　大理石地面构造

(2)地砖地面。

用于室内的地砖种类很多,目前常用的地砖材料有陶瓷锦砖、陶瓷地砖、缸砖等,规格大小也不尽相同。具有表面平整、质地坚硬、耐磨、耐酸碱、吸水率小、色彩多样、施工方便等特点,适用于公共建筑及居住建筑的各类房间。

有些材料的地砖还可以做拼花地面。地面的表面质感有的光泽如镜面,也有的凹凸不平,可以根据不同空间性质选用不同形式及材料的地砖。一般以水泥砂浆在基层找平后直接铺装即可。

1)陶瓷锦砖地面。陶瓷锦砖是以优质瓷土烧制成 19 ~25 mm 见方,厚 6 ~7 mm 小块。出厂前按设计图案拼成 300 mm×300 mm 或 600 mm×600 mm 的规格,反贴于牛皮纸上。具有质地坚硬、经久耐用、表面色泽鲜艳、装饰效果好,且防水、耐腐蚀、易清洁的特点,适用于有水、有腐蚀性液体作用的地面。做法是 15 ~20 mm 厚 1∶3 水泥砂浆找平;5 mm 厚 1∶1 ~1∶1.5 水泥砂浆或 3 ~4 mm 素水泥浆加 108 胶粘贴,用滚筒压平,使水泥浆挤入缝隙;待硬化后,用水洗去皮纸,再用干水泥擦缝,如图 4.19 所示。

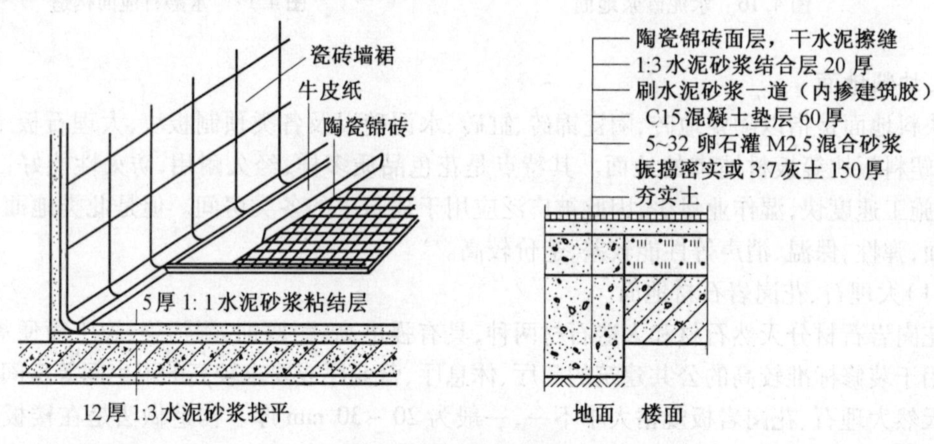

图 4.19　陶瓷锦砖地面

2)陶瓷地砖地面。陶瓷地砖分为釉面和无釉面两种。规格有 600 ~1 200 mm 不等,形状多为方形,也有矩形,地砖背面有凸棱,有利于地砖胶结牢固,具有表面光滑、坚硬耐磨、耐酸耐碱、防水性好、不宜变色的特点。做法是在基层上做 10 ~20 mm 厚 1∶3 水泥砂浆找平层,然后浇素水泥浆一道,铺地砖,最后用水泥砂浆嵌缝,如图 4.20 所示。对于规格较大的地砖,找平层要用干硬性水泥砂浆。

(3)竹、木地面。

竹、木楼地面是无防水要求房间采用较多的一类地面,具有不起灰、易清洁、弹性好、耐磨、热导率小、保温性能好、不返潮等优点,但耐火性差、潮湿环境下易腐朽、易产生裂缝和翘曲变形,常用于高级住宅、宾馆、剧院舞台等的室内装修中。

竹、木地面的构造做法分为空铺式、实铺式和粘贴式三种。

空铺式木地面是将木地板用地垅墙、砖墩或钢木支架架空,具有弹性好、脚感舒适、防潮和隔声等优点,一般用于剧院舞台地面,如图 4.21 所示。

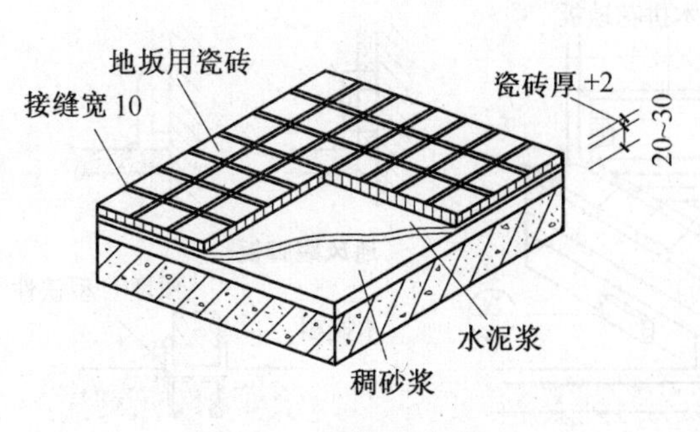

图 4.20　陶瓷地砖地面

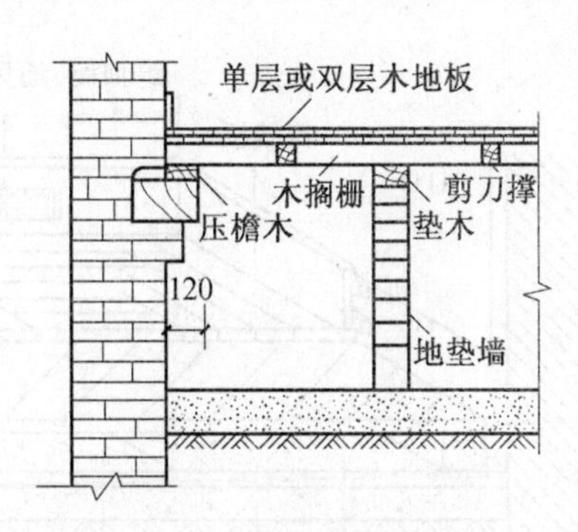

图 4.21　空铺式木地面构造

空铺式木地面做法是在地垄墙上预留 120 mm×190 mm 的洞口,在外墙上预留同样大小的通风口,为防止鼠类等动物进入其内,应加设铸铁通风篦子。木地板与墙体的交接处应做木踢脚板,其高度在 100~150 mm 之间,踢脚板与墙体交接处还应预留直径为 6 mm 的通风洞,间距为 1 000 mm。

实铺式木地面是在结构基层找平层上固定木搁栅,再将硬木地板铺钉在木搁栅上,其构造做法分为单层和双层铺钉。

双层实铺木地面做法是在钢筋混凝土楼板或混凝土垫层内预留 Ω 形铁卡子,间距为 400 mm,用 10 号镀锌钢丝将 50 mm×70 mm 木搁栅与铁鼻子绑扎。搁栅之间设 50 mm×50 mm 横撑,横撑间距 800 mm(搁栅及横撑应满涂防腐剂)。搁栅上沿 45°或 90°铺钉 18~22 mm 厚松木或杉木毛地板,拼接可用平缝或高低缝,缝隙不超过 3 mm。面板背面刷氟化钠防腐剂,与毛板之间应衬一层塑料薄膜缓冲层。

单层做法与双层相同,只是不做毛板一层,如图 4.22(a)、(b)所示。

粘贴式竹、木地面是在钢筋混凝土楼板或混凝土垫层上做找平层。目前多用大规格的复合地板,然后用粘结材料将木地板直接粘贴其上,要求基层平整,如图 4.22(c)所示。具有耐磨、防水、防火、耐腐蚀等特点,是木地板中构造做法最简便的一种。

3. 卷材地面

(1)塑料地毡。

塑料类地毡有油地毡、橡胶地毡、聚氯乙烯地毡等。聚氯乙烯地毡系列是塑料地面中最广泛使用的材料,优点是质量轻、强度高、耐腐蚀、吸水率小、表面光滑、易清洁、耐磨,有不导电和较高的弹塑性能。缺点是受温度影响大,须经常做打蜡维护。聚氯乙烯地毡分为玻璃纤维垫层、聚氯乙烯发泡层、印刷层和聚氯乙烯透明层等。在地板上涂上水泥砂浆底层,等充分干燥后,再用粘结剂将装修材料加以粘贴。

(2)地毯。

地毯可分为天然纤维和合成纤维地毯两类。天然纤维地毯是指羊毛地毯,特点是柔软、温暖、舒适、豪华、富有弹性,但是价格昂贵,耐久性又比合成纤维的差。合成纤维地毯包括丙烯酸、聚丙烯腈纶纤维地毯、聚酯纤维地毯、烯族烃纤维和聚丙烯地毯、尼龙地毯等,按面层织物的织法不同分为栽绒地毯、针扎地毯、机织地毯、编结地毯、粘结地毯、静电植绒地毯等。

地毯铺设方法分为固定与不固定两种,铺设分为满铺和局部铺设。不固定式是将地毯裁边、粘结拼缝成一整片,直接摊铺于地上。固定式则是将地毯四周与房间地面加以固定。固定

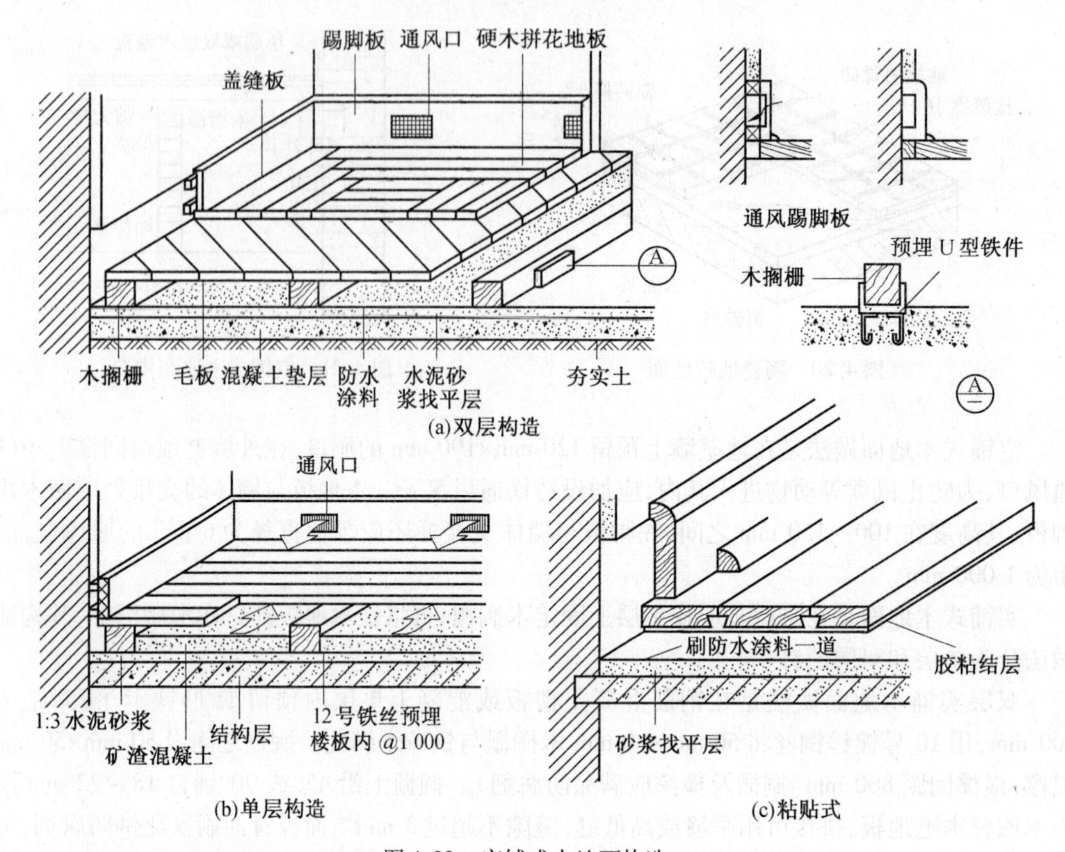

图 4.22　实铺式木地面构造

方法包括以下两种：

1)用施工胶粘剂将地毯的四周与地面粘贴。

2)在房间周边地面上安装木质或金属倒刺板，将地毯背面固定在倒刺板。

4.4　阳台与雨篷的构造

4.4.1　阳台

1. 阳台形式和设计要求

阳台是悬挑于建筑物外墙上并连接室内的室外平台，可以起到观景、纳凉、晒衣、养花等多种作用，是住宅和旅馆等建筑中不可缺少的一部分。阳台按人们室外活动的类型可以分为生活阳台和服务阳台两种。生活阳台设在阳面或主立面，主要供人们休息、活动、晾晒衣物；服务阳台多与厨房相连，主要供人们从事家庭服务操作与存放杂物。阳台按其与外墙面的关系分为挑阳台、凹阳台、半凸半凹阳台和转角阳台，如图 4.23 所示。

为保证阳台在建筑中的作用，阳台应满足下列设计要求：

(1)安全适用。悬挑阳台的挑出长度不宜过大，应保证在荷载的作用下不产生倾覆，以 1 000 ~ 1 500 mm 为宜，1 200 mm 左右最常见。低层、多层住宅阳台栏杆净高不低于 1 050 mm，中高层住宅阳台栏杆净高不低于 1 100 mm。阳台栏杆形式应防坠落(垂直栏杆间

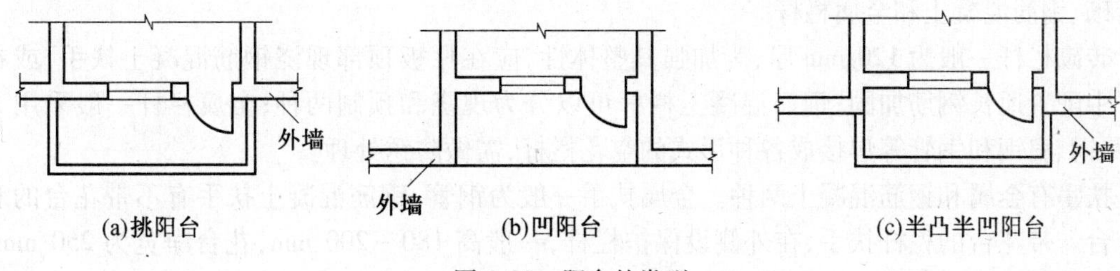

图4.23　阳台的类型

净距不应大于110 mm),为不可攀登式(不设水平分格)。放置花盆处应采取防坠落措施。

(2)坚固耐久。承重结构应采用钢筋混凝土,金属构件应做防锈处理,表面装修应注意色彩的持久性和抗污染性。

(3)排水通畅。非封闭阳台为防止雨水流入室内,要求阳台地面标高低于室内地面标高30~50 mm,并将地面作出5%的排水坡,坡向排水孔,使雨水能顺利排除。

(4)施工方便。尽可能采用现场作业,在施工条件许可的情况下,宜采用大型装配式构件。

(5)形象美观。可以利用阳台的形状、栏杆的排列方式、色彩图案,给建筑物带来一种韵律感,为建筑物的形象增添美感。

2. 阳台结构的支承方式

(1)墙承式如图4.24(a)所示。墙承式是将阳台板直接搁置在墙上,这种支撑方式结构简单,施工方便,多用于凹阳台。

(2)悬挑式。

1)挑板式如图4.24(b)所示。当楼板为现浇楼板时,可选择挑板式。即将房间楼板直接向外悬挑形成阳台板。挑板式阳台板底平整美观,且阳台平面形状可作成半圆形、弧形、梯形、斜三角形等各种形状。挑板厚度不小于挑出长度的1/12。

2)压梁式如图4.24(c)所示。阳台板与墙梁现浇在一起,墙梁可用加大的圈梁代替。阳台板依靠墙梁和梁上的墙体重量来抗倾覆,由于墙梁受扭,所以阳台悬挑不宜过长,一般为1 200 mm左右,并在墙梁两端设拖梁压入墙内,来增加抗倾覆力矩。

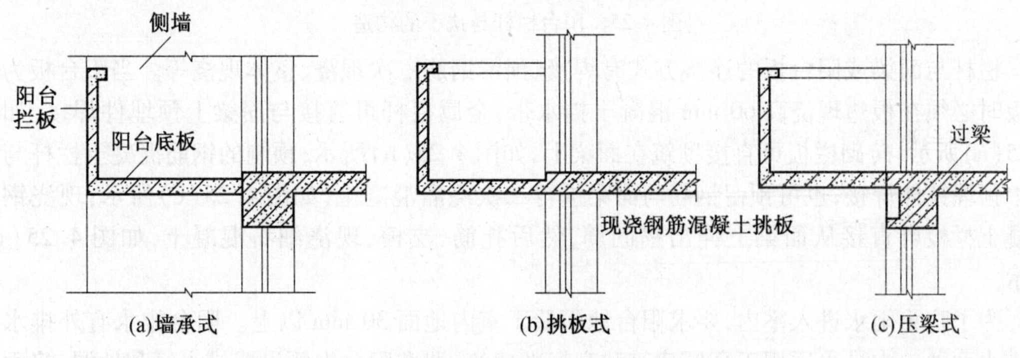

图4.24　阳台结构布置

3. 阳台细部构造

阳台栏杆是阳台外围设备的竖向维护构件,主要是承担人们扶倚的侧向推力,以保障人身安全,还可以对整个建筑物起装饰美化作用。栏杆的形式有实体、空花和混合式,按材料可分为砖砌、钢筋混凝土和金属栏杆。

砖砌栏杆一般为120 mm厚,为加强其整体性,应在栏板顶部现浇钢筋混凝土扶手,或在栏杆中配置通长钢筋加固;钢筋混凝土栏杆可以分为现浇和预制两种;金属栏杆一般采用方钢、圆钢、扁钢和钢管等焊接成各种形式的空花栏杆,需做防锈处理。

扶手有金属和钢筋混凝土两种。金属扶手一般为钢管,钢筋混凝土扶手有不带花台的和带花台。带花台的栏杆扶手,在外侧设保护栏杆,一般高180~200 mm,花台净宽为250 mm,如图4.25(b)、(d)所示;不带花台的栏杆扶手直接用做栏杆压顶,宽度有80 mm、120 mm、160 mm等,如图4.25(c)所示。

栏杆与扶手的连接方式通常有焊接、整体现浇等。扶手与栏杆直接焊接或与栏板上预埋铁件焊接,这种连接方法施工简单,坚固安全,如图4.25(a)所示。将栏杆或栏板内伸出钢筋与扶手内钢筋相连,然后支模现浇扶手为整体现浇,如图4.25(b)、(d)所示。这种做法整体性好,但是施工较复杂。

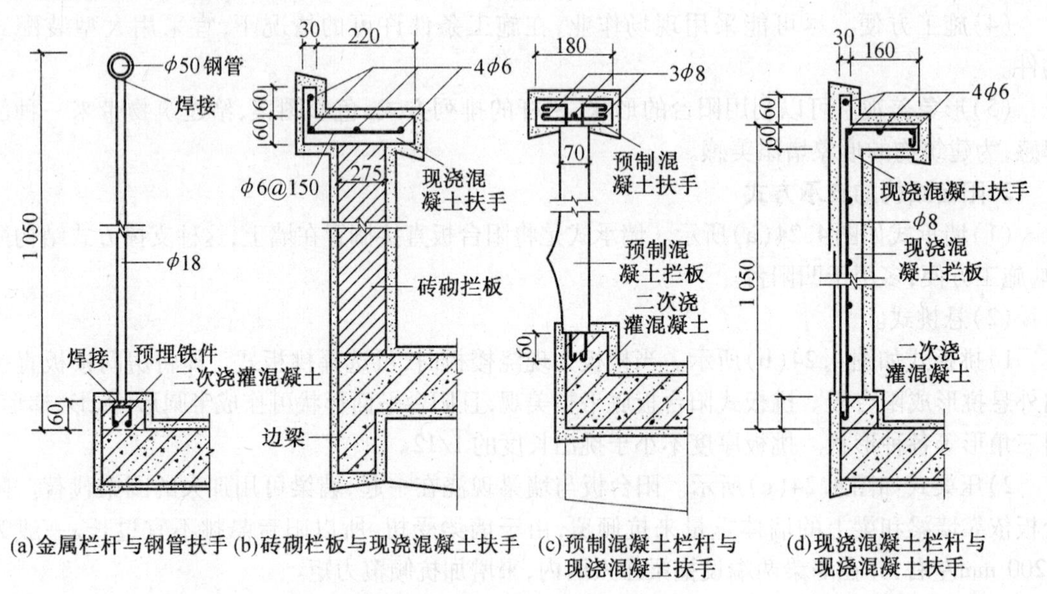

图4.25　阳台栏杆与扶手的构造

栏杆与面梁或阳台板的连接方式有焊接、预留钢筋二次现浇、整体现浇等。当阳台板为现浇板时必须在板边现浇高60 mm混凝土挡水带,金属栏杆可直接与面梁上预埋件焊接,如图4.25(a)所示;砖砌栏板可直接砌筑在面梁上,如图4.25(b)所示;预制的钢筋混凝土栏杆与面梁中预埋铁件焊接,也可预留钢筋与面梁进行二次浇灌混凝土,如图4.25(c)所示;现浇钢筋混凝土栏板可直接从面梁上伸出锚固筋,然后扎筋、支模、现浇细石混凝土,如图4.25(d)所示。

为了防止雨水进入室内,要求阳台地面低于室内地面30 mm以上。阳台排水有外排水和内排水两种。内排水适用于高层建筑和高标准建筑,即在阳台内侧设置排水管和地漏,将雨水经水管直接排入地下管网,如图4.26(a)所示;外排水适用于低层和多层建筑,即在阳台外侧设置泄水管将水排出。泄水管可采用直径40~50 mm镀锌铁管和塑料管,外挑长度不少于80 mm,以防雨水溅到下层阳台,如图4.26(b)所示。

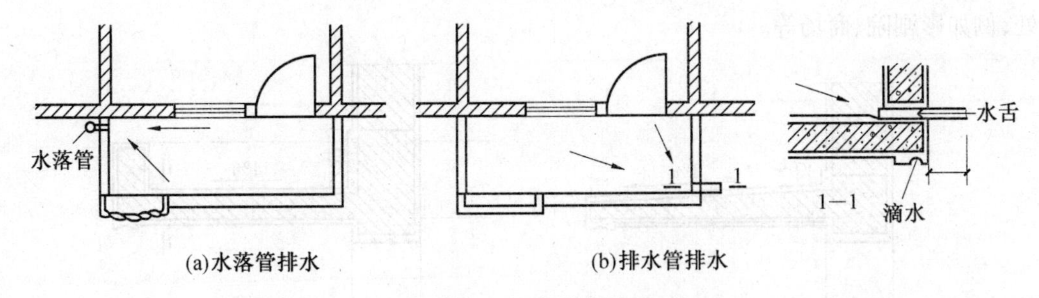

图4.26　阳台排水处理

北方地区阳台多采用封闭式，构造中根据节能要求需做好阳台保温构造，其中顶层阳台雨篷保温构造同屋顶保温做法，除此还要做好阳台隔板保温构造，如图4.27所示。

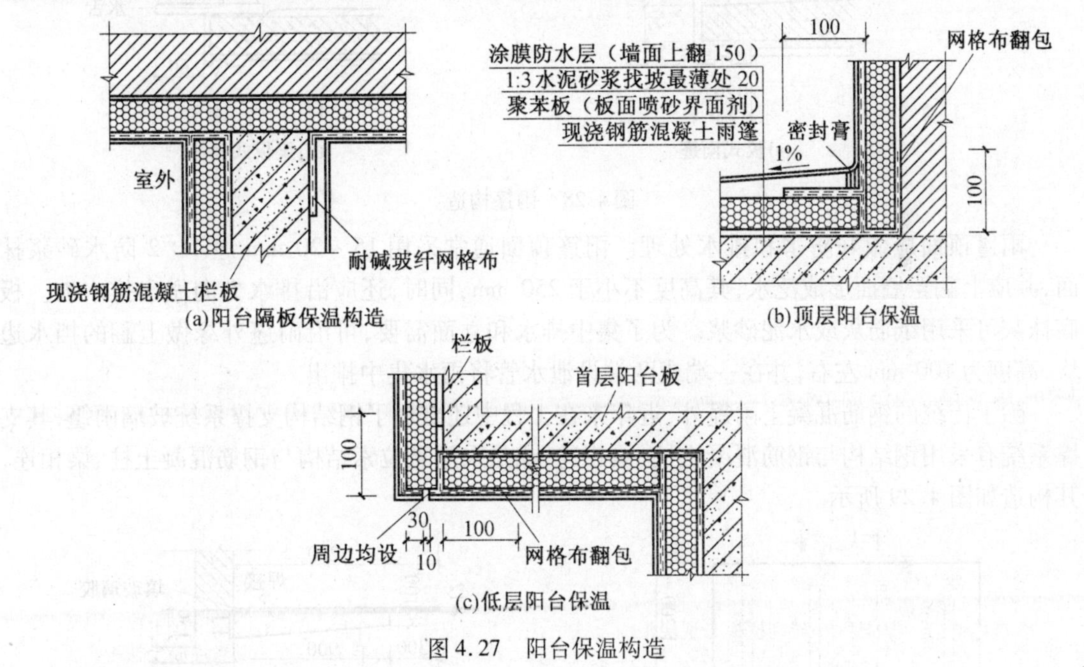

图4.27　阳台保温构造

4.4.2　雨篷

雨篷是建筑物入口处和顶层阳台上部用以遮挡雨水，保护外门免受雨水侵蚀而设计的水平构件。雨篷的支撑方式多为悬挑式，其悬挑长度视建筑设计要求和结构计算的结果而定。大型雨篷下常加立柱形成门廊。雨篷按结构形式不同，可以分为板式和梁板式两种。为防止雨篷产生倾斜，常将雨篷与入口处门上过梁或圈梁现浇在一起。

1. 板式雨篷

板式雨篷多做成变截面形式，板根部厚度不小于挑出长度的1/12且不小于70 mm，板端部厚度不小于50 mm。板式雨篷外挑长度一般为0.9～1.5 m，雨篷宽度比门洞每边宽250 mm，如图4.28(a)所示。

2. 梁板式雨篷

梁板式雨篷为使其底面平整，常采用翻梁形式，如图4.28(b)所示。当雨篷外伸尺寸较大时，其支撑方式可采用立柱式，即在入口两侧设柱支撑雨篷，形成门廊。多用在长度较大的入口处,例如影剧院、商场等。

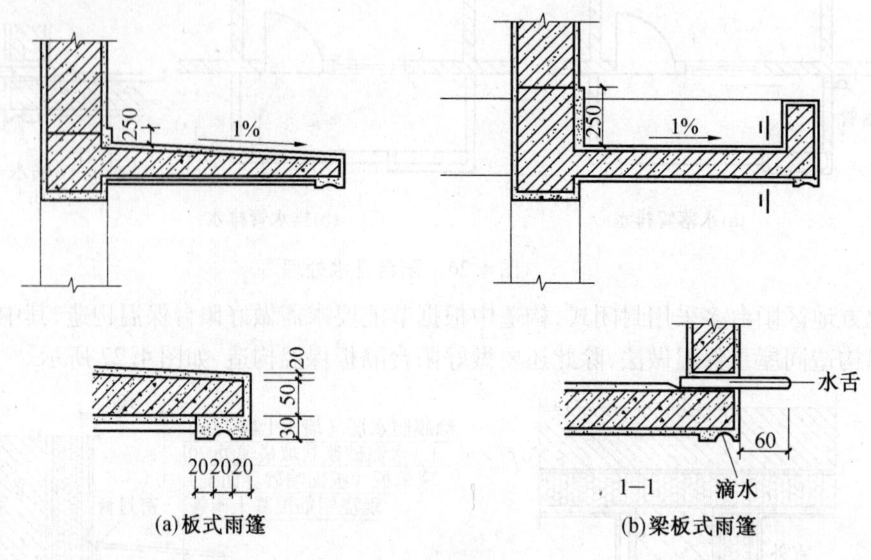

图 4.28　雨篷构造

雨篷顶面应做好防水和排水处理。雨篷顶面通常采用 15 ~ 20 mm 厚 1 : 2 防水砂浆抹面,并应上翻至墙面形成泛水,其高度不小于 250 mm,同时,还应沿排水方向做出排水坡。板底抹灰可采用纸筋灰或水泥砂浆。为了集中排水和立面需要,可沿雨篷外缘做上翻的挡水边坎,高度为 100 mm 左右,并在一端或两端设泄水管将雨水集中排出。

除了传统的钢筋混凝土雨篷外,近年来在工程中还出现了钢结构支撑系统玻璃雨篷,其支撑系统有采用钢结构与钢筋混凝土柱、梁相连,或是采用悬拉索结构与钢筋混凝土柱、梁相连,其构造如图 4.29 所示。

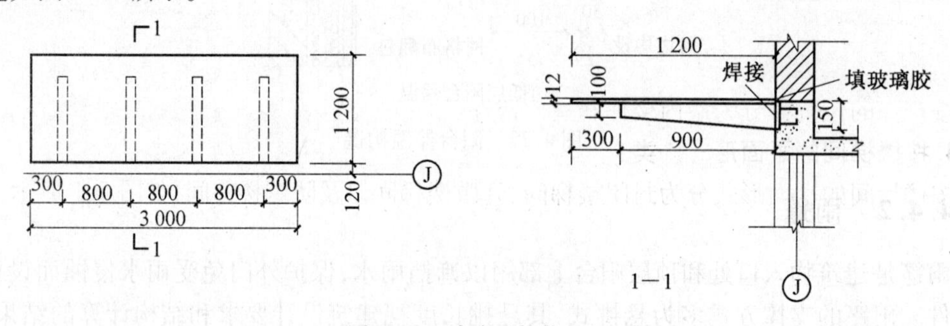

图 4.29　玻璃雨篷构造

第5章　楼梯构造

5.1　楼梯类型及组成

楼梯是房屋建筑中上、下层之间垂直交通设施。楼梯在数量、位置、形式、宽度、坡度和防火性能等方面应满足使用方便和安全疏散的要求。尽管许多建筑日常的竖向交通主要依靠电梯、自动扶梯等设备，但是楼梯作为安全通道是建筑不可缺少的构件。

5.1.1　楼梯的类型

1. 按楼梯的材料分类

按楼梯的材料可分为木楼梯、钢筋混凝土楼梯、钢楼梯、组合材料楼梯等。

(1)木楼梯。木楼梯的防火性能较差，施工中需作防火处理，目前很少采用。

(2)钢筋混凝土楼梯。钢筋混凝土楼梯有现浇和装配式两种，它的强度高，耐久和防火性能好，可塑性强，可满足各种建筑使用要求，目前被普遍采用。

(3)钢楼梯。钢楼梯的强度大，有独特的美感，但是防火性能差，噪声较大。

(4)组合材料楼梯。组合材料楼梯是由两种或多种材料组成，例如钢木楼梯等，它可兼有各种楼梯的优点。

2. 按楼梯的使用性质分类

按楼梯的使用性质可分为主要楼梯、辅助楼梯、疏散楼梯以及消防楼梯。

3. 按楼梯的位置分类

按楼梯的位置可分为室内楼梯和室外楼梯。

4. 按楼梯间的平面形式分类

按楼梯间的平面形式分为封闭楼梯间、开敞楼梯间以及防烟楼梯间，如图5.1所示。

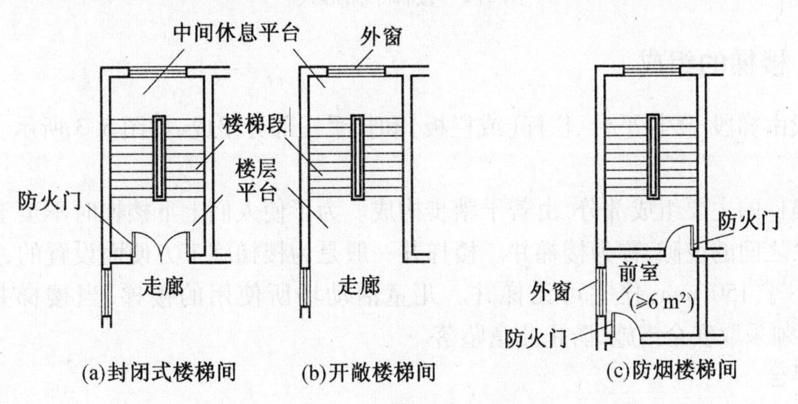

图5.1　楼梯间的平面形式

5. 按楼梯的平面形式分类

按楼梯的平面形式可分为直跑单跑楼梯、直跑双跑楼梯、折角楼梯、双分折角楼梯、三折楼梯、双跑楼梯、双分对折楼梯、交叉楼梯、弧形楼梯等,如图 5.2 所示。

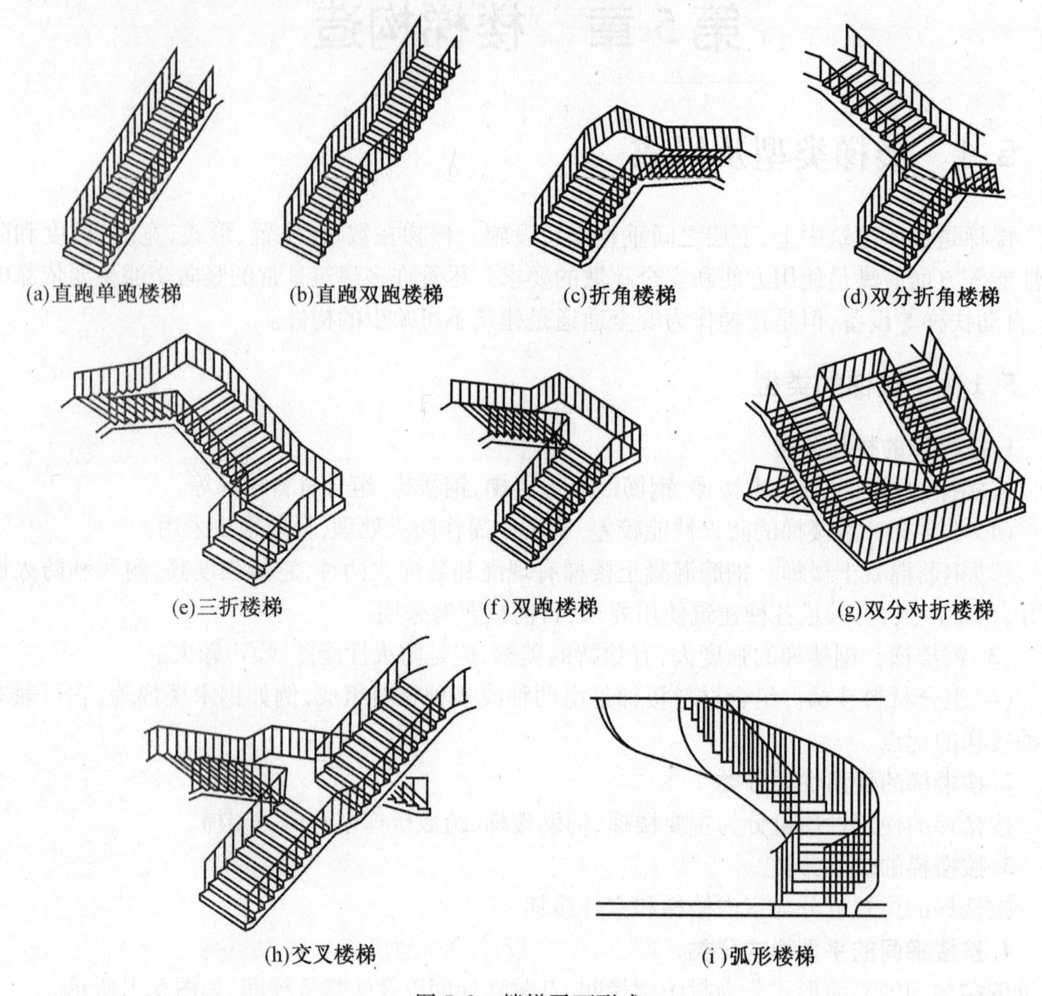

图 5.2　楼梯平面形式

5.1.2　楼梯的组成

楼梯一般由梯段、楼梯平台、栏杆(或栏板)和扶手三部分组成,如图 5.3 所示。

1. 梯段

梯段是楼梯的主要组成部分,由若干踏步构成。为了使人们上下楼梯时不至于过度疲劳。两个平行梯段之间的空隙,称为楼梯井。楼梯井一般是为楼梯施工方便而设置的,其宽度公共建筑要求不小于 150 mm,住宅可无梯井。儿童活动场所使用的楼梯,当楼梯井净宽大于 200 mm时,必须采取安全措施,防止儿童坠落。

2. 楼梯平台

楼梯平台是联系两个梯段的水平构件,根据平台的高度不同有楼层平台和中间平台之分。主要是为了解决梯段的连接与转折。两个楼层之间的平台称为中间平台,用来供人们上下楼行走时暂停休息并改变行走方向。与楼层地面标高平齐的平台称为楼层平台，除了起中间平台的作用外，还用来分配人流。

3. 栏杆与扶手

栏杆是为了确保人们的使用安全，在楼梯段的临空边缘设置的防护构件。扶手是栏杆、栏板上部供人们用手扶握的连续斜向配件。栏杆扶手必须坚固可靠，并保证有足够的安全高度。

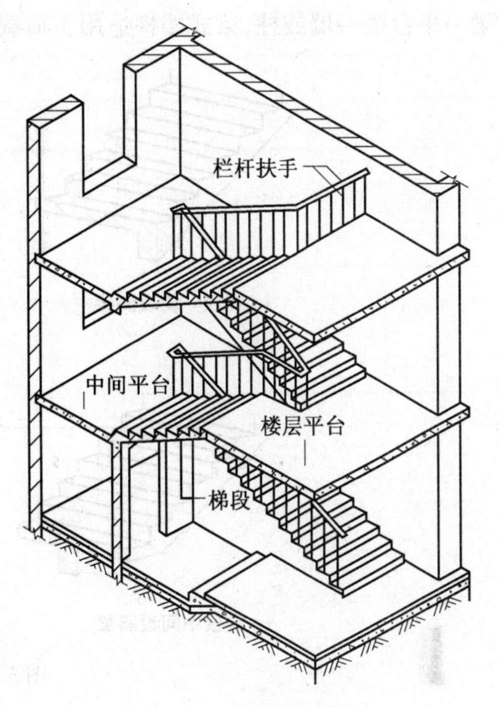

图5.3　楼梯的组成

5.2　钢筋混凝土楼梯构造

5.2.1　现浇钢筋混凝土楼梯构造

现浇钢筋混凝土楼梯是指在施工现场支模板、绑扎钢筋、浇筑混凝土而形成的整体楼梯。现浇钢筋混凝土楼梯结构整体性好，能适应各种楼梯间平面和楼梯形式，充分发挥钢筋混凝土的可塑性。但需要现场支模、绑扎钢筋，模板耗费较大，施工进度慢，自重大。

现浇钢筋混凝土楼梯结构形式根据梯段的传力不同，分为板式楼梯和梁式楼梯。

1. 板式楼梯

板式楼梯是指由楼梯段承受梯段上全部荷载的楼梯。荷载传递方式为：荷载→踏步板→梯段板→平台梁→墙或柱。其特点是结构简单，施工方便，底面平整。但板式楼梯板厚、自重大，用于楼梯段跨度在3 000 mm以内时较经济。其适用于荷载较小、层高较小的建筑，如图5.4所示。

为了保证平台过道处的净空高度，可以在板式楼梯的局部位置取消平台梁，称为折板楼梯，如图5.5所示。

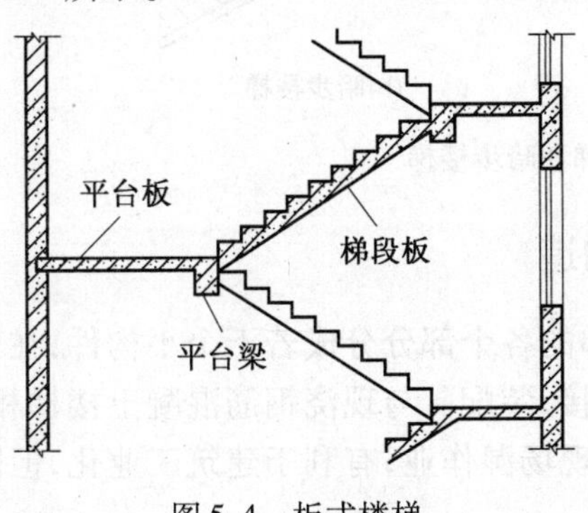

图5.4　板式楼梯

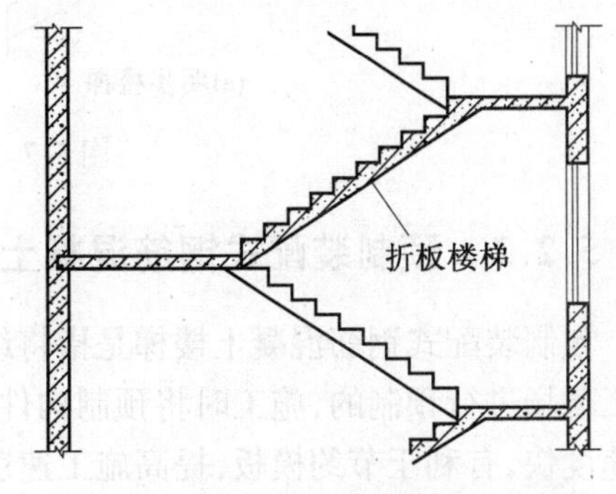

图5.5　折板楼梯

2. 梁式楼梯

梁式楼梯是由斜梁承受梯段上全部荷载的楼梯。荷载传递方式为：荷载→踏步板→斜梁→平台梁→墙或柱，梁式楼梯适用于荷载较大、层高较大的建筑，如图5.6所示。

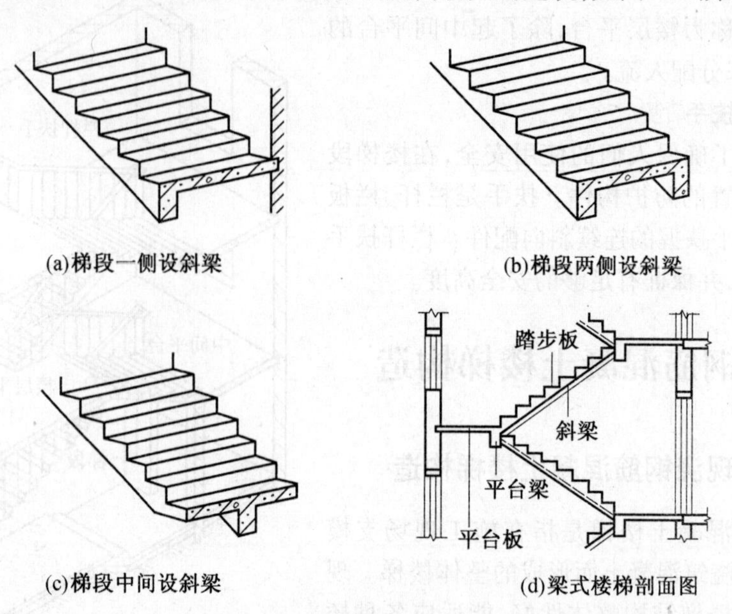

图5.6　梁式楼梯

梁式楼梯的斜梁一般设置在踏步板的下方，从梯段侧面就能看见踏步，俗称明步楼梯，如图5.7(a)所示。把斜梁设置在踏步板上面的两侧，称为暗步楼梯，如图5.7(b)所示。这种楼梯弥补了明步楼梯的不足，梯段板下面平整，但是由于斜梁宽度要满足结构要求，宽度较大，从而使梯段净宽变小。

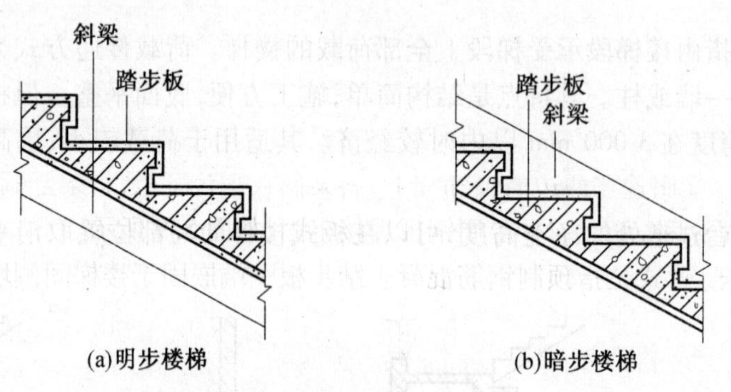

图5.7　明步楼梯和暗步楼梯

5.2.2　预制装配式钢筋混凝土楼梯构造

预制装配式钢筋混凝土楼梯是指将组成楼梯的各个部分分成若干个小构件，在预制厂或施工现场进行预制的，施工时将预制构件进行焊接、装配。与现浇钢筋混凝土楼梯相比，其施工速度快，有利于节约模板，提高施工速度，减少现场湿作业，有利于建筑工业化，但刚度和稳定性较差，在抗震设防地区少用。

预制装配式钢筋混凝土楼梯按照构件尺寸的不同和施工现场吊装能力的不同，可分为两类：小型构件装配式楼梯和中型及大型构件装配式楼梯。

1. 小型构件装配式楼梯

小型构件装配式楼梯的构件小，便于制作、运输和安装，但施工速度较慢，适用于施工条件较差的地区。

小型构件包括踏步板、斜梁、平台梁、平台板四种单个构件。预制踏步板的断面形式通常有一字形、“Γ”形和三角形三种。楼梯段斜梁一般做成锯齿形和L形，平台梁的断面形式通常为L形和矩形。

小型构件按其构造方式可分为墙承式、悬臂式和梁承式。

(1)墙承式。墙承式是指预制钢筋混凝土踏步板直接搁置在墙上的一种楼梯形式，这种楼梯由于在梯段之间有墙，搬运家具不方便，使得视线、光线受到阻挡，感到空间狭窄，整体刚度较差，对抗震不利，施工也较麻烦。为了采光和扩大视野，可在中间墙上适当的部位留洞口，墙上最好装有扶手，如图5.8所示。

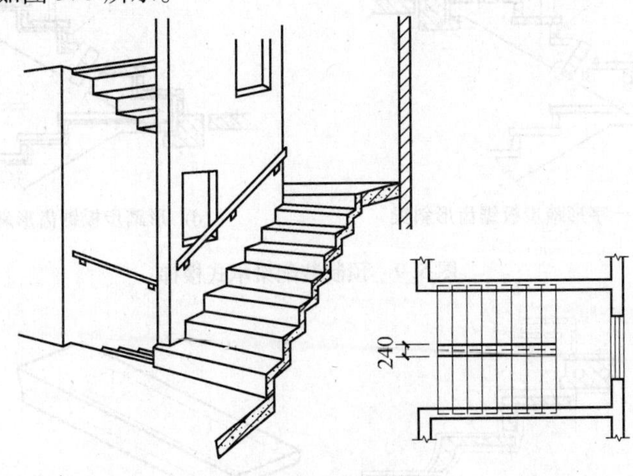

图5.8 墙承式楼梯

(2)梁承式。梁承式是指梯段有平台梁支撑的楼梯构造方式，在一般民用建筑中较为常用。安装时将平台梁搁置在两边的墙和柱上，斜梁搁在平台梁上，斜梁上搁置踏步。斜梁做成锯齿形和矩形截面两种，斜梁与平台用钢板焊接牢固，如图5.9所示。

(3)悬臂式。悬臂式是指预制钢筋混凝土踏步板一端嵌固于楼梯间侧墙上，另一端悬挑的楼梯形式，如图5.10所示。悬臂式钢筋混凝土楼梯无平台梁和梯段斜梁，也无中间墙，楼梯间空间较空透，结构占空间少，但是楼梯间整体刚度较差，不能用于有抗震设防要求的地区。其施工较麻烦，现已很少采用。

2. 中型、大型构件装配式楼梯

中型构件装配式楼梯，构件数量少，施工速度快。中型构件装配式楼梯一般由平台板和楼梯段两个构件组成。

(1)平台板。平台板根据需要采用钢筋混凝土空心板、槽板和平板。在平台上有管道井处，不应布置空心板。平台板平行于平台梁布置，利于加强楼梯间的整体刚度；垂直布置时，常用小平板，如图5.11所示。

(2)梯段。按构造形式不同楼梯段分为板式和梁式两种类型，构造如图5.12所示。

1)板式梯段有空心和实心之分，实心楼梯加工简单，但是自重较大，空心梯段自重较小，多为横向留孔。板式梯段的底面平整，适用于住宅、宿舍建筑中使用。

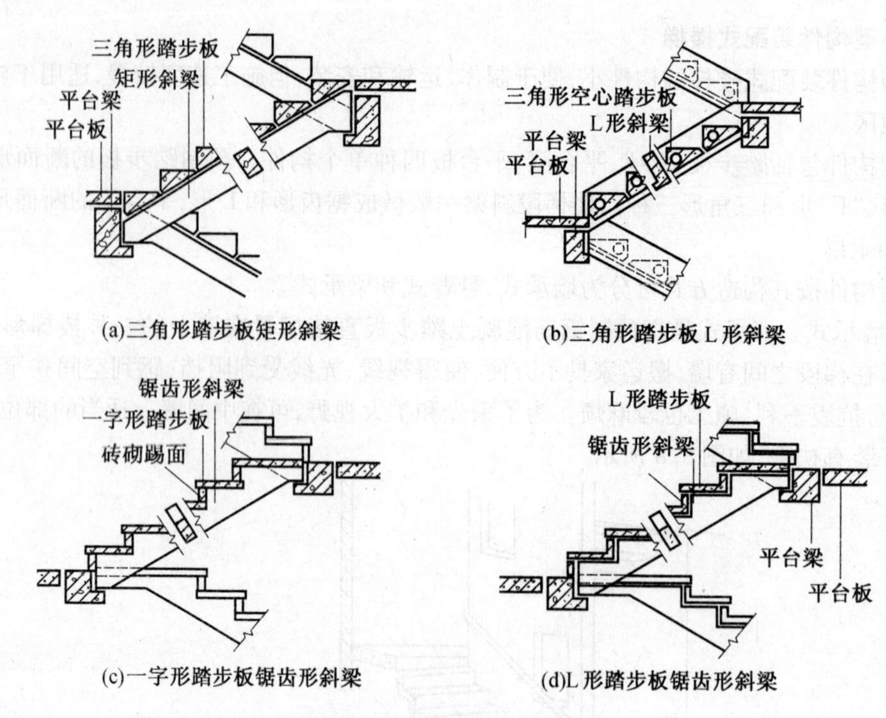

(a)三角形踏步板矩形斜梁　　(b)三角形踏步板L形斜梁

(c)一字形踏步板锯齿形斜梁　　(d)L形踏步板锯齿形斜梁

图5.9　预制装配梁承式楼梯

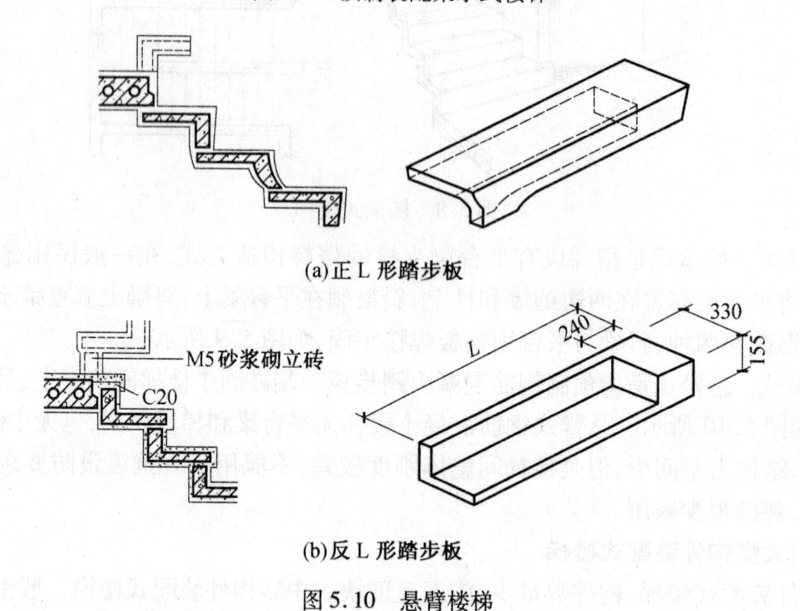

(a)正L形踏步板

(b)反L形踏步板

图5.10　悬臂楼梯

L—踏步总长

2)梁式梯段是把踏步板和边梁组合成一个构件,多为槽板式。为了节约材料、减轻其自重,对踏步截面进行改造,主要采取踏步板内留孔,把踏步板踏面和踢面相交处的凹角处理成小斜面,做成折板式踏步等措施。

大型构件装配式楼梯是将楼梯段和两个平台连在一起组成一个构件。每层楼梯由两个相同的构件组成。这种楼梯的装配化程度高,施工速度快,但是需要大型吊装设备,常用于预制装配式建筑。

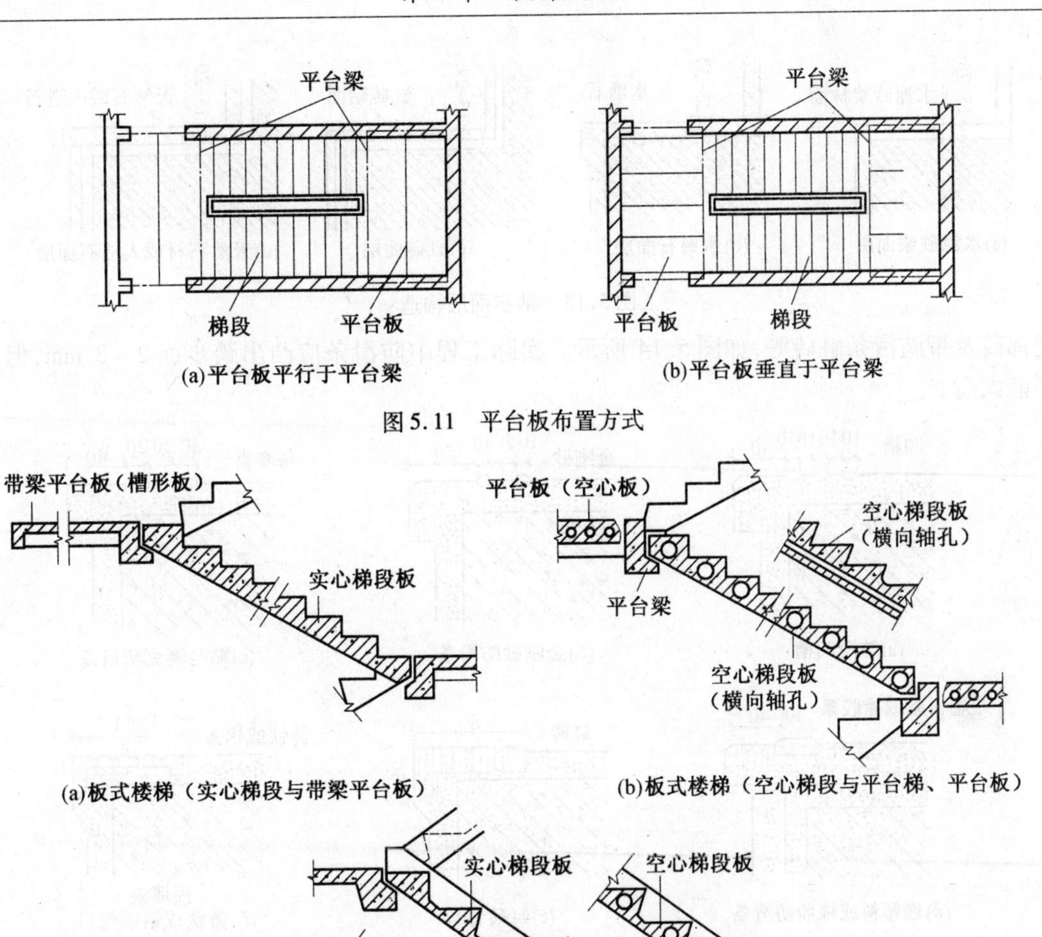

图5.11 平台板布置方式

图5.12 中型预制装配式楼梯

5.3 楼梯的细部构造

5.3.1 踏步面层与防滑措施

楼梯踏步面层装修做法与楼层面层装修做法基本相同。根据造价和装修标准的不同，常用的有水泥砂浆面层、普通水磨石面层、彩色水磨石面层、缸砖面层、大理石面层、花岗石面层等，如图5.13所示，还可在面层上铺设地毯。

在踏步上设置防滑条的目的在于避免行人滑倒，并起到保护踏步阳角的作用。踏步应设置在靠近踏步阳角处。常用的防滑条材料有水泥铁屑、金刚砂、金属条（铸铁、铝条、铜条）、陶

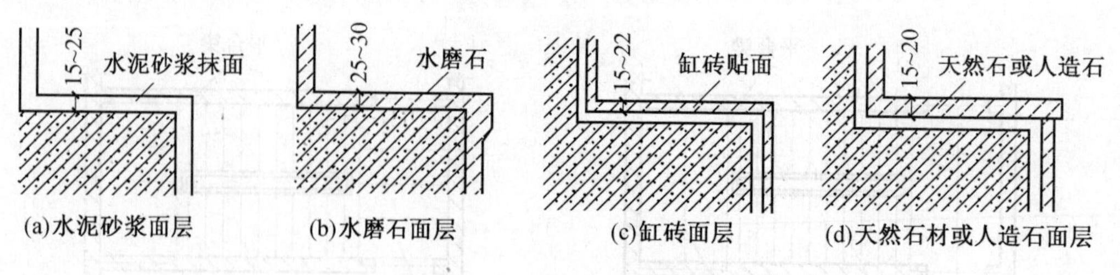

(a)水泥砂浆面层　(b)水磨石面层　(c)缸砖面层　(d)天然石材或人造石面层

图 5.13　踏步面层构造

瓷锦砖及带防滑条缸砖等，如图 5.14 所示。实际工程中防滑条应凸出踏步面 2～3 mm，但是不能太高。

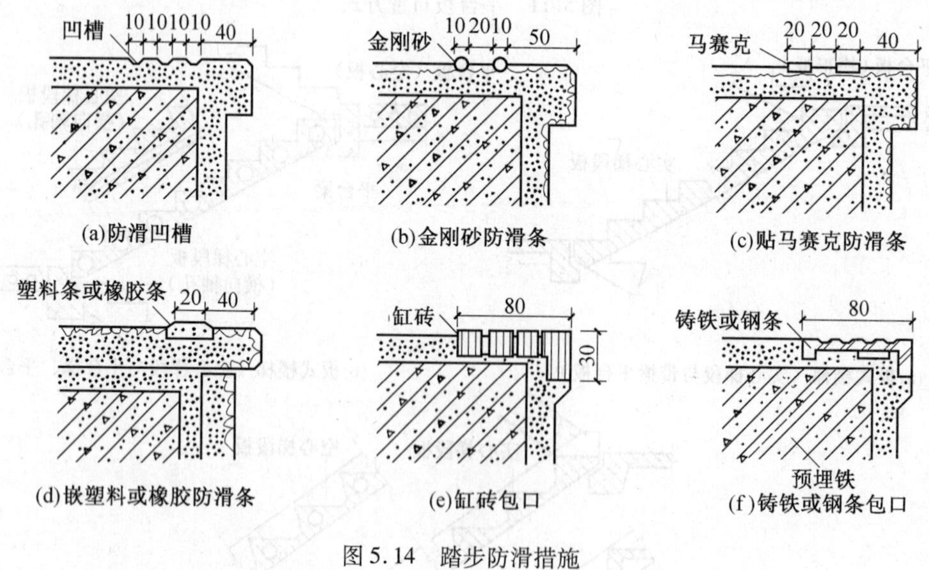

(a)防滑凹槽　(b)金刚砂防滑条　(c)贴马赛克防滑条

(d)嵌塑料或橡胶防滑条　(e)缸砖包口　(f)铸铁或钢条包口

图 5.14　踏步防滑措施

5.3.2　栏杆、栏板和扶手

栏杆或栏板是楼梯的安全设施，设置在楼梯或平台临空的一侧。栏杆（栏板）的上缘为扶手，较宽的楼梯还应在梯段中间及靠墙一侧设置扶手。栏杆、栏板和扶手还有一定的装饰作用。

1. 栏杆和栏板

栏杆多用方钢、圆钢、扁钢等型材焊接或铆接成各种图案，既起防护作用，又有一定的装饰效果，空花栏杆如图 5.15 所示。为了确保安全，栏杆与梯段必须有可靠的连接，栏杆高度不得小于 0.9 m，栏杆垂直杆件的净空隙不应大于 110 mm。栏杆与梯段的连接如图 5.16 所示。

用实体构造做成的栏板，多用钢筋混凝土或加筋砖砌体制作。

2. 扶手

楼梯扶手可用硬木制作，或用钢筋、塑料制品、在栏板上缘抹水泥砂浆、水磨石等制作。钢栏杆用木扶手及塑料扶手时，用木螺钉连接扶手与栏杆。钢栏杆与钢管扶手则焊接在一起。扶手类型及与栏杆的连接构造如图 5.17 所示。

3. 栏杆扶手与墙或柱的连接

当需在靠墙一侧设置栏杆和扶手时，其与墙和柱的连接做法有以下两种：

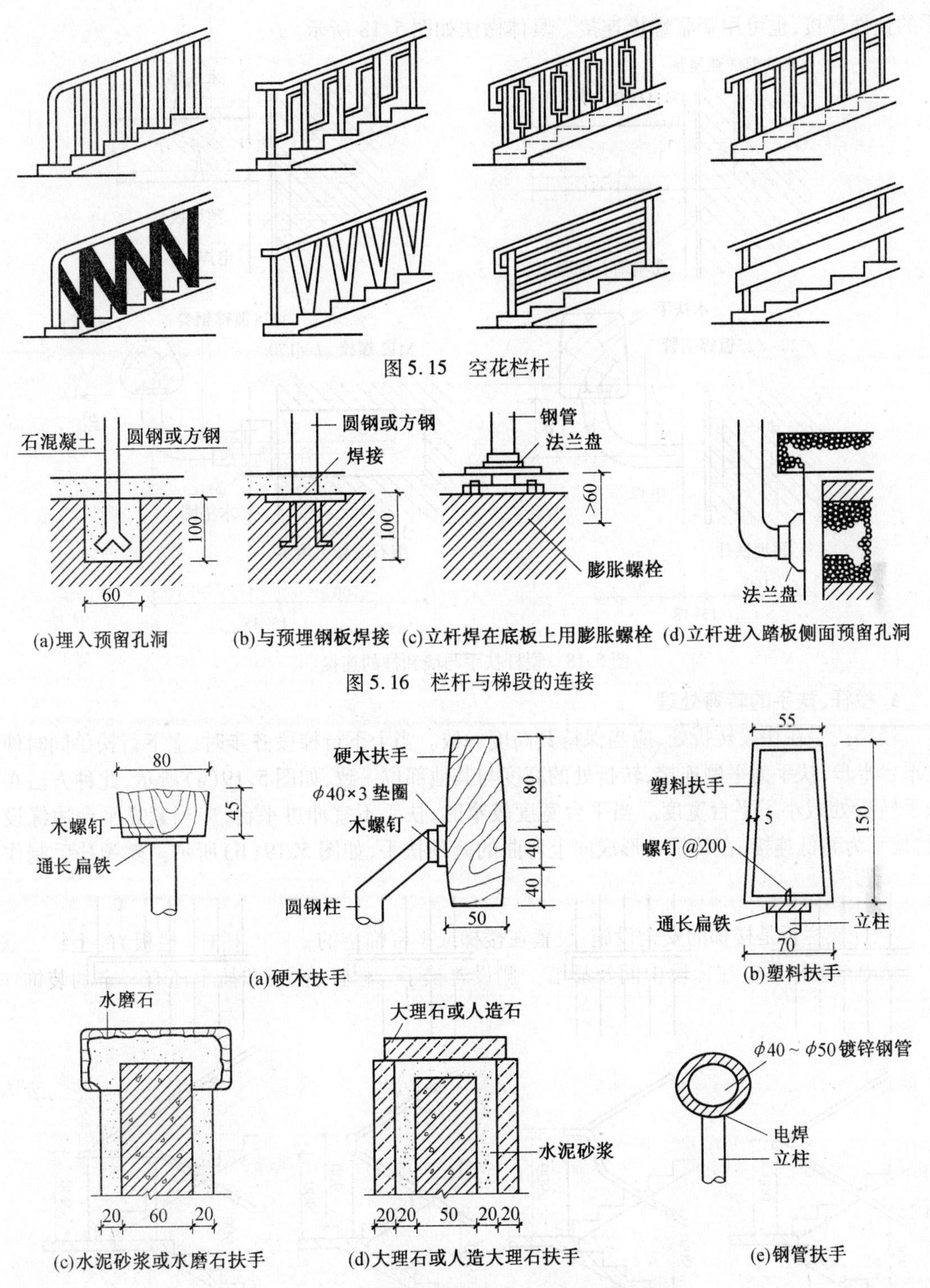

图5.15　空花栏杆

(a)埋入预留孔洞　(b)与预埋钢板焊接　(c)立杆焊在底板上用膨胀螺栓　(d)立杆进入踏板侧面预留孔洞

图5.16　栏杆与梯段的连接

(a)硬木扶手　(b)塑料扶手

(c)水泥砂浆或水磨石扶手　(d)大理石或人造大理石扶手　(e)钢管扶手

图5.17　扶手的形式及扶手与栏杆的连接构造

(1)扶手与砖墙连接时，在墙上预留孔洞，将扶手的连接扁铁插入洞内，再用细石混凝土或水泥砂浆填实。

(2)当扶手与混凝土墙、柱连接时，在钢筋混凝土墙或柱的相应位置上预埋铁件与栏杆扶手的铁件焊接，也可用膨胀螺栓连接。具体做法如图 5.18 所示。

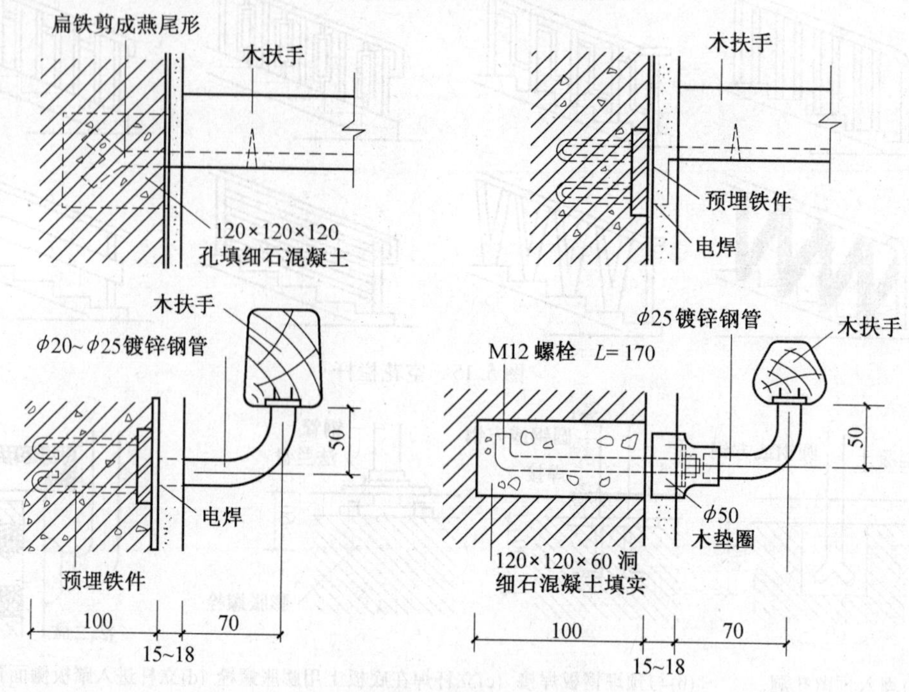

图 5.18　栏杆扶手与墙和柱的连接

4. 栏杆、扶手的转弯处理

楼梯扶手在梯段转折处，应当保持其高度一致。当上下行梯段齐步时，上下行扶手同时伸进平台半步，扶手为平顺连接，转折处的高度与其他部位一致，如图 5.19(a)所示，此种方法在扶手转折处减小了平台宽度。当平台宽度较窄时，扶手不宜伸进平台，应当紧靠平台边缘设置，扶手为高低连接，在转折处形成向上弯曲的鹤颈扶手，如图 5.19(b)所示。鹤颈扶手制作

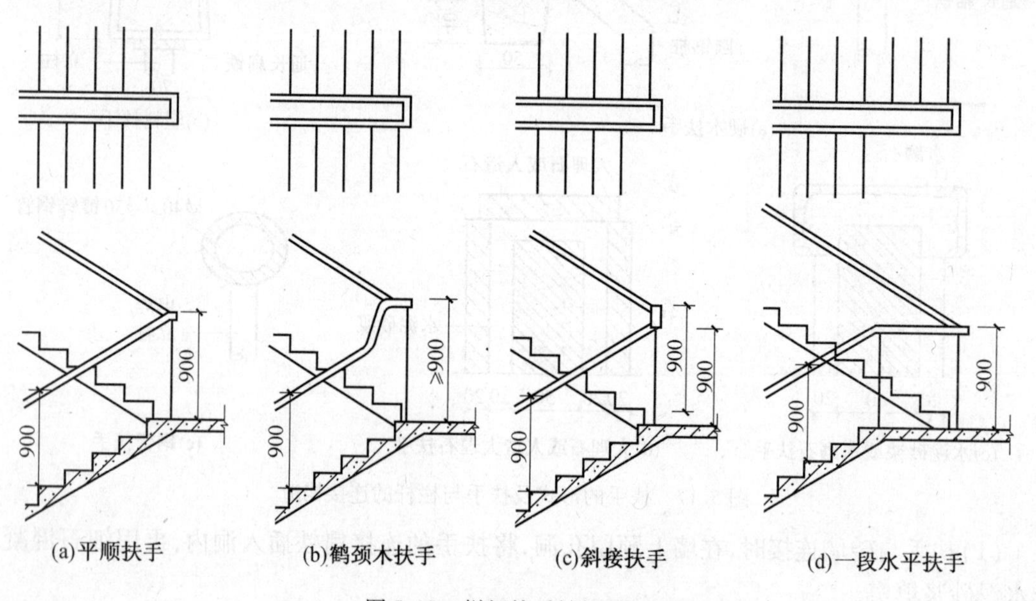

图 5.19　栏杆扶手转折处理

麻烦,可以改用斜接,如图5.19(c)所示,或将上下行梯段的扶手在转折处断开,但是栏杆扶手的整体性减弱,使用上极不方便。当上下行梯段错步时,会形成一段水平扶手,如图5.19(d)所示。

5.4　室外台阶与坡道

5.4.1　室外台阶

室外台阶和坡道都是建筑物入口处、连接室内外地面高差的构件。台阶踏步数不应少于2级,当高差不足2级时,应按坡道设置。

室外台阶一般包括踏步和平台两部分。台阶的坡度一般为1∶6～1∶4,通常踏步高度为100～150 mm,踏步宽度为300～400 mm,平台设置在出入口与踏步之间,起缓冲作用。平台的宽度应比门洞口每边宽出500 mm,平台深度一般不小于900 mm,为防止雨水积聚或溢入室内,平台面宜比室内地面低20～60 mm,并向外找坡0.5%～1%,以利排水。台阶的组成及尺寸如图5.20所示。

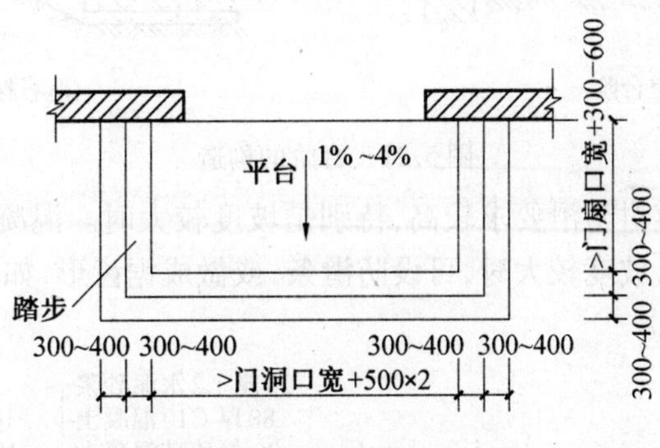

图5.20　台阶的组成及尺寸

室外台阶应坚固耐磨,具有较好的耐久性、抗冻性和抗水性。台阶按材料不同,可以分为混凝土台阶、石台阶和钢筋混凝土台阶等。台阶面层可用水泥砂浆或水磨石,也可采用缸砖、陶瓷锦砖、天然石或人造石等块材。混凝土台阶应用最普通,如图5.21(a)所示。

北方寒冷地区,为不受土壤冻胀的影响,台阶下应设置厚度为300～500 mm的中砂防冻层或采用钢筋混凝土架空台阶,如图5.21(b)、(c)所示。当地基较差或踏步数量较多时,为防止台阶与建筑物因沉降不同而出现裂缝,应将台阶与主体结构之间分开,或在建筑主体完成后再进行台阶施工。石台阶有毛石台阶和条石台阶。毛石台阶构造同混凝土台阶,条石台阶通常不另做面层,如图5.21(d)所示。

5.4.2　室外坡道

室内坡道坡度不宜大于1∶8,室外坡道坡度不宜大于1∶10;室内坡道水平投影长度超过15 m时,宜设休息平台,平台宽度应根据使用功能或设备尺寸所需缓冲空间而定。供轮椅使用的坡道不应大于1∶12,困难地段不应大于1∶8;自行车推行坡道每段长度不宜超过6 m,坡度不宜大于1∶5。

坡道与构造台阶一样,应采用耐久、耐磨和抗冻性好的材料,一般多采用混凝土坡道,也可

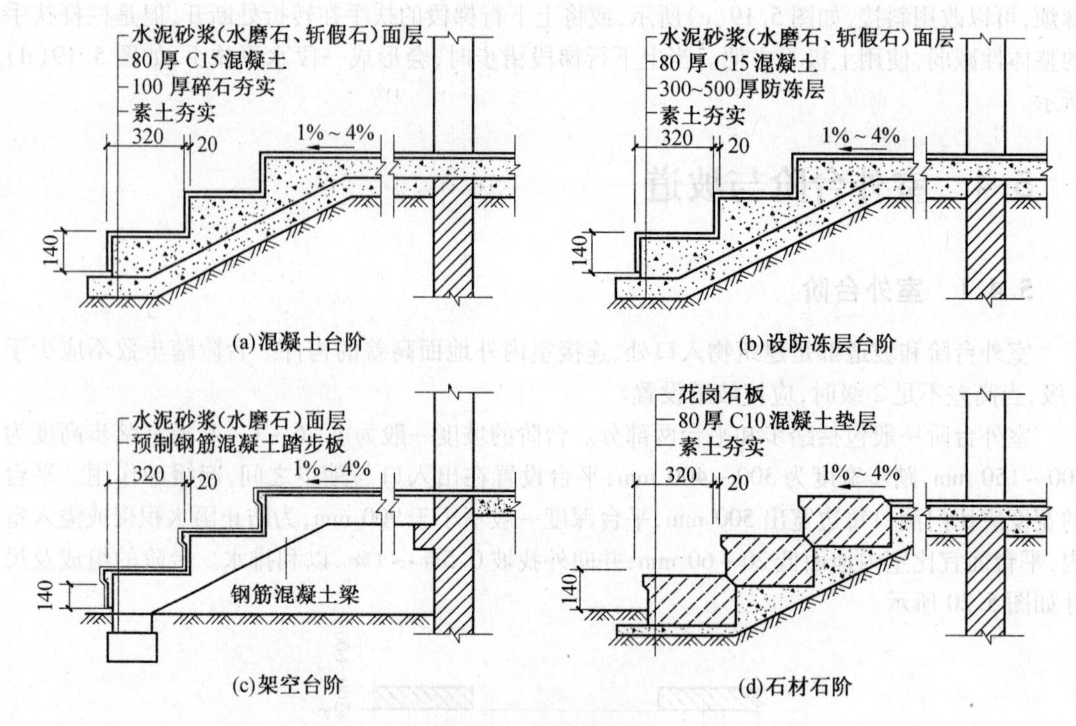

图 5.21　台阶的构造

采用天然石坡道等。坡道对防滑要求较高，特别是坡度较大时。混凝土坡道可在水泥砂浆面层上划格，以增加摩擦力，坡度较大时，可设防滑条，或做成锯齿形，如图 5.22 所示。天然石坡道可对表面做粗糙处理。

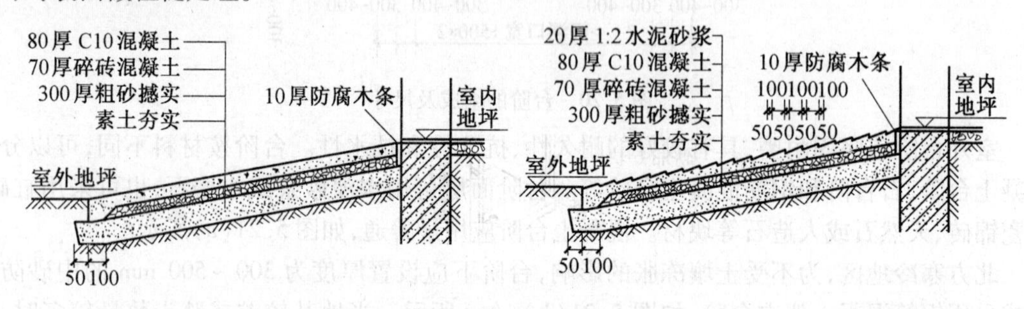

图 5.22　坡道的构造

5.5　电梯与自动扶梯

5.5.1　电梯

在高层建筑中，依靠电梯和楼梯来保持正常的垂直运输与交通，同时高层建筑还需设置消防电梯。《民用建筑设计通则》(GB 50352—2005)中规定，以电梯为主要垂直交通的公共高层建筑和 12 层以上的高层住宅，每栋楼设置电梯的台数不应少于 2 台。设置电梯的建筑仍需按防火疏散要求设置疏散楼梯。

1.电梯的类型及组成

(1)电梯的类型。

电梯按行驶速度分为高速电梯(5～10 m/s)、中速电梯(2～4 m/s)、低速电梯(0.5～1.75 m/s);按使用功能分为乘客电梯、载货电梯、客货电梯、医用电梯、住宅电梯、杂物电梯以及消防电梯等;按拖动形式分为交流电梯(交流电动机拖动)、直流电梯(直流电动机拖动)、液压电梯(靠液压力传动),我国多用交流调速电梯。

(2)电梯的组成。

电梯作为垂直运输设备,主要由起重设备(电动机、传动滑车轮、控制器、选层器等)和轿厢两大部分组成,如图5.23所示。

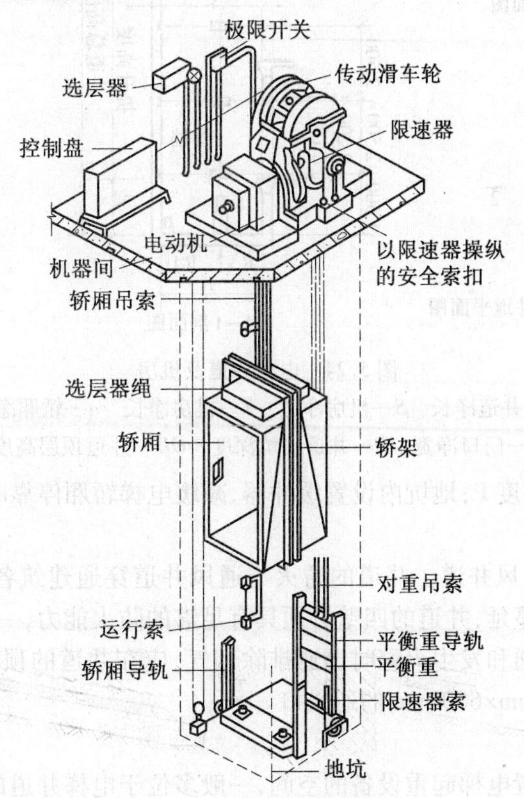

图5.23　电梯的组成示意图

由于电梯的组成与运行特点,要求建筑中设置电梯井道和电梯机房。不同厂家生产的电梯有不同系列,按不同的额定重量、井道尺寸、额定速度等又分为若干型号,采用时按国家标准图集只需确定类型、型号,即可得到有关技术数据,及有关留洞、埋件、载重钢梁、底坑等构造做法。

2.电梯井道

电梯井道是电梯运行的通道,电梯井道内除安装轿厢外,还有导轨、平衡锤及缓冲器等,如图5.24所示。

(1)井道尺寸。电梯井道的平面形状和尺寸取决于轿厢的大小及设备安装、检修所需尺寸,也与电梯的类型、载重量及电梯的运行速度有关。井道的高度包括电梯的提升高度(底层地面至顶层楼面的距离)、井道顶层高度OH(考虑轿厢的安装、检修和缓冲要求,一般不小于

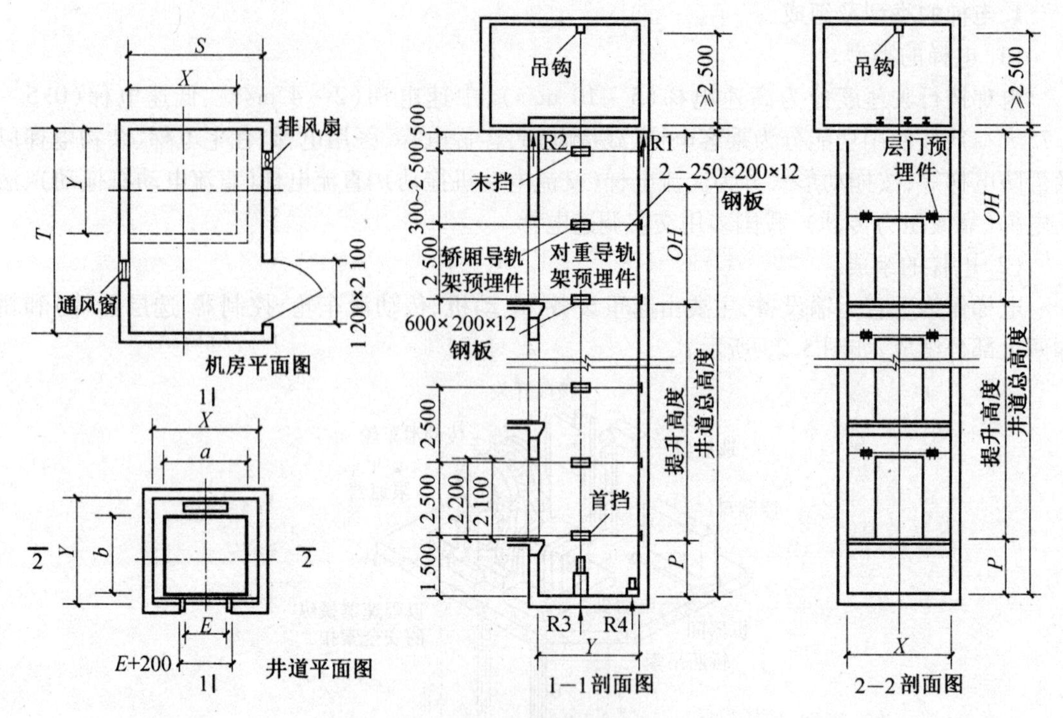

图5.24　电梯井道及机房

X—井道净宽　Y—井道净长　S—机房净宽　T—机房净长　a—轿厢净宽　b—轿厢净长　E—门口净宽　P—井道底坑深度　OH—井道顶层高度

4 500 mm）和井道底坑深度P；地坑内设置缓冲器，减缓电梯轿厢停靠时产生的冲力，地坑深度一般不小于1 400 mm。

（2）井道的防火与通风井道。井道的防火与通风井道穿通建筑各层的垂直通道，为防止火灾事故时火焰和烟气蔓延，井道的四壁必须具有足够的防火能力，一般多采用钢筋混凝土井壁。为使井道内空气流通和发生火警时迅速排除烟气，应在井道的顶部和中部适当位置以及底坑处设置不小于300 mm×600 mm的通风口。

3. 电梯机房

电梯机房是用来布置电梯起重设备的空间，一般多位于电梯井道的顶部，也可以设在建筑物的底层或地下室内。机房的平面尺寸根据电梯的起重设备尺寸及安装、维修等需要确定。电梯机房开间与进深的一侧至少比井道尺寸大600 mm，净高一般不小于3 000 mm。通向机房的通道和楼梯宽度不得小于1 200 mm，楼梯坡度不宜大于45°。当建筑高度受限或设置机房有困难时，还可以设无机房电梯。

4. 井道隔声

为减轻设备运行时产生的振动和噪声，机房的楼板应采取适当的隔振和隔声措施，一般在机房机座下设置弹性垫层，隔断振动产生的固体传声途径；或者在紧邻机房地井道中设置1.5～1.8 m高的夹层，隔绝井道中空气传播噪声的途径。

5.5.2　自动扶梯

自动扶梯是建筑物层间连续运输效率最高的载客设备，多用于有大量连续人流的建筑物，例如机场、车站、大型商场、展览馆等，是建筑物层间连续运输效率最高的载客设施。一般自动扶梯均可正、逆向运行，停机不运转时，可作为临时楼梯使用。自动扶梯的竖向布置形式有平行排列、交叉排列、连续排列等方式。平面中可单台布置或双台并列布置，如图 5.25 所示。

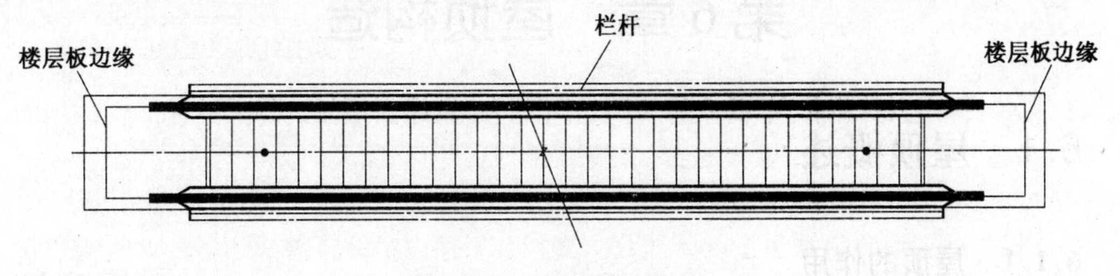

图 5.25　自动扶梯的平面

自动扶梯的机械装置悬在楼板下，楼层下做装饰外壳处理，底层则需做地坑，如图 5.26 所示。自动扶梯的坡度一般不宜超过 30°，当提升高度不超过 6 m、额定速度不超过 0.5 m/s 时，倾角允许增至 35°；倾斜式自动人行道的倾斜角不应超过 12°。宽度根据建筑物使用性质及人流量决定，一般为 600 ~ 1 000 mm。

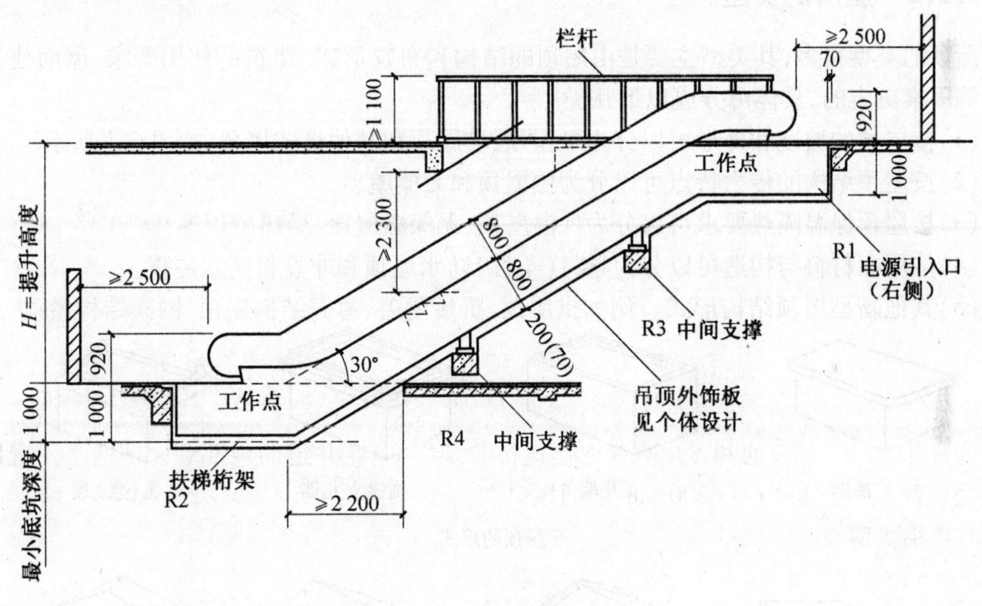

图 5.26　自动扶梯的基本尺寸

第6章 屋顶构造

6.1 屋顶概述

6.1.1 屋顶的作用

屋顶也称为屋盖，它是建筑物最上部的承重和围护构件，阻挡着风、雨、雪、太阳辐射，抵御严寒酷热，同时又要承受自重和屋顶上的各种荷载，并把这些荷载传递给墙体和柱。此外，屋顶的类型对建筑物的美观也至关重要。因此，屋顶主要起承重、围护和美化作用。

6.1.2 屋顶的类型

屋顶的类型很多，其类型主要是由屋顶的结构和布置形式、建筑的使用要求、屋面使用的材料等因素决定的，具体可分成以下几类。

(1)按屋顶的坡度和外形可以分为平屋顶、坡屋顶和其他形式屋顶，如图6.1所示。

(2)按屋顶结构的传力特点可以分为檩屋顶和无檩屋顶。

(3)按屋顶保温隔热要求可以分为保温屋顶、无保温屋顶、隔热屋顶等。

(4)按屋面材料与构造可以分为卷材(柔性)防水屋顶和非卷材防水屋顶。

(5)其他新型屋顶结构形式。例如拱屋顶、折板屋盖、薄壳结构屋顶、网架结构屋顶、悬索

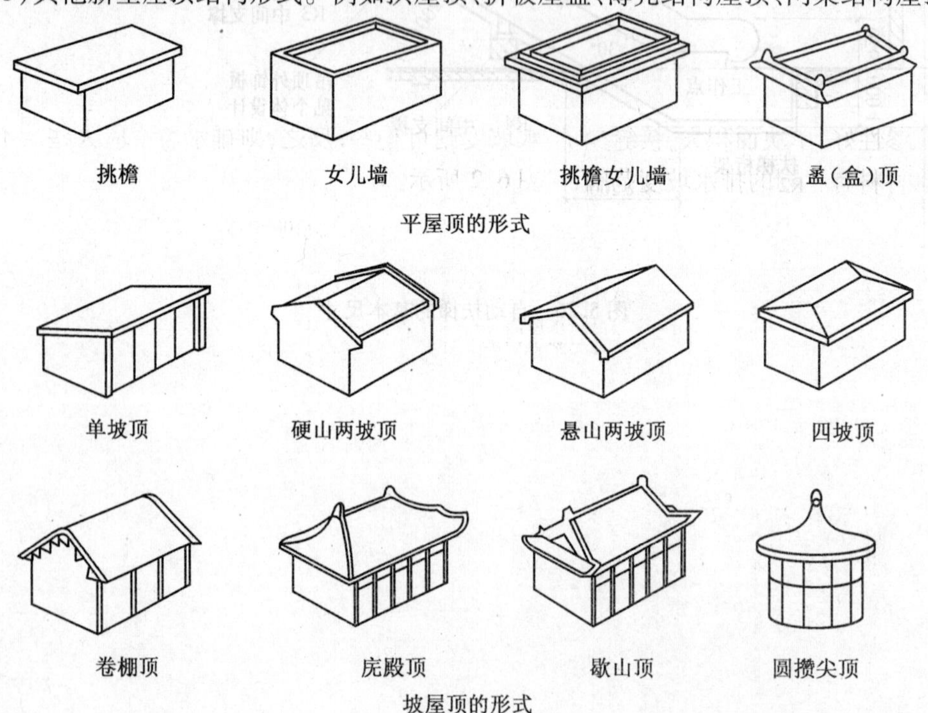

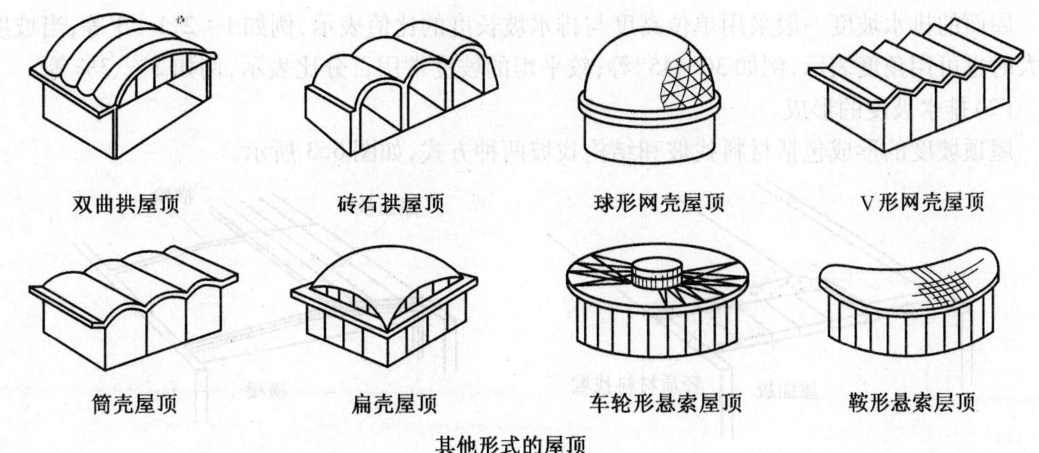

图6.1　屋顶的类型

结构屋顶等,这类屋顶多数用于跨度较大的公共建筑。

6.2　屋顶排水及防水

6.2.1　屋顶排水

为使雨水迅速排除屋面,需进行周密的排水设计,主要包括排水坡度的选择与形成、排水方式的确定及排水组织设计。

1. 排水坡度的选择与形成

(1)排水坡度的选择

屋面排水坡度的大小和多种因素有关,例如防水材料、地理气候条件、屋顶的结构形式等,但是在大量的民用建筑中,屋顶的排水坡度主要与屋顶的防水材料有关。一般情况下,屋面防水材料抗渗性好,单块面积大,接缝少,排水坡度则可小些;反之,则排水坡度应大些。不同的屋面防水材料有不同的排水坡度范围,如图6.2所示。

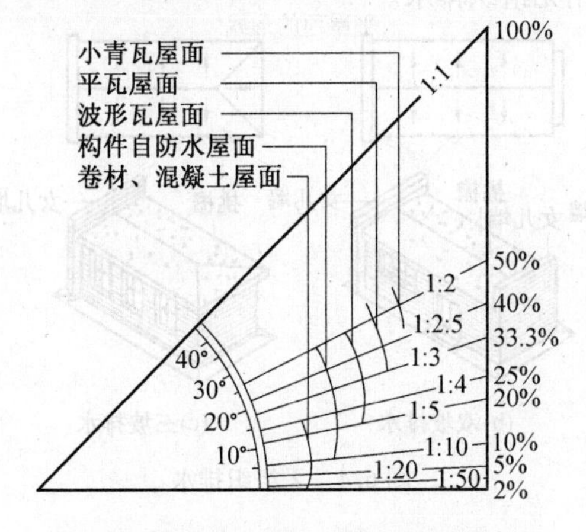

图6.2　屋面防水材料与排水坡度的关系

屋面的排水坡度一般采用单位高度与排水坡长度的比值表示,例如1∶2、1∶3等;当坡度较大时也可用角度表示,例如30°、45°等;较平坦的坡度常用百分比表示,例如2%、3%等。

(2)排水坡度的形成。

屋顶坡度的形成包括材料找坡和结构找坡两种方式,如图6.3所示。

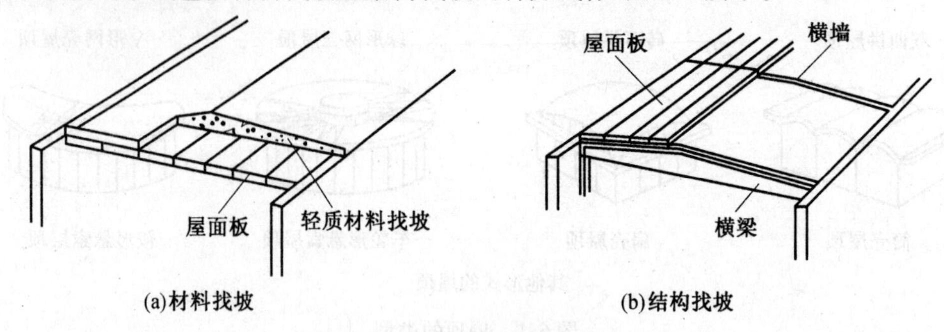

图6.3　屋顶屋面坡度的形成

1)材料找坡。也称垫置坡度,是在水平搁置的屋面板上铺设找坡层。常用的材料有炉渣加水泥或石灰,保温屋顶中有时用保温材料兼作找坡层。这种做法的室内顶棚面平整,屋顶易加层,但使屋面荷载加大,因此坡度不宜过大,一般宜为2%。

2)结构找坡。也称搁置坡度,是把支撑屋面板的墙或梁做成一定的倾斜坡度,屋面板直接搁置在该斜面上,形成排水坡度。这种做法省工、省料,较为经济,但是顶棚面是倾斜的,多用于生产性建筑和有吊顶的公共建筑。

2. 屋顶排水方式

屋顶的排水方式分为无组织排水和有组织排水两大类。

(1)无组织排水。

无组织排水也称为自由落水,是指屋面雨水经挑檐自由下落至室外地面的一种排水方式,如图6.4所示。这种做法构造简单、施工方便、造价低廉,但是落水时,外墙面常被飞溅的雨水侵蚀,降低了外墙的坚固耐久性,而且从檐口滴落的雨水也可能影响人行道的交通。年降雨量小于或等于900 mm的地区,且檐口高度小于10 m时,或年降雨量大于900 mm的地区,檐口高度不大于8 m时,可采用无组织排水。

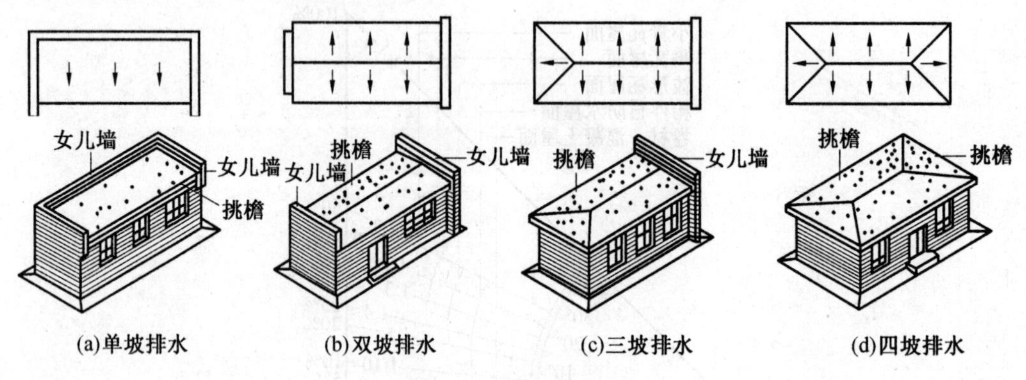

图6.4　无组织排水

(2)有组织排水。

有组织排水也称为天沟排水，是在屋顶上设置与屋面排水方向垂直的纵向天沟，将雨水汇集起来，经水落口和水落管有组织地排到室外地面或室内地下排水管网。有组织排水可以分为外排水和内排水。

1)外排水。外排水是水落管装设在室外的一种排水方式，优点是水落管不影响室内空间的使用和美观，构造简单，是屋顶常用的排水方式。根据建筑的檐口形式不同，外排水通常有檐沟外排水、女儿墙内檐沟外排水、坡檐(女儿墙带檐沟)外排水三种方案，如图6.5所示。

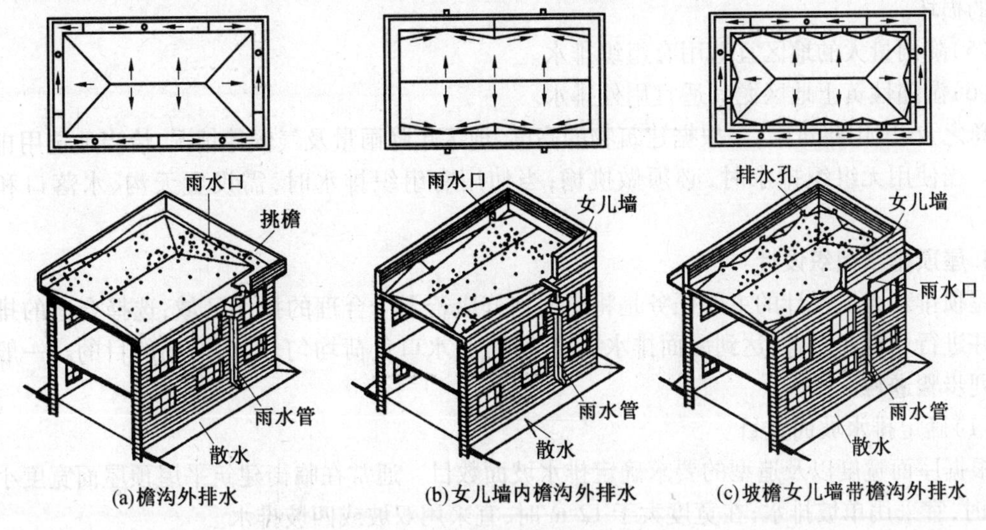

图6.5　有组织外排水

2)内排水。内排水是水落管装设在室内的一种排水方式，在多跨房屋、高层建筑以及有特殊需要时采用。水落管既可设在跨中的管道井内，也可设在外墙内侧，当屋顶空间较大，且设有较高吊顶空间时，也可采用内落外排水，如图6.6所示。

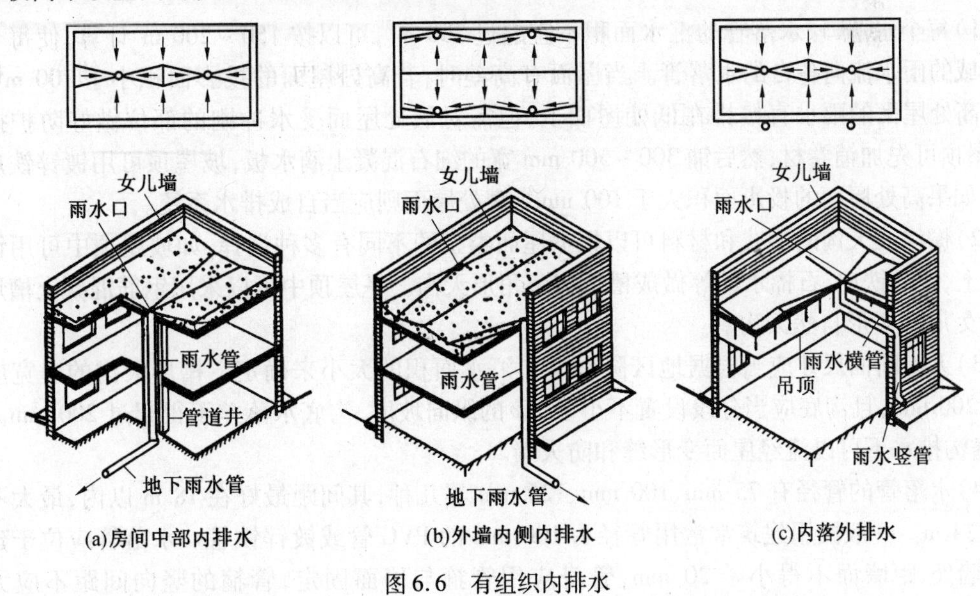

图6.6　有组织内排水

3. 排水方式的选择

《民用建筑设计通则》(GB 50352—2005)规定,屋面排水方式宜优先选用外排水;高层建筑、多跨及集水面积较大的屋面宜采用内排水,一般遵循如下原则:

(1)等级低的建筑,为了控制造价宜优先选择无组织排水。

(2)三层及三层以下或檐高小于 10 m 的中、小型建筑物可采用无组织排水。

(3)多层建筑、高层建筑、高标准层建筑、临街建筑应采用有组织排水。

(4)严寒地区的屋面宜采用有组织的内排水,以免雪水的冻结导致挑檐的拉裂或室外水落管的损坏。

(5)降雨量大的地区宜选用有组织排水。

(6)湿陷性黄土地区尤其适宜用外排水。

总之,在民用建筑中,要根据建筑物的高度、地区年降雨量及气候等情况,恰当地选用排水方式。当使用无组织排水时,必须做挑檐;当使用有组织排水时,需设置天沟、水落口和水落管。

4. 屋顶排水组织设计

屋顶排水组织设计的主要任务是将屋面划分成若干个合理的排水区域,选择合适的排水装置并进行合理的布置,达到屋面排水线路简捷、雨水口负荷均匀、排水通畅的目的。一般应按下列步骤进行:

(1)确定排水坡面数目。

根据屋面宽度以及造型的要求确定排水坡面数目。通常在临街建筑平屋顶屋面宽度小于 12 m 时,宜采用单坡排水;在宽度大于 12 m 时,宜采用双坡或四坡排水。

(2)划分排水区域及布置排水装置。

依据屋顶的投影面积及确定的排水坡面数,考虑到每个水落口、水落管的汇水面积及屋面变形缝的影响,合理划分排水区域,确定排水装置的规格并且对其进行布置。一般应遵循如下原则:

1)每个水落口、水落管的汇水面积不宜超过 200 m^2,可以按 150 ~ 200 m^2 计算,使每个排水区域的雨水流向各自的水落管。当屋面有高差时,若高处屋面的投影面积小于 100 m^2,可以将高处屋面的雨水直接排在低处屋面上,但需对低处屋面受水冲刷的部位做好防护措施(平屋顶可先加铺卷材,然后铺 300 ~ 500 mm 宽的细石混凝土滴水板,坡屋顶可用镀锌铁皮泛水);如果高处屋面的投影面积大于 100 mm^2,高处屋面则应当自成排水系统。

2)檐沟或天沟的形式和材料可以根据屋面类型的不同有多种选择,如坡屋顶中可用钢筋混凝土、镀锌铁皮、石棉水泥等做成槽形或三角形天沟。平屋顶中可以采用钢筋混凝土槽形天沟或女儿墙 V 形自然天沟。

3)天沟断面尺寸应当根据地区降雨量和汇水面积的大小来确定。槽形天沟的净宽应不小于 200 mm,且沟底应当分段设置不小于 1% 的纵向坡度,沟底水落差不得超过 200 mm。天沟、檐沟排水不可以流经屋面变形缝和防火墙。

4)水落管的管径有 75 mm、100 mm、125 mm 等几种,其间距最好在 18 m 以内,最大不应超过 24 m。一般民用建筑常常用管径为 100 mm 的 PVC 管或镀锌铁管。水落管应位于建筑的实墙处,距墙面不得小于 20 mm,管身应用管箍与墙面固定,管箍的竖向间距不应大于 1.2 m。水落管下端出水口距散水坡的高度不得大于 200 mm。

6.2.2　屋顶防水

屋顶防水设计需由有防水设计经验的人员承担,其内容主要包括:确定建筑物屋面防水等级以及设防要求;选定合适的防水材料;进行屋面防水构造设计并绘出节点详图。

1.防水等级

我国现行的《屋面工程质量验收规范》(GB 50207—2002)根据建筑物的性质、重要程度、使用功能要求及防水层合理使用年限等,将屋面防水划分为四个等级,各等级均有不同的设防要求,详见表6.1。

表6.1　屋面防水等级和设防要求

项　目	屋面防水等级			
	Ⅰ	Ⅱ	Ⅲ	Ⅳ
建筑物类别	特别重要或对防水有特殊要求的建筑	重要的建筑和高层建筑	一般的建筑	非永久性的建筑
防水层合理使用年限	25年	15年	10年	5年
防水层选用材料	宜选用合成高分子防水卷材、高聚物改性沥青防水卷材、金属板材、合成高分子防水涂料、细石防水混凝土等材料	宜选用高聚物改性沥青防水卷材、合成高分子防水卷材、金属板材、合成高分子防水涂料、高聚物改性沥青防水涂料、细石防水混凝土、平瓦、油毡瓦等材料	宜选用三毡四油沥青防水卷材、高聚物改性沥青防水卷材、合成高分子防水卷材、金属板材、合成高分子防水涂料、高聚物改性沥青防水涂料、细石混凝土、平瓦、油毡瓦等材料	宜选用二毡三油沥青防水卷材、高聚物改性沥青防水涂料等材料
设防要求	三道或三道以上防水设防	二道防水设防	一道防水设防	一道防水设防

2.防水材料

(1)防水材料的种类。

防水材料按照其防水性能以及适应变形能力的差异,可分成柔性防水材料和刚性防水材料两大类。

1)柔性防水材料。柔性防水材料包括高聚物改性沥青防水卷材、合成高分子防水卷材、防水涂料等。

①高聚物改性沥青防水卷材。它是以高分子聚合物改性沥青为涂盖层,纤维织物或纤维毡为胎体,粉状、粒状、片状或薄膜材料为复面材料制成的可卷曲的片状防水材料,主要品种有SBS、APP、再生橡胶防水卷材、铝箔橡胶改性沥青防水卷材等,特点是较沥青防水卷材抗拉强度高,抗裂性好,有一定的温度适用范围。

②合成高分子防水卷材。它是以各种合成橡胶或合成树脂或二者的混合物为主要原料，加入适量的化学助剂和填充料加工制成的弹性或弹塑性防水卷材。主要品种有三元乙丙橡胶、聚氯乙烯(PVC)、氯化聚乙烯(CPE)、氯化聚乙烯橡胶共混防水卷材等。合成高分子防水卷材具有抗拉强度高,抗老化性能好,抗撕裂强度高,低温柔韧性好以及冷施工等特性。

③防水涂料有高、中、低档三类。高档防水涂料主要品种有聚氨酯防水涂料、橡胶和树脂基防水涂料;中档防水涂料有氯丁橡胶改性沥青涂料及其他橡胶改性沥青涂料;低档防水涂料有再生胶改性沥青涂料、石油沥青基防水涂料等。防水涂料具有温度适应性好、施工操作简单、速度快、劳动强度低、污染小、易于修补等特点,特别适用于轻型、薄壳等异型屋面的防水。

2)刚性防水材料。刚性防水材料有防水砂浆、细石混凝土和油毡瓦等。

防水砂浆、细石混凝土是利用材料自身的防水性和密实性,加入适量的外加剂制成的刚性防水材料。这些防水材料构造简单,施工方便,造价低廉,但对温度变化和结构变形比较敏感,易产生裂缝,适用于我国南方地区的屋面防水。

油毡瓦是以玻璃纤维为胎基,经浸涂石油沥青后,面层压天然色彩砂,背面撒以隔离材料而制成的瓦状片材,形状有方形和半圆形。它具有质量轻、柔性好、耐酸碱、不褪色等特点,适用于坡屋面的防水层,也可做多层防水层的面层。

(2)防水材料厚度要求。

为了确保屋面防水质量,使屋面防水层在合理使用年限内不发生渗漏,不仅应选定合适的防水材料,而且应根据设防要求选定其厚度。卷材和涂膜的厚度选用应符合表6.2的要求。

表6.2 屋面防水材料厚度要求

防水等级	防水层选用材料	厚度/mm	防水等级	防水层选用材料	厚度/mm
Ⅰ	合成高分子防水卷材； 高聚物改性沥青防水卷材； 合成高分子防水涂膜	≥1.5 ≥3.0 ≥2.0	Ⅱ	合成高分子防水卷材； 高聚物改性沥青防水卷材； 合成高分子防水涂膜； 高聚物改性沥青防水涂膜	≥1.2 ≥3.0 ≥2.0 ≥3.0
Ⅲ（单独使用）	合成高分子防水卷材； 高聚物改性沥青防水卷材； 合成高分子防水涂膜； 高聚物改性沥青防水涂膜； 沥青基防水涂膜	≥1.2 ≥4.0 ≥2.0 ≥3.0 ≥8.0	Ⅲ（复合使用）	合成高分子防水卷材； 高聚物改性沥青防水卷材； 合成高分子防水涂膜； 高聚物改性沥青防水涂膜； 沥青基防水涂膜	≥1.0 ≥1.5 ≥1.0 ≥1.5 ≥4.0
	沥青防水卷材	三毡四油			
Ⅳ	沥青基防水涂膜； 高聚物改性沥青防水涂膜	≥4.0 ≥3.0	注:防水材料复合使用时,耐老化、耐穿刺的防水材料应放在最上面		
	沥青防水卷材	二毡三油			

6.3 平屋顶的构造

6.3.1 柔性防水平屋顶的构造

柔性防水平屋顶是指采用防水卷材用胶结材料粘贴铺设而成的整体封闭的防水覆盖层。

它具有一定的延性和韧性,并且能适应一定程度的结构变化,保持其防水性能。柔性防水平屋顶的构造层次包括结构层、找平层、隔气层、找坡层、保温层(隔热层)和保护层等,如图6.7所示。

1. 找平层

为保证平屋顶防水层有一个坚固而平整的基层,避免防水层凹陷和断裂。一般在结构层和保温层上,先做找平层。找平层宜设分格缝,并嵌填密封材料。其纵横向最大间距:

(1)水泥砂浆或细石混凝土找平层不宜大于6 m。

(2)沥青砂浆找平层不宜大于4 m。

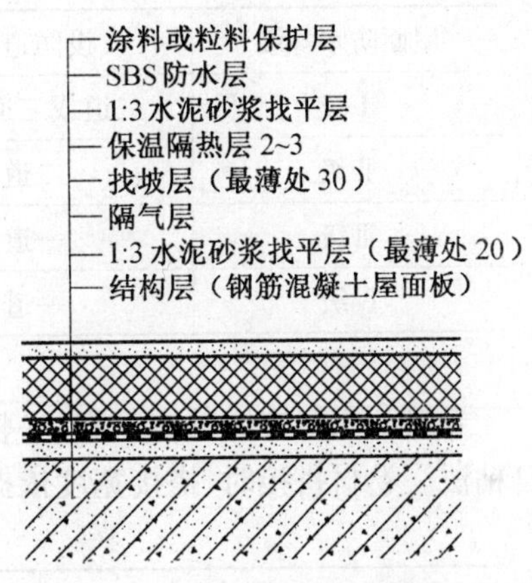

图6.7　柔性防水平屋顶的构造

2. 隔气层

为防止室内水蒸气渗入保温层后,降低保温层的保温能力,对于纬度40°以北,且室内空气湿度大于75%或其他地区室内湿度大于80%的建筑,经常处于饱和湿度状态的房间(例如公共浴室、厨房的主食蒸煮间),需在承重结构层上、保温层下设置隔气层。隔气层可采用气密性好的单层防水卷材或防水涂料。

3. 找坡层

依据屋顶坡度选择合适的构造方式。

4. 防水层

目前工程中卷材防水层主要有高聚物改性沥青卷材防水层和合成高分子卷材防水层,见表6.3。

表6.3　卷材防水层

卷材分类	卷材名称举例	卷材粘结剂
高聚物改性沥青防水卷材	SBS改性沥青防水卷材	热熔、自粘、粘结均有
	APP改性沥青防水卷材	
合成高分子防水卷材	三元乙丙丁基橡胶防水卷材	丁基橡胶为主体的双组分A与B液1∶1配比搅拌均匀
	三元乙丙橡胶防水卷材	
	氯磺化聚乙烯防水卷材	CX-401胶
	再生胶防水卷材	氯丁胶粘合剂
	氯丁橡胶防水卷材	CY-409液
	氯丁聚乙烯橡胶共混防水卷材	BX-12及BX-12乙组分
	聚氯乙烯防水卷材	粘结剂配套供应

卷材防水层应按《屋面工程质量验收规范》(GB 50207—2002)要求,根据项目性质和重要程度以及所在地区的具体降水条件确定其屋面防水等级和屋面防水构造。例如,雨量特别稀少干热的地区,可以适当减少防水道数,但应选用能耐较大温度变形的防水材料和能防止暴晒

的保护层,以适应当地的特殊气候条件。不同的屋面防水等级对防水材料的要求有所不同,见表6.4。

表6.4　卷材厚度选用表

屋面防水等级	设防道数	合成高发子防水卷材/mm	高聚物改性沥青防水卷材/mm
Ⅰ级	三道或三道以上	不应小于1.5	不应小于3
Ⅱ级	二道	不应小于1.2	不应小于3
Ⅲ级	一道	不应小于1.2	不应小于4
Ⅳ级	一道	—	—

卷材防水层应铺贴在坚固、平整、干燥的找平层上。卷材粘贴方法包括有冷粘法、热熔法、自粘法。卷材搭接时,搭接宽度依据卷材种类和铺贴方法进行,见表6.5。

表6.5　卷材搭接宽度

搭接方向 铺贴方法 卷材种类		短边搭接宽度/mm		长边搭接宽度/mm	
		满粘法	空铺法 点粘法 条粘法	满粘法	空铺法 点粘法 条粘法
沥青防水卷材		100	150	70	100
高聚物改性沥青防水卷材		80	100	80	100
合成高分子防水卷材	胶粘剂	80	100	80	100
	胶粘带	50	60	50	60
	单缝焊	60,有效焊接宽度不小于25			
	双缝焊	80,有效焊接宽度10×2+空腔宽			

5. 保护层

保护层是屋顶最上面的构造层,其作用是减缓雨水对卷材防水层的冲刷力,降低太阳辐射热对卷材防水的影响,防止卷材防水层产生龟裂和渗漏现象,延长其使用寿命。保护层的做法应视屋面的使用情况和防水层所用材料而定,如图6.8所示。

(1)不上人屋面。

1)沥青卷材防水屋面一般采用沥青胶粘直径3~6 mm的绿豆砂做保护层。

2)高聚物改性沥青防水卷材、合成高分子防水卷材防水层可采用与防水层材料配套的保护层或粘贴铝箔作为保护层。

(2)上人屋面。

1)防水层上做水泥砂浆保护层或细石混凝土保护层。

2)防水层上用砂、沥青胶或水泥砂浆铺贴预制缸砖、地砖等。

3)防水层上架设预制板。

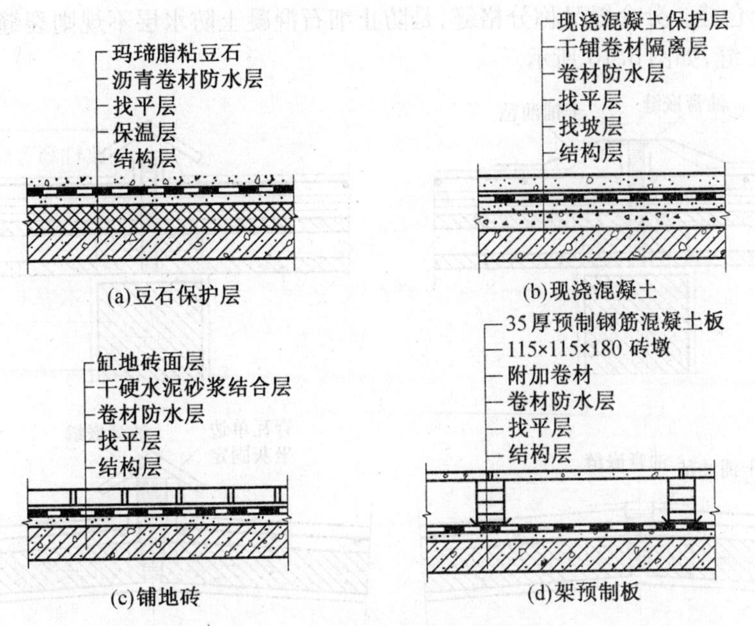

图6.8　卷材防水屋面保护层

6.3.2　刚性防水平屋顶的构造

刚性防水屋面是以防水砂浆抹面或密实混凝土浇捣而成的防水层,它构造简单,施工方便,造价较低,但其对温度变化和结构变形较敏感,易产生裂缝而漏水,一般适用于防水等级为Ⅰ~Ⅳ级的屋面,不适用于有保温层、有较大震动或冲击荷载作用的屋面和坡度大于15%的建筑屋面,在我国南方地区多采用。

刚性防水平屋顶的构造层次包括找平层、保温层(隔热层)、找坡层、隔离层、防水层和保护层等,如图6.9所示。

1. 隔离层

隔离层是在找平层上铺砂、铺低强度的砂浆或干铺一层卷材或刷废机油、沥青等。其作用是将刚性防水层与结构层上下分离,以适应各自的变形,减少温度变化和结构变形对刚性防水层的影响。

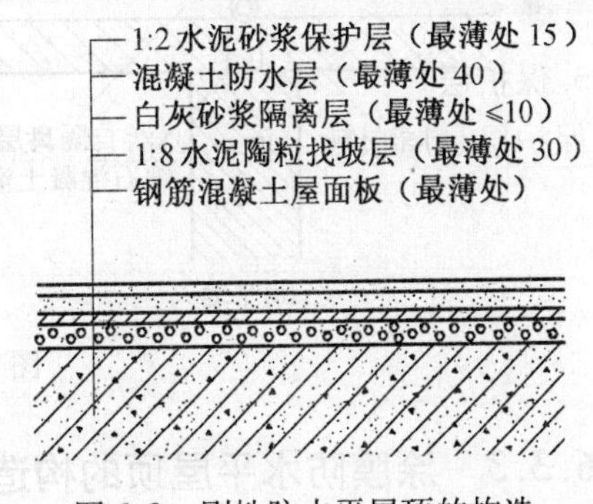

图6.9　刚性防水平屋顶的构造

2. 防水层

细石混凝土刚性防水层采用40 mm厚,强度等级为C20,水泥∶砂子∶石子的重量比为1∶1.5~2.0∶3.5~4.0密实细石混凝土。在混凝土中掺加膨胀剂、减水剂等外加剂,还宜掺入适量的合成短纤维,以提高和改善其防水性能。为防止细石混凝土的防水层裂缝,应采取以下措施:

(1)配筋。为提高细石混凝土防水层的抗裂和应变能力,常配置双向钢筋网片,钢筋直径为4~6 mm,间距为100~200 mm。由于裂缝易在面层出现,钢筋安装位置居中偏上,其上面保护层厚度不小于10 mm。

(2)设置分仓缝。分仓缝又称分格缝,是防止细石混凝土防水层不规则裂缝、适应结构变形而设置的人工缝,如图 6.10 所示。

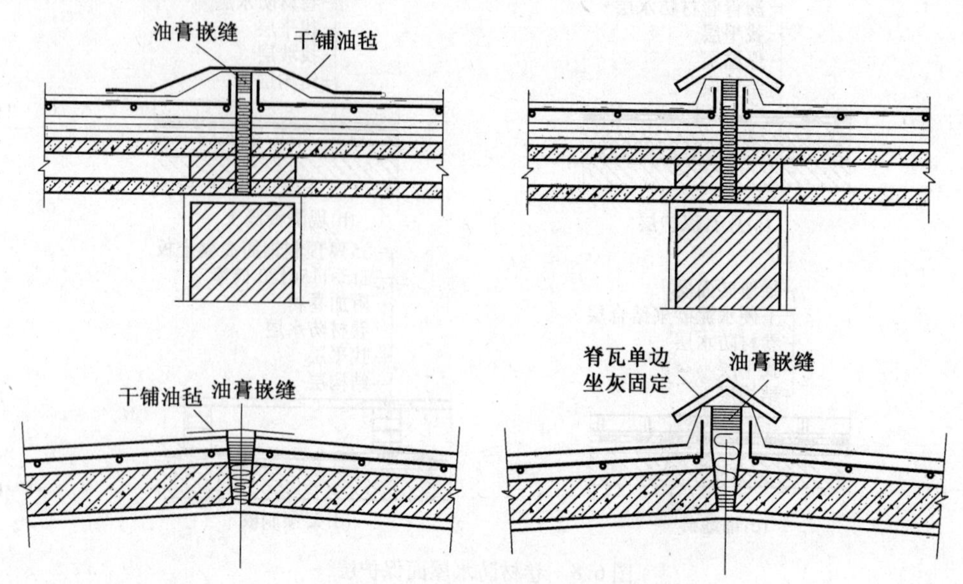

图 6.10　刚性防水屋面分格缝做法

屋面转折处、防水层与突出屋面结构的交接处。分仓缝宽度为 20 mm 左右,从横向间距不宜大于 6 m,分仓缝有平缝和凸缝两种形式,分仓缝内嵌密封材料,缝口用卷材铺贴盖缝,如图 6.11 所示。

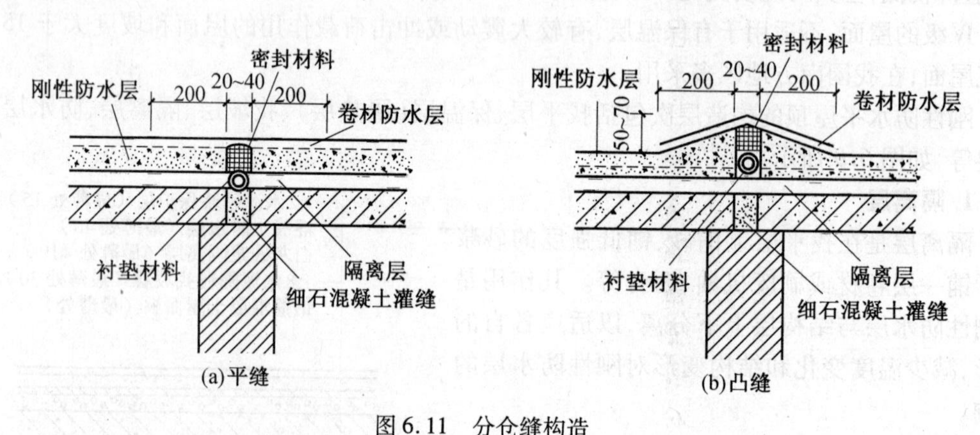

图 6.11　分仓缝构造

6.3.3　涂膜防水平屋顶的构造

涂膜防水层是采用可塑性和粘结力较强的高分子防水涂料,直接涂刷在屋面找平层上,形成一层不透水薄膜的防水层。一般有乳化沥青类、氯丁橡胶类、丙烯酸树脂类、聚氨酯类和焦油酸性类等。涂膜防水层具有防水性好、粘结力强、延伸性大、耐腐蚀、耐老化、冷作业、易施工等特点。但是涂膜防水层成膜后要加以保护,以防硬杂物碰坏。

涂膜防水平屋顶的构造层次及做法与卷材防水平屋顶基本相同,都是由结构层、找平层、找坡层、结合层、防水层和保护层等组成,如图 6.12 所示。

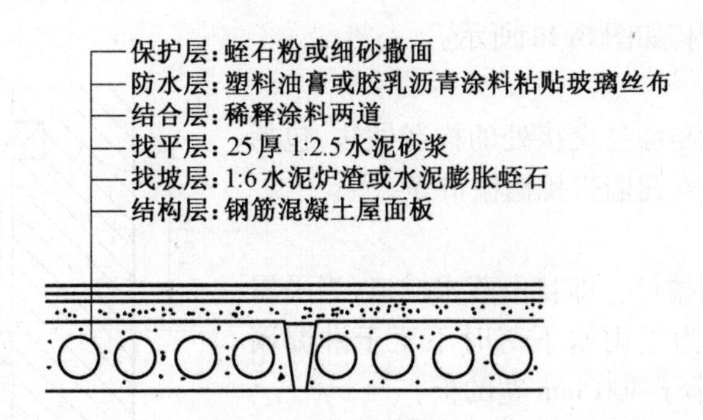

图6.12　涂膜防水屋面构造

涂膜防水层的构造做法是在平整干燥的找平层上,分多次涂刷。乳化型防水涂料,涂三遍,厚1.2 mm;溶剂型防水涂料,涂4~5遍,厚度大于1.2 mm。涂膜表面采用细砂、浅色涂料、水泥砂浆等做保护层。

6.3.4　平屋顶的细部构造

平屋顶的构造主要包括泛水构造、檐口构造、雨水口构造等。

1. 泛水构造

(1)卷材防水屋面。

将屋面的卷材防水层继续铺至垂直面上,形成卷材泛水,泛水高度不得小于250 mm;在屋面与垂直面的交接处再加铺一层附加卷材,为防止卷材断裂,转角处应用水泥砂浆抹成圆弧形或45°斜面;泛水上口的卷材应做收头固定,如图6.13所示。

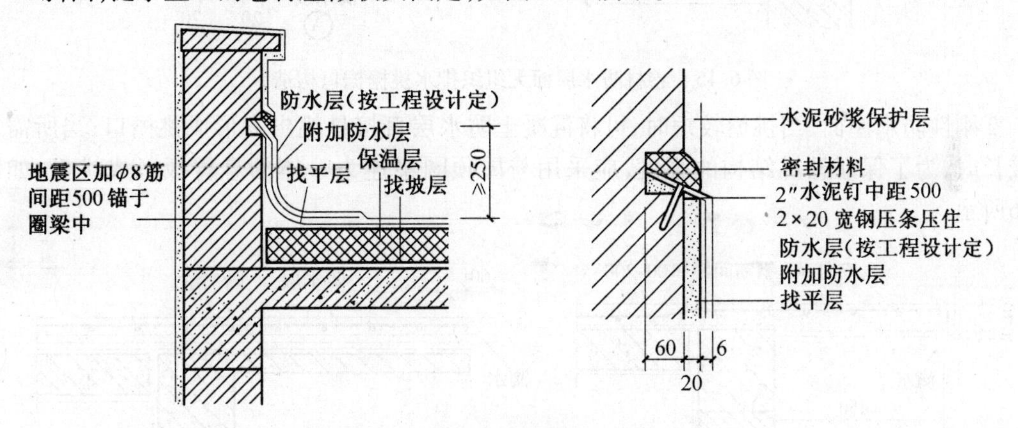

图6.13　卷材防水屋面女儿墙泛水构造

卷材防水屋面泛水的构造主要有下列4个要点:

1)泛水与屋面相交处的基层需用水泥砂浆或混凝土做成$R=50\sim150$ mm的圆弧或钝角,防止卷材粘贴时因直角转弯而折断或不能铺实。

2)卷材在竖直面的粘贴高度不应小于250 mm。

3)泛水处的卷材与屋面卷材相连接,并在底层加铺一层。

4)泛水上端应固定在墙上,并有挡雨措施,以免卷材的下滑剥落。

(2)刚性防水屋面。泛水的构造要点与卷材防水屋面相同。不同之处是女儿墙与刚性防水层间应留分格缝,缝内用油膏嵌缝,缝外用附加卷材铺贴至泛水所需高度并做好压缝收头处理，避免雨水渗透进缝内，如图 6.14 所示。

2. 檐口构造

檐口构造是指屋顶与墙身交接处的构造做法，包括挑檐檐口、女儿墙檐口、女儿墙带挑檐檐口等。

(1) 挑檐檐口。

1) 无组织排水挑檐檐口。即自由落水檐口，当平屋顶采用无组织排水时，为了雨水下落时不至于淋湿墙面，从平屋顶悬挑出不小于 400 mm 宽的板。

①卷材防水屋面，防止卷材翘起，从屋顶四周漏水，檐口 800 mm 范围内卷材应采取满粘法，将卷材收头压入凹槽，采用金属压条钉压，并用密封材料封口，檐口下端应抹出鹰嘴和滴水槽，如图 6.15 所示。

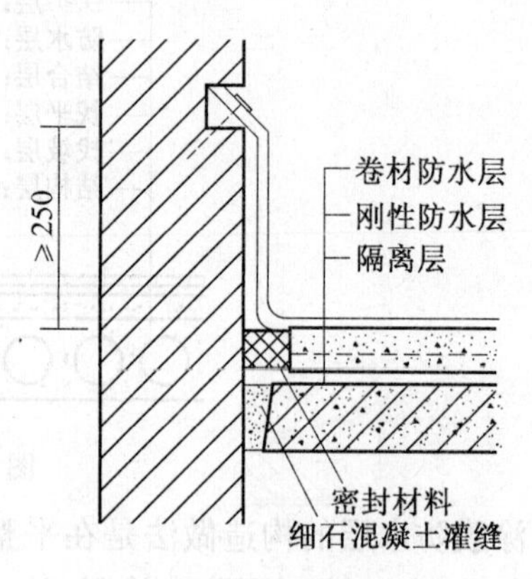

图 6.14　刚性防水屋面檐口构造

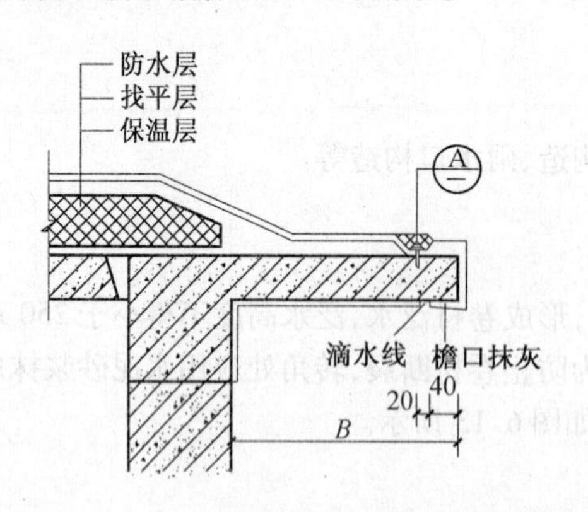

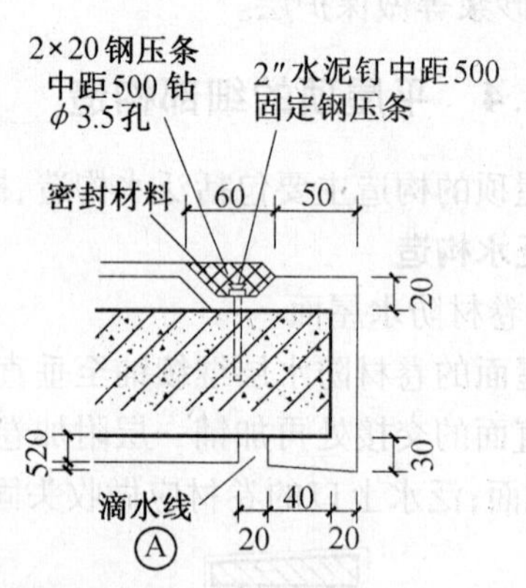

图 6.15　卷材防水屋面无组织排水挑檐檐口构造

②刚性防水屋面，当挑檐较短时，可将混凝土防水层直接悬挑出去形成挑檐口；当所需挑檐较长时，为了保证悬挑结构的强度，应采用与屋顶圈梁连为一体的悬臂板形成挑檐，如图 6.16所示。

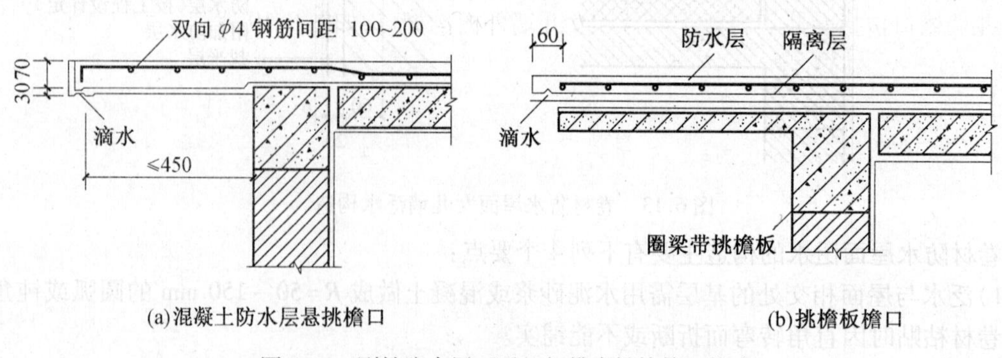

图 6.16　刚性防水屋面无组织排水挑檐檐口构造

2) 有组织排水挑檐檐口。即檐沟外排水檐口，也称为檐沟挑檐。

①卷材防水屋面。有组织排水挑檐檐口在檐沟沟内应加铺一层卷材以增强防水能力，当采用高聚物改性沥青防水卷材或高分子防水卷材时宜采用防水涂膜增强层；卷材防水层应由

沟底翻上至沟外檐顶部，在檐沟边缘，应用水泥钉固定压条，将卷材压住，再用密封材料封严；为防卷材在转角处断裂，檐沟内转角处应用水泥砂浆抹成圆弧形；檐口下端应抹出鹰嘴和滴水槽，如图 6.17 所示。

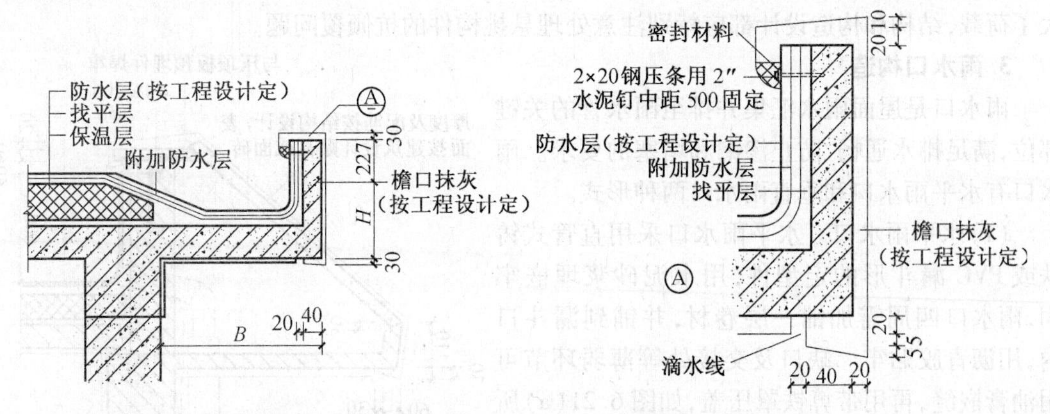

图 6.17　卷材防水屋面有组织排水挑檐檐口构造

②刚性防水屋面。刚性防水层应挑出 50 mm 左右滴水线或直接做到檐沟内，设构造钢筋，以防止爬水，如图 6.18 所示。

(2)女儿墙檐口。

上人平屋顶女儿墙用以保护人员安全，对于其高度，低层、多层建筑不应小于 1.05 m；高层建筑应为 1.1 ~ 1.2 m。不上人屋顶女儿墙，抗震设防烈度为六、七、八度地区无锚固女儿墙的高度，不应超过 0.5 m，超过时应加设构造柱及钢筋混凝土压顶圈梁，构造柱间距不应大于 3.9 m。位于出入口上方的女儿墙，应加强抗震措施。

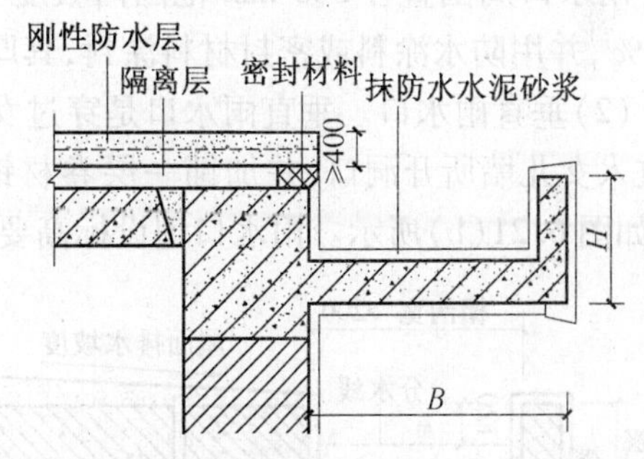

图 6.18　刚性防水屋面有组织排水挑檐檐口构造

砌块女儿墙厚度不宜小于 200 mm，其顶部应设大于等于 60 mm 厚的钢筋混凝土压顶，实心砖女儿墙厚度不应小于 240 mm。

女儿墙檐口包括女儿墙内檐沟檐口和女儿墙外檐沟檐口，如图 6.19 所示。

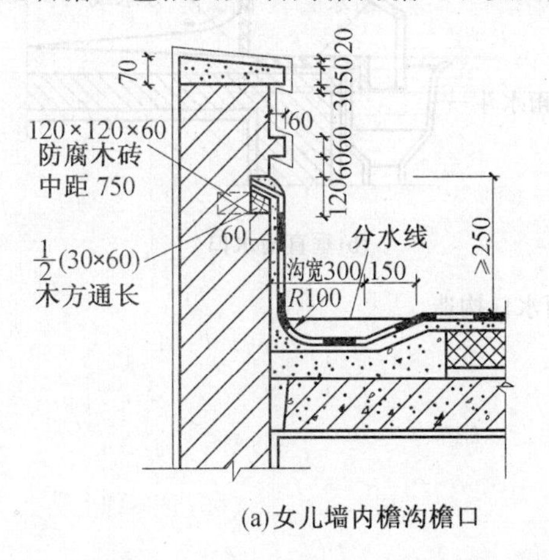

(a)女儿墙内檐沟檐口

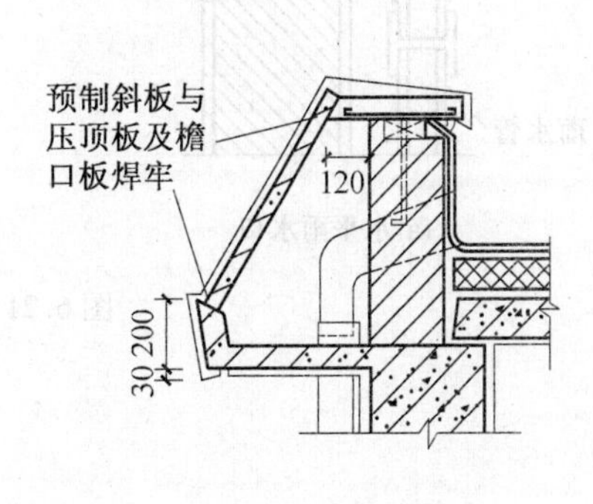

(b)女儿墙外檐沟檐口

图 6.19　女儿墙檐口

(3)女儿墙带挑檐檐口。

女儿墙带挑檐檐口是将前面两种檐口相结合的构造处理。女儿墙与挑檐之间用盖板(混凝土薄板或其他轻质材料)遮挡,形成平屋顶的坡檐口,如图 6.20 所示。由于挑檐的端部加大了荷载,结构和构造设计都应特别注意处理悬挑构件的抗倾覆问题。

3. 雨水口构造

雨水口是屋面雨水汇集并排至雨水管的关键部位,满足排水通畅、防止渗漏和堵塞的要求。雨水口有水平雨水口和垂直雨水口两种形式。

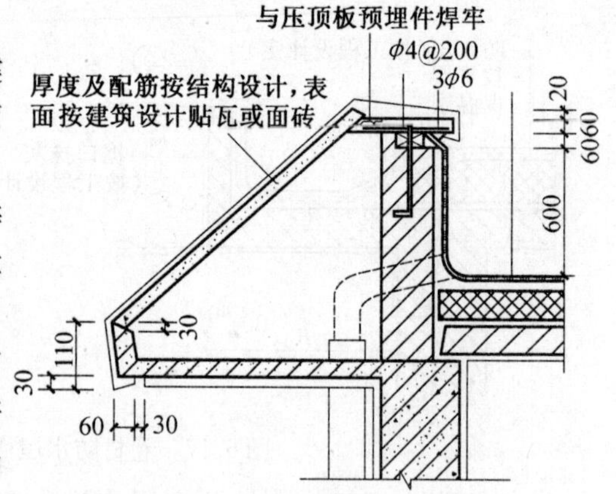

图 6.20　女儿墙带挑檐檐口构造

(1)水平雨水口。水平雨水口采用直管式铸铁或 PVC 漏斗形的定型件,用水泥砂浆埋嵌牢固,雨水口四周需加铺一层卷材,并铺到漏斗口内,用沥青胶贴牢。缺口及交接处等薄弱环节可用油膏嵌缝,再用带箅铁罩压盖,如图 6.21(a)所示。雨水口埋设标高应考虑雨水口设防时增加的附加层和柔性密封层的厚度及排水坡度加大的尺寸。雨水口周围直径 500 mm 范围内坡度不应小于 5%,并用防水涂料或密封材料涂封,其厚度不小于 2 mm。

(2)垂直雨水口。垂直雨水口是穿过女儿墙的雨水口。采用侧向铸铁雨水口或 PVC 雨水口放入女儿墙所开洞口,并加铺一层卷材铺入雨水口 50 mm 以上,用沥青胶贴牢,再加盖铁箅,如图 6.21(b)所示。雨水口埋设标高要求同水平雨水口。

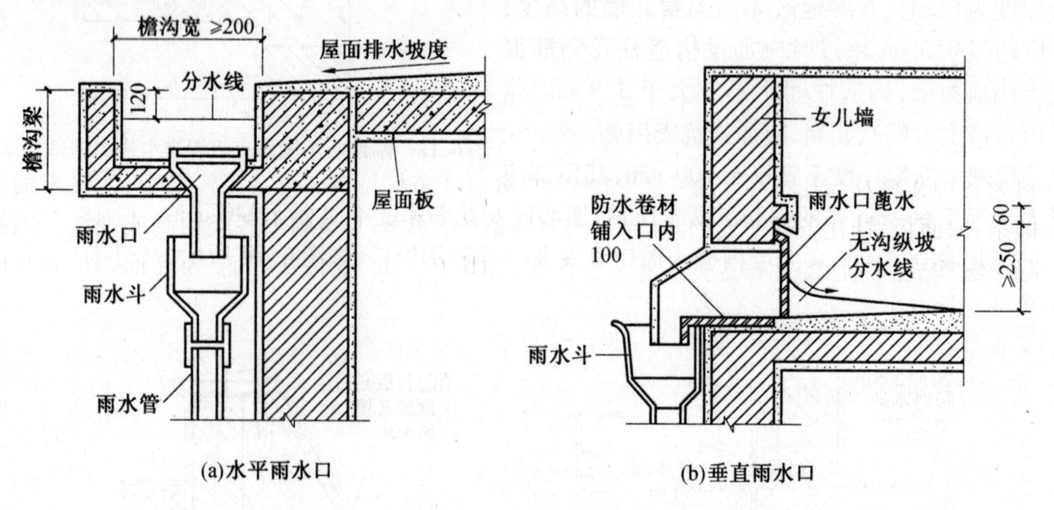

图 6.21　雨水口构造

6.4　坡屋顶的构造

6.4.1　坡屋顶的组成

坡屋顶是一种沿用较久的屋面形式,造型丰富多彩、构造简单,并能就地取材,多采用块状泛水材料覆盖屋面,已得到广泛的应用。坡屋顶的屋面坡度大于10%,常用的有单坡、双坡、四坡以及歇山等。

坡屋顶主要由承重结构层和屋面两部分组成。根据需要还可以设置保温层、隔热层及顶棚。坡屋顶的构造如图6.22所示。

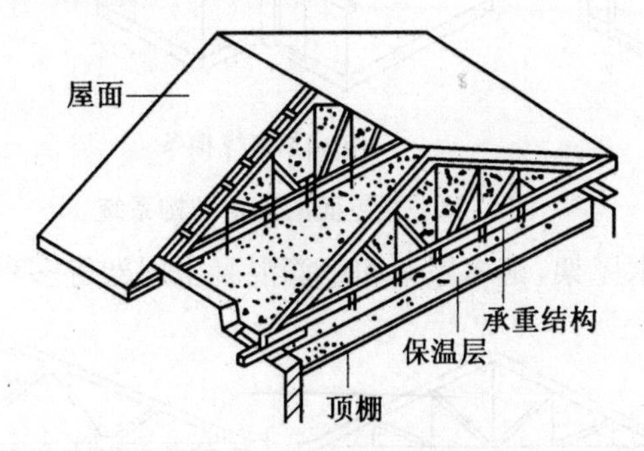

图6.22　坡屋顶的构造

1. 承重结构层

承重结构层是指屋架、檩条、屋面大梁或山墙等。它承受屋面荷载并把荷载传递到墙或柱。

2. 屋面层

屋面层包括屋面瓦材(防水层)和屋面基层(例如木椽、挂瓦条、屋面板等)两部分。防水材料为各种瓦材及与瓦材配合使用的各种涂膜和卷材防水材料。在有檩体系中,瓦通常铺设在檩条、屋面板、挂瓦条等组成的基层上,无檩体系的瓦屋面基层则由各类预制或现浇的钢筋混凝土板构成。屋面的种类根据瓦的种类而定,如块瓦屋面、油毡瓦屋面、块瓦形钢板彩瓦屋面等。

3. 顶棚

顶棚是屋顶下面的遮盖部分,可使室内上部平整,同时又起着保温、隔热和装饰的作用。

4. 保温层和隔热层

保温层和隔热层是屋顶对气温变化的围护部分,北方寒冷地区常用保温材料设保温层,南方炎热地区可在顶棚上设隔热层。

6.4.2　坡屋顶的承重结构形式

1. 坡屋顶的承重结构形式

坡屋顶的承重结构一般可分为屋架承重、山墙承重以及梁架承重。

(1)屋架承重。桁架多采用三角形屋架,为防止屋架倾斜和加强屋架的稳定性,应在屋架之间设置支撑。当房屋的内横墙较少时,常将檩条搁在屋架之间构成屋架承重结构,如图6.

23(a)所示。

(2)山墙承重。当房屋采用山墙承重方案时,可将山墙砌至屋盖代替屋架,常称为山墙承檩,如图6.23(b)所示。

(3)梁架承重。民间传统建筑多采用木柱、木梁构成的梁架结构,如图6.23(c)所示,这种结构又被称为穿斗结构或立贴式结构。

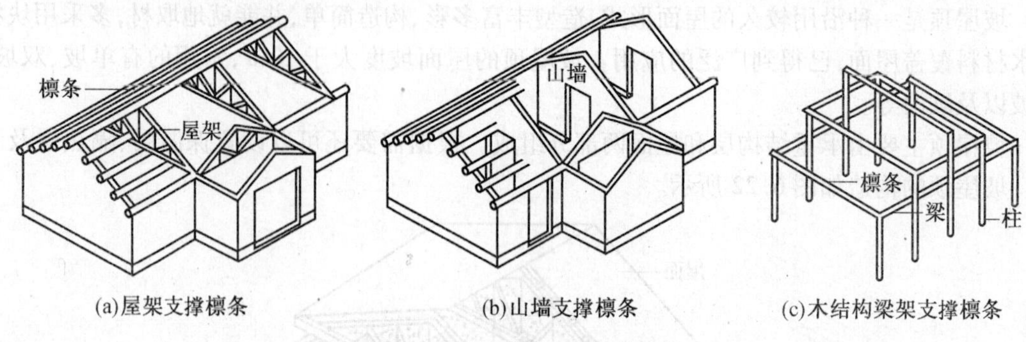

(a)屋架支撑檩条　(b)山墙支撑檩条　(c)木结构梁架支撑檩条

图6.23　瓦屋面的承重结构系统

三角形屋架、一般有木屋架、钢木屋架和钢筋混凝土屋架等多种形式,如图6.24所示。

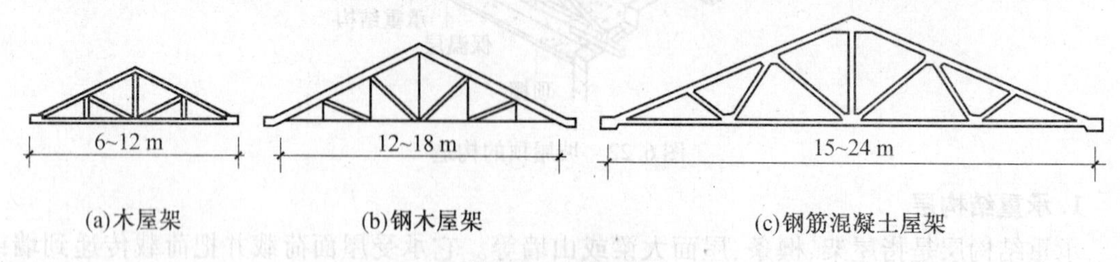

(a)木屋架　(b)钢木屋架　(c)钢筋混凝土屋架

图6.24　屋架形式

檩条一般可用木材制成,也可用钢檩条和钢筋混凝土檩条,如图6.25所示。

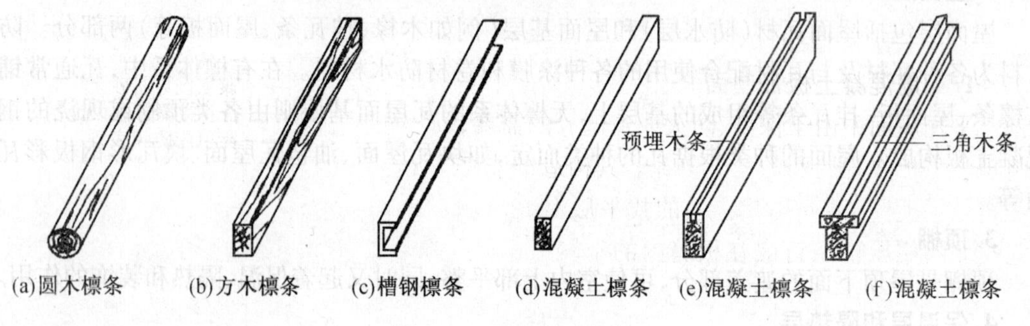

(a)圆木檩条　(b)方木檩条　(c)槽钢檩条　(d)混凝土檩条　(e)混凝土檩条　(f)混凝土檩条

图6.25　檩条断面形式

2. 坡屋顶的承重结构布置

屋架与檩条的布置方式视屋盖的形式而定。双坡屋盖的布置较简单,一般按开间尺寸的间距布置屋架即可。四坡顶、歇山顶、丁字形交接的屋盖和转角屋盖的布置则较为复杂,其布置示意如图6.26所示。

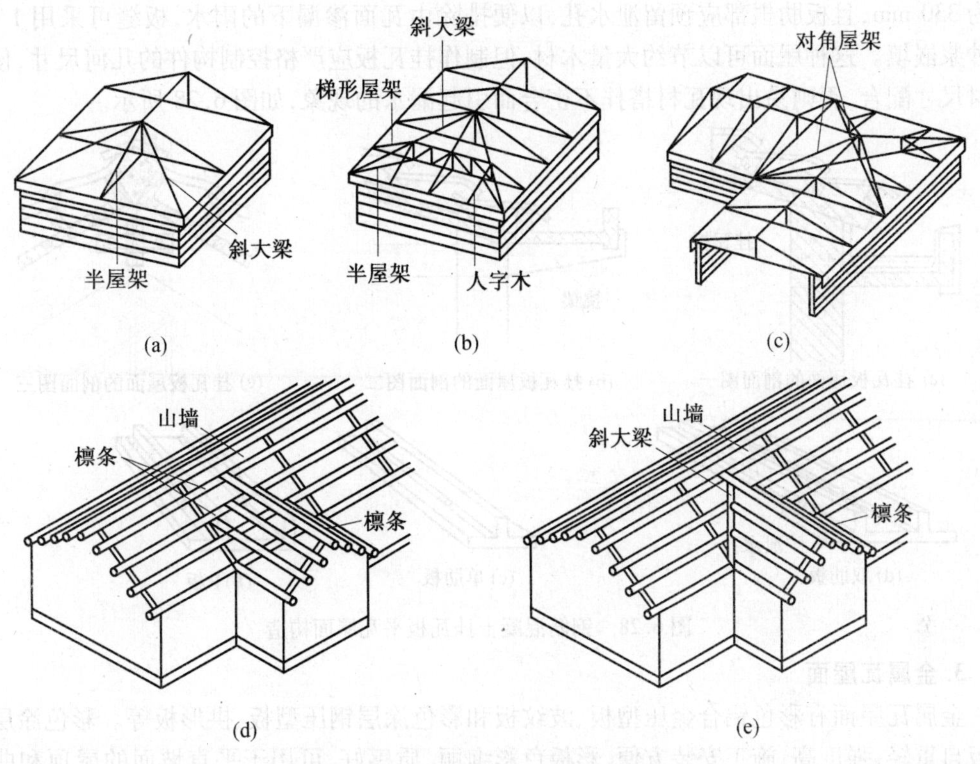

图6.26 屋架和檩条的布置示意图

6.4.3 坡屋顶的屋面类型及构造

目前工程中坡屋顶的屋面类型根据其覆盖材料的种类不同,有钢筋混凝土挂瓦板平瓦屋面、钢筋混凝土板瓦屋面和金属瓦屋面等。

1.钢筋混凝土板瓦屋面

平瓦屋面中由于保温、防火或造型等的需要,将现浇平板作为屋面的基层盖瓦。其构造做法有两种:一种是在钢筋混凝土板的找平层上铺防水卷材一层用压毡条钉嵌在板缝内的木楔上,再钉挂瓦条挂瓦;另一种是在钢筋混凝土板上直接粉刷防水水泥砂浆,并贴瓦或陶瓷面砖瓦或平瓦,如图6.27所示。

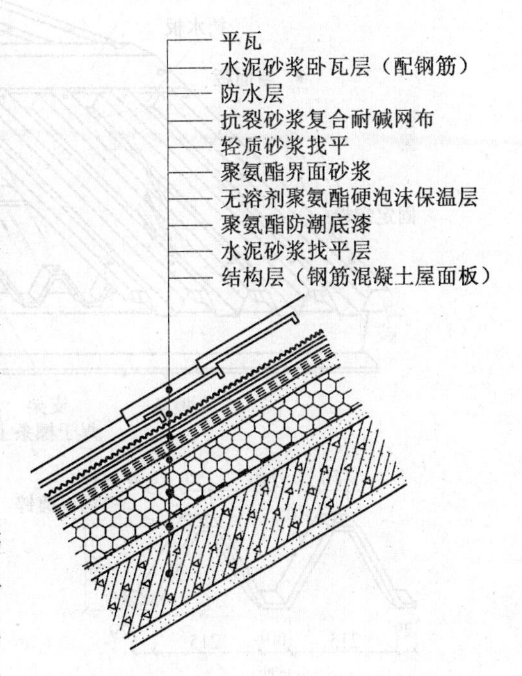

图6.27 钢筋混凝土板瓦屋面砂浆贴瓦构造

2.钢筋混凝土挂瓦板平瓦屋面

钢筋混凝土挂瓦板平瓦屋面是将预制的钢筋混凝土挂瓦板构件直接搁置在横墙或屋架上,并在其上直接挂瓦。钢筋混凝土挂瓦板具有檩条、木望板、挂瓦条三者的作用,是一种多功能构件。挂瓦板断面呈Ⅱ型、T型、F型,板肋用来挂瓦,中距为 330 mm，且板肋根部应预留泄水孔，以便排除由瓦面渗漏下的雨水，板缝可采用 1∶3 水泥砂浆嵌填。这种屋面可以节约大量木材，但制作挂瓦板应严格控制构件的几何尺寸，使之与瓦材尺寸配合，否则易出现瓦材搭挂不密合而引起漏水的现象，如图 6.28 所示。

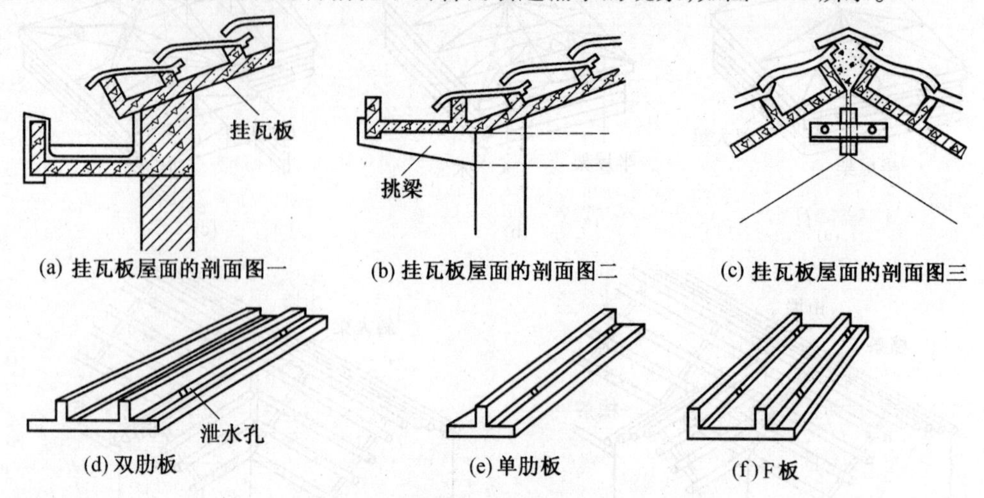

图 6.28　钢筋混凝土挂瓦板平瓦屋面构造

3. 金属瓦屋面

金属瓦屋面有彩色铝合金压型板、波纹板和彩色涂层钢压型板、拱形板等。彩色涂层钢压型板自重轻、强度高、施工安装方便，彩板色彩绚丽，质感好，可用于平直坡面的屋顶和曲面屋顶上。梯形压型钢板屋面如图 6.29 所示。

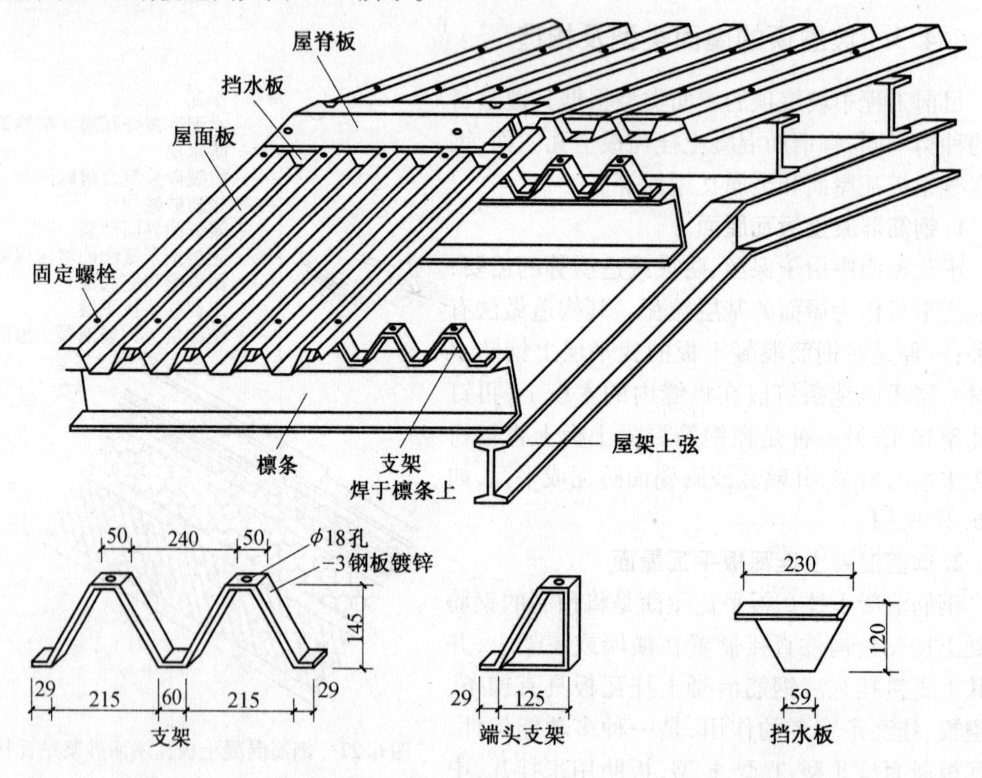

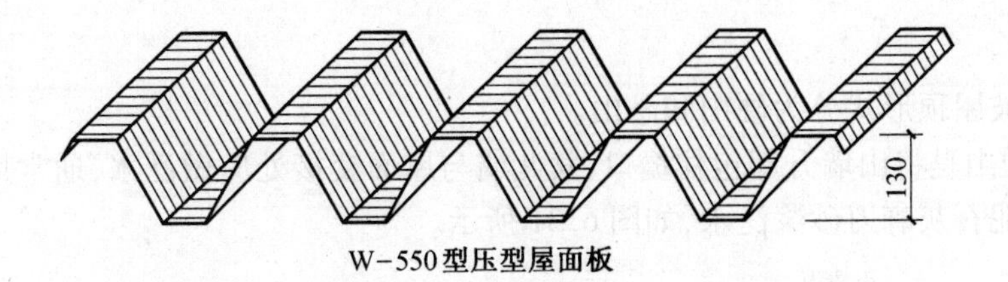

图6.29　梯形压型钢板屋面

彩色涂层钢压型板瓦屋面，是将彩色涂层钢压型板直接支撑于槽钢、工字钢或轻钢檩条上，檩条间距应由屋面板型号而定。彩色涂层钢压型板与檩条的连接主要通过带防水垫圈的镀锌螺栓或螺钉，固定点应设在波峰上，并涂抹密封材料保护。彩板在固定时，应保证有一定的搭接长度，横向搭接不小于一个波，纵向搭接不小于200 mm。若彩板需挑出墙面，其长度不小于200 mm；若伸入檐沟内，其长度不小于150 mm；与泛水的搭接宽度不小于200 mm。

6.4.4　坡屋顶的细部处理

坡屋顶的细部构造包括纵墙檐口、山墙檐口等。

1. 纵墙檐口的构造

与平屋顶一样，纵墙檐口可分为无组织排水檐口和有组织排水檐口。无组织排水檐口一般为挑檐板，有组织排水檐口分为挑檐沟檐口和女儿墙内檐沟檐口。

(1)挑檐沟檐口。挑檐沟檐口是在有组织排水中，挑檐外侧都设有檐沟。由于坡屋顶挑檐一般都比较脆弱，故檐沟和雨水只能采用轻质耐水材料制作，如镀锌铁皮、石棉水泥等，一般多选用易于制作和处理的镀锌铁皮。檐沟内的坡度需通过结构找坡，即将镀锌铁皮做成的檐沟倾斜搁置在相应的位置上，如图6.30所示。

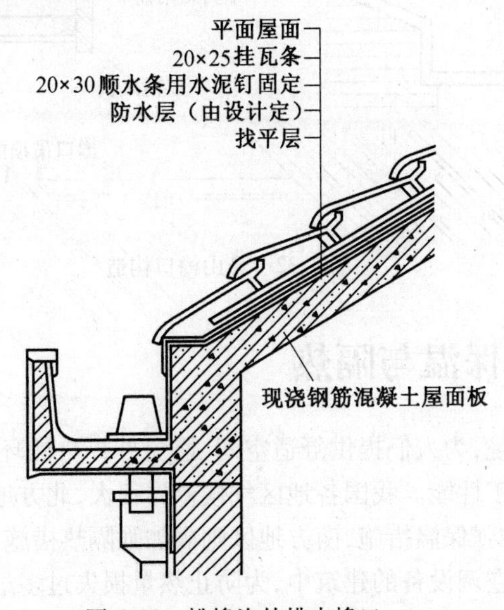

图6.30　挑檐沟外排水檐口

(2)女儿墙内檐沟檐口。坡屋顶如考虑建筑外形的要求，需设女儿墙内檐沟排水，构造同平屋顶，只是屋面板做成倾斜。

2. 山墙檐口

山墙檐口按坡屋顶形式分为硬山和悬山。

(1)硬山。硬山是将山墙升起包住檐口,女儿墙与屋面交接处应做泛水,通常用砂浆粘结小青瓦或者抹水泥石灰麻刀砂浆泛水,如图6.31所示。

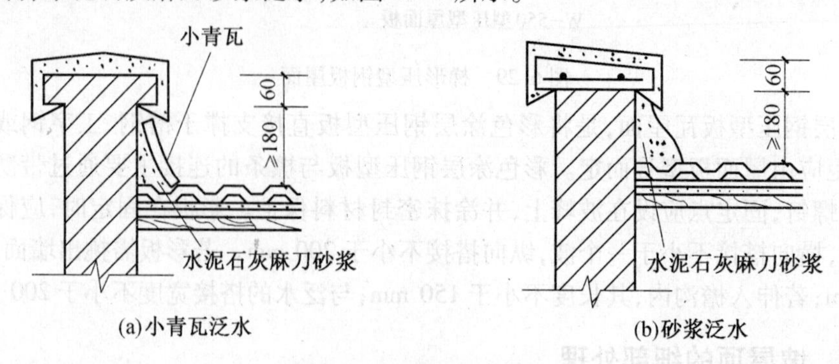

图6.31　硬山檐口构造

(2)悬山。悬山是将屋面檩条挑出山墙,挑出的檩条端部需钉木板封檐,即在檩条端部钉封檐板,也称为博风板。同时,檩条下可吊顶或涂刷油漆,以保护檩条,而且沿山墙挑檐的一行瓦,应用1∶2.5的水泥砂浆做出披水线,将瓦固定,如图6.32所示。

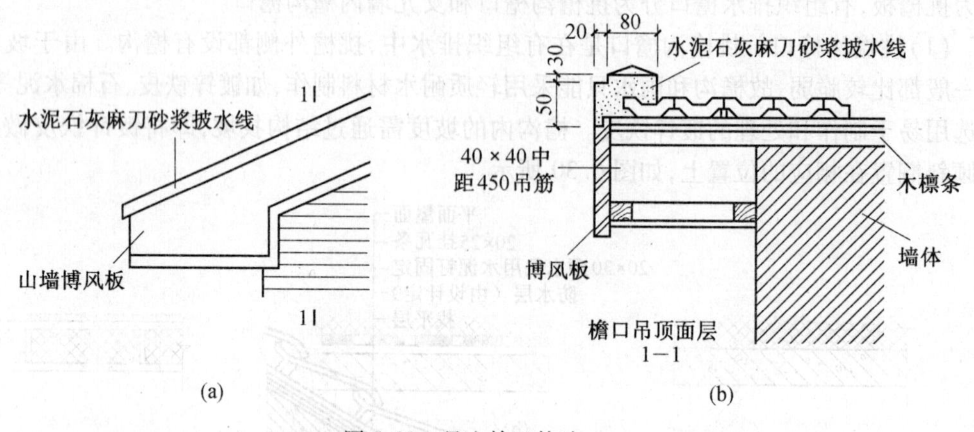

图6.32　悬山檐口构造

6.5　屋顶的保温与隔热

为保持建筑室内环境,为人们提供舒适空间,避免外界自然环境的影响,建筑外围护构件必须具有良好的建筑热工性能。我国各地区气候差异很大,北方地区冬天寒冷,南方地区夏天炎热,因此北方地区需加强保温措施,南方地区则需加强隔热措施。

在寒冷地区或装有空调设备的建筑中,为防止热量损失过多过快,以保障室内有一个舒适的生活和工作环境,建筑屋顶应设保温层。保温屋面的材料和构造做法应根据建筑物的使用要求、屋面结构形式、环境气候条件、防水处理方法和施工条件等因素综合考虑确定。保温层的厚度是通过热工计算确定的,一般可从当地建筑标准设计图集中查得。

夏季在太阳辐射和室外空气温度的共同作用下,屋顶温度剧烈升高,直接影响到室内环境。特别在南方地区,屋顶的隔热降温问题更为突出,因此要求必须从构造上采取隔热降温措施,以减少屋顶的热量对室内的影响。隔热降温的原理是:尽量减少直接作用于屋顶表面的太阳辐射能,及减少屋面热量向室内散发。

6.5.1 屋顶的保温

1. 平屋顶的保温

(1)平屋顶的保温构造。

在屋顶中保温层与结构层、防水层的位置关系有以下三种:

1)保温层位于结构层与防水层之间,如图6.33(a)所示。这种形式构造简单、施工方便,目前广泛采用。保温材料一般为热导率小的轻质、疏松、多孔或纤维材料,例如蛭石、岩棉、膨胀珍珠岩等。这些材料可以直接使用散料,可以与水泥或石灰拌和后整浇成保温层,还可以制成板块使用。但用松散或用块材保温材料时,保温层上需设找平层。

2)保温层位于防水层之上,如图6.33(b)所示。这种做法与传统的屋顶铺设层次相反,称为倒置式保温屋面。其优点是防水层不受太阳辐射和剧烈气候变化的直接影响,不易受外来机械损伤;但保温层应选用吸湿性低、耐候性强的保温材料,如聚苯乙烯泡沫塑料板或聚氨酯泡沫塑料板。保温层上面应设保护层以防表面破损,保护层要有足够的重量以防保温层在下雨时漂浮,可用混凝土板或大粒径砾石。

3)保温层与结构层结合,如图6.33(c)所示。还可用硬质聚氨酯泡沫塑料现场喷涂形成防水保温合一的屋面(硬泡屋面)。

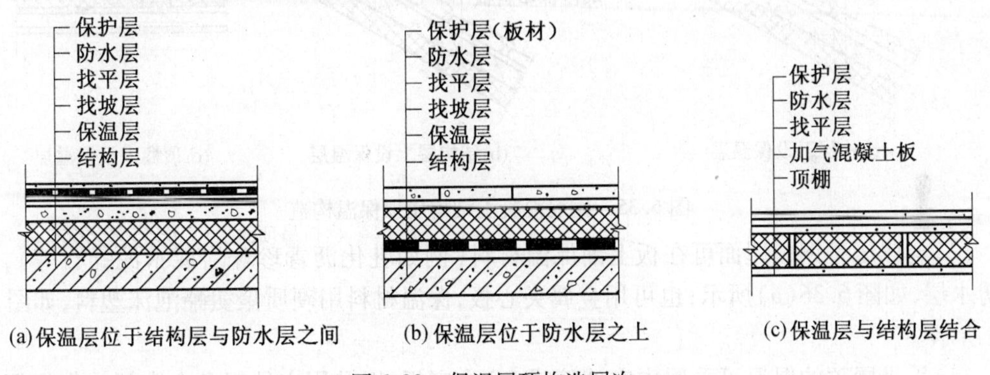

图6.33　保温屋顶构造层次

(2)保温层的保护。

由于保温层常为多孔轻质材料,一旦受潮或者进水,会使保温效果降低,严重的甚至使保温层冻结而使屋面破坏。为了防止使用中的蒸汽、施工过程中保温层和找平层中残留的水影响保温效果,可设置排气道和排气孔。排气道应纵横连通不得堵塞,其间距为6 m,并与排气口相通,如图6.34所示。如果室内蒸气压较大(例如浴室、厨房蒸煮间),屋顶需设置隔气层防止室内水蒸气进入保温层。隔气层可采用一层涂料类或卷材类防水层。

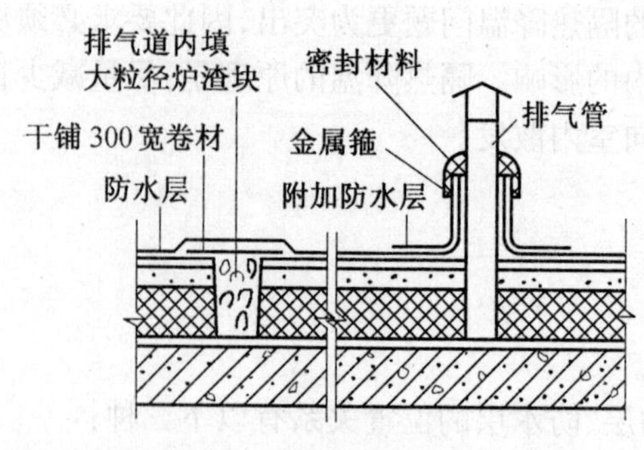

图 6.34　排气道与排气口构造

2. 坡屋顶的保温

坡屋顶保温可根据结构体系、屋面盖料、经济性及地方材料来确定。

(1) 钢筋混凝土结构坡屋顶，通常是在屋面板下用聚合物砂浆粘贴聚苯乙烯泡沫塑料板保温层，如图 6.35 所示；也可在瓦材和屋面板之间铺设一层保温层，或顶棚上铺设保温材料，例如纤维保温板、泡沫塑料板、膨胀珍珠岩等。

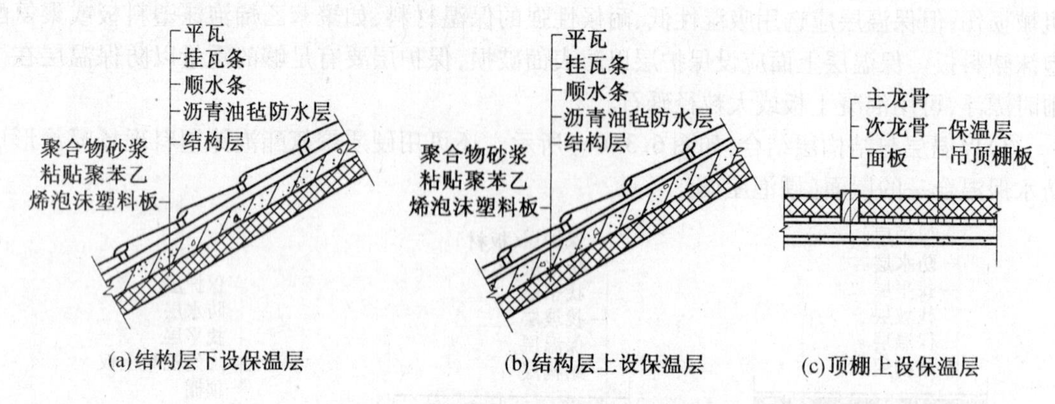

图 6.35　钢筋混凝土结构屋顶保温构造

(2) 金属压型钢板屋面可在板上铺保温材料（例如乳化沥青珍珠岩或水泥蛭石等），上面做防水层，如图 6.36(a) 所示；也可用金属夹心板，保温材料用硬质聚氨酯泡沫塑料，如图 6.36(b) 所示。

(3) 采光屋顶的保温可采用中空玻璃或 PC 中空板，以及用内外铝合金中间加保温塑料的新型保温型材做骨架。

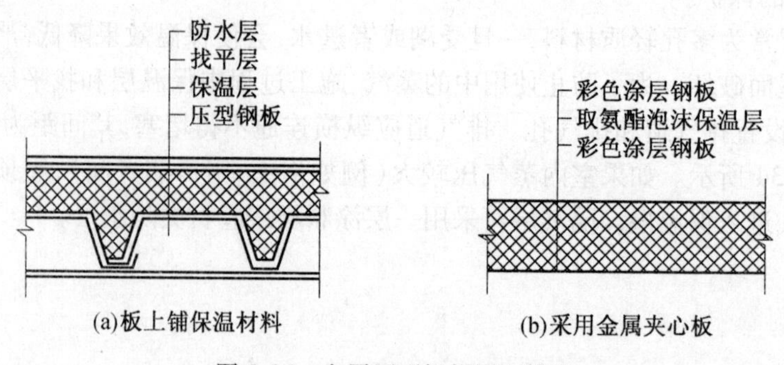

图 6.36　金属压型钢板屋面保温

6.5.2　屋顶的隔热

1. 平屋顶的隔热

平屋顶的隔热的主要构造做法如下：

(1)实体材料隔热屋顶。

在屋顶中设实体材料隔热层，利用材料的热稳定性使屋顶内表面温度比外表面温度有较大的降低。热稳定性大的材料一般表观密度都比较大，所以这种构造作法将使屋顶重量增加，如图6.37所示。

实体材料隔热屋顶的作法有：大阶砖或混凝土板实铺屋面；堆土屋面，其上植草；砾石层屋面；蓄水屋面。

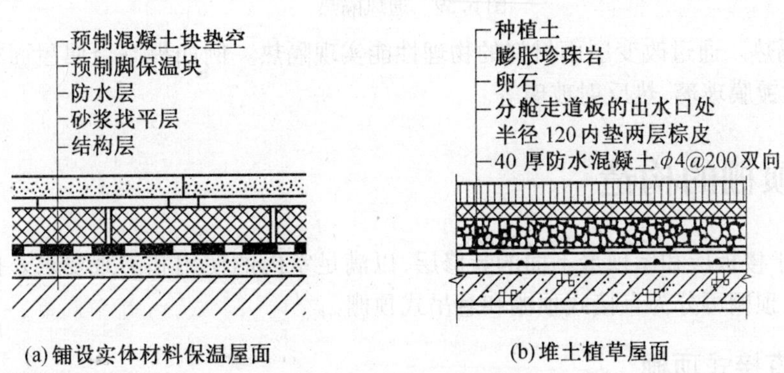

图6.37　实体材料隔热屋顶

(2)通风降温屋顶。

在屋顶上设置通风的空气间层，利用间层中空气的流动带走热量，从而降低屋顶内表面温度，如图6.38所示。通风降温屋顶比实体材料隔热屋顶的降温效果好。通常通风层设在防水层之上，这样做对防水层也有一定的保护作用。

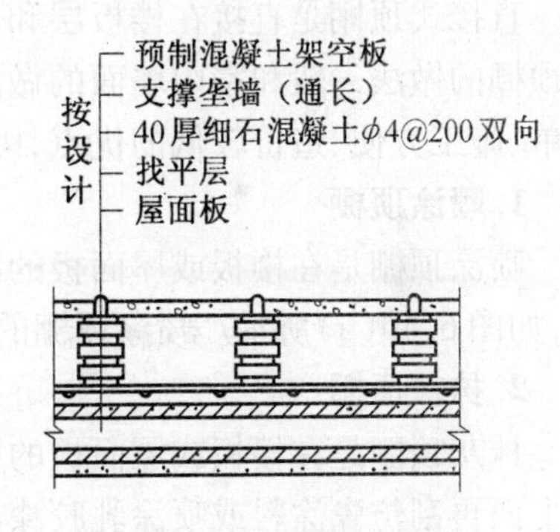

图6.38　通风降温屋顶

通风层可以由大阶砖或预制混凝土板以垫块或砌砖架空组成。架空层内空气可以纵横各向流动。如果把垫块铺成条形，使它与主导风向一致，两端分别处于正压区和负压区，气流会更畅通，降温效果也会更好。

通风层也可以由预制的拱形、三角形、槽形混凝土瓦放置在屋面上形成，这种做法施工方便，用料也省，但屋顶不能上人。

(3)屋面反射降温。

反射降温是在屋面铺浅色的砾石或刷浅色涂料等，利用浅色材料的颜色和光滑度对热辐射的反射作用，将屋面的太阳辐射热反射出去，从而达到降温隔热的作用。现在，卷材防水屋面采用的新型防水卷材，例如高聚物改性沥青防水卷材和合成高分子防水卷材的正面覆盖的铝箔，即利用反射降温的原理，来保护防水卷材的。

2. 坡屋顶的隔热

(1)通风隔热。在结构层下做吊顶，并在山墙、檐口或屋脊等部位设通风口，也可在屋面上设老虎窗，或利用吊顶上部的大空间组织穿堂风，达到隔热效果，如图 6.39 所示。

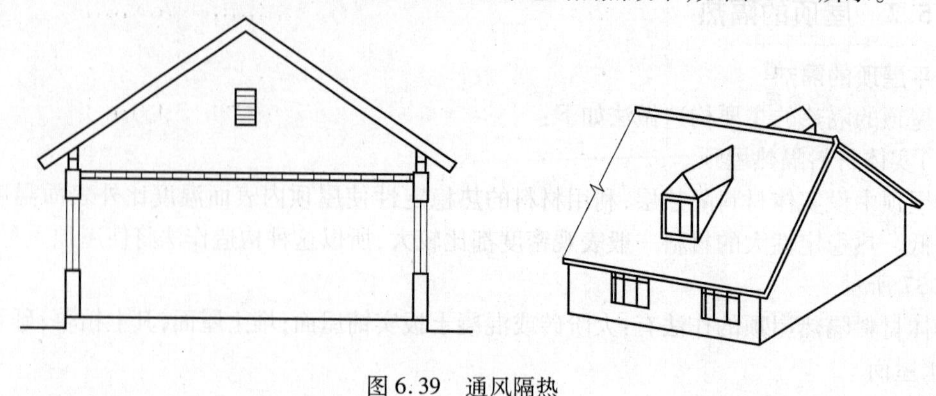

图 6.39　通风隔热

（2）材料隔热。通过改变屋面材料的物理性能实现隔热。例如提高金属屋面板的反射效率，采用低辐射镀膜玻璃、热反射玻璃等。

6.6　顶棚的构造

顶棚是位于楼板层和屋顶最下面的装修层，以满足室内的使用和美观要求。按照顶棚的构造形式不同，顶棚可分为直接式顶棚和悬吊式顶棚。

6.6.1　直接式顶棚

直接式顶棚是直接在楼板层和屋顶的结构层下面喷涂、抹灰或贴面形成装修面层。直接式顶棚的做法一般和室内墙面的做法相同，与上部结构层之间不留空隙，具有取材容易、构造简单、施工方便、造价较低的优点，因此得到广泛应用。

1. 喷涂顶棚

喷涂顶棚是在楼板或屋面板的底面填缝刮平后，直接喷、涂大白浆、石灰浆等涂料形成顶棚，如图 6.40（a）所示。喷涂顶棚的厚度较薄，装饰效果一般，适用于对观瞻要求不高的建筑。

2. 抹灰顶棚

抹灰顶棚是在楼板或屋面板的底面勾缝或刷素水泥浆后，进行表面抹灰，有的还在抹灰层的上面再刮仿瓷涂料或喷涂乳胶漆等涂料形成顶棚，如图 6.40（b）所示，其装饰效果优于喷涂顶棚，适用于室内装饰要求一般的建筑。

3. 贴面顶棚

贴面顶棚是在楼板或屋面板的底面用砂浆找平后，用胶粘剂粘贴墙纸、泡沫塑料板或装饰吸声板等形成顶棚，如图 6.40（c）所示。贴面顶棚的材料丰富，能满足室内不同的使用要求，例如保温、隔热、吸声等。

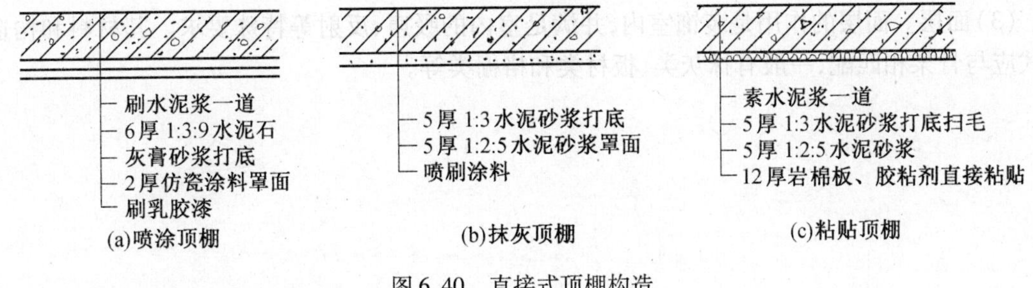

图6.40　直接式顶棚构造

6.6.2　悬吊式顶棚

悬吊式顶棚悬吊在楼板层和屋顶的结构层下面，与结构层之间留有一定的空间，以满足遮挡不平整的结构底面、敷设管线、通风、隔声以及特殊的使用要求。同时悬吊式顶棚的面层可做成高低错落、虚实对比、曲直组合等各种艺术形式，具有很强的装饰效果。但悬吊式顶棚构造复杂、施工繁杂、造价较高，适用于装修质量要求较高的建筑。

悬吊式顶棚一般由吊筋、骨架和面层组成。

(1)吊筋。吊筋又称吊杆，是连接楼板层和屋顶的结构层与顶棚骨架的杆件，其形式和材料的选用与顶棚的重量、骨架的类型有关，一般有 $\phi6\sim\phi8$ 的钢筋、8号钢丝或 $\phi8$ 的螺栓。吊筋与楼板和屋面板的连接方式与楼板和屋面板的类型有关，如图6.41所示。

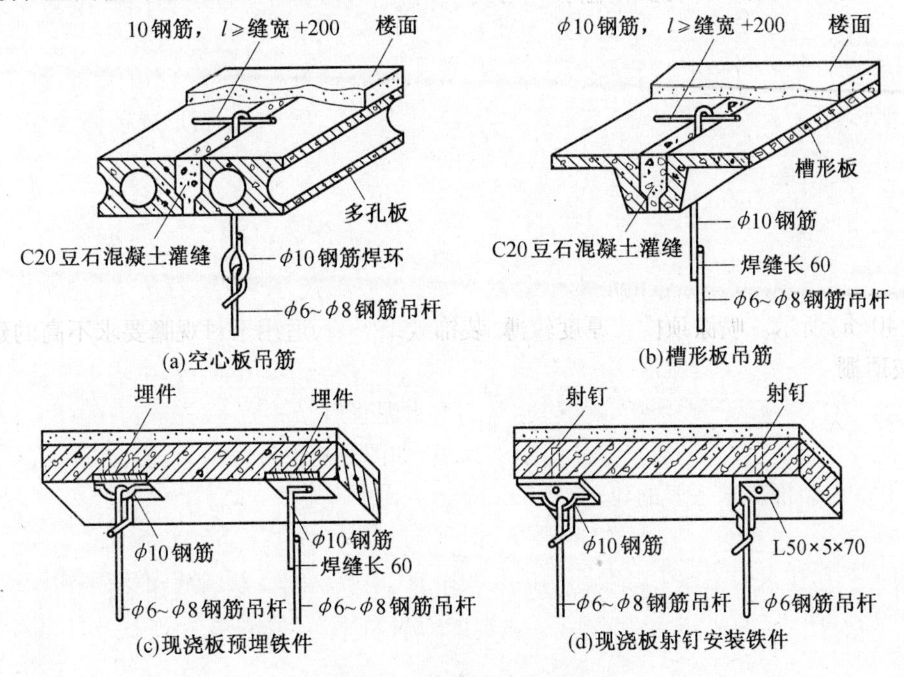

图6.41　吊筋与楼板连接

(2)骨架。骨架由主龙骨和次龙骨组成，其作用是承受顶棚荷载并将荷载由吊筋传给楼板或屋面板。骨架按材料分有木骨架和金属骨架两类。木骨架制作工效低，不耐火，现已较少采用。金属骨架多用的是轻钢龙骨和铝合金龙骨，一般是定型产品，装配化程度高，现已被广泛采用。

(3)面层。面层的作用是装饰室内,并满足室内的吸声、反射等特殊要求。其材料和构造形式应与骨架相匹配,一般有抹灰类、板材类和格栅类等。

第7章 门窗构造

7.1 门的分类及构造

7.1.1 门的分类

(1)按门在建筑物中所处的位置分,有内门和外门。内门位于内墙上,应满足分隔要求,例如隔声、隔视线等;外门位于外墙上,应满足围护要求,例如保温、隔热、防风沙、耐腐蚀等。

(2)按控制方式分,可分为手动门、传感控制自动门等。

(3)按功能分,有一般门和特殊门。特殊门具有特殊的功能,构造复杂,通常用于对门有特别的使用要求时,例如保温隔声门、防火门、防盗门、人防门、防爆门、防X射线门等。

(4)按门的框料材质分,有木门、铝合金门、塑钢门、彩板门、玻璃钢门、钢门等。木门拥有自重轻、开启方便、隔声效果好、外观精美、加工方便等优点,目前在民用建筑中大量采用。

(5)按开启方式分,可分为平开门、弹簧门、推拉门、折叠门、转门、上翻门、升降门、卷帘门等,如图7.1所示。

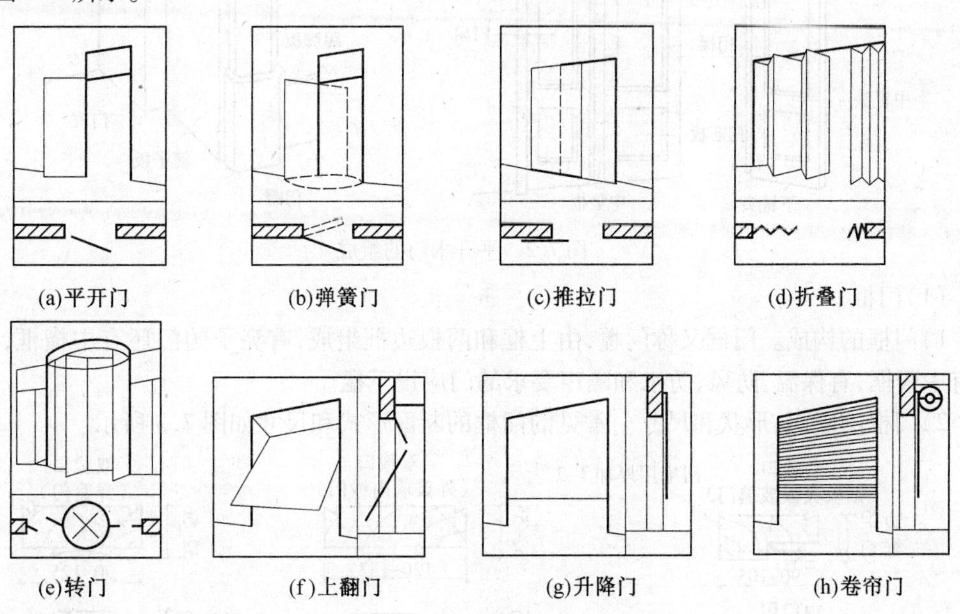

图7.1 门的开启方式

1)平开门。平开门是水平开启的门。铰链安在侧边,有单扇、双扇,内开、外开之分。平开门构造简单,开启灵活,制作安装,维修方便,是应用最广泛的门。

2)弹簧门。其开启方式同平开门,只是侧边用弹簧铰链或下面用地弹簧与门框相连,开启后能自动关闭。有单扇和双扇之分。一般多用于人流出入较频繁或有自动关闭要求的场所。

3)推拉门。门扇沿上或下轨道左右滑行,分上挂式和下滑式,也有单扇和双扇之分。推拉门占用空间小,不易变形,但构造复杂。可采用光电管或触动设施使其自动启闭。

4)折叠门。开启后门扇可折叠到洞口的一侧或两侧。其五金件制作复杂,安装要求较高。

5)转门。一般是两到四扇门连成风车形,在两个固定弧形门套内转动。加工制作复杂,造价高。转门疏散人流能力较弱,所以必须同时在转门两旁设平开门作人流疏散之用。

此外,还有上翻门、升降门、卷帘门等形式,一般适用于门洞口较大或有特殊要求的房间。

7.1.2 门的构造

1. 平开木门的构造

平开木门一般由门框、门扇、亮子和五金零件组成。有的还有贴脸板、筒子板等部分,如图7.2所示。

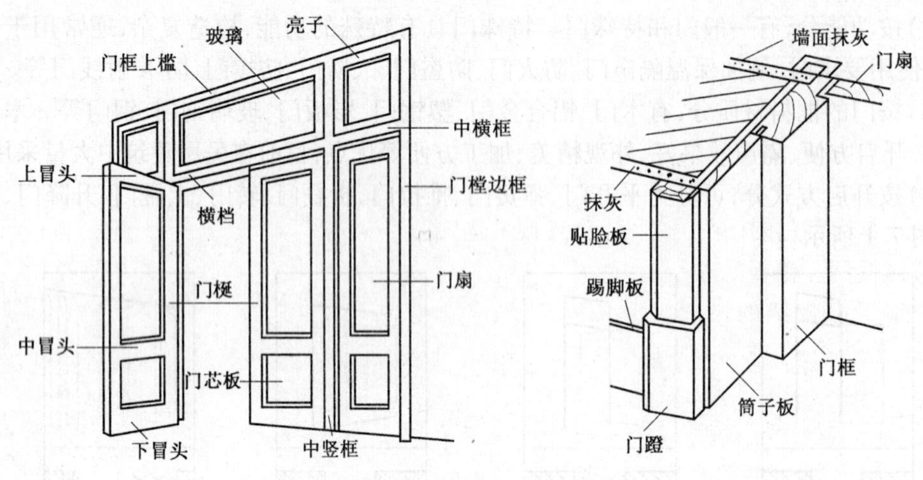

图7.2　平开木门的组成

(1)门框。

1)门框的构成。门框又称门樘,由上框和两根边框组成,有亮子的门还有中横框,多扇门还有中竖框,有保温、防风、防水和隔声要求的门应设下槛。

2)门框的断面、形状和尺寸。常见的门框的断面形式和尺寸如图7.3所示。

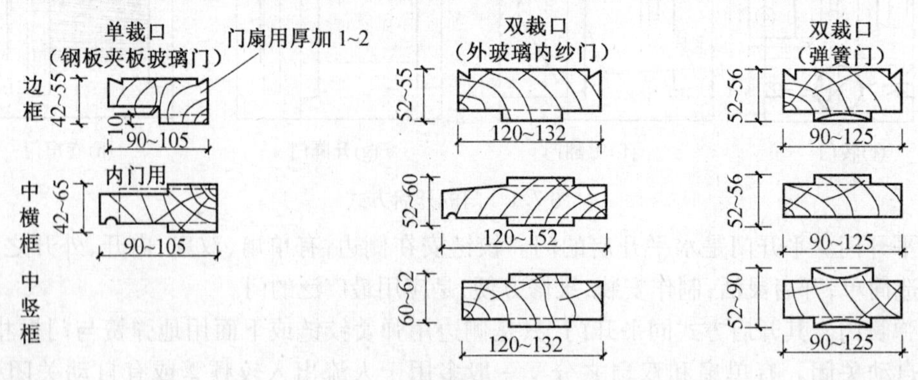

图7.3　门框的断面形式和尺寸

3)门框的安装。门框的安装根据施工方法的不同可分为立口法和塞口法两种。安装方式不同,门框与墙的连接构造也不同。成品门多采用塞口法。塞口法是在墙砌好后再安装门框,而立口法是在砌墙前先用支撑将门框原位立好,然后砌墙。

4)门框与墙的关系。门框与墙的相对位置有内平、外平和居中几种情况,如图7.4所示。门框靠墙一边为防止受潮变形多设置背槽,门框外侧的内外角做灰口,缝内填弹性密封材料。

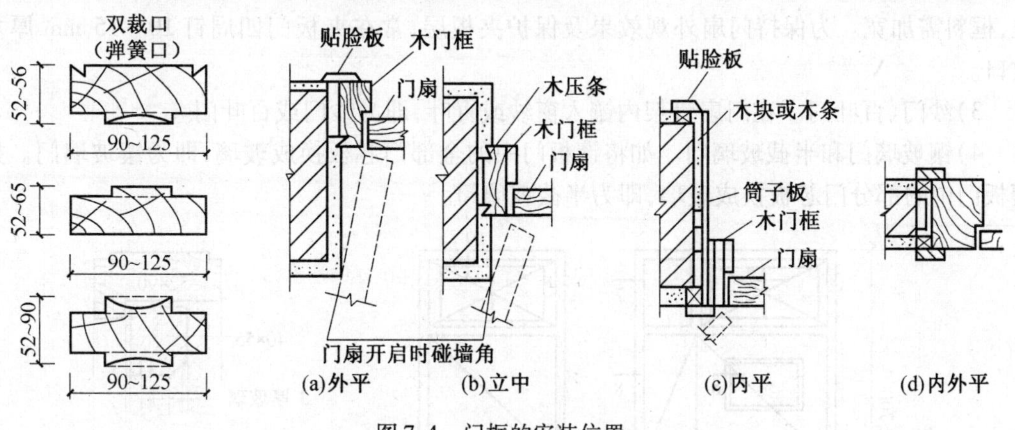

图7.4　门框的安装位置

(2)门扇。

门扇一般由上、中、下冒头、边梃、门芯板、玻璃等组成,如图7.2所示。

平开木门常用的门扇有镶板门、夹板门等几种。

1)镶板门。镶板门以冒头、边框用全榫组成骨架,中镶木板(门芯板)或玻璃,如图7.5所示。常见门扇骨架的厚度为40~50 mm。镶板门上冒头尺寸为(45~50) mm×(100~120) mm,中冒头、下冒头为了装锁和坚固的要求,宜用(45~50) mm×150 mm,边框至少50~150 mm。另外,根据习惯,下冒头的宽度同踢脚高度,一般为120~200 mm左右。

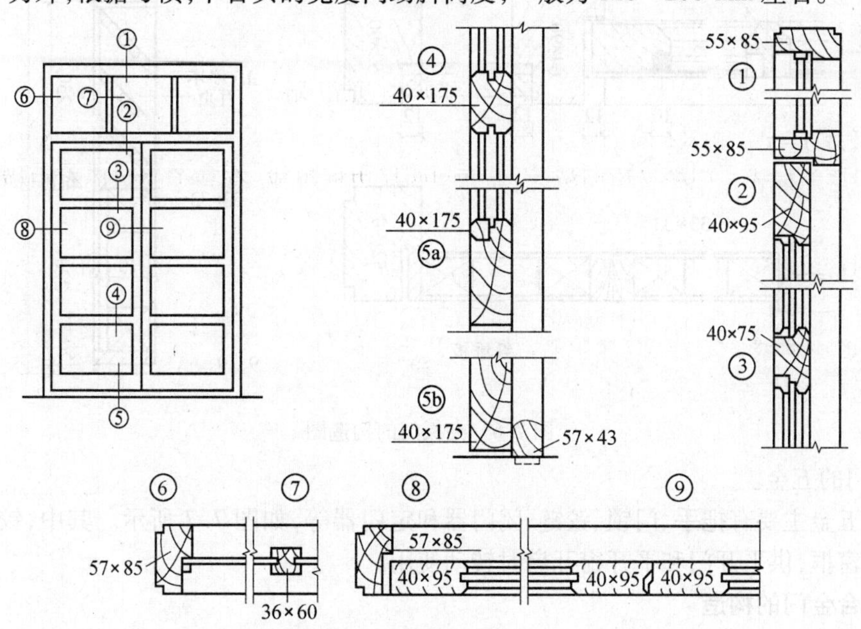

图7.5　镶板门的构造

门芯板可用10～15 mm厚木板拼装成整块，镶入边框和冒头中，或用多层胶合板、硬质纤维板及塑料板等代替。门芯板若换成玻璃，则称为玻璃门。

2）夹板门。夹板门一般是胶合成的木框格表面再胶贴或钉盖胶合板或其他人工合成板材，骨架如图7.6所示，夹板门的内框一般边框用料35 mm×（50～70）mm，内芯用料33 mm×（25～35）mm，中距100～300 mm。面板可整张或拼花粘贴。应当注意在装门锁和铰链的部位，框料需加宽。为保持门扇外观效果及保护夹板层，常在夹板门四周钉10～15 mm厚木条收口。

3）纱门、百叶门。在门扇骨架内镶入窗纱或百叶，即为纱门或百叶门。

4）镶玻璃门和半截玻璃门。如将镶板门中的全部门芯板换成玻璃，即为镶玻璃门。如将镶板门中的部分门芯板换成玻璃，即为半截玻璃门。

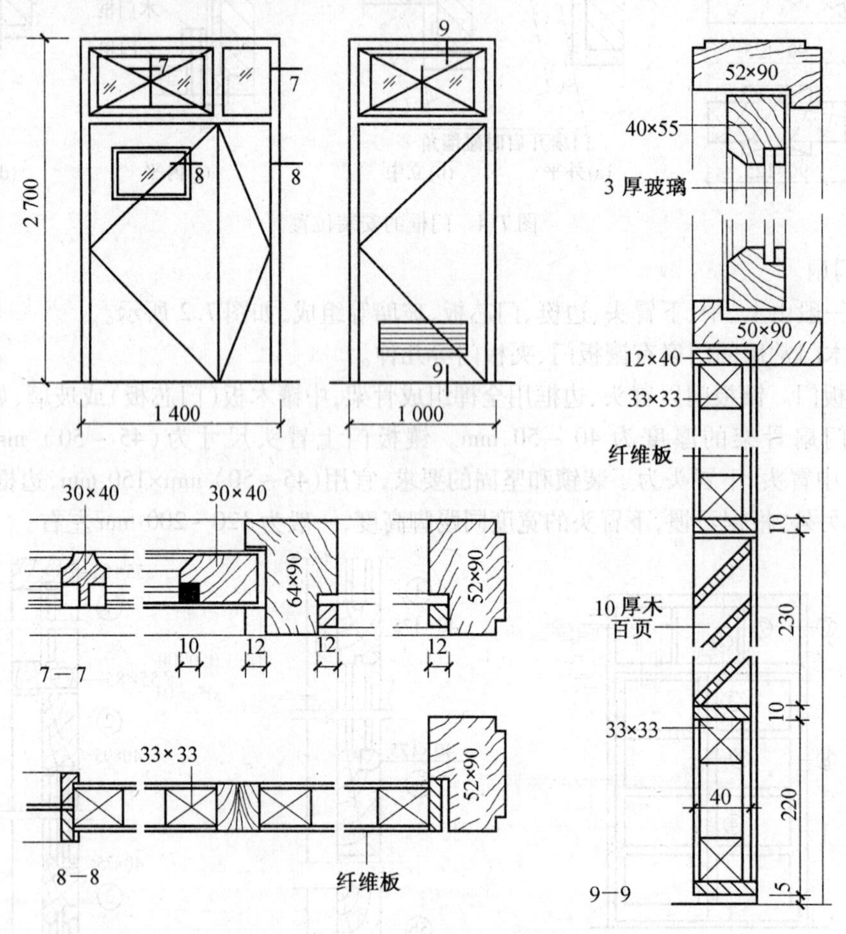

图7.6 夹板门的构造图

（3）门的五金。

门的五金主要有把手、门锁、铰链、闭门器和定门器等，如图7.7所示。其中，铰链连接门窗扇与门窗框，供平开门和平开窗开启时转动使用。

2. 铝合金门的构造

铝合金是在铝中加入镁、锰、铜、锌、硅等元素形成的合金材料。其型材用料系薄壁结构，

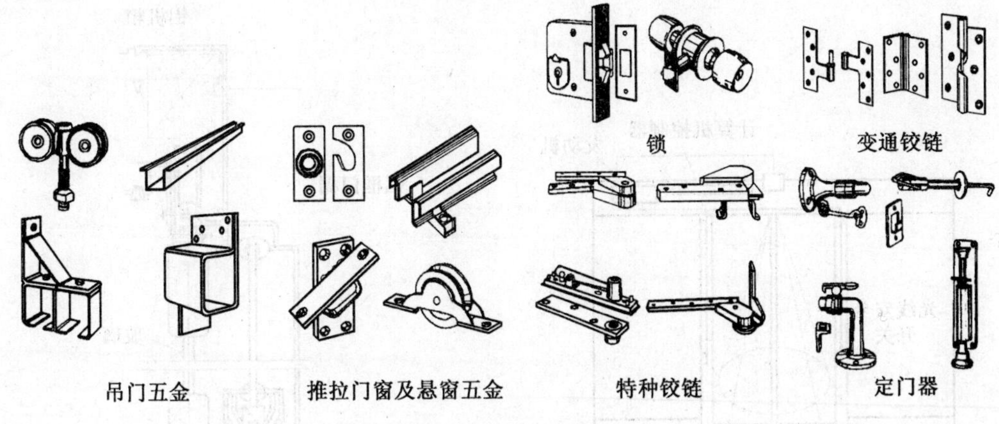

图7.7　门窗五金实物

型材断面中留有不同形状的槽口和孔。它们分别具有空气对流、排水、密封等作用。铝合金平开门的构造如图7.8所示。

不同部位、不同开启方式的铝合金门窗,其壁厚均有规定。普通铝合金门窗型材壁厚不得小于0.8 mm;地弹簧门型材壁厚不得小于2 mm;用于多层建筑室外的铝合金门窗型材壁厚一般在1.0～1.2 mm;高层建筑室外的铝合金门窗型材壁厚不应小于1.2 mm。

铝合金门窗框料的系列名称是以门窗框的厚度构造尺寸来区分的。如门框厚度构造尺寸为50 mm的平开门,就称为50系列铝合金平开门。

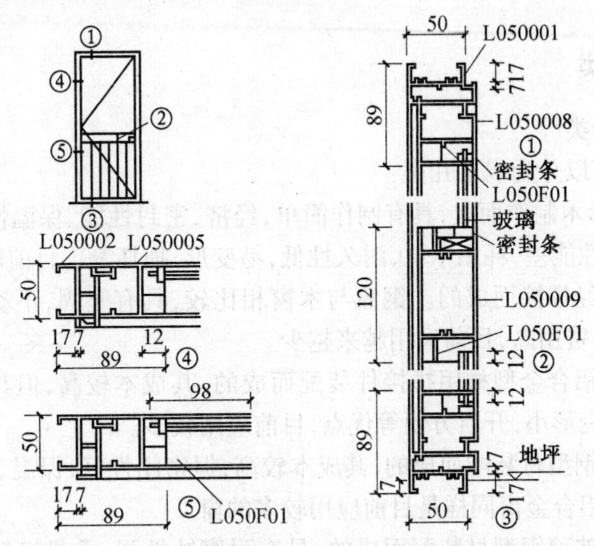

图7.8　铝合金平开门(50系列)构造

3. 玻璃自动门

无框玻璃门是用整块安全平板玻璃直接做成门扇,立面简洁。玻璃门扇有弧形门和直线门之分,门扇能够由光感设备自动启闭,常见的有脚踏感应和探头感应两种方式,如图7.9所示。若为非自动启闭时,应有醒目的拉手或其他识别标志,以防止发生安全问题。

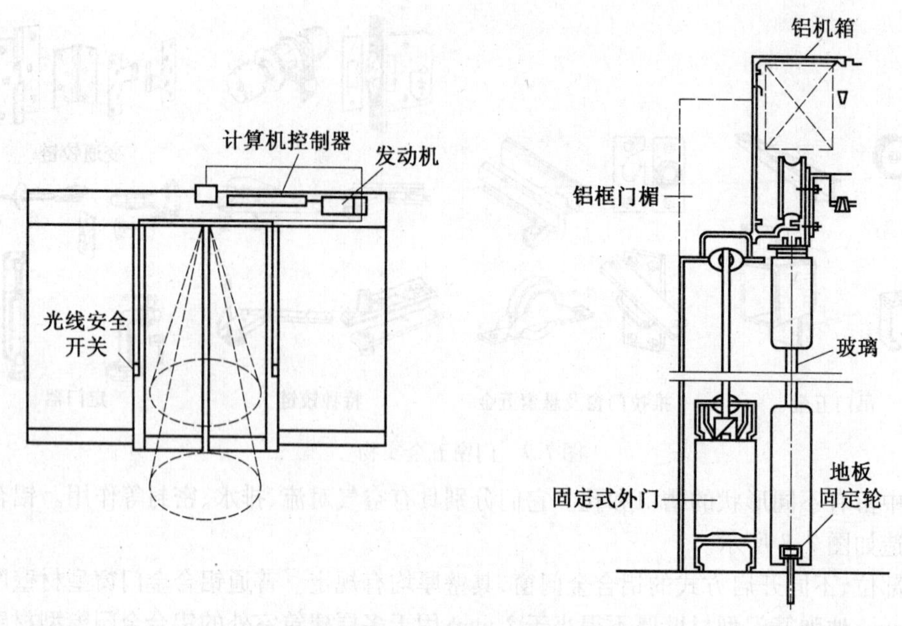

图 7.9　玻璃自动门

7.2　窗的分类及构造

7.2.1　窗的分类

1. 按所使用材料分类

窗按所使用材料可以分为以下几类：

(1)木窗。用松、杉木制作而成，具有制作简单，经济，密封性能、保温性能好等优点，但是相对透光面积小，防火性能差，耗用木材，耐久性低，易变形、损坏等。目前已基本上不再采用。

(2)钢窗。由型钢经焊接而成的。钢窗与木窗相比较，具有坚固，不易变形，透光率大的优点，但是易生锈，维修费用高，目前采用越来越少。

(3)铝合金窗。由铝合金型材用拼接件装配而成的，其成本较高，但具有轻质高强，美观耐久，耐腐蚀，刚度大，变形小，开启方便等优点，目前应用较多。

(4)塑钢窗。由塑钢型材装配而成的，其成本较高，但密闭性好，保温、隔热、隔声，表面光洁，便于开启。该窗与铝合金窗同样是目前应用较多的窗。

(5)玻璃钢窗。由玻璃钢型材装配而成的，具有耐腐蚀性强，重量轻等优点，但是表面粗糙度较大，通常用于化工类工业建筑。

2. 按开启方式分类

窗按开启方式可以分为以下几类(图 7.10)：

(1)平开窗。有内开和外开之分，构造简单，制作、安装、维修、开启等都比较方便，是现在常见的一种开启方式。但是平开窗有易变形的缺点。

(2)悬窗。它根据水平旋转轴的位置不同分为上悬窗、中悬窗和下悬窗三种。为了避免雨水进入室内，上悬窗必须向外开启；中悬窗上半部向内开、下半部向外开，此种窗有利于通风，开启方便，多用于高窗和门亮子；下悬窗一般内开，不防雨，不能用于外窗。

(3)立转窗。窗扇可以绕竖向轴转动，竖轴可设在窗扇中心，也可以略偏于窗扇一侧，通风效果较好。

(4)推拉窗。窗扇沿着导轨槽可以左右推拉，也可以上下推拉，这种窗不占用空间，但通风面积小，目前铝合金窗和塑钢窗均采用这种开启方式。

(5)固定窗。固定窗不需窗扇，玻璃直接镶嵌于窗框上，不能开启，不能通风，通常用于外门的亮子和楼梯间等处，供采光、观察和围护所用。

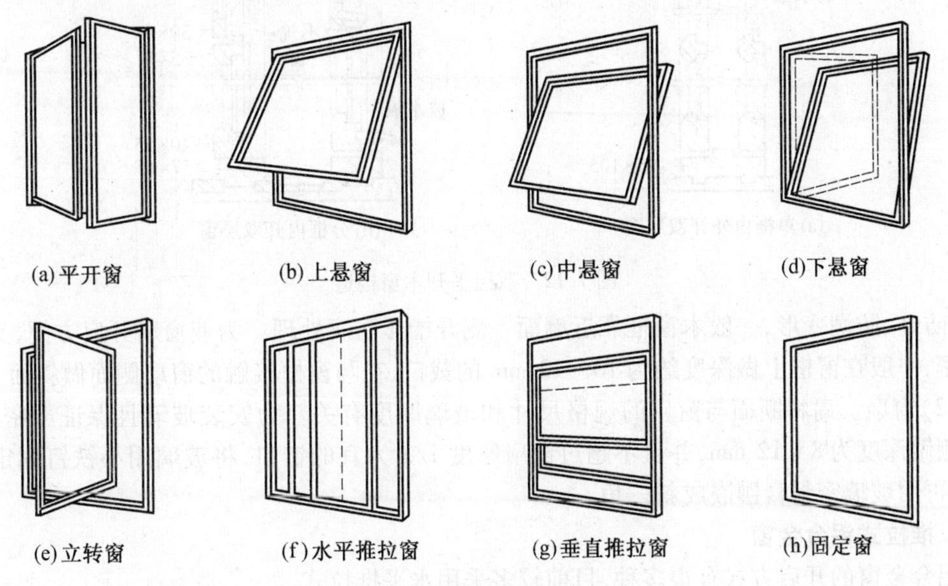

图7.10　窗的开启方式

7.2.2　窗的构造

1.平开木窗的构造

平开木窗主要由窗框、窗扇和五金零件组成，如图7.11所示，其构造如图7.12所示。

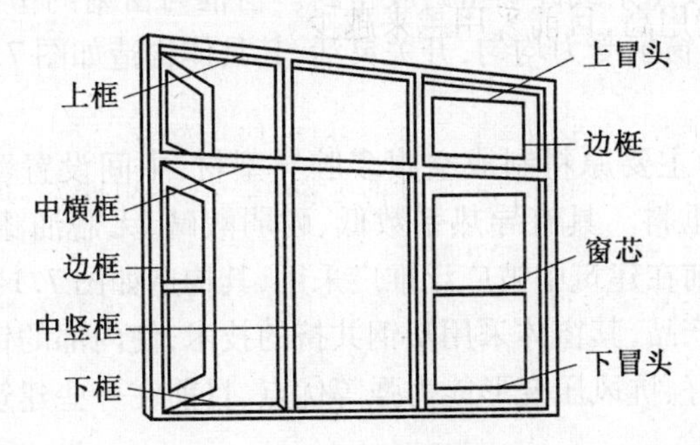

图7.11　平开木窗的组成

(1)窗框。窗框是用来悬挂窗扇的，它由上框、下框、中横框、中竖框等榫接而成。

窗框断面尺寸主要依材料强度、接榫需要和窗扇层数(单层、双层)来确定。窗框相对外墙位置可分为三种情况：内平、居中、外平。窗框与墙间缝隙用水泥砂浆或油膏嵌缝。为防腐

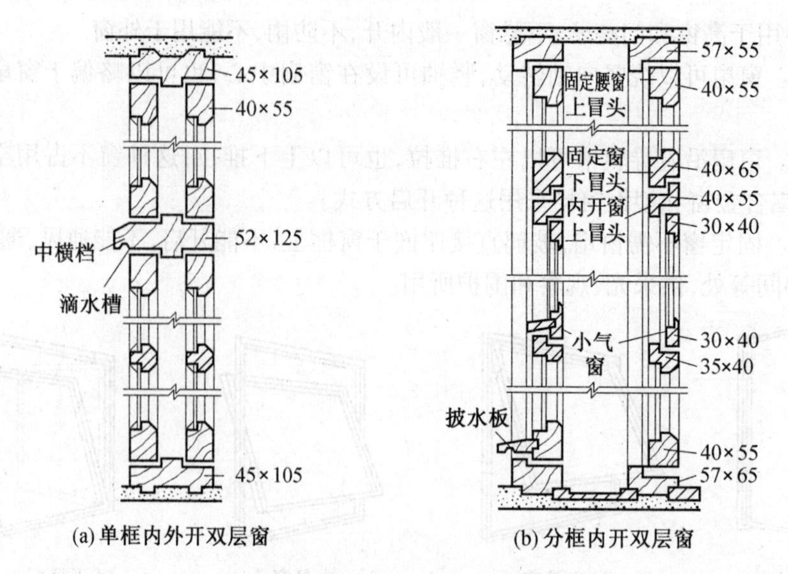

图 7.12　双层平开木窗构造

耐久、防蛀、防潮变形，一般木窗框靠近墙面一侧开槽作防腐处理。为使窗扇开启方便，又要关闭严密，一般在窗框上做深度约为 10 ~ 12 mm 的裁口，在与窗框接触的窗扇侧面做斜面。

（2）窗扇。扇料断面与窗扇的规格尺寸和玻璃厚度有关。为安装玻璃且保证严密，在窗扇外侧做深度为 8 ~ 12 mm，并且不超过窗扇厚度 1/3 为宜的铲口，将玻璃用小铁钉固定在窗扇上，再用玻璃密封膏镶嵌成斜三角。

2. 推拉式铝合金窗

铝合金窗的开启方式有很多种，目前较多采用水平推拉式。

铝合金窗主要由窗框、窗扇和五金零件组成。

推拉式铝合金窗的型材有 55 系列、60 系列、70 系列、90 系列等，其中 70 系列是目前广泛采用的窗用型材，采用 90°开榫对合，螺钉连接成形。玻璃根据面积大小、隔声、保温、隔热等的要求，可以选择 3 ~ 8 mm 厚的普通平板玻璃、热反射玻璃、钢化玻璃、夹层玻璃或中空玻璃等。玻璃安装时采用橡胶压条或硅硐密封胶密封。窗框与窗扇的中梃和边梃相接处，设置塑料垫块或密封毛条，以使窗扇受力均匀，开关灵活，其具体构造如图 7.13 所示。

3. 塑钢窗

塑钢窗是以 PVC 为主要原料制成空腹多腔异型材，中间设置薄壁加强型钢（简称加强筋），经加热焊接而成窗框料。具有导热系数低、耐弱酸碱、无需油漆、并有良好的气密性、水密性、隔声性等优点，目前在建筑中被广泛推广采用，其构造如图 7.14 所示。

塑钢共挤窗为新型产品，其窗体采用塑钢共挤的技术，使内部的钢管与窗体紧密地结合在一起，具有强度高、刚度好、抗风压变形能力强等优点，目前在一些建筑中投入使用。

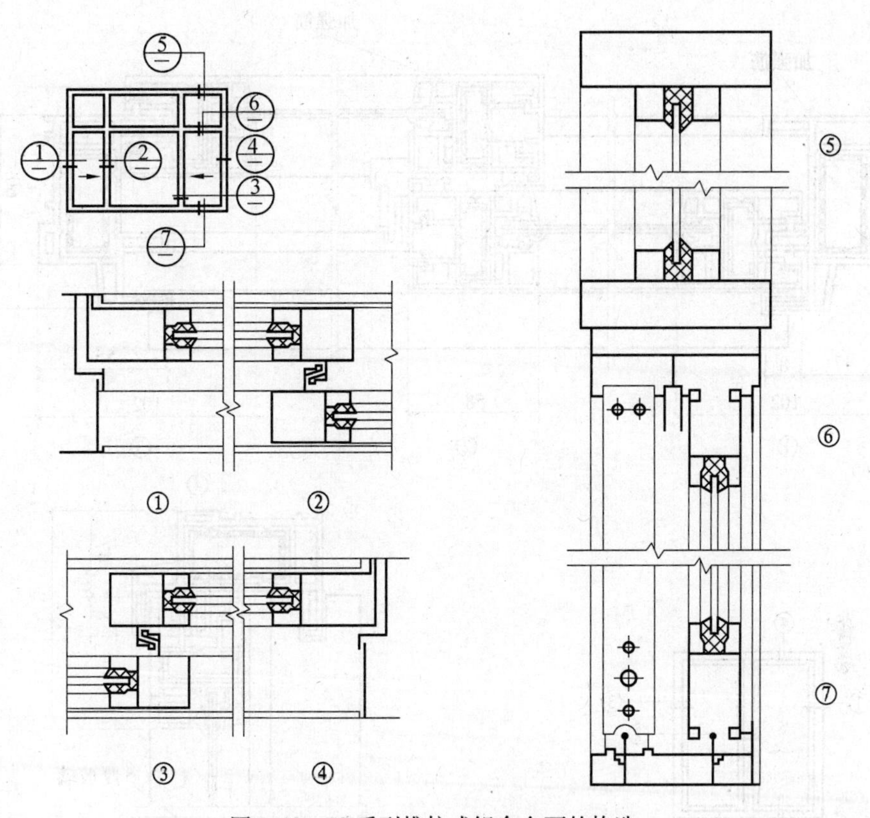

图7.13　70系列推拉式铝合金面的构造

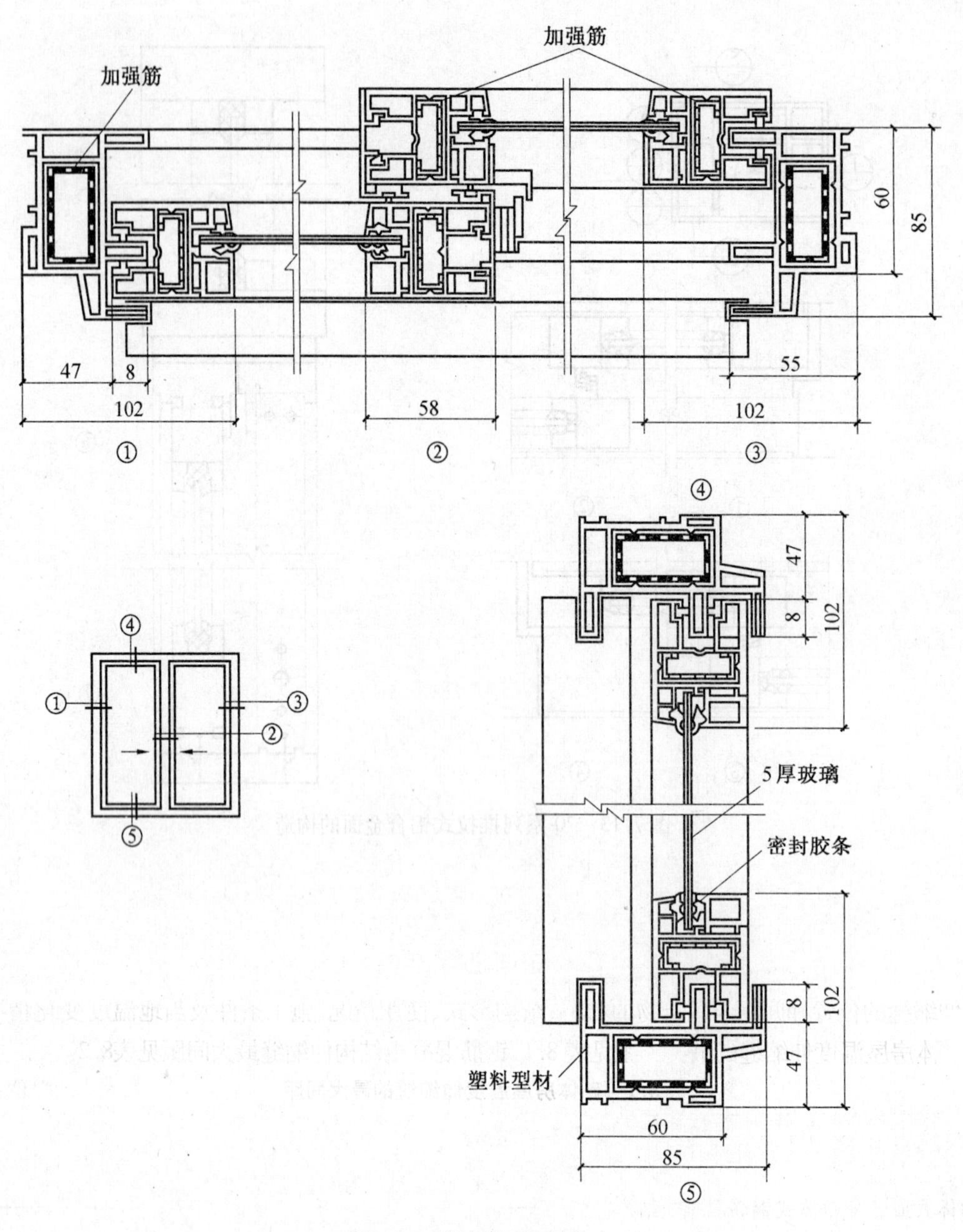

加强筋
加强筋
60
85
47
8
102
58
55
102
①
②
③
④
⑤
47
8
102
5厚玻璃
密封胶条
8
102
47
塑料型材
60
85

图7.14　塑钢窗构造图

第8章　变形缝构造

8.1　变形缝的作用与分类

当建筑的长度超过规定、平面图形曲折变化比较多或同一建筑物不同部分的高度或荷载差异较大时，建筑构件内部会因气温变化、地基的不均匀沉降或地震等原因产生附加应力。当这种应力较大而又处理不当时，会引起建筑构件产生变形，导致建筑物出现裂缝甚至破坏，影响正常使用与安全。所以在设计时事先将建筑物用垂直的缝分成几个单独的部分，使各部分能够独立地变形。这种将建筑物垂直分开的预留缝隙称为变形缝。

变形缝按其作用的不同分为伸缩缝、沉降缝、防震缝三种。

建筑中的变形缝应依据工程实际情况设置，并需符合设计规范规定，其采用的构造处理方法和材料应根据其部位和需要分别满足盖缝、防水、防火、保温等方面的要求，并确保缝两侧的建筑构件能自由变形而不受阻碍、不被破坏。

8.2　变形缝的设缝要求

8.2.1　伸缩缝

为了防止建筑构件因温度变化而产生热胀冷缩，使房屋出现裂缝甚至破坏，沿建筑物长度方向每隔一定距离设置的垂直缝隙称为伸缩缝，也叫温度缝。

伸缩缝的位置和间距与建筑物的材料、结构形式、使用情况、施工条件及当地温度变化情况有关。砌体房屋温度伸缩缝的最大间距见表8.1，钢筋混凝土结构伸缩缝最大间距见表8.2。

表8.1　砌体房屋温度伸缩缝的最大间距　　单位：m

屋盖或楼盖类别		间　距
整体式或装配整体式钢筋混凝土结构	有保温层或隔热层的屋盖、楼盖	50
	无保温层或隔热层的屋盖	40
装配式无檩体系钢筋混凝土结构	有保温层或隔热层的屋盖、楼盖	60
	无保温层或隔热层的屋盖	50
装配式有檩体系钢筋混凝土结构	有保温层或隔热层的屋盖、楼盖	75
	无保温层或隔热层的屋盖	60
瓦材屋盖、木屋盖、轻钢屋盖		100

注：1. 对烧结普通砖、多孔砖、配筋砌块砌体房屋取表中数值；对砌体、蒸压灰砂砖、蒸压粉煤灰砖和混凝土砌块房屋取表中数值乘以0.8的系数。当有实践经验并采取有效措施时，可不遵守本表规定。

2. 在钢筋混凝土屋面上挂瓦的屋盖应按钢筋混凝土屋盖采用。

3. 按本表设置的墙体伸缩缝,一般不能同时防止由于钢筋混凝土屋盖的温度变形和砌体干缩变形引起的墙体局部裂缝。

4. 层高大于5 m的烧结普通砖、多孔砖、配筋砌块砌体结构单层房屋,其伸缩缝间距可按表中数值乘以1.3。

5. 温差较大且变化频繁地区和严寒地区不采暖的房屋及构筑物墙体的伸缩缝的最大间距,应按表中数值以适当减小。

6. 墙体的伸缩缝应与结构的其他变形缝相结合,在进行立面处理时,必须保证缝隙的伸缩作用。

表8.2　钢筋混凝土结构伸缩缝最大间距　单位:m

结构类型		室内或土中	露天
排架结构	装配式	100	70
框架结构	装配式	75	50
	现浇式	55	35
剪力墙结构	装配式	65	40
	现浇式	45	30
挡土墙、地下室墙等类结构	装配式	40	30
	现浇式	30	20

注:1. 装配整体式结构房屋的伸编缝间距宜按表中现浇式的数值取用。

2. 框架—剪力墙结构或框架—核心筒体结构房屋的伸缩缝间距可根据结构的具体布置情况取表中框架结构与剪力墙结构之间的数值。

3. 当屋面无保温或隔热措施时,框架结构、剪力墙结构的伸缩缝间距宜按表中露天栏的数值取用。

4. 现浇挑檐、雨罩等外露结构的伸缩缝间距不宜大于12 m。

8.2.2　沉降缝

为防止建筑物各部分由于地基不均匀沉降引起房屋破坏所设置的垂直缝隙称为沉降缝。沉降缝将房屋从基础到屋顶的全部构件断开,使两侧各为独立的单元,可以自由沉降。

凡符合下列情况之一者,容易引起地基不均匀沉降,所以应设置沉降缝。

(1)房屋相邻部分的高度相差较大、荷载大小相差悬殊或结构变化较大。

(2)房屋相邻部分的基础形式、埋置深度相差较大。

(3)房屋体型比较复杂。

(4)房屋建造在不同地基上。

(5)新旧房屋相毗连。

沉降缝宜设置在下列部位:

(1)建筑平面转折部位。

(2)高度差异或荷载差异。

(3)长高比过大的砌体承重结构或钢筋混凝土框架结构的适当部位。

(4)地基土压缩性有显著差异处。

(5)建筑结构(或基础)类型不同处。

(6)分期建造房屋的交接处。

沉降缝的宽度与地基情况及建筑高度有关,地基越软的建筑物,沉陷的可能性越高,沉降后所产生的倾斜距离越大，缝宽也就越大。建于软弱地基上的建筑物，由于地基的不均匀沉陷，可能引起沉降缝两侧的结构倾斜，应加大缝宽。沉降缝的宽度见表 8.3。

表 8.3　沉降缝的宽度

地基性质	建筑物高度或层数	缝宽/mm
一般地基	$H<5$ m	30
	$H=5\sim8$ m	50
	$H=10\sim15$ m	70
软弱地基	2 ~ 3 层	50 ~ 80
	4 ~ 5 层	80 ~ 120
	6 层以上	>120
湿陷性黄土地基	—	30 ~ 70

注：沉降缝两侧结构单元层数不同时，由于高层部分的影响，底层结构的倾斜往往很大。因此沉降缝的宽度应按高层部分的高度确定。

8.2.3　防震缝

建造在抗震设防烈度为 6 ~ 9 度地区的房屋，为避免破坏，按抗震要求设置的垂直缝隙即防震缝。防震缝一般设在结构变形敏感的部位，沿房屋基础顶面全高设置。缝的两侧应设置墙体或柱，形成双墙、双柱或一墙一柱，使建筑物分为若干形体简单、结构刚度均匀的独立单元，如图 8.1 所示。

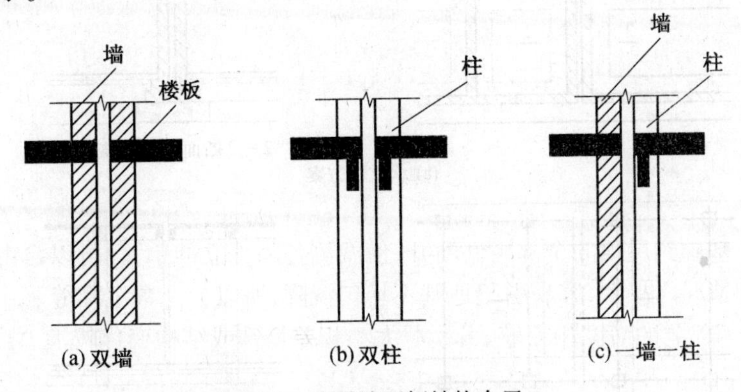

(a) 双墙　(b) 双柱　(c) 一墙一柱

图 8.1　防震缝两侧结构布置

防震缝的设置原则依抗震设防烈度、房屋结构类型和高度不同而异。对多层砌体房屋来说，遇下列情况时宜设置防震缝：

(1) 房屋立面高差在 6 m 以上。

(2) 房屋有错层，且楼板高差较大。

(3) 房屋相邻各部分结构刚度、质量截然不同。

防震缝的宽度应根据抗震设防烈度、结构材料种类、结构类型、结构单元的高度和高差确定，一般多层砖混结构为 50 ~ 70 mm，多层和高层框架结构则按不同的建筑高度取 70 ~ 200 mm。地震设防区房屋的伸缩缝和沉降缝应符合防震缝的要求。

多层和高层钢筋混凝土房屋宜选用合理的建筑结构方案，不设防震缝。当需要设置防震缝时，其防震缝最小宽度应符合下列规定：

(1)框架结构房屋,当高度不超过 15 m 时,可采用 70 mm;超过 15 m,6 度、7 度、8 度和 9 度相应每增加高度 5 m、4 m、3 m 和 2 m,宜加宽 20 mm。

(2)框架-抗震墙结构房屋的防震缝宽度,可采用第(1)项规定数值的 70%,抗震墙结构房屋的防震缝宽度,可采用第(1)项规定数值的 50%,且均不宜小于 70 mm。

(3)防震缝两侧结构类型不同时,宜按需要较宽防震缝的结构类型和较低房屋高度确定缝宽。

8.3　变形缝的处理

8.3.1　伸缩缝的结构处理

砖混结构的墙和楼板及屋顶结构布置可采用单墙也可采用双墙承重方案,如图 8.2(a)所示。框架结构的伸缩缝结构一般采用悬臂梁方案、双梁双柱方式,如图 8.2(b)、(c)所示。

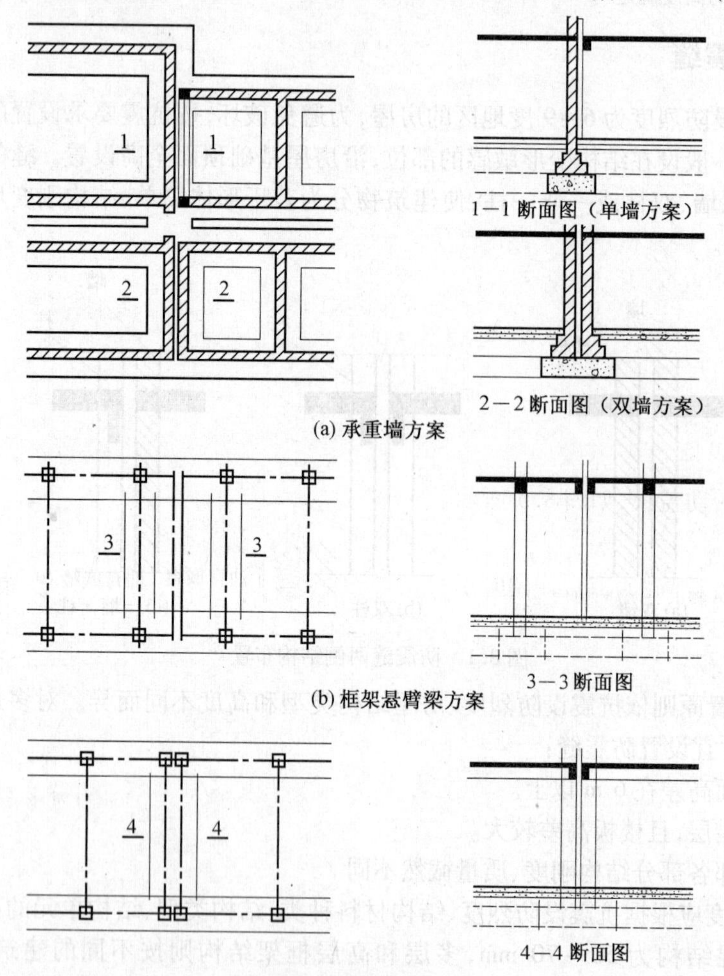

(a) 承重墙方案

(b) 框架悬臂梁方案

(c) 框架双柱方案

图 8.2　伸缩缝的设置

1. 墙体伸缩缝的构造

根据墙体的材料厚度及施工条件，墙体伸缩缝一般做成平缝、错口缝和凹凸缝等截面形式，如图 8.3 所示。

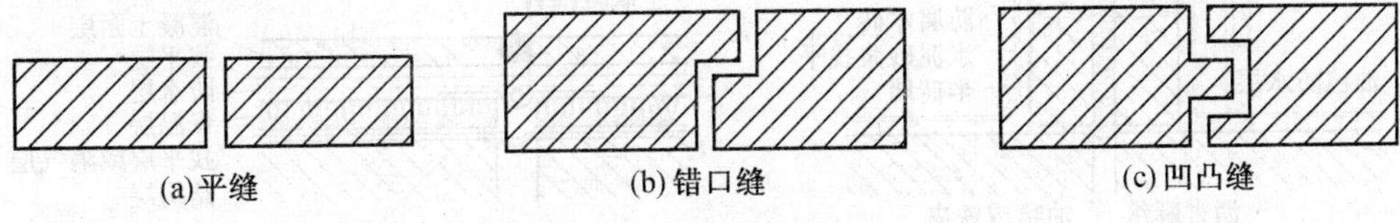

图 8.3　砖墙伸缩缝的截面形式

为了防止外界自然条件对墙体及室内环境的影响，变形缝外墙一侧应当填塞具有防水、保温和防腐性能的弹性材料，例如沥青麻丝、泡沫塑料条等，当缝较宽时，缝口可用镀锌铁皮、彩色薄钢板等材料做盖缝处理。所有填缝及盖缝材料和构造应保证结构在水平方向自由伸缩而不产生破裂，如图 8.4 所示。

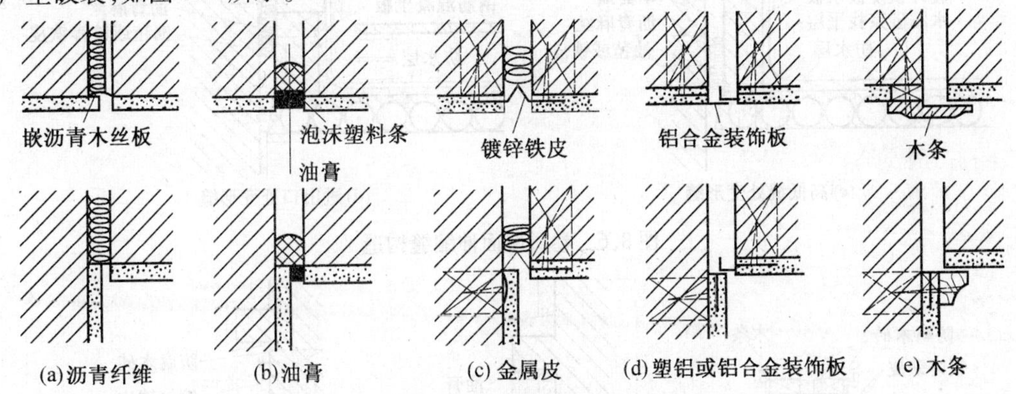

图 8.4　砖墙伸缩缝构造

2. 楼板层伸缩缝的构造

楼地板伸缩缝一般贯通楼地面各层，缝内常用沥青麻丝、油膏等填缝进行密封处理，上铺金属、混凝土等活动盖板，如图 8.5 所示。

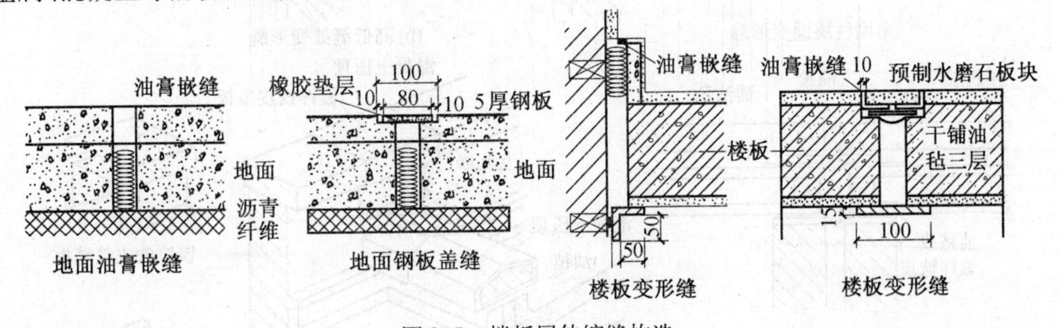

图 8.5　楼板层伸缩缝构造

3. 屋顶伸缩缝的构造

屋顶伸缩缝的位置一般在同一标高屋顶处或墙与屋顶高低错落处。当屋顶为上人屋面时，则用防水油膏嵌缝并做好泛水处理；当屋顶为不上人屋面时，一般在伸缩缝处加砌矮墙，并做好屋面防水和泛水的处理，其要求同屋顶泛水构造。卷材屋面、刚性防水屋面伸缩缝构造分别如图 8.6，图 8.7 所示。屋面采用镀锌铁皮和防腐木砖的构造方式，其使用寿命是有限的，随着材料的发展出现了彩色薄钢板、铝板、不锈钢皮等新型材料。

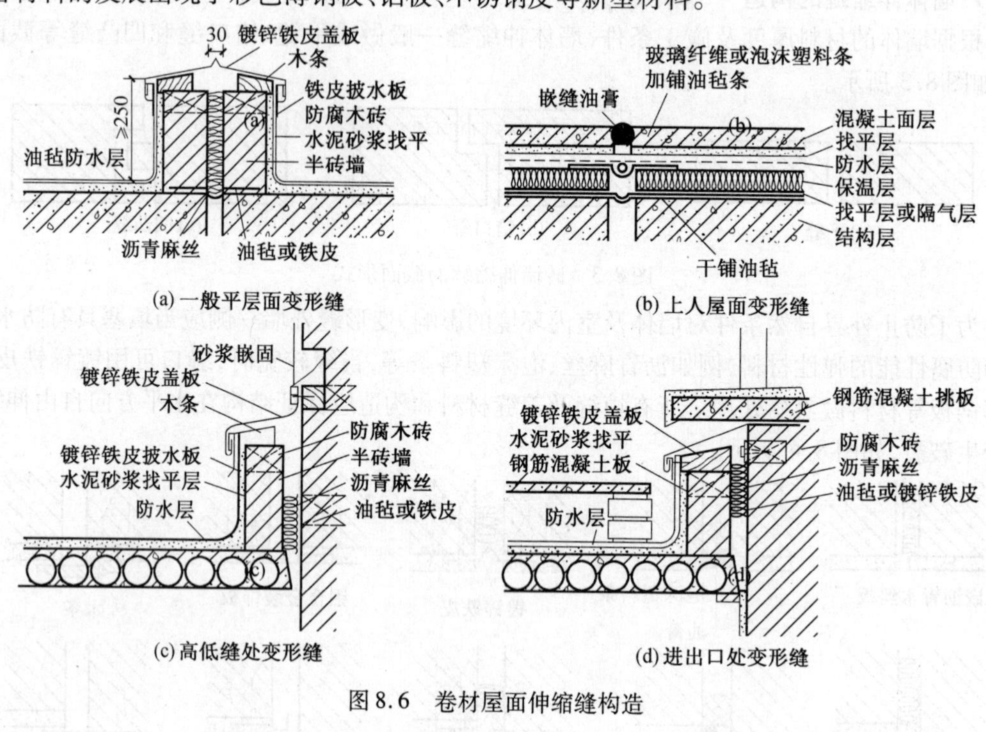

图 8.6　卷材屋面伸缩缝构造

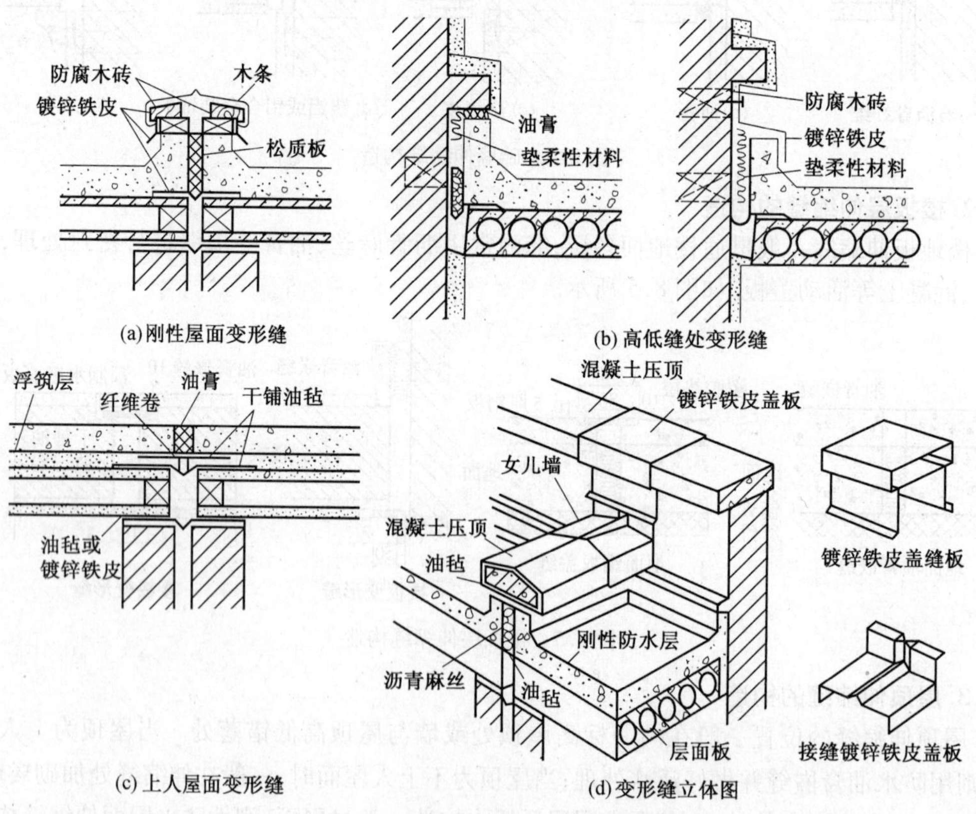

图 8.7　刚性防水屋面伸缩缝构造

8.3.2　沉降缝的结构处理

1. 基础沉降缝的结构处理

沉降缝的基础应断开,可避免因不均匀沉降造成的相互干扰。常见的结构处理有砖混结构和框架结构,砖混结构墙下条形基础有双墙偏心基础、挑梁基础和交叉式基础三种方案,如图8.8所示。框架结构有双柱下偏心基础、挑梁基础和柱交叉布置三种方案。

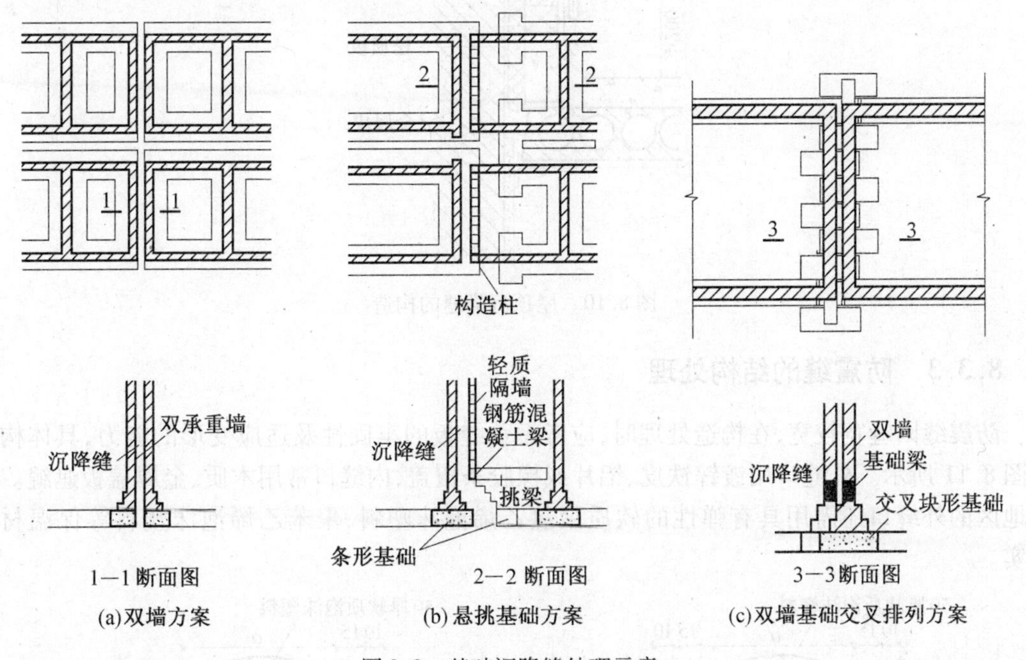

图8.8　基础沉降缝处理示意

2. 墙体沉降缝的构造

墙体沉降缝常用镀锌铁皮、铝合金板和彩色薄钢板等盖缝,墙体沉降缝盖缝条应满足水平伸缩和垂直沉降变形的要求,如图8.9所示。

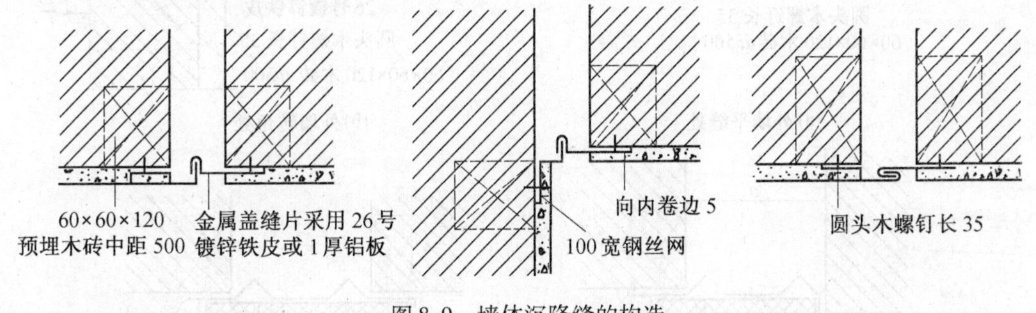

图8.9　墙体沉降缝的构造

3. 屋顶沉降缝的构造

屋顶沉降缝应充分考虑不均匀沉降对屋面防水和泛水带来的影响,如图8.10所示。

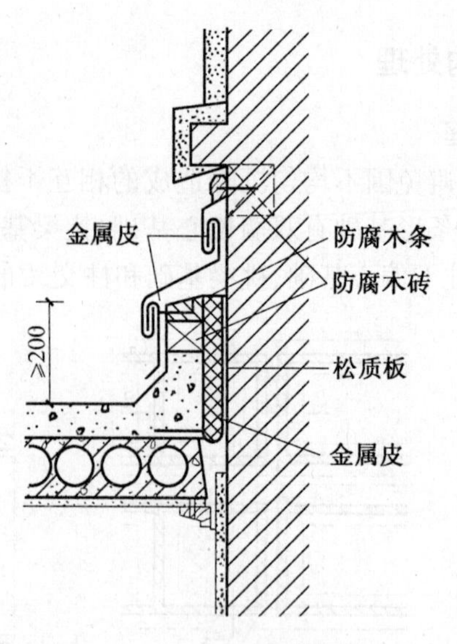

图 8.10 屋顶沉降缝的构造

8.3.3 防震缝的结构处理

防震缝因缝宽较宽,在构造处理时,应考虑盖缝板的牢固性及适应变形的能力,具体构造如图 8.11 所示。外缝口用镀锌铁皮、铝片或橡胶条覆盖,内缝口常用木质、金属盖板遮缝。寒冷地区的外缝口还需用具有弹性的软质聚氯乙烯泡沫塑料、聚苯乙烯泡沫塑料等保温材料填实。

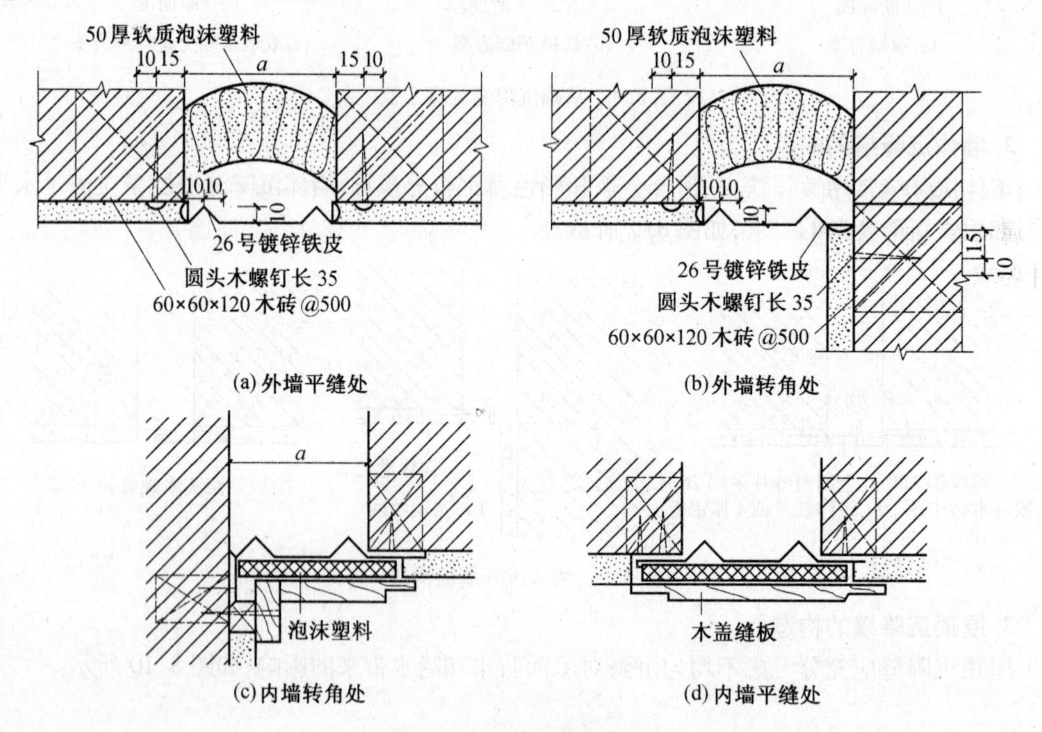

图 8.11 墙体防震缝构造

第9章 工业建筑概论

9.1 工业建筑的分类与特点

工业建筑是指为工业生产的需要而建造的各种不同用途的建(构)筑物的总称。从事工业生产的房屋主要包括生产厂房、辅助生产用房以及为生产提供动力的房屋。它们承担着国民经济各部门需要的基础装备,为社会生产提供原料、燃料、动力及其他工业品,成为农业、科学技术、国防及其本身的物质技术基础,是工业建筑必不可少的物质基础。

9.1.1 工业建筑的分类

工业建筑的类型很多,在建筑设计中常按用途、层数和生产状况等进行分类。

1. 按厂房的用途分类

(1)主要生产厂房。它是指进行产品加工的主要工序的厂房,例如机械制造厂的机械加工与机械制造车间,钢铁厂的炼钢、轧钢车间。这类厂房的建筑面积较大、职工人数较多、在全厂生产中占重要地位。在主要生产厂房中常常布置有较大的生产设备和起重运输设备。

(2)生产辅助厂房。它是指不直接加工产品,只是为生产服务的厂房,例如机械制造厂中的机修车间、工具车间等。

(3)动力用厂房。它是指为全厂提供能源和动力的厂房,例如发电站、锅炉房、氧气站等。动力设备的正常运行对全厂生产特别重要,所以这类厂房必须具有足够的坚固耐久性、妥善的安全措施和良好的使用质量。

(4)材料仓库建筑。它是指贮存原材料、半成品、成品的房屋(一般称仓库),例如机械厂的金属料库、油料库、燃料库等。因为储存物质不同,在防火、防爆、防潮、防腐等方面有不同的设计要求。

(5)运输用建筑。它是指贮存及检修运输设备及起重消防设备等的房屋,例如汽车库、机车库、起重机库、消防车库等。

(6)其他。例如水泵房、污水处理设施等。

2. 按厂房的层数分类

(1)单层工业厂房,如图9.1所示。这类厂房多用于冶金、机械等重工业。特点是设备体积大、载量重,车间内以水平运输为主,大多靠厂房中的起重运输设备和车辆进行运输。厂房内的生产工艺路线和运输路线较容易组织,但单层厂房占地面积大,围护结构多,道路管线长,立面较单调。

单层厂房按跨数分为单跨和多跨两种。多跨大面积厂房在实践中采用的较多,单跨采用的较少。但是有些生产采用跨度很大的单跨厂房,例如飞机装配车间和飞机库等。单层厂房占地面积大,维护结构面积多,维护管理费高,各种工程技术管道较长,厂房偏长,立面处理单调。

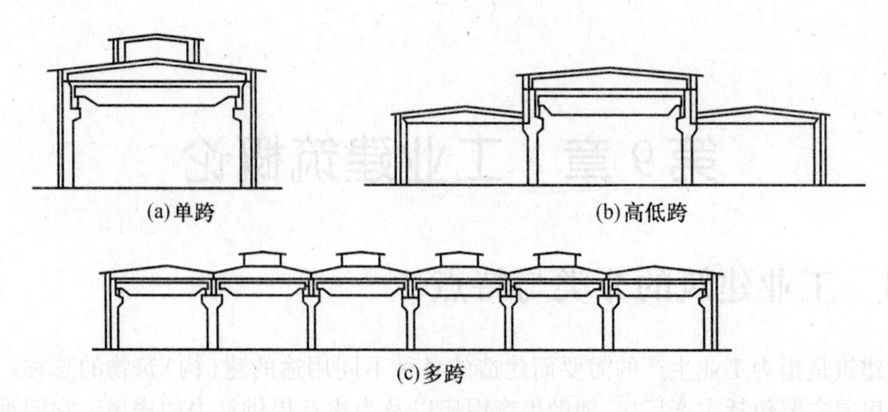

图 9.1　单层工业厂房

(2)多层工业厂房,如图 9.2 所示。这类厂房通常用于轻工业类,例如纺织、仪表、电子、食品、印刷、皮革、服装等工业,常见的层数为 2 ~ 6 层。此类厂房的设备质量轻、体积小,大型机床一般安装在底层,小型设备一般安装在楼层。车间运输分垂直和水平两大部分,垂直运输靠电梯,水平运输则通过小型运输工具。因它占地面积少,适应城市规划和建筑布局的要求。

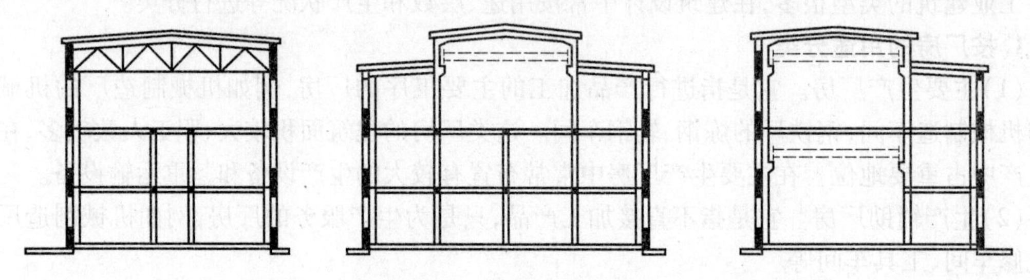

图 9.2　多层工业厂房

(3)层数混合的工业厂房,如图 9.3 所示。在厂房中既有单层又有多层,这种厂房常用于化学工业、热电站的主厂房等。例如热电厂主厂房,汽机间设在单层单跨内,其他可设在多层内。

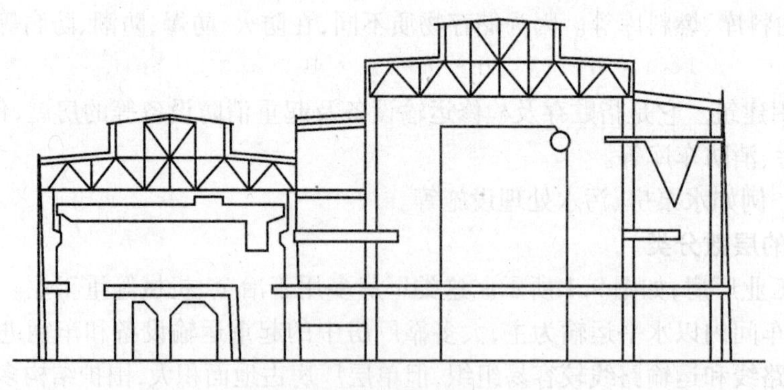

图 9.3　混合层工业厂房

3. 按厂房的生产状况分类

(1)冷加工车间。它是指在正常温度、湿度条件下进行生产的车间,例如机械制造类的金工车间、机修车间、装配车间等,生产要求车间内部有良好的通风和采光。

(2)热加工车间。它是指生产过程是在高温和熔化状态下,加工非燃烧材料,生产中散发大量的余热、废气等的生产车间,例如铸造、锻压、冶炼、热轧、热处理等车间。因为热加工生产对人的健康、厂房结构的坚固耐久性均有直接影响,所以要求厂房内部加强通风措施。

(3)洁净车间。它是指产品生产需要在空气净化、无尘甚至无菌的条件下进行的车间,例如药品车间、电视机显像管车间、集成电路车间等。这些车间除了要经过净化处理,将空气中的含尘量控制在允许范围内之外,车间围护结构应保证严密,以免大气灰尘的侵入,以确保生产条件。

(4)恒温、恒湿车间。它是指产品生产需要在恒定的温、湿度条件下进行的车间,例如精密仪器、纺织等车间。这些车间除应装有空调设备外,还应采取其他措施,以减少室外气候对室内温度、湿度的影响。

(5)其他特种状况的车间。有的产品生产对环境有特殊的需要,例如防爆、防腐蚀、防放射性物质、防电磁波干扰、防微振、高度隔声等车间。

4. 按厂房的跨度尺寸分类

(1)小跨度厂房。它是指跨度小于或等于15 m的单层工业厂房。这类厂房的结构类型以砖混结构为主。

(2)大跨度厂房。它是指跨度在15~30 m及36 m以上的单层工业厂房。其中15~30 m的厂房以钢筋混凝土结构为主,跨度在36 m及以上时,一般以钢结构为主。

9.1.2　工业建筑的特点

工业建筑和民用建筑比较,工业建筑基建投资大、占地面积大。工业建筑在设计原则、建筑材料和建筑技术等方面与民用建筑相似,但是工业建筑以满足工业生产为前提,生产工艺对建筑的平、立、剖面,建筑构造、建筑结构体系和施工方式均有很大影响,主要体现在以下几方面:

(1)生产工艺流程决定着厂房的平面形式。

厂房的平面布置形式首先必须保证生产的顺利进行,并为工人创造良好的劳动卫生条件,以利于提高产品质量和劳动生产率。

(2)厂房内有较大的面积和空间。

由于厂房内生产设备多、体量大,并且需有各种起重运输设备的通行空间,这就决定了厂房内应有较大的面积和宽敞的空间。

(3)厂房的荷载大。

厂房内一般都有相应的生产设备、起重运输设备和原材料、半成品、成品等,加之生产时可能产生的振动和其他荷载的作用,所以多数厂房采用钢筋混凝土骨架或钢骨架承重。

(4)厂房构造复杂。

1)对于大跨度和多跨度厂房,应考虑解决室内的通风、采光和屋面的防水、排水问题,需在屋顶上设置天窗以及排水系统。

2)对于有恒温、防尘、防振、防爆、防菌、防射线等要求的厂房,应考虑采取相应的特殊构造措施。

3)大多数厂房生产时,需要各种工程技术管网,例如上下水、热力、压缩空气、煤气、氧气管道和电力线路等,厂房设计时应考虑各种管线的敷设要求。

4)对于生产过程中有大量原料、半成品、成品等需要运输的厂房,应考虑所采用的运输工具的通行问题。

上述因素都使工业厂房的构造比民用建筑复杂很多。

9.2　厂房的组成及内部起重运输设备

9.2.1　单层工业厂房的组成和结构类型

1.单层工业厂房的组成

单层工业厂房,其主要的结构构件包括基础、基础梁、柱子、吊车梁、屋面板、屋面梁(屋架)等,如图9.4所示。设计时可根据厂房的具体情况,并考虑当地材料供应、施工条件及技术经济条件等因素合理使用。

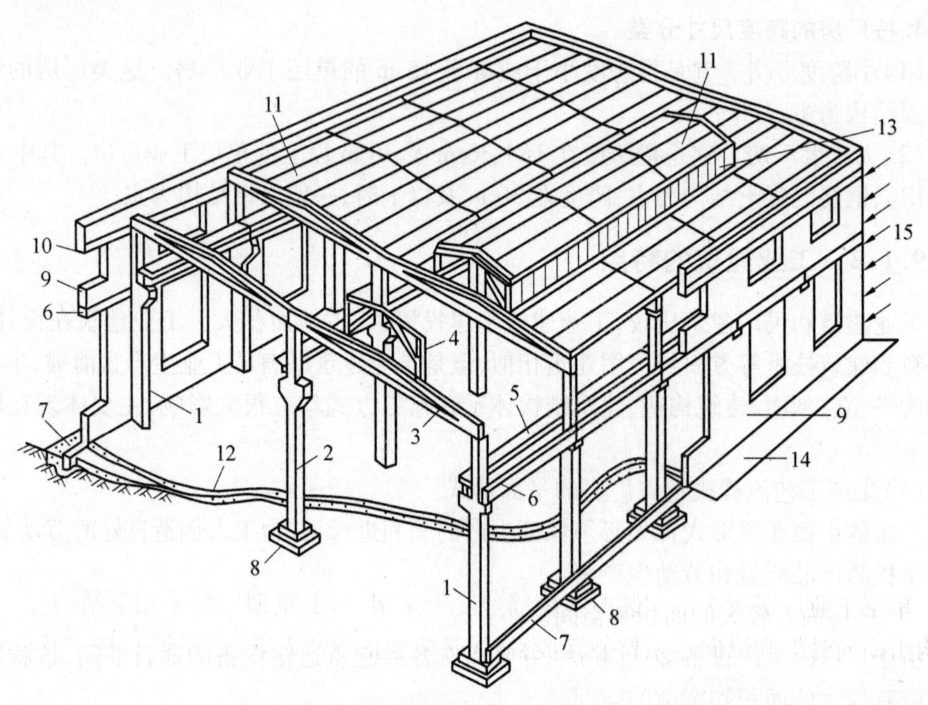

图9.4　单层工业厂房构件组成

1—边列柱　2—中列柱　3—屋面大梁　4—天窗梁　5—吊车梁　6—连系梁　7—基础梁　8—基础　9—外墙　10—圈梁　11—屋面板　12—地面　13—天窗扇　14—散水　15—风力

(1)屋面结构。一般屋面的组成包括屋面板、屋架(屋面梁)、屋架支撑、天窗架、檐沟板等。屋面结构可以分为有檩体系和无檩体系两种。有檩体系由小型屋面板、檩条和屋架等组成;无檩体系由大型屋面板、屋面梁或屋架等组成。

(2)柱子。柱子是厂房的主要承重构件,它承受屋面、吊车梁、墙体上的荷载,以及山墙传来的风荷载,并把这些荷载传给基础。

(3)基础。基础承担作用在柱子上的全部荷载,以及基础梁传来的荷载,并将这些荷载传给地基。

(4)吊车梁。吊车梁安装在柱子伸出的牛腿上,它承受吊车自重和吊车荷载,并把这些荷载传递给柱子。

(5)围护结构。围护结构由外墙、抗风柱、墙梁、基础梁等构件组成,这些构件所承受的荷载主要是墙体和构件的自重,以及作用在墙上的风荷载。

(6)支撑系统。支撑系统主要包括屋面支撑和柱间支撑两部分。它的作用是保证厂房的整体性和稳定性。

2. 单层工业厂房的结构类型

单层工业厂房的结构类型,按照主要承重结构的形式,通常分为以下两种:

(1)排架结构。

排架结构是把屋架看做一个刚度很大的横梁,屋架(或屋面梁)与柱子的连接为铰接,柱子与基础的连接为刚接。排架结构施工安装较方便,适用范围广。

(2)刚架结构。

刚架结构是将屋架(或屋面梁)与柱子合并为一个构件,柱子与屋架(或屋面梁)的连接处为刚性节点,柱子与基础一般做成铰接,如图9.5所示。刚架结构梁柱合一,构件种类减少,制作简单,结构轻巧,建筑空间宽敞。

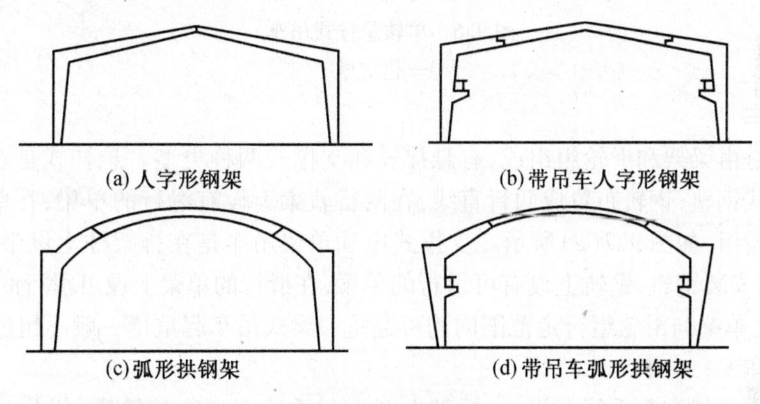

图9.5 刚架结构

单层工业厂房大多采用装配式钢筋混凝土排架结构,重型厂房采用钢结构。厂房的承重结构由横向骨架和纵向连系构件组成,横向骨架包括屋面大梁(或屋架)、柱子及柱基础,它承受屋顶、天窗、外墙及吊车等荷载。纵向连系构件包括屋面结构、连系梁、吊车梁等。它们能保证横向骨架的稳定性,并将作用在山墙上的风力或吊车纵向制动力传给柱子。

9.2.2 厂房内部的起重运输设备

工业厂房在生产过程中,为装卸、搬运各种原材料和产品以及进行生产、检修、安装设备等,都需要起重运输机械。

起重吊车是目前厂房中应用最为广泛的一种起重运输设备。厂房剖面高度的确定和结构计算等,与吊车的规格、起重量等有着密切的关系。常见的吊车包括单轨悬挂吊车、梁式吊车、桥式吊车及悬臂吊车等。

1. 单轨悬挂式吊车

单轨悬挂式吊车是在屋架下弦悬挂梁式钢轨,钢轨梁上安装可以水平移动的滑轮组,利用滑轮组升降起重的一种起重设备。它按操纵方法有手动及电动两种。吊车由运行部分和起升部分组成,可以布置成直线或曲线形(转弯或越跨时用)。为此,厂房屋顶应有较大的刚度,以适应吊车荷载的作用。单轨悬挂式吊车如图 9.6 所示。

单轨悬挂式吊车适用于小型起重量的车间,一般起重量为 1 ~ 2 t。

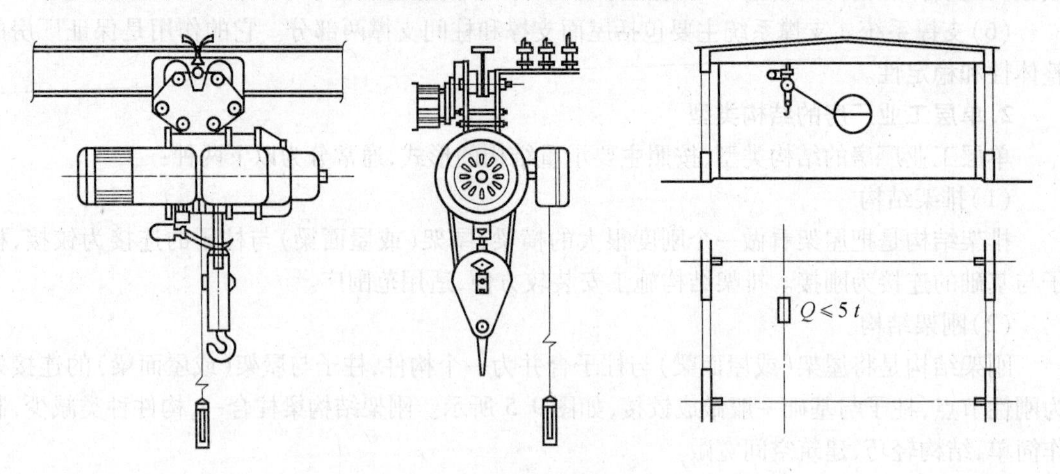

图 9.6　单轨悬挂式吊车

Q—起重量

2. 梁式吊车

梁式吊车是由梁架和滑轮组组成,有悬挂式和支撑式两种类型。悬挂式是在屋架或屋面梁下弦悬挂梁式钢轨,钢轨布置成两行直线,在两行轨梁上设有滑行的单梁,在单梁上设有可横向移动的滑轮组,如图 9.7(a)所示。支撑式电动单梁吊车是在排架柱上设牛腿,牛腿设吊车梁,吊车梁上安装钢轨,钢轨上设有可滑行的单梁,在滑行的单梁上设可滑行的滑轮组,如图 9.7(b)所示,在单梁与滑轮组行走范围内均可起重。梁式吊车起重量一般不超过 5 t。

3. 桥式吊车

桥式吊车由桥架和起重行车组成,桥架上铺有起重行车运行的轨道(沿厂房横向运行),桥架两端借助车轮可在吊车轨道上运行(沿厂房纵向运行),吊车轨道铺设在柱子支撑的吊车梁上。桥式吊车的司机室一般设在吊车端部,有的也可设在中部或做成可移动的。电动桥式吊车如图 9.8 所示。

设有桥式吊车时,应注意厂房跨度和吊车跨度的关系,使厂房的宽度和高度满足吊车运行的需要,并应在柱间适当位置设置通向吊车司机室的钢梯及平台。当吊车为重级工作制或其他需要时,尚应沿吊车梁侧设置安全走道板,以保证检修和人员行走的安全。

当同一跨度内需要的吊车数量较多,且吊车起重量相差悬殊时,可沿高度方向设置双层吊车,以减少吊车运行中的相互干扰。

4. 悬臂吊车

常用的悬臂吊车,有固定式旋转悬臂吊车和壁行式悬臂吊车两种。前者一般是固定在厂房的柱子上,可 180°旋转,其服务范围为以臂长为半径的半圆面积,适用于固定地点及某一固定生产设备的起重、运输之用;后者可沿厂房纵向往返行走,服务范围限定在一条狭长范围内。

悬臂吊车布置方便,使用灵活,一般起重量可达 8 ~ 10 t,悬臂长可达 8 ~ 10 m,在实际工程中有一定的应用。

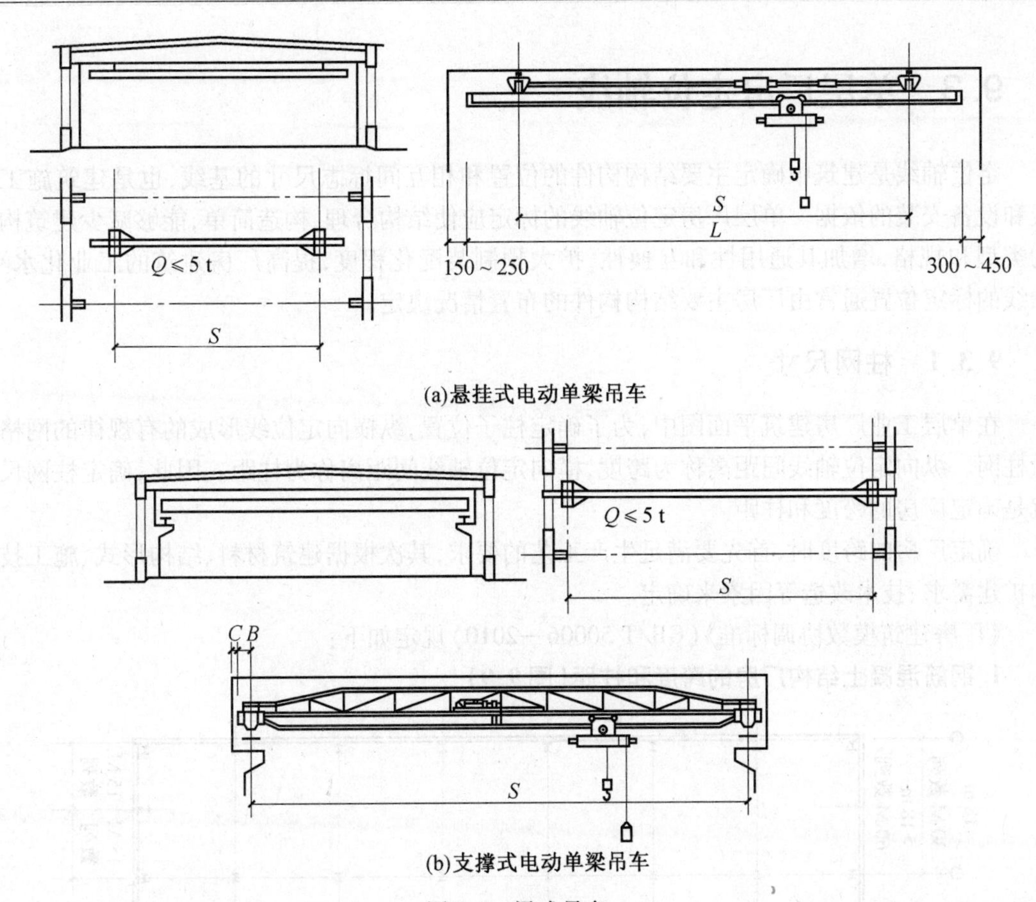

(a)悬挂式电动单梁吊车

(b)支撑式电动单梁吊车

图 9.7　梁式吊车

L—厂房跨度　S—吊车跨度　B—吊车侧方宽度　C—吊车侧方间隙　Q—起重量

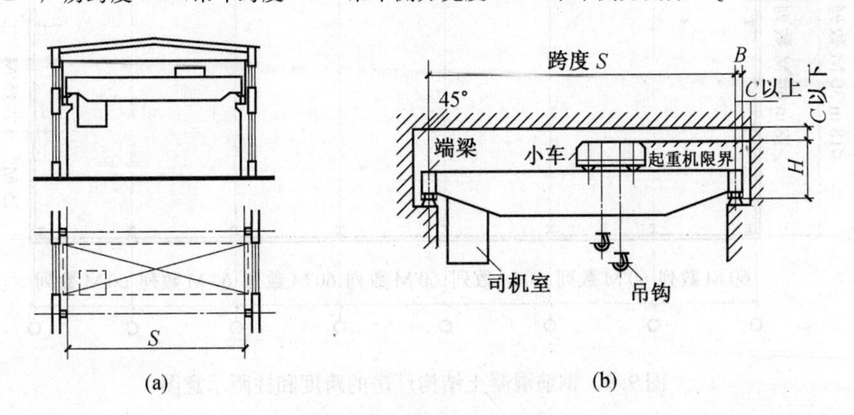

(a)　(b)

图 9.8　电动桥式吊车

L—厂房跨度　S—吊车跨度　B—吊车侧方宽度　C—吊车侧方间隙　H—上柱截面高度　Q—起重量

9.3 单层厂房定位轴线

定位轴线是建筑中确定主要结构构件的位置和相互间标志尺寸的基线,也是建筑施工放线和设备安装的依据。单层厂房定位轴线的标定应使结构合理、构造简单,能够减少建筑构件的类型和规格,增加其通用性和互换性,扩大预制装配化程度,提高厂房建筑的工业化水平。轴线的标定位置通常由厂房主要结构构件的布置情况决定。

9.3.1 柱网尺寸

在单层工业厂房建筑平面图中,为了确定柱子位置,纵横向定位线形成的有规律的网格称为柱网。纵向定位轴线间距离称为跨度,横向定位轴线间距离称为柱距。因此,确定柱网尺寸就是确定厂房的跨度和柱距。

确定厂房的跨度时,首先要满足生产工艺的要求,其次根据建筑材料、结构形式、施工技术和扩建需求、技术改造等因素来确定。

《厂房建筑模数协调标准》(GB/T 50006—2010)规定如下:

1. 钢筋混凝土结构厂房的跨度和柱距(图 9.9)

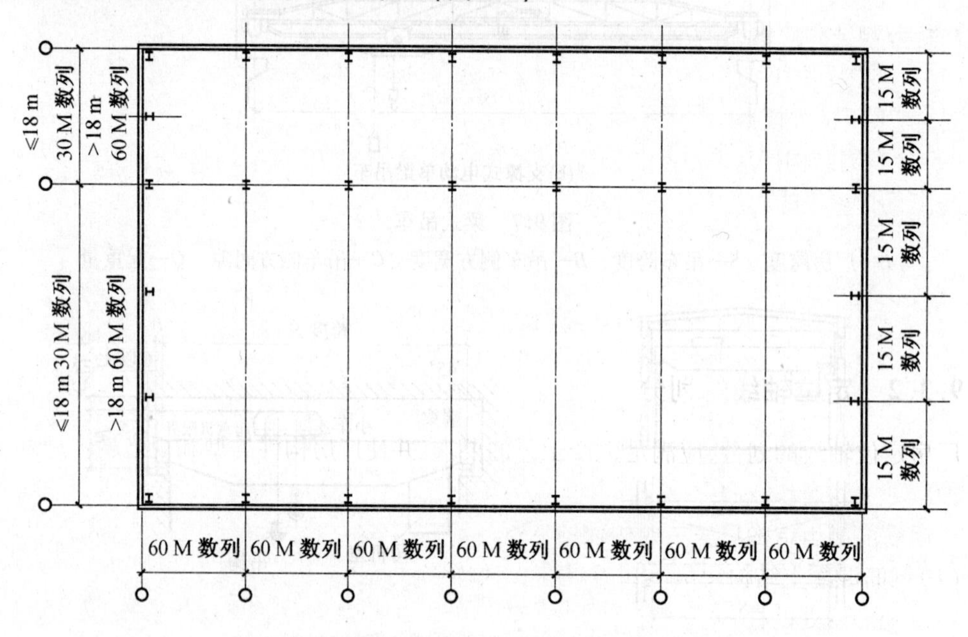

图 9.9 钢筋混凝土结构厂房的跨度和柱距示意图

(1)钢筋混凝土结构厂房的跨度小于或等于 18 m 时,应采用扩大模数 30 M 数列;大于 18 m时,宜采用扩大模数 60 M 数列。

(2)钢筋混凝土结构厂房的柱距,应采用扩大模数 60 M 数列。

(3)钢筋混凝土结构厂房山墙处抗风柱的柱距,宜采用扩大模数 15 M 数列。

2. 普通钢结构厂房的跨度和柱距(图 9.10)

(1)普通钢结构厂房的跨度小于 30 m 时,宜采用扩大模数 30 M 数列;跨度大于或等于 30 m时,宜采用扩大模数 60 M 数列。

(2)普通钢结构厂房的柱距宜采用扩大模数 15 M 数列,跨度宜采用 6 m、9 m、12 m。

(3)普通钢结构厂房山墙处抗风柱柱距,宜采用扩大模数 15 M 数列。

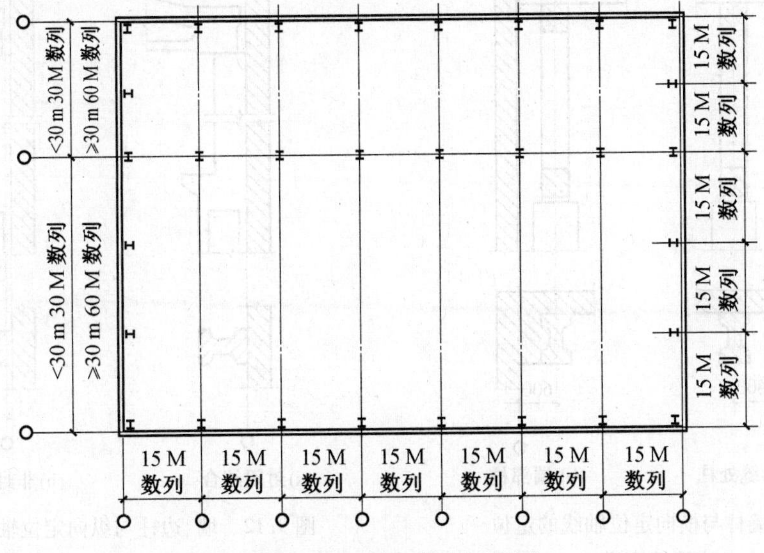

图 9.10　跨度和柱距示意图

3. 轻型钢结构厂房的跨度、柱距和高度

(1)轻型钢结构厂房的跨度小于或等于 18 m 时,宜采用扩大模数 30 M 数列;跨度大于 18 m时,宜采用扩大模数 60 M 数列。

(2)轻型钢结构厂房的柱距宜采用扩大模数 15 M 数列,跨度宜采用 6.0 m、7.5 m、9.0 m、12.0 m。无起重机的中柱柱距宜采用 12 m、15 m、18 m、24 m。

(3)当生产工艺需要时,轻型钢结构厂房可采用多排多列纵横式柱网,同方向柱距(跨度)尺寸宜取一致,纵横向柱距可采用扩大模数 5 M 数列,且纵横向柱距相差不宜超过 25%。

(4)轻型钢结构厂房山墙处抗风柱柱距,宜采用扩大模数 5 M 数列。

9.3.2　定位轴线的划分

厂房定位轴线的划分,应满足生产工艺的要求,并使厂房构件类型和规格越少越好。厂房定位轴线分为横向和纵向两种。

1. 钢筋混凝土结构厂房主要构件的定位

(1)钢筋混凝土结构厂房墙、柱与横向定位轴线的定位,应符合下列规定:

1)除变形缝处的柱和端部柱以外,柱的中心线应与横向定位轴线相重合;横向变形缝处柱应采用双柱及两条横向定位轴线,柱的中心线均应自定位轴线向两侧各移 600 mm,两条横向定位轴线间所需缝的宽度宜结合个体设计确定,如图 9.11(a)所示;

2)山墙内缘应与横向定位轴线相重合,且端部柱的中心线应自横向定位轴线向内移 600 mm,如图 9.11(b)所示。

(2)钢筋混凝土结构厂房墙、边柱与纵向定位轴线的定位,应符合下列规定:

1)边柱外缘和墙内缘宜与纵向定位轴线相重合,如图 9.12(a)所示;

2)在有起重机梁的厂房中,当需满足起重机起重量、柱距或构造要求时,边柱外缘和纵向定位轴线间可加设联系尺寸,联系尺寸应采用 3 M 数列,但墙体结构为砌体时,联系尺寸可采用 1/2 M 数列，如图 9.12(b)所示。

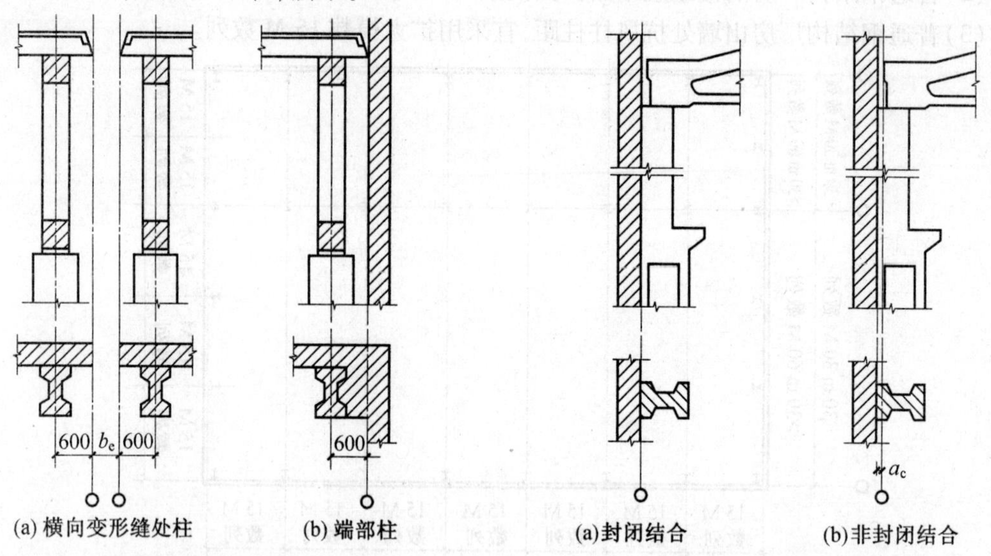

图 9.11　墙柱与横向定位轴线的定位

b_e—变形缝宽度

图 9.12　墙、边柱与纵向定位轴线的定位

a_c—非封闭结合的联系尺寸

(3)钢筋混凝土结构厂房中柱与纵向定位轴线的定位，应符合下列规定：

1)等高厂房的中柱，宜设置单柱和一条纵向定位轴线，柱的中心线宜与纵向定位轴线相重合，如图 9.13(a)所示。

2)等高厂房的中柱，当相邻跨内需设插入距时，中柱可采用单柱及两条纵向定位轴线，插入距应符合 3 M，柱中心线宜与插入距中心线相重合，如图 9.13(b)所示。

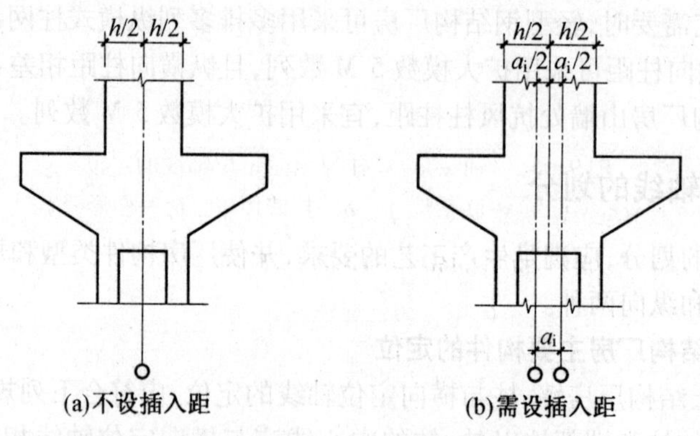

图 9.13　等高跨处中柱与纵向定位轴线的定位

a_i—插入距　h—上柱截面高度

3)高低跨处采用单柱时，高跨上柱外缘与封墙内缘宜与纵向定位轴线相重合，如图 9.14(a)所示；

当上柱外缘与纵向定位轴线不能重合时，应采用两条纵向定位轴线，插入距应与联系尺寸相同，也可等于墙体厚度或等于墙体厚度加联系尺寸，如图 9.14(b)、(c)、(d)所示。

4)当高低跨处采用双柱时，应采用两条纵向定位轴线，并应设插入距，柱与纵向定位轴线的定位可按边柱的有关规定确定，如图 9.15 所示。

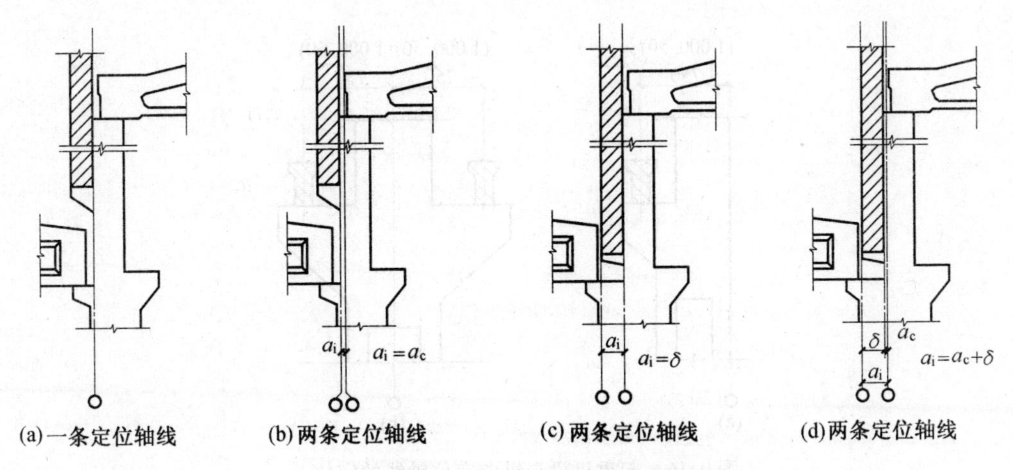

图9.14　高低跨处中柱与纵向定位轴线的定位

a_i—插入距　a_c—联系尺寸　δ—封墙厚度

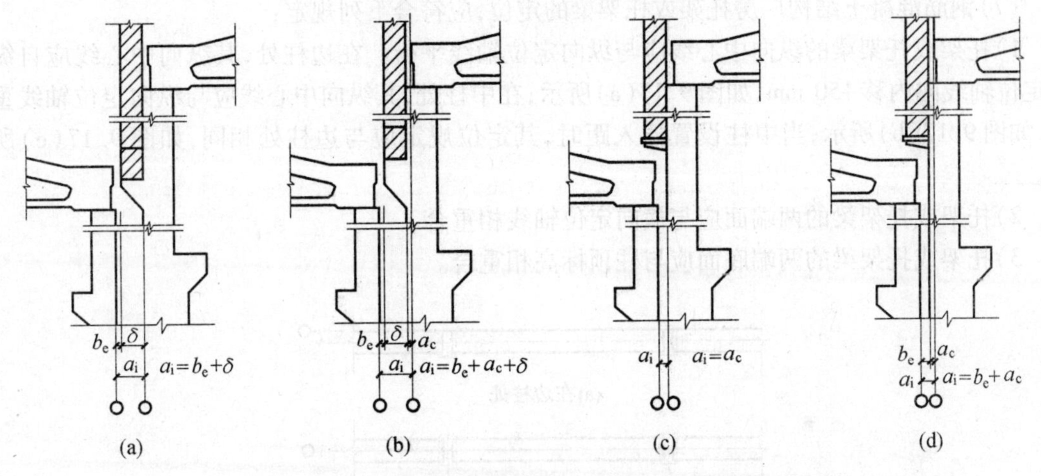

图9.15　高低跨处双柱与纵向定位轴线的定位

a_i—插入距　a_c—联系尺寸　δ—封墙厚度　b_e—变形缝宽度

(4)钢筋混凝土结构厂房柱的竖向定位,应符合下列规定:

1)柱顶面应与柱顶标高相重合。

2)柱底面应与柱底标高相重合。

(5)钢筋混凝土结构厂房起重机梁的定位,应符合下列规定:

1)起重机梁的纵向中心线与纵向定位轴线间的距离宜为750 mm,也可采用1 000 mm或500 mm,如图9.16所示。

2)起重机梁的两端面标志尺寸应与横向定位轴线相重合。

3)起重机梁的两端底面应与柱子牛腿面标高相重合。

(6)钢筋混凝土结构厂房屋架或屋面梁的定位,应符合下列规定:

1)屋架或屋面梁的纵向中心线应与横向定位轴线相重合;端部、变形缝处的屋架或屋面梁的纵向中心线应与柱中心线重合。

2)屋架或屋面梁的两端面标志尺寸应与纵向定位轴线相重合。

3)屋架或屋面梁的两端底面宜与柱顶标高相重合,当设有托架或托架梁时,其两端底面

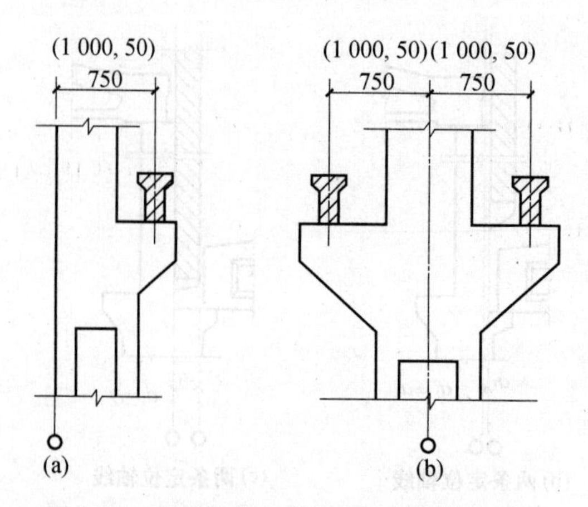

图 9.16　起重机梁与纵向定位轴线的定位

宜与托架或托架梁的顶面标高相重合。

(7)钢筋混凝土结构厂房托架或托架梁的定位,应符合下列规定:

1)托架或托架梁的纵向中心线应与纵向定位轴线平行。在边柱处,其纵向中心线应自纵向定位轴线向内移 150 mm,如图 9.17(a)所示;在中柱处,其纵向中心线应与纵向定位轴线重合,如图 9.17(b)所示;当中柱设置插入距时,其定位规定应与边柱处相同,如图 9.17(c)所示。

2)托架或托架梁的两端面应与横向定位轴线相重合。

3)托架或托架梁的两端底面应与柱顶标高相重合。

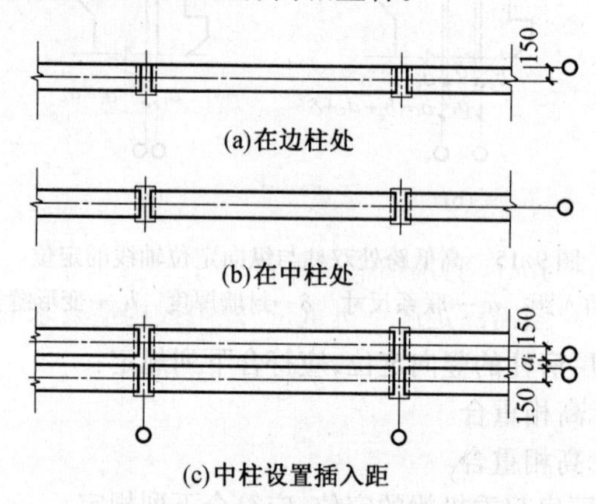

图 9.17　托架或托架梁与定位轴线的定位

a_i—插入距

(8)钢筋混凝土结构厂房屋面板的定位,应符合下列规定:

1)每跨两边的第一块屋面板的纵向侧面标志尺寸宜与纵向定位轴线相重合。

2)屋面板的两端面标志尺寸应与横向定位轴线相重合。

(9)钢筋混凝土结构厂房外墙墙板的定位,应符合下列规定:

1)外墙墙板的内缘宜与边柱或抗风柱外缘相重合。

2)外墙墙板的竖向定位及转角处的墙板处理宜结合个体设计确定。

2. 普通钢结构厂房主要构件的定位

(1)普通钢结构厂房墙、柱与横向定位轴线的定位,应符合下列规定:

1)除变形缝处的柱和端部柱外,柱的中心线应与横向定位轴线相重合。

2)横向变形缝处柱宜采用双柱及两条横向定位轴线,轴线间缝的宽度应符合现行国家标准《建筑地基基础设计规范》(GB50007—2002)、《建筑抗震设计规范》(GB 50011—2010)的有关规定。采用大型屋面板时,柱的中心线均应自定位轴线向两侧各移 600 mm,如图 9.18 所示。

3)采用大型屋面板时,山墙内缘应与横向定位轴线相重合,且端部柱的中心线应自横向定位轴线向内移 600 mm,如图 9.18 所示。

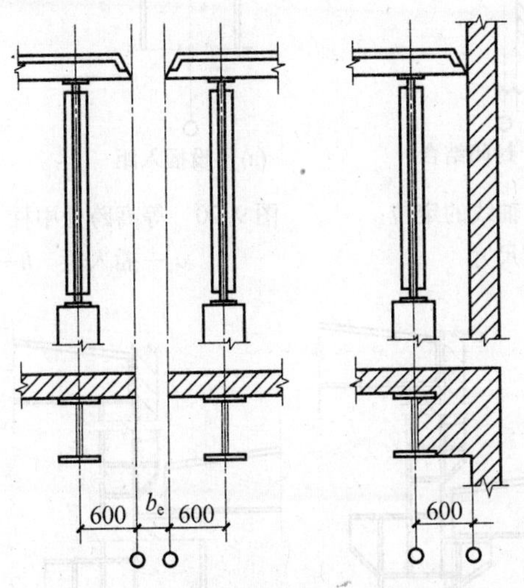

图 9.18　墙柱与横向定位轴线的定位

b_e—变形缝宽度

(2)普通钢结构厂房墙、边柱与纵向定位轴线的定位,宜符合下列规定,如图 9.19 所示:

1)边柱外缘和墙内缘宜与纵向定位轴线相重合。

2)在有起重机的厂房中,当需满足起重机重量、柱距或构造要求时,边柱外缘和纵向定位轴线间可加设联系尺寸。联系尺寸宜为 50 mm 的整数倍数。

(3)普通钢结构厂房中柱与纵向定位轴线的定位,宜符合下列规定:

1)等高厂房的中柱,宜设置单柱和一条纵向定位轴线,柱的中心线宜与纵向定位轴线相重合,如图 9.20(a)。

2)等高厂房的中柱,当相邻跨内需设插入距时,中柱可采用单柱及两条纵向定位轴线,插入距应符合 50 mm 的整数倍数,柱中心线宜与插入距中心线相重合,如图 9.20(b)。

3)高低跨处采用单柱时,高跨上柱外缘与封墙内缘宜与纵向定位轴线相重合;当上柱外缘与纵向定位轴线不能重合时,宜采用两条纵向定位轴线,插入距应与联系尺寸相同,也可等于墙体厚度或等于墙体厚度加联系尺寸,如图 9.21 所示。

4)当高低跨处采用双柱时,应采用两条纵向定位轴线,并应设插入距,柱与纵向定位轴线的定位可按边柱的有关规定确定,如图 9.22 所示。

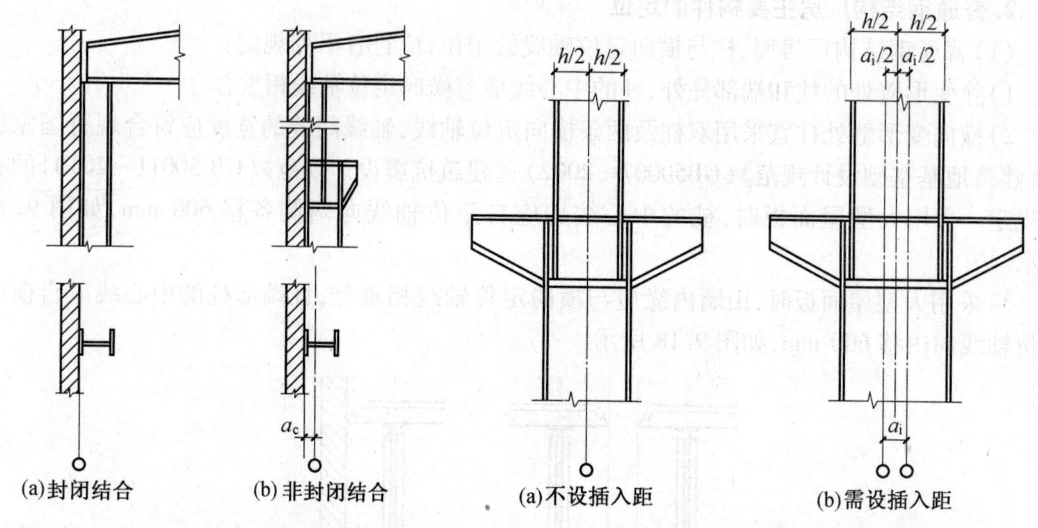

(a)封闭结合　(b)非封闭结合

图9.19　墙、边柱与纵向定位轴线的定位

a_c—非封闭结合的联系尺寸

(a)不设插入距　(b)需设插入距

图9.20　等高跨处中柱与纵向定位轴线的定位

a_i—插入距　h—上柱截面高度

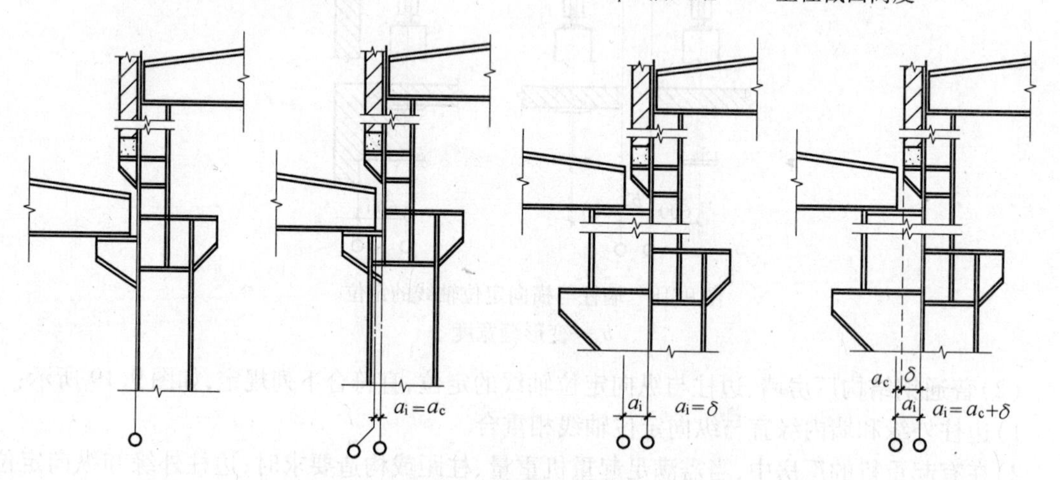

图9.21　高低跨处中柱与纵向定位轴线的定位

a_i—插入距　a_c—联系尺寸　δ—封墙厚度

(4)普通钢结构厂房起重机梁的定位，应符合下列规定，如图9.23所示：

1)起重机梁的纵向中心线与纵向定位轴线间的距离宜为750 mm，亦可采用1000 mm或500 mm。

2)起重机梁的两端面标志尺寸应与横向定位轴线相重合。

3)起重机梁的两端底面应与柱子牛腿面标高相重合。

(5)普通钢结构厂房屋架或屋面梁的定位，宜符合下列规定：

1)屋架或屋面梁的纵向中心线应与横向定位轴线相重合；端部变形缝处的屋架或屋面梁的纵向中心线应与柱中心线重合。

2)屋架或屋面梁的两端面的标志尺寸应与纵向定位轴线相重合。

3)屋架或屋面梁的两端底面或顶面宜与柱顶标高相重合。

(6)普通钢结构厂房大型屋面板的定位，应符合下列规定：

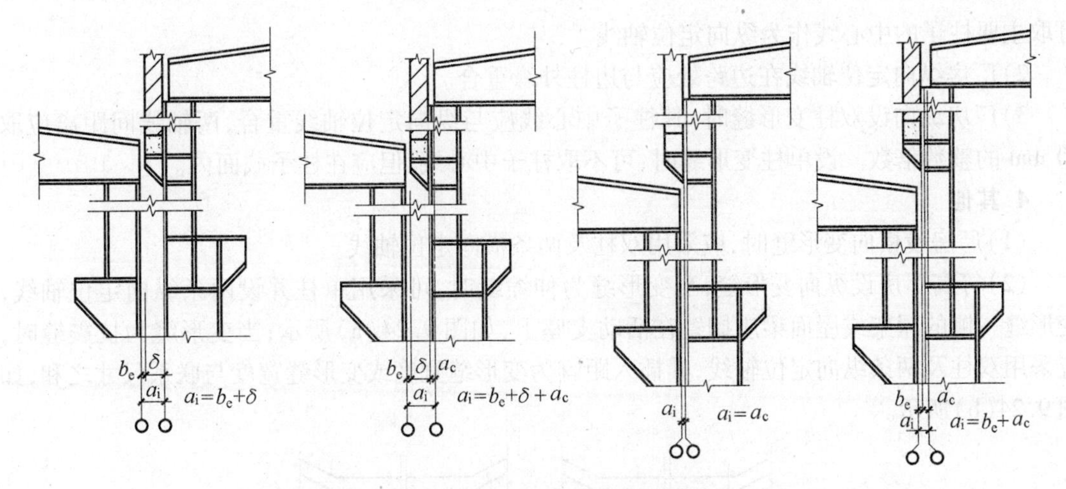

图9.22　高低跨处双柱与纵向定位轴线的定位

a_i—插入距　a_c—联系尺寸　δ—封墙厚度　b_e—变形缝宽度

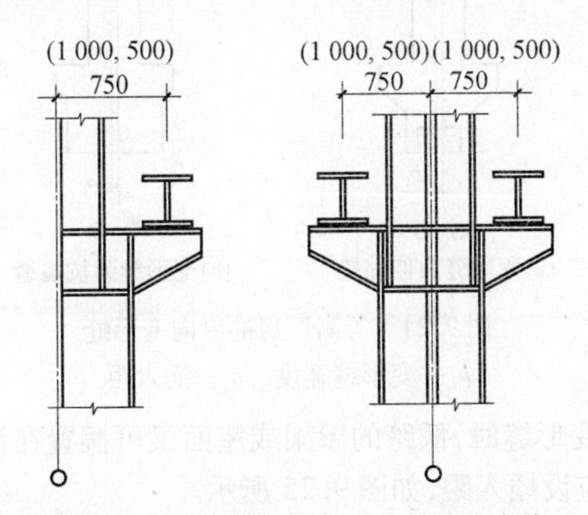

图9.23　起重机梁与纵向定位轴线的定位

1)每跨两边的第一块屋面板的标志尺寸的纵向侧面宜与纵向定位轴线相重合。

2)屋面板的两端面的标志尺寸应与横向定位轴线相重合。

(7)普通钢结构厂房外墙墙板的定位,宜符合下列规定:

1)外墙墙板的内缘宜与边柱或抗风柱外缘相重合。

2)外墙墙板的两端面宜与横向定位轴线或抗风柱中心线相重合。

3)外墙墙板的竖向定位及转角处的墙板处理宜结合个体设计确定。

3. 轻型钢结构厂房主要构件的定位

(1)轻型钢结构厂房墙、柱与横向定位轴线的定位,应符合下列规定:

1)除变形缝处的柱和端部柱外,柱的中心线应与横向定位轴线重合。

2)横向变形缝处应采用双柱及两条横向定位轴线,柱的中心线均应自定位轴线向两侧各移600 mm,两条横向定位轴线间缝的宽度应采用50 mm的整数倍数。

3)厂房两端横向定位轴线可与端部承重柱子中心线重合。当横向定位轴线与山墙内缘重合时,端部承重柱子的中心线与横向定位轴线间的尺寸应取50 mm的整数倍数。

(2)轻型钢结构厂房墙、柱与纵向定位轴线的定位,应符合下列规定:

1)厂房纵向定位轴线除边跨外,应与柱列中心线重合。当中柱柱列有不同柱子截面时,可取主要柱子的中心线作为纵向定位轴线。

2）厂房纵向定位轴线在边跨处应与边柱外缘重合。

3）厂房纵向设双柱变形缝时，其柱子中心线应与纵向定位轴线重合，两轴线间距离应取 50 mm 的整数倍数。设单柱变形缝时，可不取柱子中心线，但应在柱子截面内。

4. 其他

（1）厂房设横向变形缝时，应采用双柱及两条横向定位轴线。

（2）等高厂房设纵向变形缝，当变形缝为伸缩缝时，可采用单柱并设两条纵向定位轴线，变形缝一侧的屋架或屋面梁应搁置在活动支座上，如图 9.24（a）所示；当变形缝为抗震缝时，应采用双柱及两条纵向定位轴线，其插入距宜为变形缝宽度或变形缝宽度与联系尺寸之和，如图 9.24（b）所示。

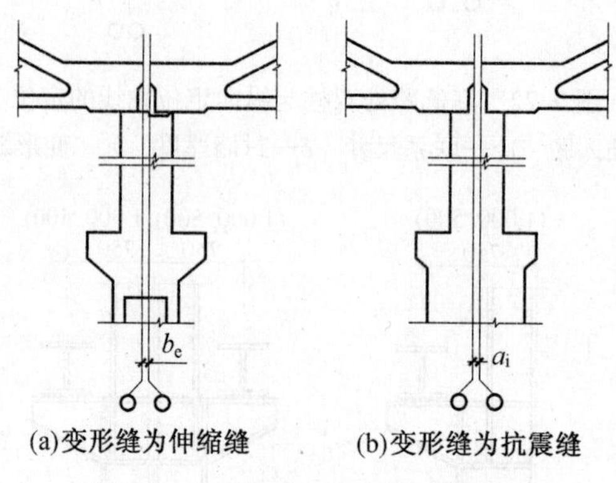

图 9.24　等高厂房的纵向变形缝

b_e—变形缝宽度　a_i—插入距

（3）高低跨处单柱设变形缝时，低跨的屋架或屋面梁可搁置在活动支座上，高低跨处应采用两条纵向定位轴线，并应设插入距，如图 9.25 所示。

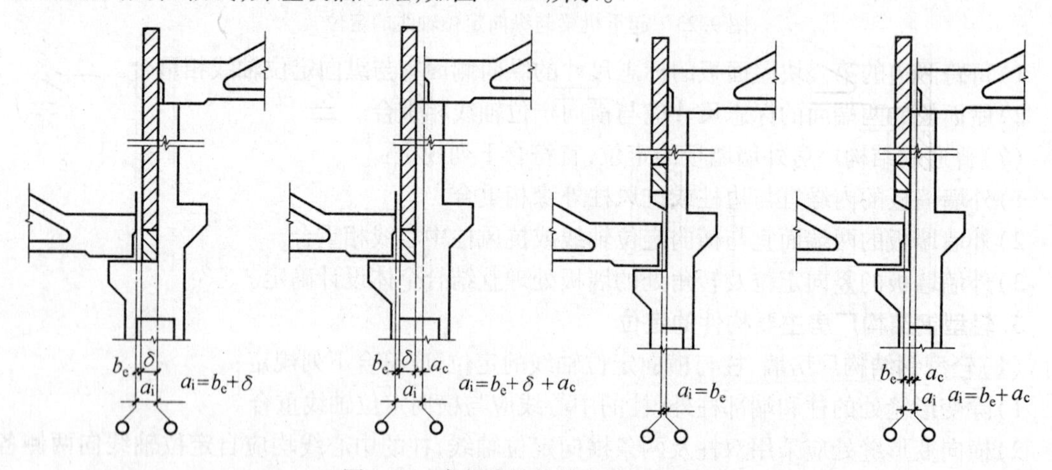

图 9.25　高低跨处的单柱纵向变形缝

a_i—插入距　a_c—联系尺寸　δ—封墙厚度　b_e—变形缝宽度

（4）不等高厂房的纵向变形缝，应设在高低跨处，并应采用双柱及两条纵向定位轴线，如图 9.26 所示。

（5）厂房纵横跨处的连接，其变形缝设置应符合下列规定：

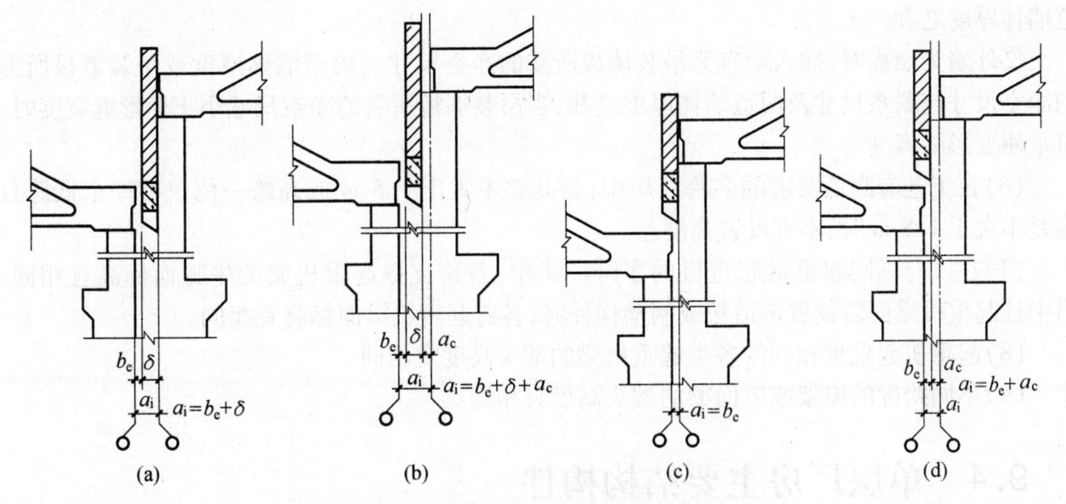

图 9.26　局低跨处的双柱纵向变形缝

a_i—插入距　a_c—联系尺寸　δ—封墙厚度　b_e—变形缝宽度

1）当山墙比侧墙低且长度不大于侧墙时，可采用双柱单墙设置变形缝，其插入距宜符合下列规定，如图 9.27（a）、（b）所示：

①外墙为砌体时，插入距宜为变形缝宽度与墙体厚度或变形缝宽度与联系尺寸及墙体厚度之和。

②外墙为墙板时，插入距宜为吊装墙板所需的净空尺寸与墙体厚度或吊装墙板所需的净空尺寸与联系尺寸及墙体厚度之和；当吊装墙板所需的净空尺寸小于变形缝宽度时，可采用变形缝宽度。

2）当山墙比侧墙短而高时，应采用双柱双墙设置变形缝，其插入距宜符合下列规定，如图 9.27（c）、（d）所示：

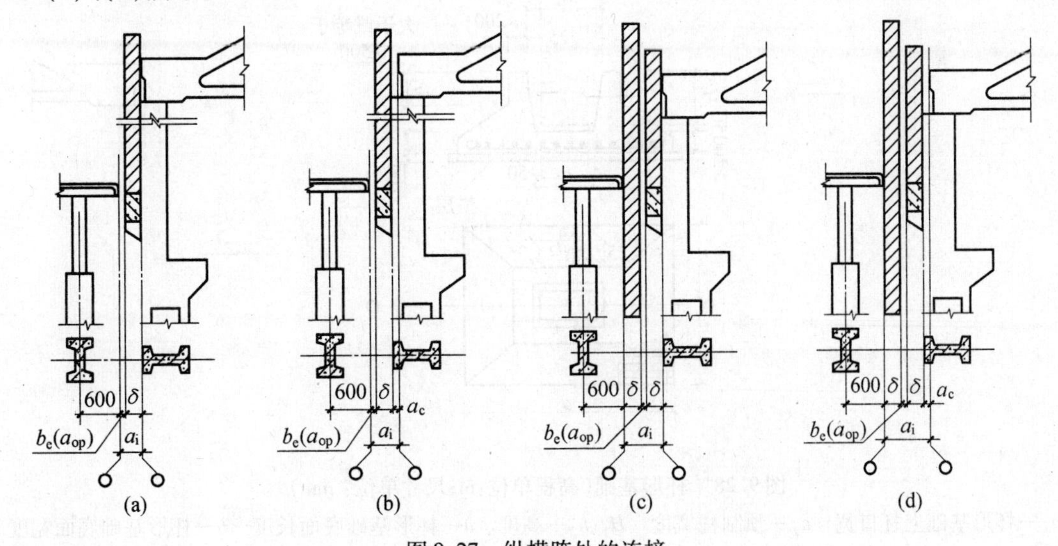

图 9.27　纵横跨处的连接

a_i—插入距　a_c—联系尺寸　δ—封墙厚度　b_e—变形缝宽度

①外墙为砌体时，插入距宜为变形缝宽度与两道墙体厚度或变形缝宽度与联系尺寸及两

道墙体厚度之和。

②外墙为墙板时,插入距宜为吊装墙板所需的净空尺寸与两道墙体厚度或吊装墙板所需的净空尺寸与联系尺寸及两道墙体厚度之和;当吊装墙板所需的净空尺寸小于变形缝宽度时,可采用变形缝宽度。

(6)在工艺有高低要求的多跨厂房中,当高差不大于1.5 m或高跨一侧仅有一个低跨且高差不大于1.8 m时,不宜设置高度差。

(7)在设有不同起重量起重机的多跨厂房中,各跨支撑起重机梁的牛腿面标高宜相同。当中柱起重机梁面需设置走道板或制动构件时,各跨起重机梁面标高宜相同。

(8)起重机起重量相同的各类起重机梁的端头高度宜相同。

(9)不同跨度的屋架或屋面梁的端头高度宜相同。

9.4 单层厂房主要结构构件

9.4.1 基础

基础承受厂房结构的全部荷载,并且传给地基,是工业厂房的重要构件之一。常用的有现浇柱下基础和预制柱下基础两种。

当柱子采用现浇钢筋混凝土柱时,为方便与柱连接,需在基础顶面留出插筋。伸出长度应根据柱的受力情况、钢筋规格及接头方式(例如焊接、绑扎)来确定,钢筋的数量和柱中纵向受力钢筋相同。

当柱子采用钢筋混凝土预制柱时,基础顶部应做成杯形基础,如图9.28所示。杯形基础的构造要点如下:

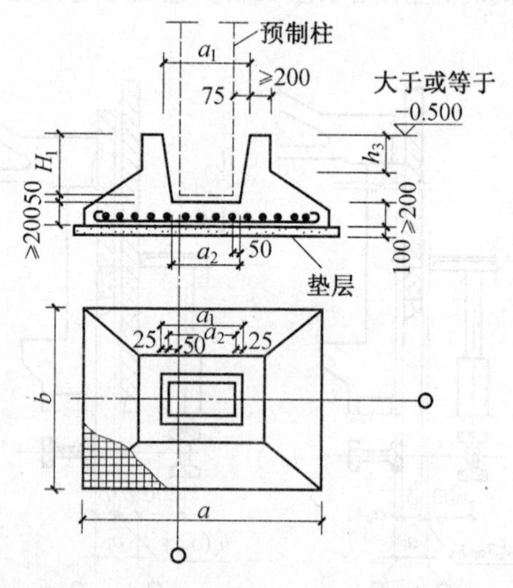

图9.28 杯形基础(高程单位:m;尺寸单位: mm)

a_1—杯形基础上杯口宽 a_2—预制柱宽度 H_1、h_3—高度 a—杯形基础底面长度 b—杯形基础底面宽度

(1)杯口尺寸及安装构造。为便于柱的安装,杯口顶应比柱子每边大出75 mm,杯口底应比柱子每边大出50 mm,杯口深度按照结构要求确定。杯口底面与柱底面之间应当预留50 mm找平层,在柱子就位前用高强度等级的细石混凝土找平。杯口与四周缝隙用C20细石

混凝土填实。基础杯口底面厚度一般不应小于200 mm,基础杯壁厚度不应小于200 mm。

(2)杯口顶面标高。基础杯口顶面标高一般应当在室内地坪以下至少500 mm。

有时为了使安装在埋置深度不同的杯形基础中的柱子规格统一,便于施工,可以把基础做成高杯基础。在伸缩缝处,双柱的基础可以做成双杯口形式。

9.4.2　柱

在装配式钢筋混凝土排架结构单层厂房中,柱有两类:排架柱和抗风柱。

1. 排架柱

排架柱主要承受屋面和吊车梁等竖向荷载、风荷载及吊车产生的纵向和横向水平荷载,有时还承受墙体、管道设备等荷载,是厂房结构中的主要承重构件之一。所以,柱应具有足够的抗压和抗弯能力,并通过结构计算来合理确定截面尺寸和形式。

单层工业厂房的排架柱,基本上可分为单肢柱和双肢柱两大类。单肢柱截面形式有矩形、“工”字形及单管圆形;双肢柱截面形式是由两肢矩形柱或两肢圆形管柱,用腹杆(平腹杆或斜腹杆)连接而成,如图9.29所示。

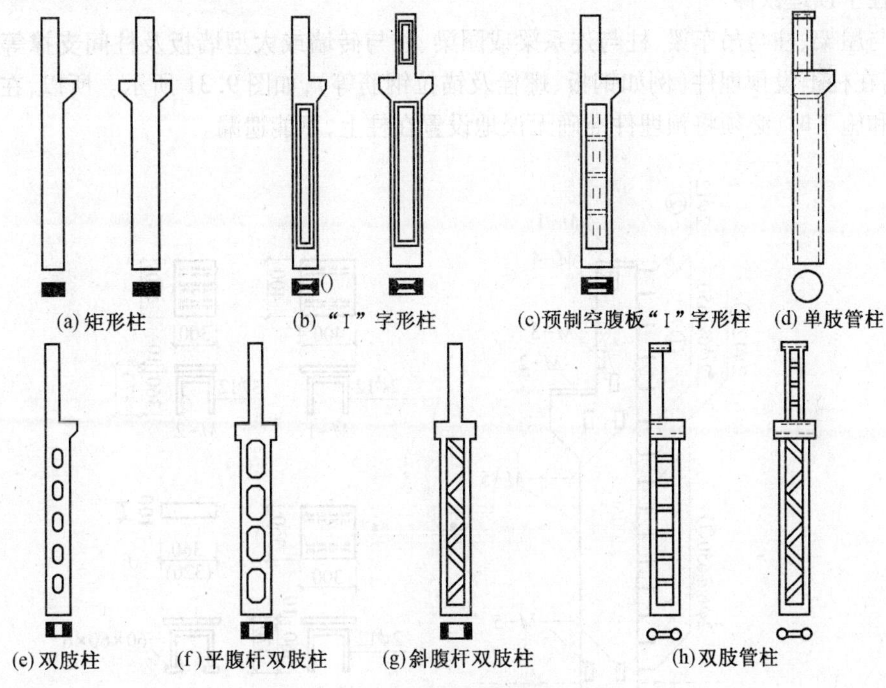

图9.29　常用的几种钢筋混凝土柱

2. 抗风柱

由于单层厂房的山墙面积较大,所受到的风荷载就很大,因此要在山墙处设置抗风柱来承受风荷载。使一部分风荷载由抗风柱直接传至基础,另一部分风荷载由抗风柱的上端(与屋架上弦连接)通过屋面系统传到厂房纵向列柱上去。一般情况下抗风柱只需与屋架上弦连接,当屋架设有下弦横向水平支撑时,则抗风柱可与屋架下弦相连接,作为抗风柱的另一支点,如图9.30所示。抗风柱与屋架之间一般采用“Z”形弹簧板连接,同时屋架与抗风柱间应留有不少于150 mm的间隙。若厂房沉降较大时,则直接采用螺栓连接。

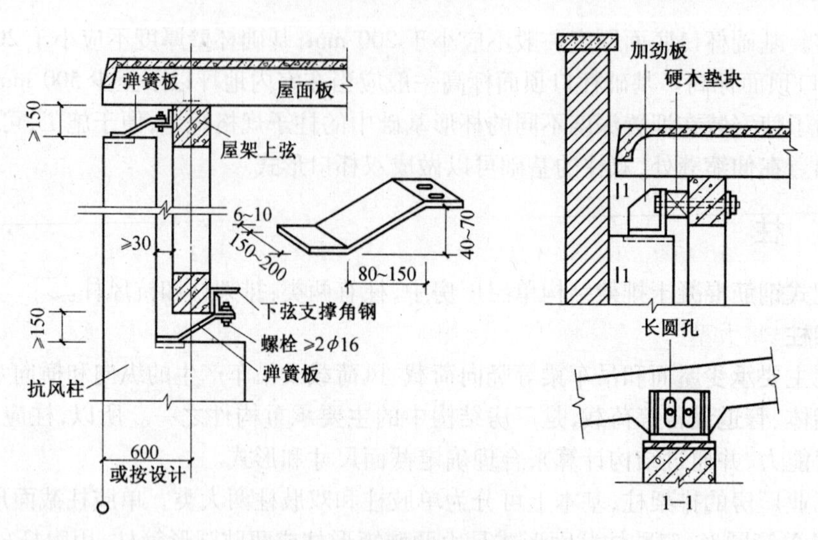

图 9.30 抗风柱与屋架连接

3. 柱子预埋铁件

柱与屋架、柱与吊车梁、柱与连系梁或圈梁、柱与砖墙或大型墙板及柱间支撑等相互连接处，均需在柱上设预埋件（例如钢板、螺栓及锚拉钢筋等），如图 9.31 所示。所以，在进行柱子的设计和施工时，必须将预埋件准确无误地设置在柱上，不能遗漏。

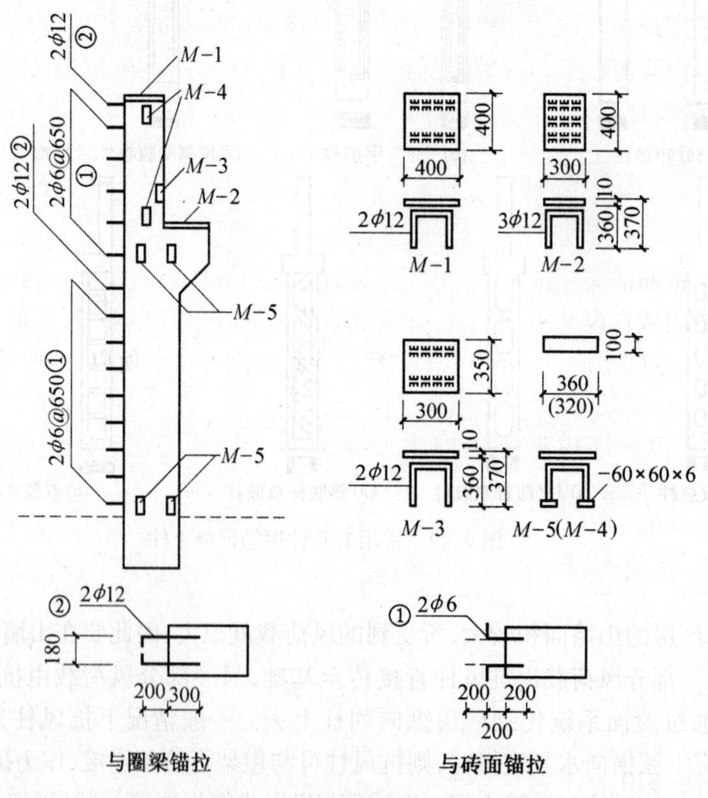

图 9.31 柱子预埋铁件

9.4.3 屋架与屋面梁

单层工业厂房的屋盖承重体系有檩体系和无檩体系两种,屋盖起着围护和承重两种作用,它包括屋架、屋面大梁、托架和檩条等。

有檩体系是将各种小型屋面板或瓦直接放在檩条上,钢筋混凝土或型钢檩条支撑在屋架或屋面梁上。此体系采用的构件小、重量轻、吊装容易,但构件数量多、施工琐碎、施工期长,所以多用在施工机械起吊能力较小的施工现场。

无檩体系是将大型屋面板直接放置在屋架或屋面梁上,屋架(屋面梁)放在柱子上。此体系所用构件大、类型少,整体性好,刚度大,可以保证厂房的稳定性,便于工业化施工,但要求施工吊装能力强。目前无檩体系在工程实践中较为广泛。

屋面大梁形状简单,制作安装方便,稳定性好,可以不加支撑,但是自重较大。它的断面有T形和“工”字形的薄腹梁,有单坡和双坡之分。单坡适用于6 m、9 m、12 m的跨度,双坡适用于9 m、12 m、15 m、18 m的跨度。屋面大梁的坡度比较平缓,一般为1/12~1/10,适用于卷材屋面和非卷材屋面,可以悬挂5 t以下的电动葫芦和梁式起重机。

当厂房跨度较大时,采用屋架,跨度可以是12 m、15 m、18 m、24 m、30 m、36 m等。屋架可以采用钢结构、钢筋混凝土结构、木结构等。形状包括折线形、梯形、三角形等。屋面坡度视围护材料的类型确定:卷材防水屋面可以采用1/15~1/10,块材屋面可以用1/6~1/2,压型钢板屋面可以用1/20~1/2。

屋架一般采用焊接与柱子的连接。即在柱头预埋钢板,在屋架下弦端部也有预埋件,通过焊接连在一起。屋架与柱子还可以采用螺栓连接,即在柱头预埋有螺栓,在屋架下弦的端部焊有连接钢板,吊装就位后,用螺母将屋架拧牢。

9.4.4 基础梁、吊车梁、连系梁

1. 基础梁

当厂房采用钢筋混凝土排架结构时,仅起围护或隔离作用的外墙或内墙通常设计成自承重墙。若外墙或内墙自设基础,由于它所承重的荷载比柱基础小得多,当地基土层构造复杂,压缩性不均匀时,基础将产生不均匀沉降,容易导致墙面开裂。所以,一般厂房常将外墙或内墙砌筑在基础梁上,基础梁两端搁置在柱基础的杯口顶面。基础梁的截面形状常用梯形。

通常基础梁顶标高应低于室内地面至少50 mm,高于室外地面至少100 mm。在寒冷地区为防止土层冻胀破坏,则应在基础下及周围铺一定厚度的砂垫层,同时在外墙周围做出散水,如图9.32所示。

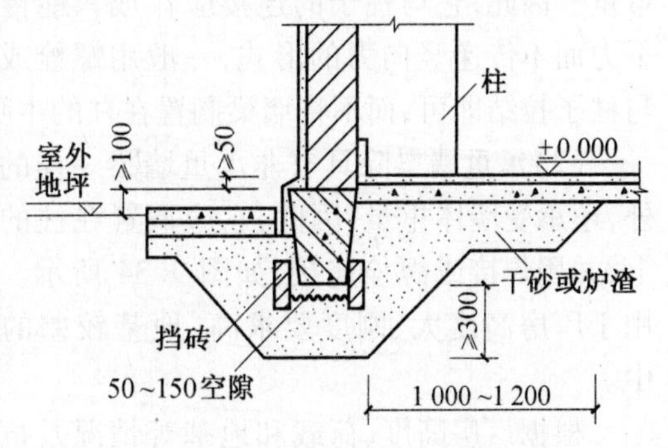

图9.32 基础梁搁置和防冻构造

基础梁搁置在杯形基础顶面的方式,由基础埋深决定。当基础杯口顶面与室内地平的距离不大于500 mm时,可设置混凝土垫块搁置在杯口顶面,当墙厚为370 mm时,垫块的宽度为400 mm;当墙厚为240 mm时,垫块的宽度为300 mm。当基础埋深很深时,也可设置高杯口基础或在柱上设牛腿来搁置基础梁。

2. 吊车梁

当厂房设有桥式吊车(或支撑式梁式起重机)时,需在柱牛腿上设置吊车梁,并在吊车梁上敷设轨道供桥式起重机运行。因此,吊车梁直接承受吊车起重、运行、制动时产生的各种往复移动荷载。所以,吊车梁除了要满足一般梁的承载力、抗裂度、刚度等要求外,还要满足疲劳强度的要求。

吊车梁两端上下边缘各埋铁件,与柱子连接。吊车梁与柱子连接多采用焊接。为承受桥式起重机横向水平制动力,吊车梁上翼缘与柱间需用钢板或角钢与柱焊接。为承受桥式起重机竖向压力,吊车梁底部应焊接一块垫板与柱牛腿顶面预埋钢板或角钢焊接,如图 9.33 所示。吊车梁的对头空隙、吊车梁与柱之间的空隙均需用 C20 混凝土填实。

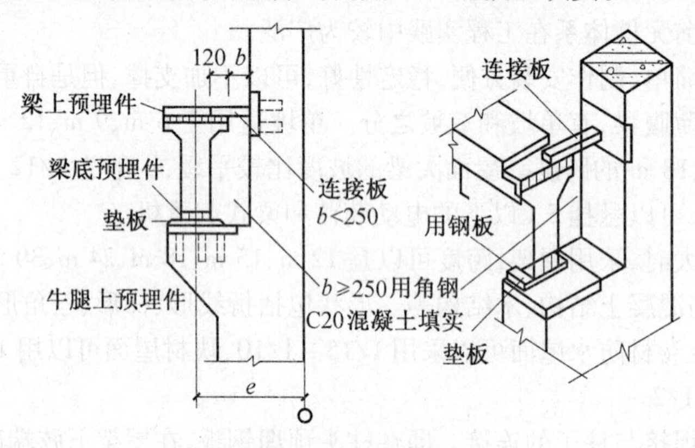

图 9.33　吊车梁与柱连接

b—上翼缘与柱的距离　*e*—吊车梁与柱距离

3. 连系梁

连系梁是柱与柱之间在纵向的水平连系构件。若设在墙内称为墙梁,墙梁分为非承重墙梁和承重墙梁两种。

(1)非承重墙梁的主要作用是增强厂房纵向刚度,传递山墙传来的风荷载到纵向列柱上,减少砖墙或砌块墙的计算高度,以满足其允许高厚比的要求,同时承受墙上的水平荷载,但它承受墙体重量。因此,它与柱子的连接应作成只能传送水平力而不传递竖向力的形式,一般用螺栓或钢筋与柱子拉结即可,而不将墙梁搁置在柱的牛腿上。

(2)承重墙梁除具有非承重墙梁一样的作用外,还承受墙体重量,因此,它应搁置在柱的牛腿上,并用焊接或螺栓连接,如图 9.34 所示。一般用于厂房高度大、刚度要求高、地基较差的厂房中。

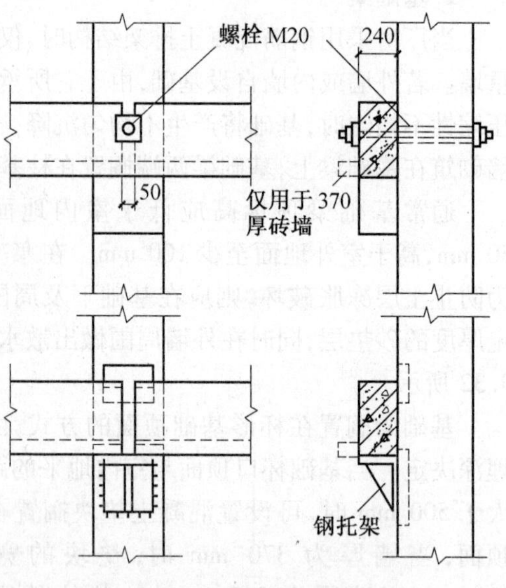

图 9.34　连系梁与柱子的连接

根据厂房高度、荷载和地基等情况及抗震设防要求,应将一道或几道墙梁沿厂房四周连通做成圈梁,以增强厂房结构的整体性,抵抗由于地基不均匀沉降或较大振动荷载所引起的内力。布置墙梁时，还应与厂房立面结合起来，尽可能兼做窗过梁用。

不在墙内的连系梁主要起连系柱子、增强厂房纵向刚度的作用，一般布置于多跨厂房中列柱的顶端。连系梁通常是预制的。圈梁可预制或现浇与柱子连接。连系梁、圈梁截面常为矩形和“L”形。

9.4.5　支撑

在装配式单层厂房中，支撑作用是保证厂房结构和构件的承载力，稳定性和刚度，并传递水平荷载。

支撑分为屋面支撑和柱间支撑两大部分。

(1)屋面支撑包括横向水平支撑、纵向水平支撑、垂直支撑和纵向水平系杆等。横向水平支撑和垂直支撑一般设置在厂房端部和伸缩缝两侧的第一、二柱距内，如图9.35所示。下面主要介绍矩形天窗、井式天窗和平天窗。

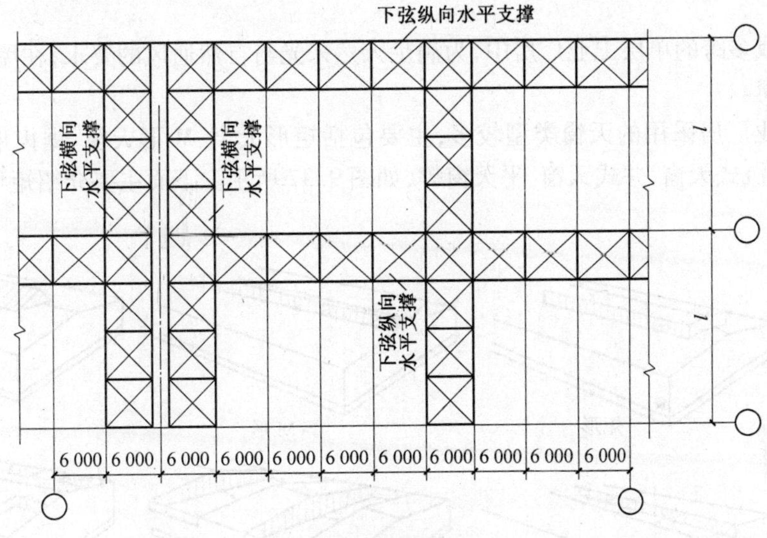

图9.35　屋面支撑

l—柱距

(2)柱间支撑用以提高厂房的纵向刚度和稳定性。交叉布置，交叉倾角为35°~55°，如图9.36所示。

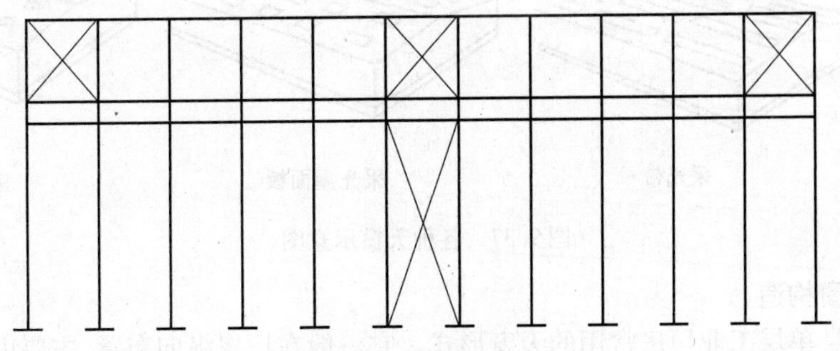

图9.36　柱间支撑

9.5　屋面及天窗

9.5.1　屋面

屋面是单层工业厂房围护结构的主要组成部分。由于它直接经受风雨、烈日、严寒等自然条件影响,所以应满足防水、排水、保温、隔热等要求。

与民用建筑的屋面相比,单层工业厂房屋面均采用装配式,接缝多、宽度大,对厂房屋面排水和防水不利。

某些地区还要处理好屋面的保温、隔热问题;对于有爆炸危险的厂房,还需要考虑屋面的防爆、泄压问题;对于有腐蚀气体的厂房,还要考虑防腐蚀的问题。一般情况下,屋面的排水与防水是互补的。在实际建设工作中,要做到防排结合,统筹考虑,综合处理。

9.5.2　天窗

大跨度或多跨的单层工业厂房中,为满足天然采光与自然通风的要求,在屋面上常设置各种形式的天窗。

单层工业厂房采用的天窗类型较多,主要包括矩形天窗、M 形天窗、锯齿形天窗、三角形天窗、横向下沉式天窗、井式天窗、平天窗等,如图 9.37 所示。下面主要介绍矩形天窗、井式天窗和平天窗。

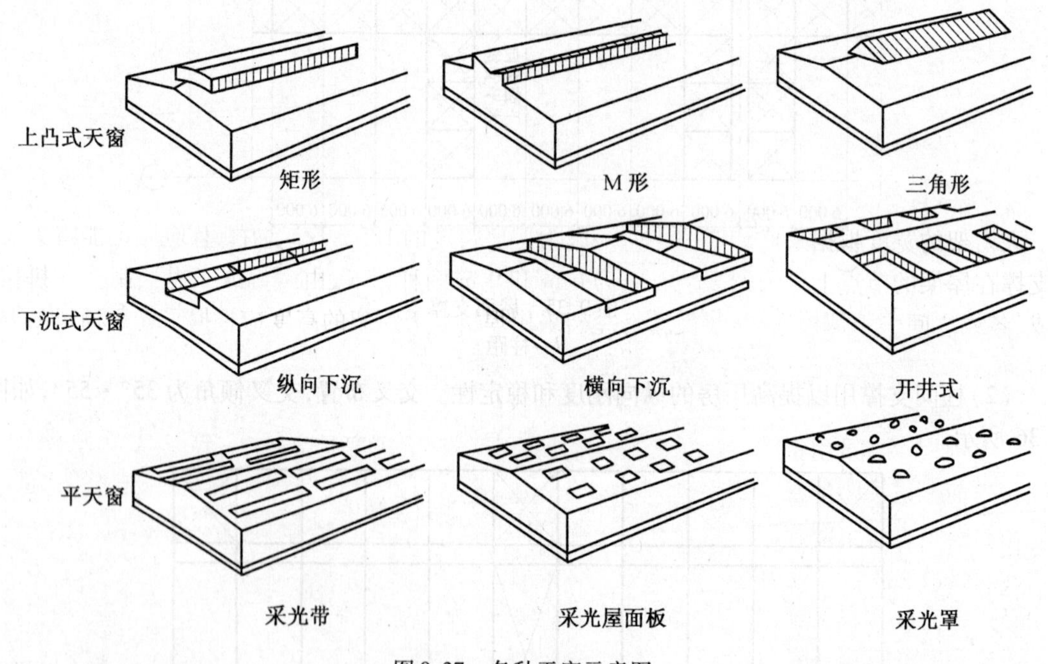

图 9.37　各种天窗示意图

1. 矩形天窗构造

矩形天窗是单层工业厂房常用的天窗形式。它一般在厂房纵向布置,主要由天窗架、天窗扇、天窗檐口、天窗侧板及天窗端壁等构件组成。如图 9.38 所示。为了简化构造并留出屋面检修和消防通道，在厂房的两端和横向变形缝的第一个柱间通常不设天窗。在每段天窗的端壁应设置上天窗屋面的消防梯。

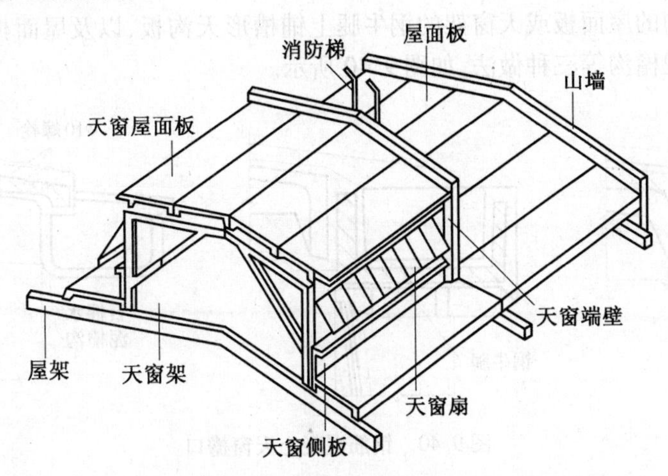

图 9.38　矩形天窗示意图

(1)天窗架。

天窗架是天窗的承重结构，它直接支撑在屋架上，天窗架的材料与屋架相同，常用钢筋混凝土天窗架和钢天窗架。它的形式一般为 Π 形或 W 形，也可做成双 Y 形，如图 9.39 所示。

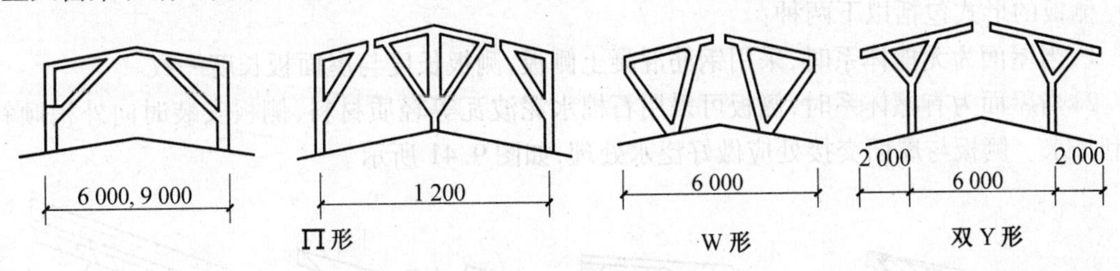

图 9.39　天窗架形式

天窗架的宽度根据采风和通风要求一般为厂房跨度的 1/3 ~ 1/2 左右，且应尽可能将天窗架支撑在屋架的节点上。天窗架的宽度为 6 m 和 9 m 两种，一般由两榀或三榀预制构件拼接而成，各榀之间采用螺栓连接，其支脚与屋架采用焊接。天窗架的高度应根据采光和通风的要求，并结合所选用的天窗扇尺寸确定，一般高度为宽度的 0.3 ~ 0.5 倍。

(2)天窗扇。

工业建筑中多采用钢天窗扇，与木制天窗扇相比，钢天窗扇具有耐久、耐高温、重量轻、挡光少、不宜变形、关闭严密等优点。

天窗扇是由两个端部固定窗扇和一个可整体开启的中部通长窗扇利用垫板和螺栓连接而成。开启扇可长达数十米，其长度应根据厂房长度、采光通风的需要以及天窗开关器的启动能力等因素决定。分段天窗扇是在每个柱距内设单独开启的窗扇，一般不用开关器。

无论是通常窗扇还是分段窗扇，在开启扇之间以及开启扇与天窗端壁之间，均需设置固定扇起竖框作用。防雨要求较高的厂房可在上述固定扇的后侧加 600 mm 宽的固定挡雨板，以防止雨水从窗扇两端开口处飘入车间。

(3)天窗檐口。

天窗檐口常采用无组织排水,由带挑檐的屋面板构成,挑出长度一般为 300 ~ 500 mm。檐口下部的屋面上需铺设滴水板。雨量多的地区或天窗高度和宽度较大时,宜采用有组织排水。一般可采用带檐沟的屋面板或天窗架的钢牛腿上铺槽形天沟板,以及屋面板的挑檐下悬挂镀锌铁皮或石棉水泥檐沟等三种做法,如图 9.40 所示。

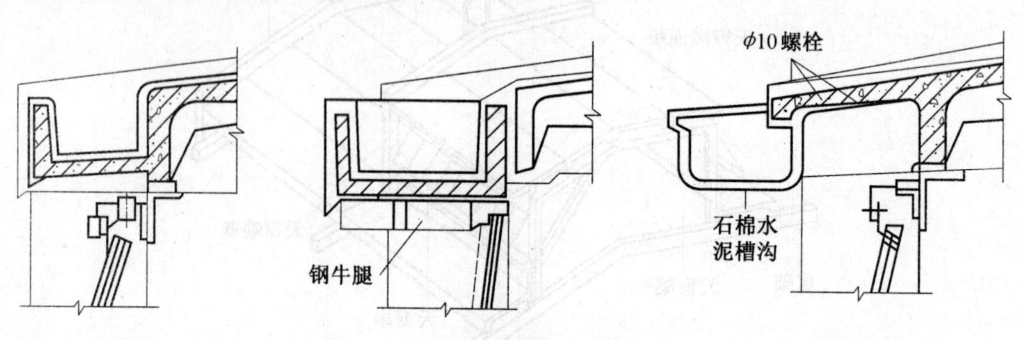

图 9.40　钢筋混凝土天窗檐口

(4)天窗侧板。

天窗侧板是天窗窗口下部的围护构件,其主要作用是防止屋面上的雨水流入或溅入室内或屋面积雪影响天窗扇的开启。天窗侧板应高出屋面不小于 300 mm,常有大风、大雨或多雪地区应增高到 400 ~ 600 mm。

侧板的形式包括以下两种:

1)当屋面为无檩体系时,采用钢筋混凝土侧板,侧板长度与屋面板长度一致。

2)当屋面为有檩体系时,侧板可采用石棉水泥波瓦等轻质材料,侧板安装时向外稍倾斜,以利排水。侧板与屋面交接处应做好泛水处理,如图 9.41 所示。

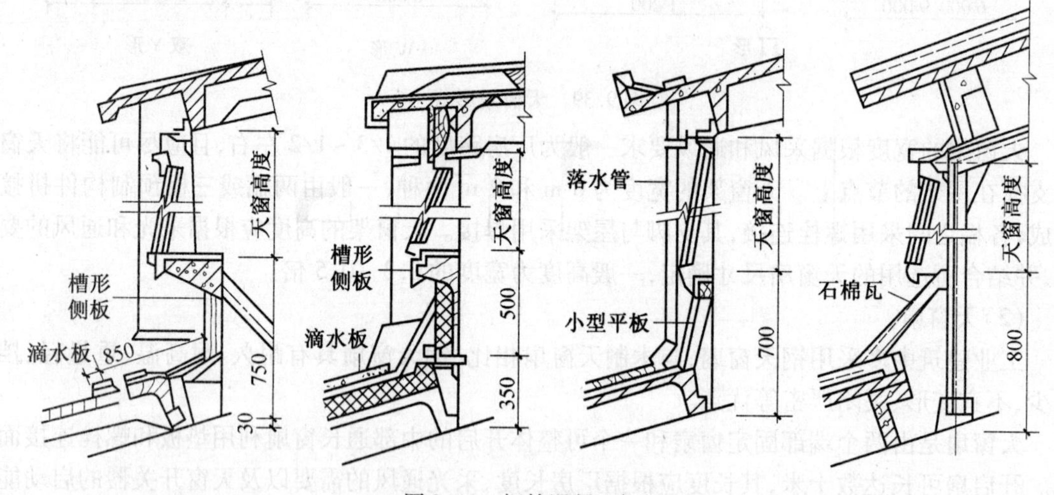

图 9.41　钢筋混凝土侧板

(5)天窗端壁。

天窗端壁主要起支撑和围护作用,有预制钢筋混凝土端壁和石棉水泥瓦端壁。一般采用钢筋混凝土端壁板,钢筋混凝土端壁板可以代替端部的天窗架支撑天窗屋面板,焊接在屋架上弦的一侧,屋架上弦的另一侧用于铺放与天窗相邻的屋面板。端壁下部与屋面板相交处应做好泛水,需要时可在端壁板内侧设置保温层,如图 9.42 所示。

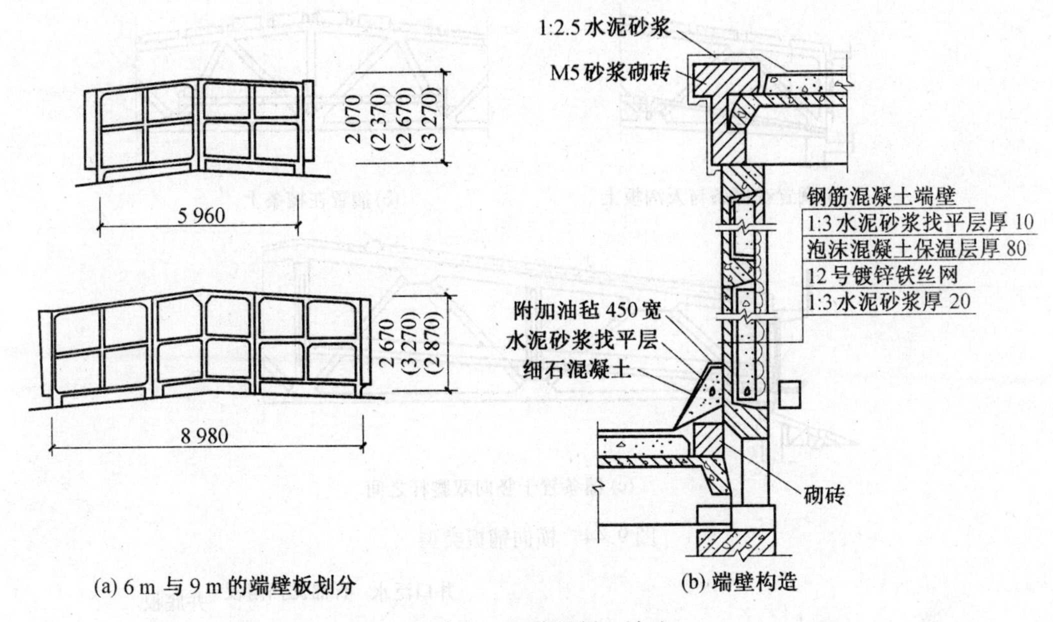

(a) 6 m与9 m的端壁板划分　　(b) 端壁构造

图9.42　钢筋混凝土端壁

2. 井式天窗

井式天窗是下沉式天窗的一种类型。下沉式天窗是在拟设置天窗的部位，把屋面板下移铺在屋架的下弦上，从而利用屋架上下弦之间的空间构成天窗，其布置形式如图9.43所示。

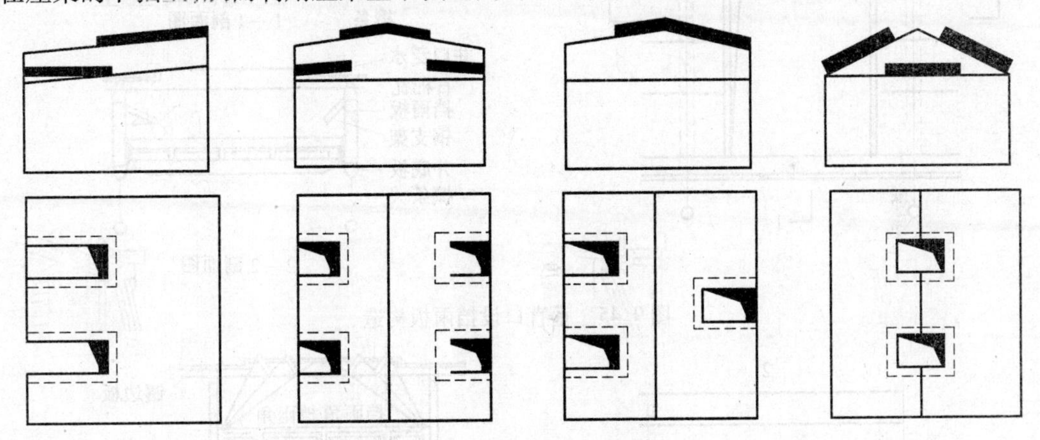

图9.43　井式天窗布置形式

(1)井底板。

井底板位于屋架下弦，搁置的方法包括横向铺板和纵向铺板两种，横向铺板类型如图9.44所示。

(2)井口板及挡雨设施。

井式天窗通风口一般做成开敞式，不设窗扇，但井口必须设置挡雨设施。做法包括井上口挑檐、设挡雨片、垂直口设挡雨板等。井上口挑檐，影响通风效果；因此多采用井上口设挡雨片的方法，如图9.45和图9.46所示。

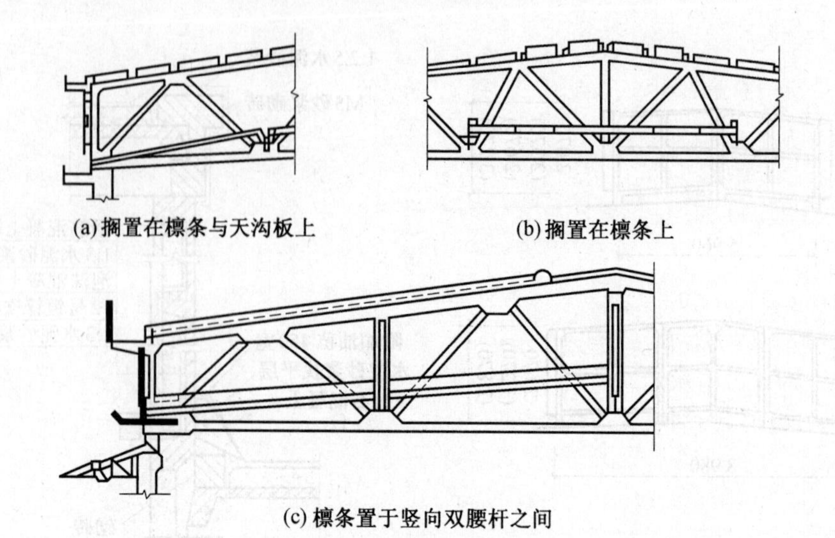

(a) 搁置在檩条与天沟板上　　(b) 搁置在檩条上

(c) 檩条置于竖向双腰杆之间

图 9.44　横向铺板类型

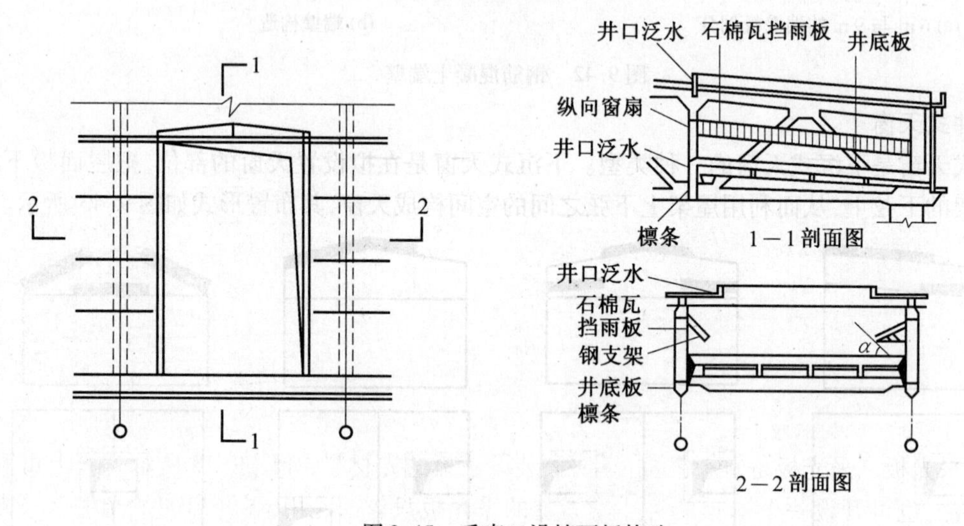

图 9.45　垂直口设挡雨板构造

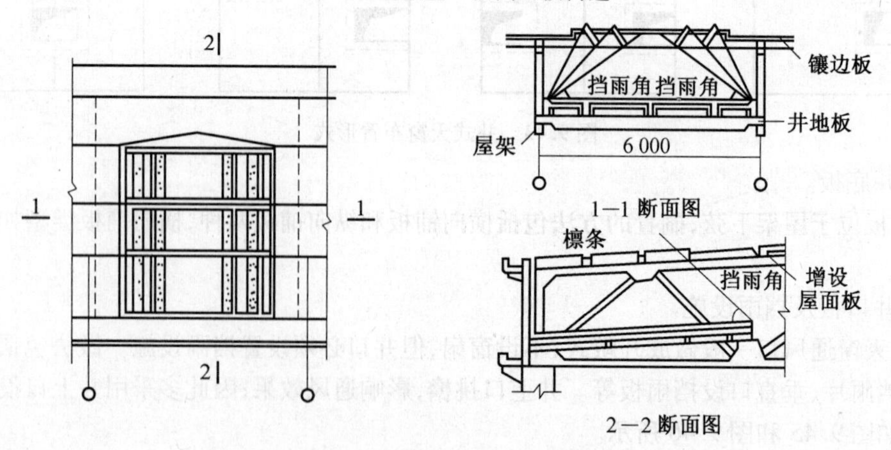

图 9.46　水平口设挡雨片的构造

(3)窗扇设置。

若厂房有保暖要求,可在垂直井口设置窗扇。沿厂房纵向的垂直口,可以安装上悬或中悬窗扇。

(4)排水措施。

1)无组织排水:上下层屋面均做无组织排水,井底板的雨水经挡风板与井底板的空隙流出,构造简单,施工方便,适用于降雨量不大的地区,如图 9.47(a)所示。

2)单层天沟排水:上层屋檐做通长天沟,下层井底板做自由落水,适用于降雨量较大的地区,如图 9.47(b)所示。

3)天沟兼做清灰走道:下层设置通长天沟,上层自由落水,适用于烟尘量大的热车间及降雨量大的地区。天沟兼做清灰走道时,外侧应加设栏杆,如图 9.47(c)所示。

4)双层天沟排水:在雨量较大的地区,灰尘较多的车间,采用上下两层通长天沟有组织排水。这种形式构造复杂,用料较多,如图 9.47(d)所示。

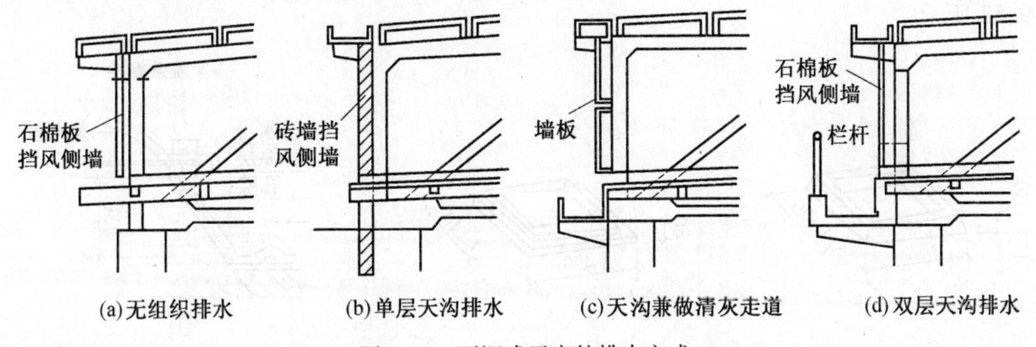

图 9.47　下沉式天窗的排水方式

3. 平天窗

(1)平天窗采光效率比矩形天窗高 2 ~ 3 倍,布置灵活,采光也较均匀,构造简单,施工方便,但造价高,易积尘,适用于一般冷加工车间。其类型包括采光板、采光罩和采光带三种。

1)采光板。采光板是在屋面板上留孔,装设平板透光材料,如图 9.48 所示。板上可开设几个小孔,也可开设一个通长的大孔。固定的采光板只作采光用,可开启的采光板以采光为主,兼作少量通风。

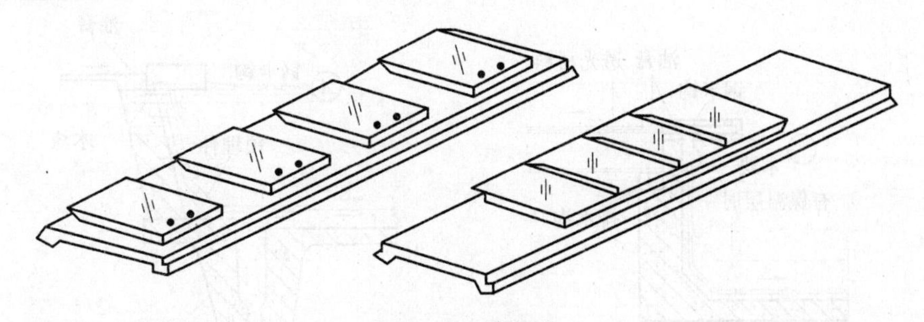

图 9.48　采光板

2)采光罩。采光罩是在屋面板上留孔,装弧形透光材料,例如弧形玻璃钢罩、弧形玻璃罩等,如图 9.49 所示。采光罩包括固定和可开启两种。

3)采光带。采光带是指采光口长度在 6 m 以上的采光口,如图 9.50 所示。采光带根据屋面结构的不同形式,可布置成横向采光带和纵向采光带。

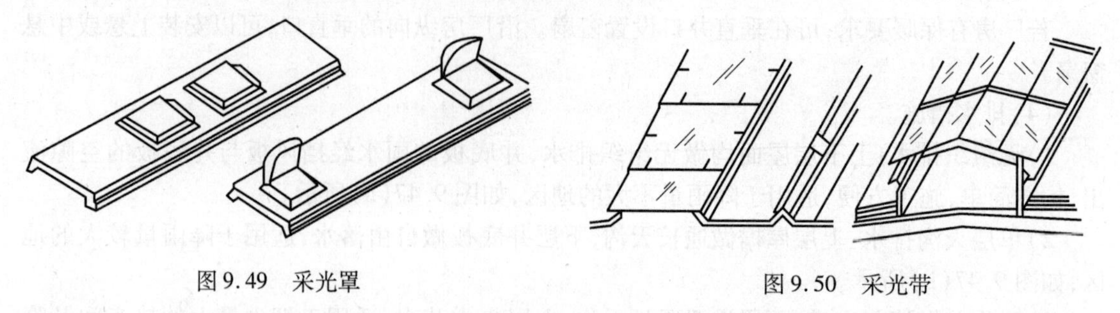

图 9.49　采光罩　　图 9.50　采光带

(2)平天窗在采光口周围做井壁泛水,井壁上安放透光材料。泛水高度一般为 150 ~ 200 mm。井壁有垂直和倾斜两种。井壁可用钢筋混凝土、薄钢板、塑料等材料制成。预制井壁现场安装,工业化程度高,施工快,但是应处理好与屋面板之间的缝隙,以防漏水,如图9.51、图 9.52 所示。

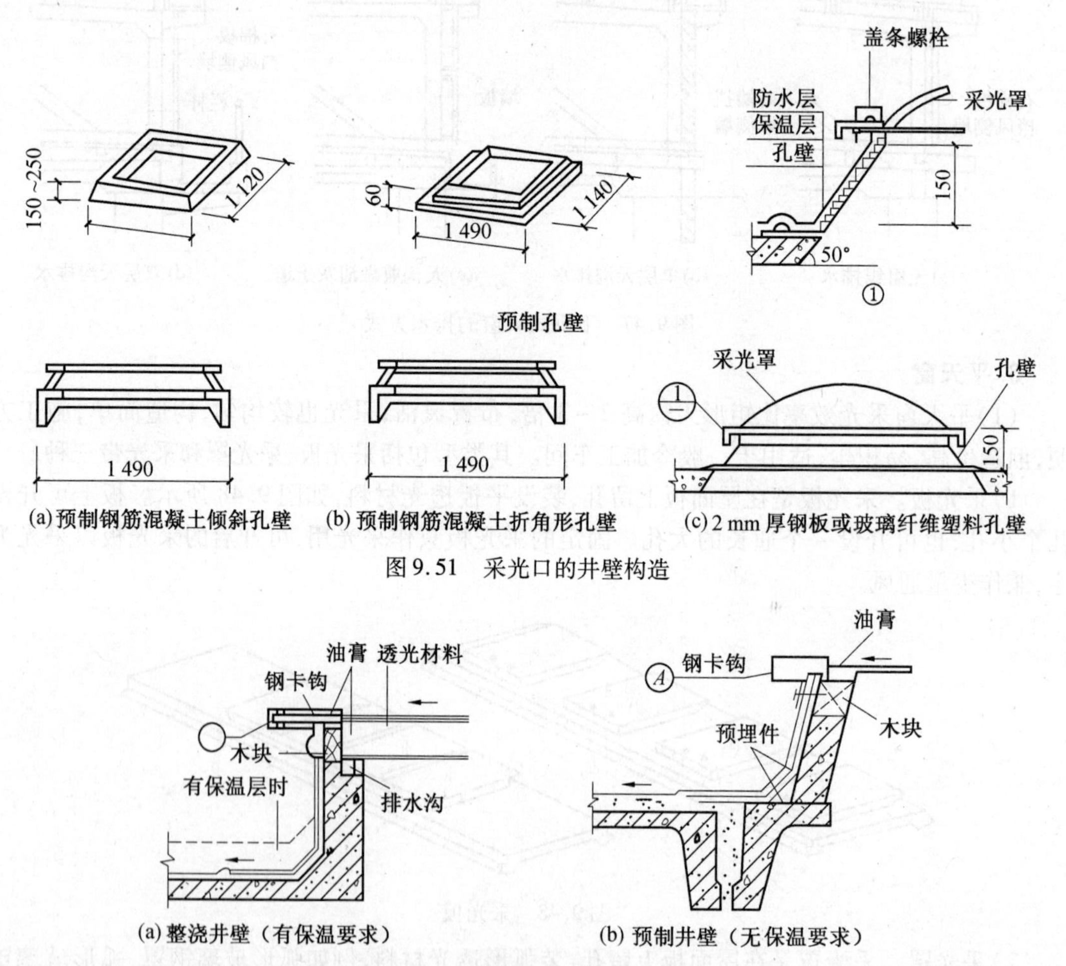

图 9.51　采光口的井壁构造

图 9.52　钢筋混凝土井壁细部构造

(3)平天窗防水。玻璃与井壁之间的缝隙是防水的薄弱环节,可用聚氯乙烯胶泥或建筑油膏等弹性较好的材料垫缝,不宜用油灰等易干裂材料。

(4)防太阳辐射和眩光。平天窗受直射阳光强度大,时间长,若采用一般的平板玻璃和钢化玻璃透光材料,会使车间内过热和产生眩光,有损视力,影响安全生产和产品质量。因此,应优先选用扩散性能好的透光材料,例如磨砂玻璃、乳白玻璃、夹丝压花玻璃、玻璃钢等,也可在玻璃下面加浅色遮阳格卡,以减少直射光增加扩散效果,另外还要注意玻璃的上下搭接构造,如图9.53所示。

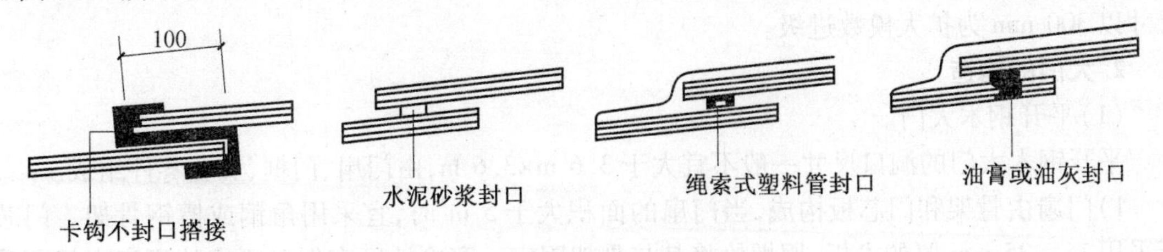

图9.53　玻璃的上下搭接构造

(5)安全防护措施。防止冰雹或其他原因破坏玻璃,保证生产安全,可采用夹丝玻璃。若采用非安全玻璃,需在玻璃下加设一层金属安全网。

(6)通风问题。南方地区采用平天窗时,必须考虑通风散热措施,使滞留在屋盖下表面的热气及时排至室外。通风方式主要包括以下两种:

1)采光和通风结合处理,采用可开启的采光板、采光罩或带开启扇的采光板,既可采光又可通风,但使用不够灵活。

2)采光和通风分开处理,平天窗只考虑采光,另外利用通风屋脊解决通风,构造较复杂,如图9.54所示。

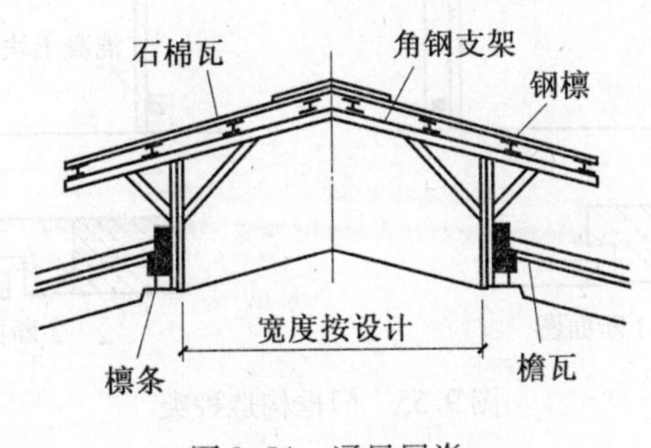

图9.54　通风屋脊

9.6　大门与侧窗

9.6.1　大门

1. 大门类型和洞口尺寸

(1)大门的类型。

1)厂房大门按用途分为一般大门和特殊大门(例如保温门、防火门、冷藏门、射线防护门、隔声门、烘干室门等)。

2)厂房大门按门的材料分为钢木大门、木大门、钢板门、空腹薄壁钢门、一级铝合金门等。

3)厂房大门按门的开启方式分为平开门、推拉门、折叠门、升降门、卷帘门及上翻门等。

(2)大门洞口的尺寸。

厂房大门主要是供生产运输车辆及人通行、疏散之用。门的尺寸应根据所需运输工具、运输货物的外形并考虑通行方便等因素而定。

一般门的宽度应比满载货物的车辆宽600 ~ 1 000 mm,高度应高出400 ~ 600 mm。大门的尺寸以300 mm为扩大模数进级。

2. 大门的构造

(1)平开钢木大门。

平开钢木大门的洞口尺寸一般不宜大于3.6 m×3.6 m,由门扇、门框、五金零件组成。

1)门扇由骨架和门芯板构成,当门扇的面积大于5 m^2时,宜采用角钢或槽钢骨架。门芯板采用15 ~ 25 mm厚的木板,用螺栓将其与骨架固定。寒冷地区有保温要求的厂房大门可采用双层门芯板,中间填充保温材料,并在门扇边缘加钉橡皮条等密封材料封闭缝隙。

2)大门门框有钢筋混凝土和砖砌两种,如图9.55所示。门洞宽度大于3 m时,采用钢筋混凝土门框,在安装铰链处预埋铁件。洞口较小时,可采用砖砌门框,墙内砌入有预埋铁件的混凝土块,砌块的数量和位置应与门扇上铰链的位置相适应。一般每个门扇设两个铰链,如图9.56所示。

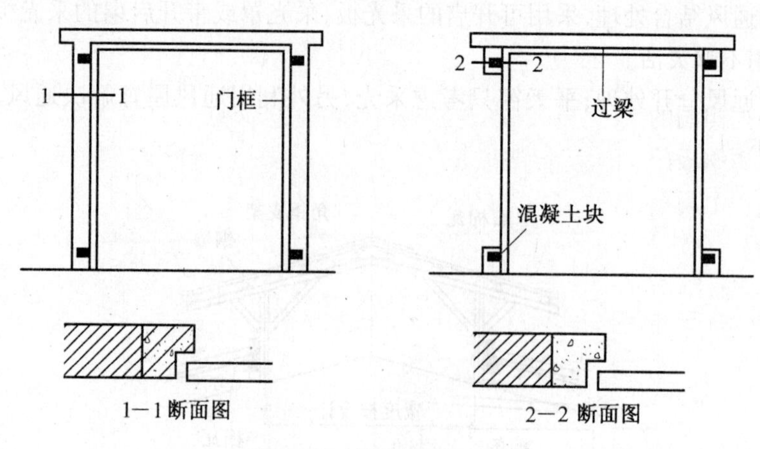

图9.55 门框构造种类

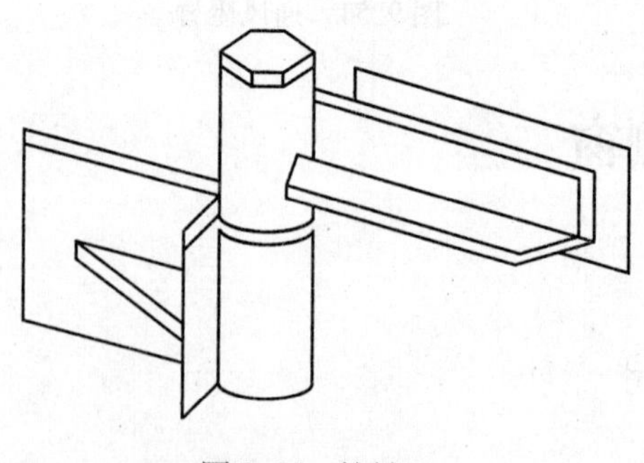

图9.56 铰链

(2)推拉门。

推拉门由门扇、导轨、地槽、滑轮及门框组成,如图9.57所示。

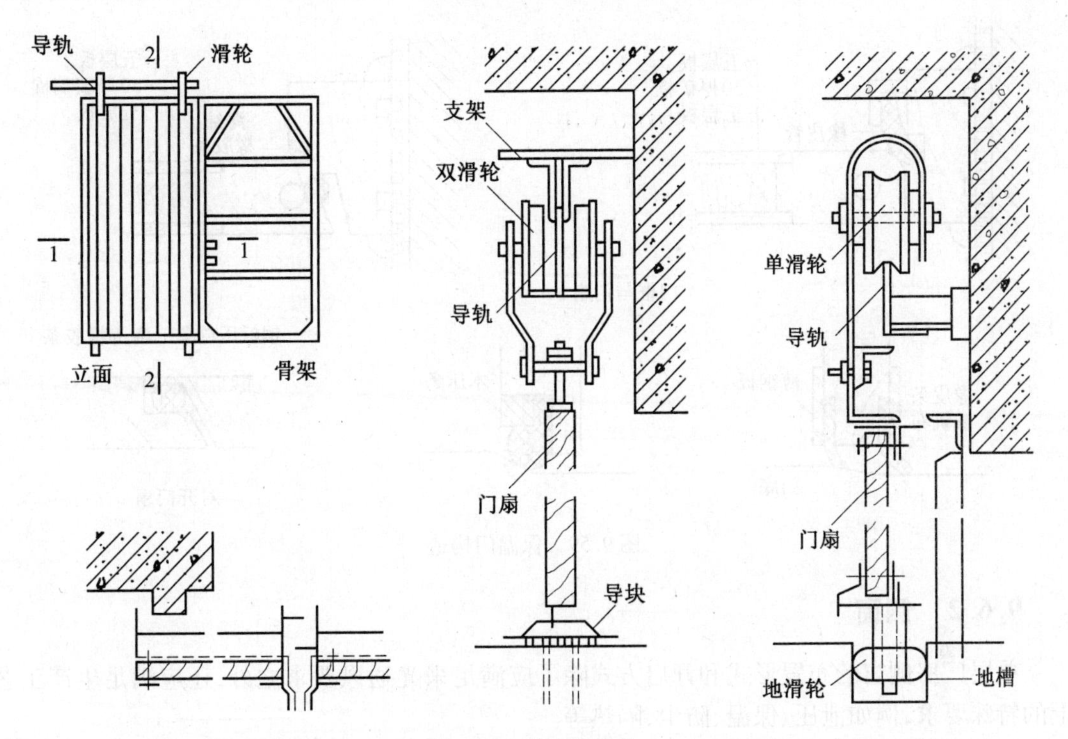

图9.57　推拉门构造

推拉门根据门洞的大小，可做成单轨双扇、双轨双扇、多轨多扇等形式，常用单轨双扇。

门扇可采用钢板门、钢木门、空腹薄壁钢门等，每个门扇的宽度不大于1.8 m。当门洞宽度较大时可设多个门扇，分别在各自的轨道上推行。门扇因受室内柱子的影响，一般只能设在室外一侧。因此，应设置足够宽度的雨篷加以保护。

(3)防火门。

防火门用于加工易燃品的车间或仓库，如图9.58所示。

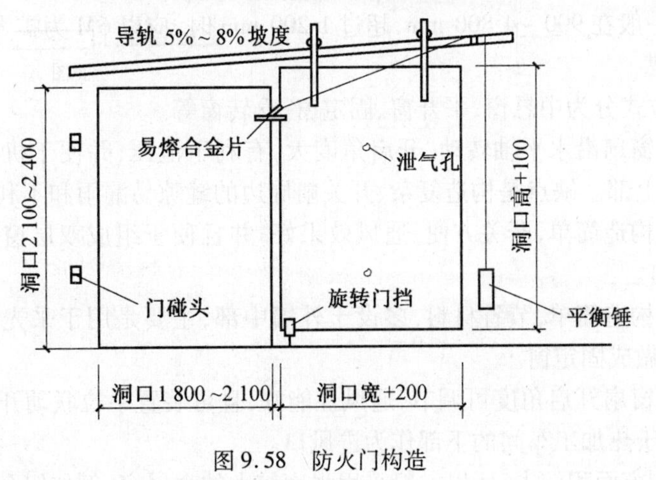

图9.58　防火门构造

(4)保温门和隔声门。

保温门要求门扇具有较好的保温性能，且门缝密闭性好，如图9.59所示。

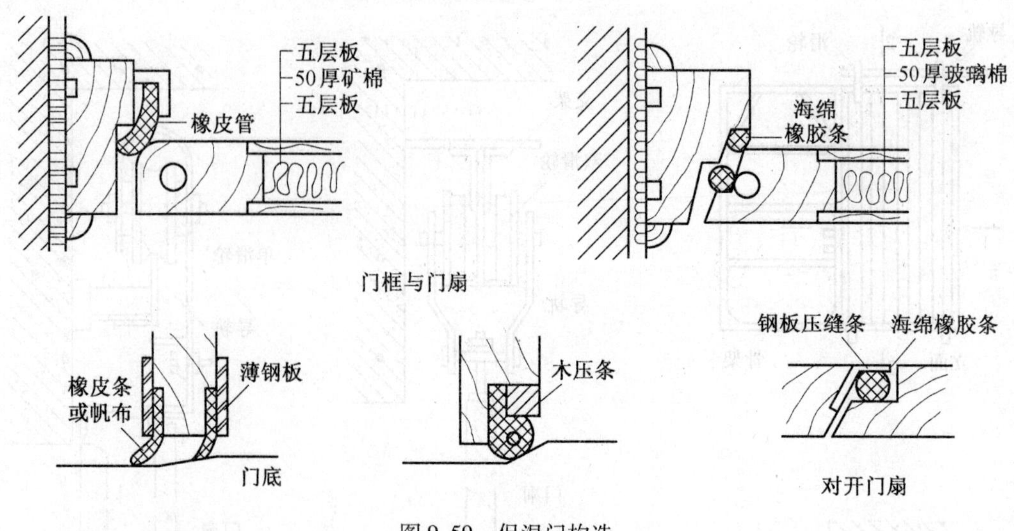

图9.59　保温门构造

9.6.2　侧窗

单层厂房侧窗的布置形式和开启方式除了应满足采光通风要求之外,还应满足生产工艺上的特殊要求,例如泄压、保温、防尘、隔热等。

1. 侧窗的布置形式及窗洞尺寸

(1)单层厂房侧窗的布置形式包括以下两种:

1)被窗间墙隔开的独立窗;

2)沿厂房纵向连续布置的带形窗。

(2)窗口尺寸应符合《建筑模数协调统一标准》(GBJ 2—1986)的规定:

1)洞口宽度在900～2 400 mm时,应以3M为扩大模数进级。

2)在2 400～6 000 mm时,应以6M为扩大模数进级。

3)洞口高度一般在900～4 800 mm,超过1 200 mm时,应以6M为扩大模数进级。

2. 侧窗的类型

侧窗按开启方式分为中悬窗、平开窗、固定窗、立转窗等。

(1)中悬窗。窗扇沿水平轴转动,开启角度大,有利于泄压,并便于机械开关或绳索手动开关,常用于外墙上部。缺点是构造复杂、开关扇周边的缝隙易漏雨和不利于保温。

(2)平开窗。构造简单,开关方便,通风效果好,并且便于组成双层窗,多用于外墙下部,作为通风的进气口。

(3)固定窗。构造简单,节省材料,多设于外墙中部,主要是用于采光。对有防尘要求的车间,其侧窗也多做成固定窗。

(4)立转窗。窗扇开启角度可调节,通风性能好,且可装置手拉联动开关器,启闭方便,但是密封性差,常用于热加工车间的下部作为进风口。

因为厂房的侧窗面积较大,所以一般采用强度较大的金属窗,例如铝合金窗、彩钢窗等,也可以采用塑钢窗,少数情况下采用木窗。

3. 侧窗的构造

为了便于侧窗的制作和运输,窗的基本尺寸不能过大,钢侧窗的宽度和高度一般不超过1

800 mm×2 400 mm,木侧窗不超过3 600 mm×3 600 mm,我们称其为基本窗。而由于厂房侧窗面积往往较大,就必须选择若干个基本窗进行拼接组合。

(1)木窗的拼接。基本窗拼接固定的方法通常是,用间距不超过1 m的$\phi 6$木螺栓或$\phi 10$螺栓将两个窗框连接在一起。窗框间的缝隙用沥青麻丝嵌缝,缝的内外两侧用木压条盖缝,如图9.60所示。

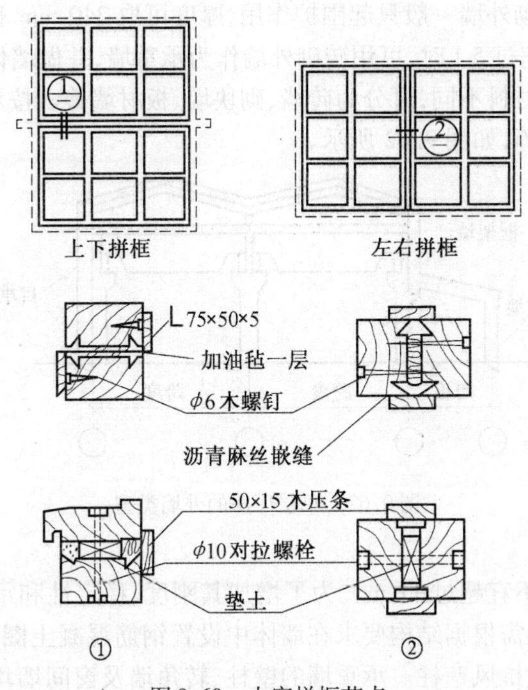

图9.60　木窗拼框节点

(2)钢窗的拼接。钢窗拼接时,需采用拼框构件来连系相邻的基本窗,以加强窗的刚度和调整窗的尺寸。左右拼接时应设竖梃,上下拼接时应设横档,用螺栓连接,并在缝隙处填塞油灰。竖梃与横档的两端或与混凝土墙洞上的预埋件焊接牢固,或插入砖墙洞的预留孔洞中,用细石混凝土嵌固,如图9.61所示。

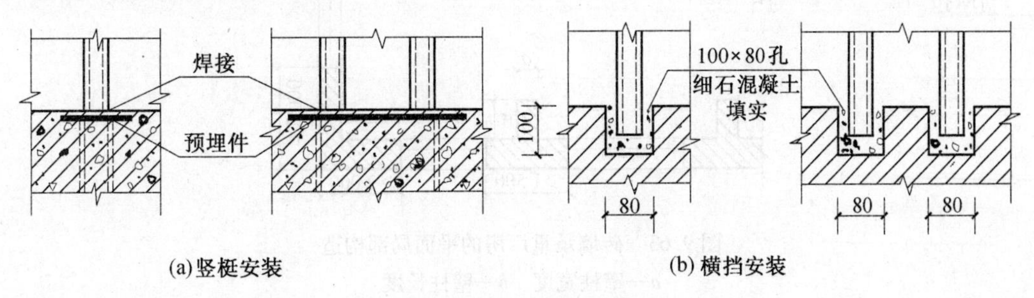

图9.61　竖梃、横档安装节点

9.7　外墙、地面及其他设施

9.7.1　外墙

单层工业厂房的砖砌外墙一般只起围护作用,厚度可取 240 mm 和 370 mm。当厂房跨度小于 15 m、吊车吨位不超过 5 t 时,可用砖砌外墙作为承重墙,并做墙体壁柱。

单层厂房的外墙按材料不同,可分为砖墙、砌块墙、板材墙等。按承重方式不同,可分为承重墙、承自重墙、框架墙等,如图 9.62 所示。

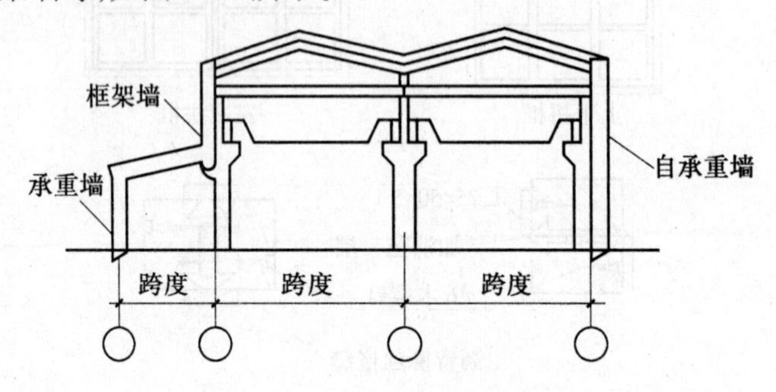

图 9.62　单层厂房的外墙类型

1. 砖墙与砌块墙

承重墙的高度一般不宜超过 11 m。为了增加其刚度、稳定性和承载能力,通常平面每隔 4 ~6 m间距设置壁柱,还需根据结构要求在墙体中设置钢筋混凝土圈梁或钢筋砖圈梁。承重山墙宜每隔 4 ~6 m 设置抗风壁柱。承重墙的壁柱、转角墙及窗间墙均应经结构计算确定,并不宜小于如图 9.63 所示的构造尺寸。

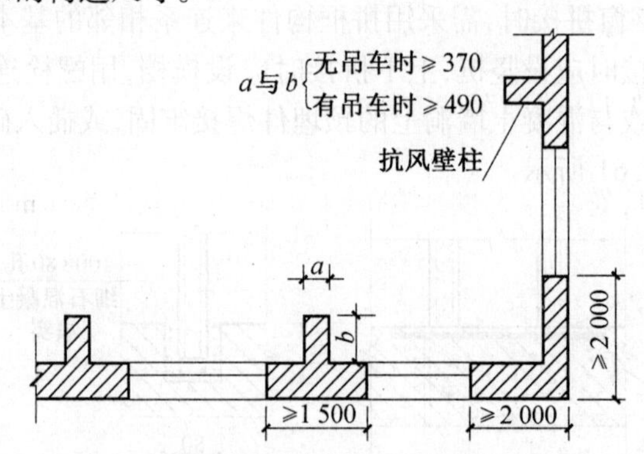

图 9.63　砖墙承重厂房的平面局部构造
a—壁柱宽度　b—壁柱长度

自承重砖墙与砌块墙:自承重墙是单层厂房最常用的外墙形式之一,可以由砖或其他砌块砌筑。

(1)砖墙(砌块墙)和柱子的相对位置如图 9.64 所示。

1)外墙包在柱的外侧。这种做法构造简单、施工方便、热工性能好,便于基础梁与连系梁等构配件的定型化和统一化等优点;所以被广泛采用。

2)外墙嵌在柱列之间。这种做法节省建筑占地面积,增加柱列刚度,代替柱间支撑的优点,但增加砍砖量,施工麻烦,不利于基础梁、连系梁等构配件统一化,且柱子直接暴露在外,不利于保护,热工性能也较差。

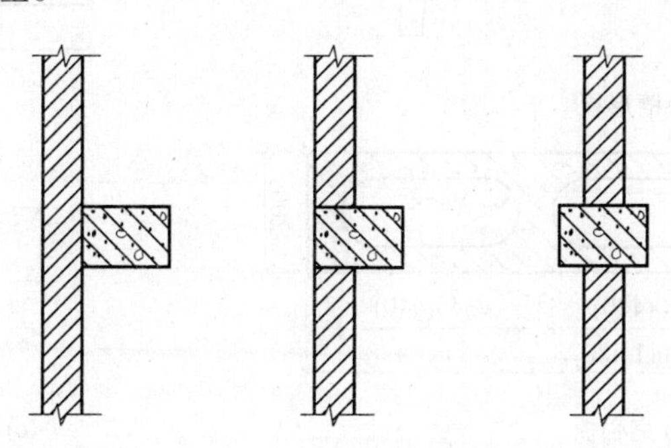

图9.64　砖墙与柱的相对位置

(2)砖墙(砌块墙)与柱的连接。

为保证墙体的稳定性并提高其整体性,墙体应与柱子(包括抗风柱)具有可靠的连接。常用做法是沿柱高每隔500~600 mm预埋伸出两根Φ6钢筋,砌墙时把伸出钢筋砌在灰缝中。

(3)砖墙(砌块墙)与屋架的连接。

一般做法是在屋架上下弦预埋拉结钢筋,若在屋架的腹杆上不便预埋钢筋时,可在腹杆上预埋钢板,再焊接钢筋与墙体连接。

(4)墙与屋面板的连接。

当外墙伸出屋面形成女儿墙时,为保证女儿墙的稳定性,墙和屋面板间应采取拉结措施。

2.板材墙

板材墙是采用在工厂生产的大型墙板,在现场装配而成的墙体。与砖墙(砌块墙)相比,能充分利用工业废料和地方材料,简化、净化施工现场;加快施工速度,促进建筑工业化;大型板材墙具有良好的抗震性能。虽然目前仍存在耗钢量多,造价偏高,接缝不易保证,保温、隔热效果不理想的问题,但仍有广阔的发展前景。

(1)墙板的规格。

一般墙板的长和宽应符合扩大模数3M数列,板长包括4 500 mm、6 000 mm、7 500 mm、12 000 mm四种,板宽包括900 mm、1 200 mm、1 500 mm、1 800 mm四种,板厚以20 mm为模数进级,常用厚度为160~240 mm。

(2)墙板的分类。

1)墙板按其受力状况分为承重墙板和非承重墙板。

2)墙板按其保温性能分为保温墙板和非保温墙板。

3)墙板按其规格分为基本板、异形板(例如加长板、出尖板等)以及墙体辅助构件(例如嵌梁、转角构件等)。

4)墙板按照在墙面位置不同,可分为檐口板、窗上板、窗下板、窗框板、一般板、山尖板、勒脚板、女儿墙板等。

5)墙板按照墙板的构造和组成材料不同,分为单一材料的墙板(例如钢筋混凝土槽形板、空心板、配筋钢筋混凝土墙板,如图9.65所示)和复合材料的墙板(例如各种夹心墙板,如图9.66所示)。

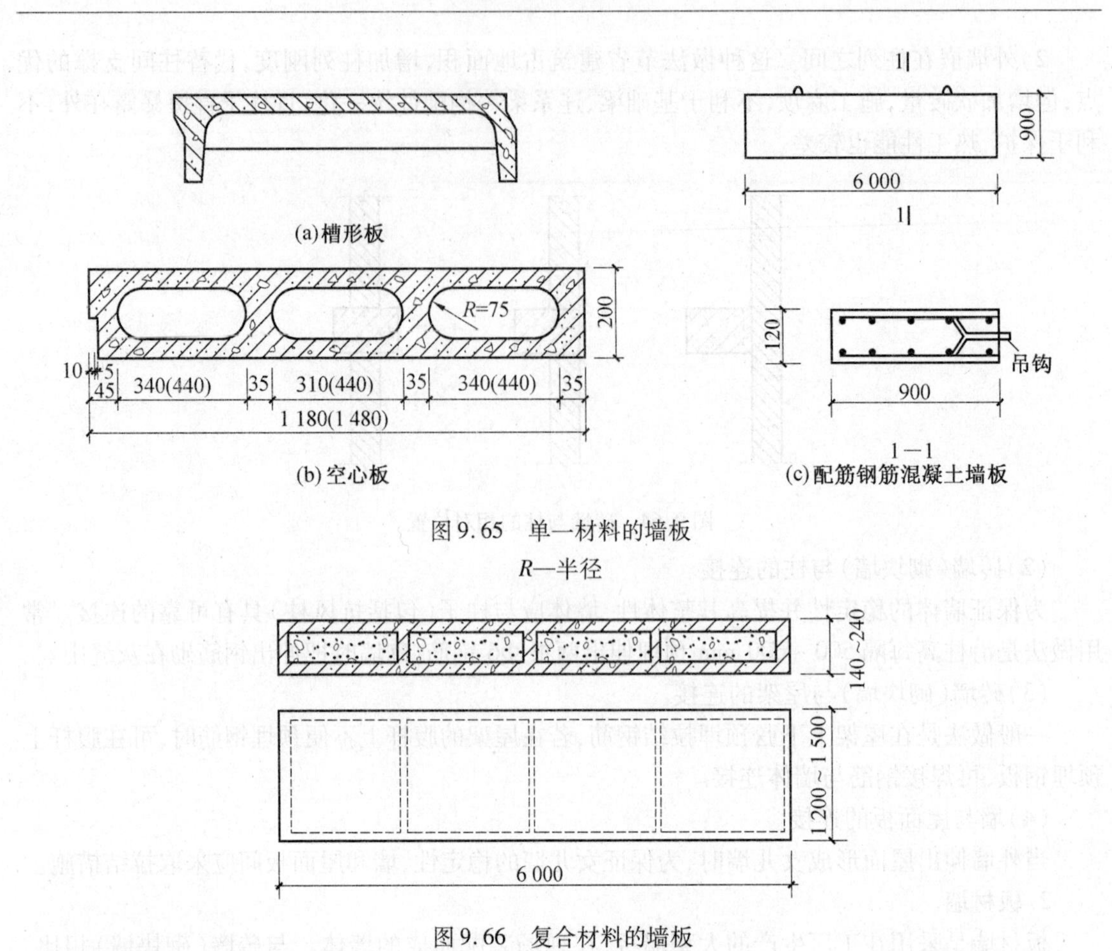

图 9.65 单一材料的墙板

R—半径

图 9.66 复合材料的墙板

(3)墙板的布置。

墙板布置方式包括横向布置、竖向布置和混合布置,排列板材要尽量减少板材的类型。

1)横向布置如图 9.67(a)、(b)所示,以柱距为板长,板型少,可省去窗过梁和连系梁,便于布置窗框板或带形窗,连接简单,构造可靠,有利于增强厂房的纵向刚度。其缺点是遇到穿墙孔洞时墙板布置较复杂。

2)纵向布置如图 9.67(c)所示,其布置灵活、不受柱距限制,遇到穿墙孔洞时便于处理。其缺点是尚未定型,墙板的布置需要连系梁,构造复杂,竖向板缝多,以渗漏雨水。

3)混合布置如图 9.67(d)所示,兼有横向和竖向布置的优点,布置灵活。但是板型较多,难以定型化,并且构造复杂,所以其应用也受到限制。

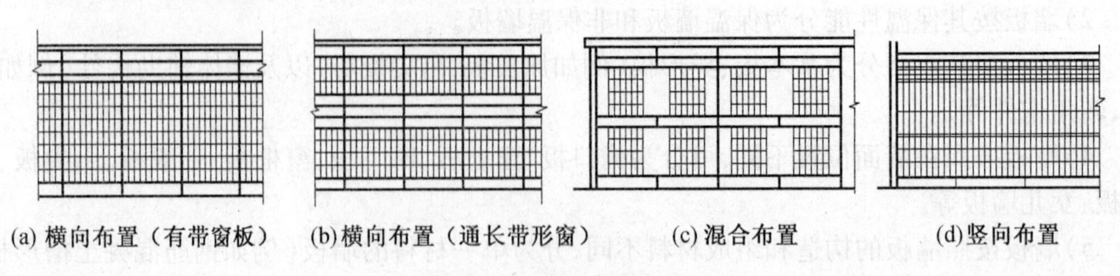

图 9.67 墙板布置方式

(4)墙板与柱的连接。墙板与柱的连接可以分为柔性和刚性连接。

1)柔性连接。柔性连接是通过墙板与柱内的专用预埋件、连接件将板柱连接在一起。柔性连接能使墙板与柱之间在一定范围内相对移动,以适应各种振动引起的变形。常用的柔性连接有螺栓柔性连接、角钢柔性连接和压条柔性连接,如图9.68所示。

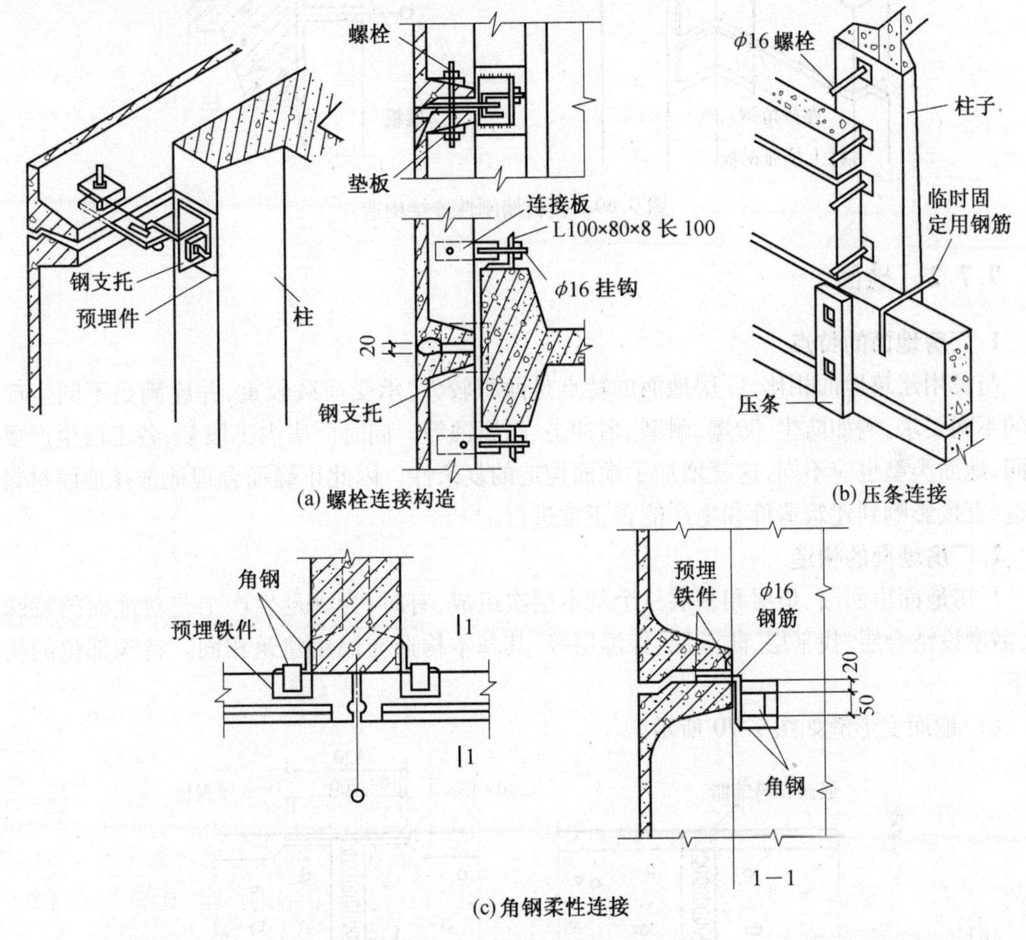

图9.68　板材墙柔性连接构造

2)刚性连接。刚性连接是在柱子和墙板上先分别设置预埋件,安装时用角钢或 $\phi16$ 的钢筋段把它们焊接在一起,如图9.69所示。其优点是用钢量少、厂房纵向刚度强、施工方便,但楼板与柱间不能相对位移,适用于非地震地区和地震烈度较小的地区。

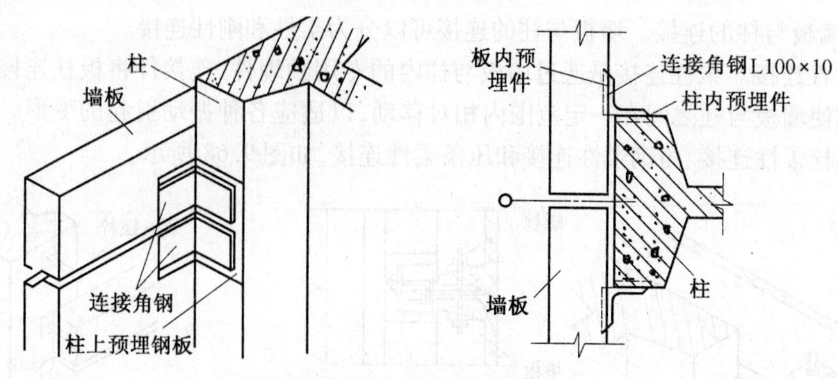

图 9.69　板材墙刚性连接构造

9.7.2　地面

1. 厂房地面的特点

与民用建筑地面相比，厂房地面的特点是面积较大，承受荷载较重，并应满足不同生产工艺的不同要求，例如防尘、防爆、耐磨、耐冲击、耐腐蚀等。同时厂房内工段多，各工段生产要求不同，地面类型也应不同，这就增加了地面构造的复杂性。因此正确而合理地选择地面材料和构造，直接影响到建筑造价和生产能否正常进行。

2. 厂房地面的构造

厂房地面由面层、垫层和基层三个基本层次组成，有时，为满足生产工艺对地面的特殊要求，需增设结合层、找平层、防潮层、保温层等，其基本构造与民用建筑相同。特殊部位的构造如下：

(1) 地面变形缝如图 9.70 所示。

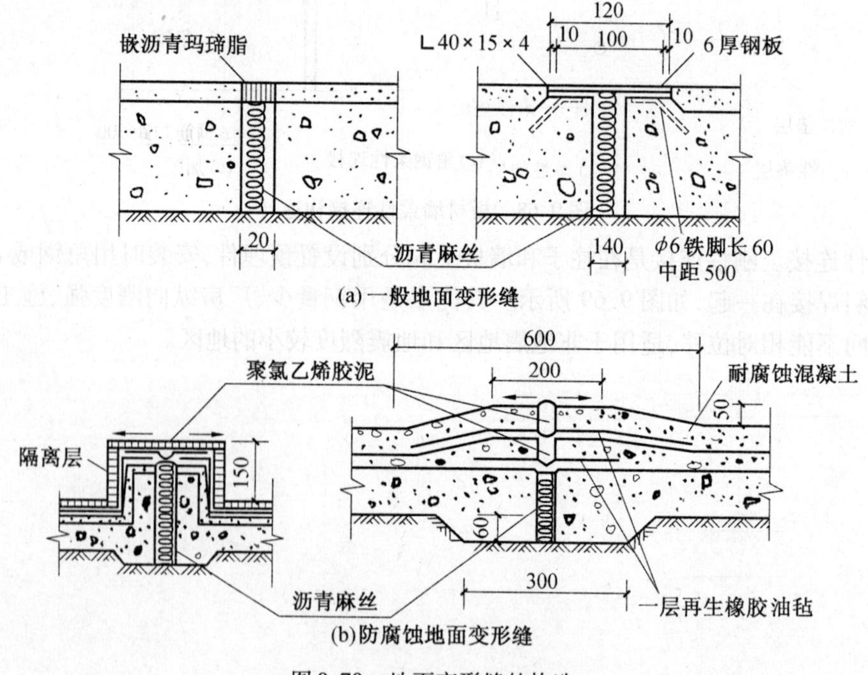

图 9.70　地面变形缝的构造

当地面采用刚性垫层,且有下列三者之一时,应在地面相应位置设变形缝:

1)厂房结构设变形缝。

2)相邻地段荷载相差悬殊。

3)一般地面与振动大的设备基础之间。

防腐蚀地面处应尽量避免设变形缝,若必须设时,需在变形缝两侧设挡水,并做好挡水和缝间的防腐处理。

(2)不同地面的接缝。

厂房若出现两种不同类型的地面时,在两种地面交接处容易因强度不同而遭到破坏,应采取加固措施,如图9.71所示。具体做法如下:

1)当接缝两边均为刚性垫层时,交界处不做处理。

2)当接缝两侧均为柔性垫层时,其一侧应用C10混凝土作堵头。

3)当厂房内车辆频繁穿过接缝时,应在地面交界处设置与垫层固定的角钢或扁钢嵌边加固。

防腐地面与非防腐地面交接处,即两种不同的防腐地面交接处,均应设置挡水条,以防止腐蚀性液体或水漫流。

(3)轨道处地面处理。

厂房地面设轨道时,为了使轨道不影响其他车辆和行人通行,轨顶应与地面相平。为了防止轨道被车辆碾压倾斜,轨道应用角钢或旧钢轨支撑。轨道区域地面宜铺设块材地面,以方便更换枕木,如图9.72所示。

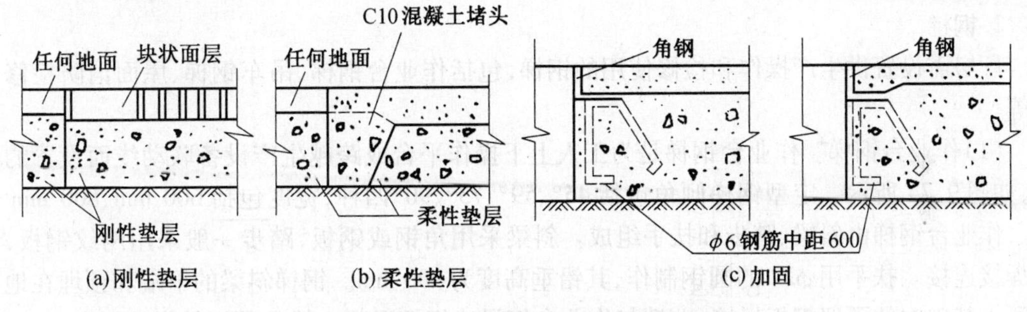

图9.71 不同地面的接缝构造

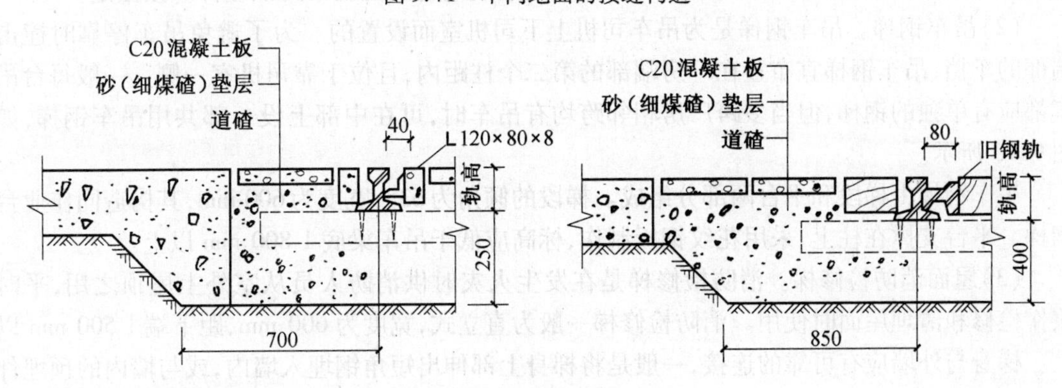

图9.72 轨道区域的地面

9.7.3　其他设施

1. 吊车梁走道板

走道板是为维修吊车和吊车轨道的人员行走而设置的，应沿吊车梁顶面铺设。目前走道板采用较多的是预制钢筋混凝土走道板，其宽度包括400 mm、600 mm、800 mm三种，长度与柱子净距相配套。走道板的铺设方法如下(图9.73)：

1)在柱身预埋钢板，上面焊接角钢，将钢筋混凝土走道板搁置在角钢上。

2)走道板的一侧边支撑在侧墙上，另一边支撑在吊车梁翼缘上。

3)走道板铺放在吊车梁侧面的三角支架上。

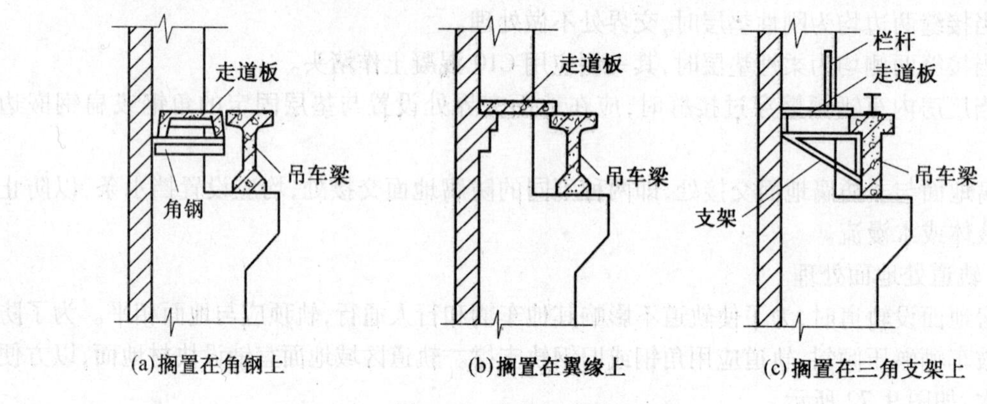

图9.73　走道板的铺设方式

2. 钢梯

厂房需设置供生产操作和检修使用的钢梯，包括作业台钢梯、吊车钢梯、屋面消防检修钢梯等。

(1)作业台钢梯。作业台钢梯是为工人上下操作平台或跨越生产设备联动线而设置的钢梯，如图9.74所示。定型钢梯倾角包括45°、59°、73°、90°四种，宽度包括600 mm、800 mm两种。作业台钢梯由斜梁、踏步和扶手组成。斜梁采用角钢或钢板，踏步一般采用网纹钢板，两者焊接连接。扶手用$\phi22$的圆钢制作，其铅垂高度为900 mm。钢梯斜梁的下端和预埋在地面混凝土基础中的预埋钢板焊接，上端与作业台钢梁或钢筋混凝土梁的预埋件焊接固定。

(2)吊车钢梯。吊车钢梯是为吊车司机上下司机室而设置的。为了避免吊车停靠时撞击端部的车挡，吊车钢梯宜布置在厂房端部的第二个柱距内，且位于靠司机室一侧。一般每台吊车都应有单独的钢梯，但当多跨厂房相邻跨均有吊车时，可在中部上设一部共用吊车钢梯，如图9.75所示。

吊车钢梯由梯段和平台两部分组成。梯段的倾角为63°，宽度为600 mm，其构造同作业台钢梯。平台支撑在柱上，采用花纹钢板制作，标高应低于吊车梁底1 800 mm以上。

(3)屋面消防检修梯。消防检修梯是在发生火灾时供消防人员从室外上屋顶之用，平时兼作检修和清理屋面时使用。消防检修梯一般为直立式，宽度为600 mm，距下端1 500 mm以上。梯身与外墙应有可靠的连接，一般是将梯身上部伸出短角钢埋入墙内，或与墙内的预埋件焊牢，如图9.76所示。

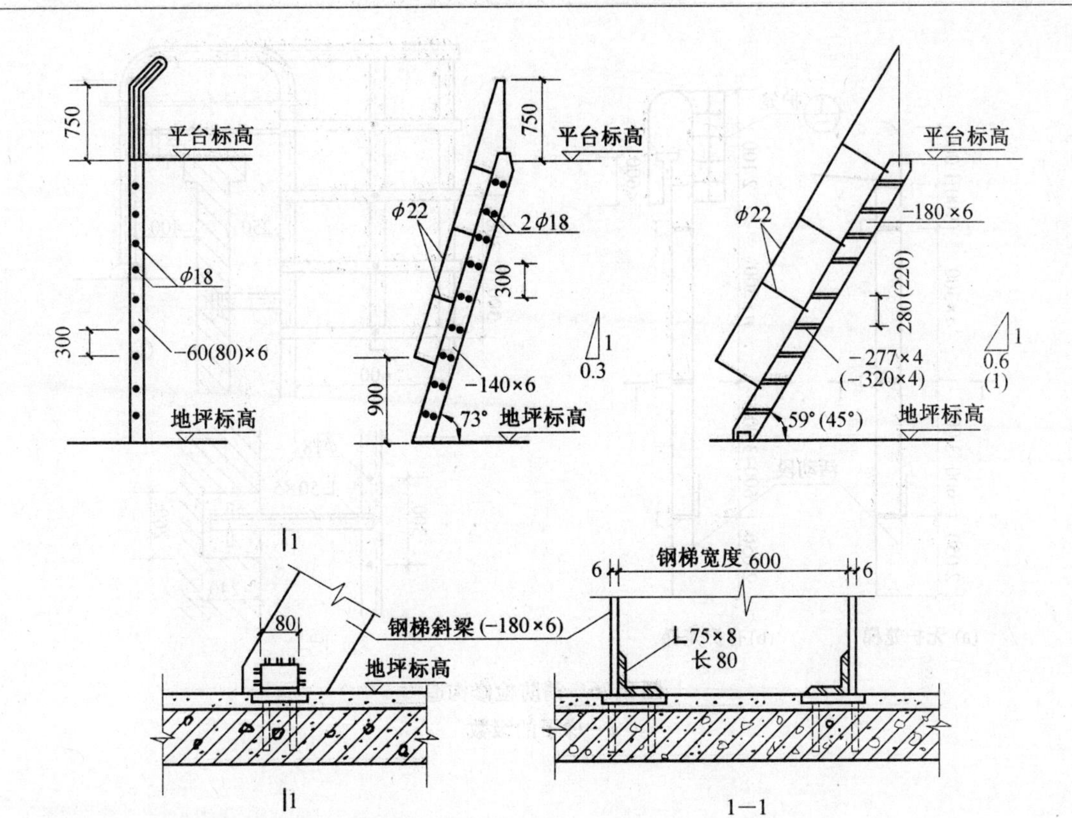

图9.74　作业台钢梯

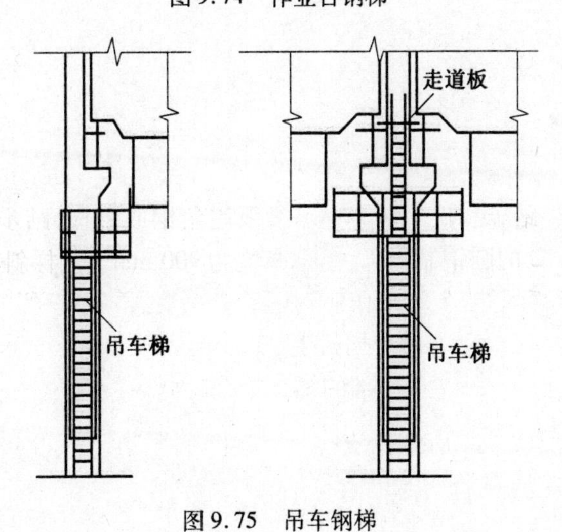

图9.75　吊车钢梯

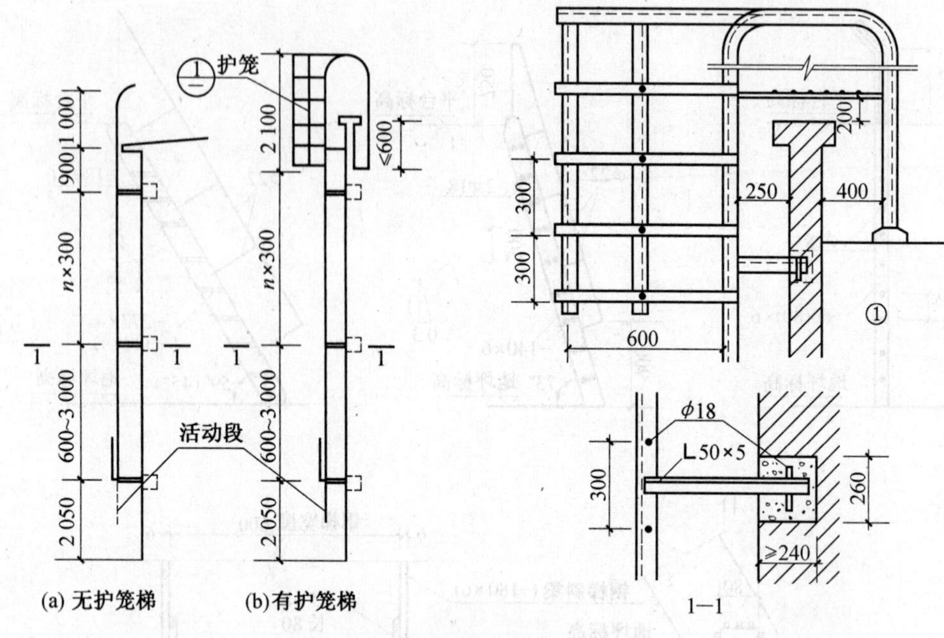

图 9.76　消防检修构造

n—梯子的级数

第二篇　建筑识图

第10章　房屋建筑施工图概述

10.1　房屋建筑施工图的设计过程及分类

10.1.1　房屋建筑施工图的设计程序

1. 建筑设计前期准备工作

建筑设计前期准备工作主要包括落实设计任务、熟悉设计任务书、调查研究与收集必要的设计原始资料数据等工作。

(1)设计前期调查研究的主要内容有以下几点:

1)深入了解使用单位对建筑物使用的具体要求,认真调查同类已有建筑的实际使用情况,进行分析和总结。

2)了解所在地区建筑材料供应的品种、规格、价格等情况,结合建筑使用要求和建筑空间组合的特点,了解并分析不同结构方案的选型、当地施工技术与设备条件。

3)进行现场踏勘,深入了解基地和周围环境的现状及历史沿革,包括基地的地形、方位、面积和形状等条件,以及基地周围原有建筑、道路、绿化等多方面的因素。

4)了解当地传统建筑设计布局、创作经验和生活习惯,根据拟建建筑物的具体情况,创造出有地方特色的建筑形象。

(2)设计原始资料数据收集的主要内容有以下几点:

1)气象资料,即所在地区的温度、湿度、日照、雨雪、风向、风速以及冻土深度等。

2)基地地形及地质水文资料,即基地地形标高、土壤种类及承载力、地下水位及地震烈度等。

3)水电等设备管线资料,即基地底下的给水、排水、电缆等管线布置,基地上的架空线等供电线路情况。

4)设计项目的有关定额指标,即国家或所在省市地区有关设计项目的定额指标。

2. 建筑设计阶段

建筑设计阶段主要包括方案设计阶段、初步设计阶段、技术设计阶段和施工图设计阶段。

(1)方案设计阶段。在建筑设计前期准备工作的基础上,进行方案的构思、比较和优化。

(2)初步设计阶段。提出若干种设计方案供选用,待方案确定后,按比例绘制初步设计图,确定工程概算,报送有关部门审批。

(3)技术设计阶段。又称扩大初步设计阶段,是在初步设计的基础上,进一步确定建筑设计各工种之间的技术问题。技术设计的图纸和设计文件,要求建筑工种的图纸标明与技术工种有关的详细尺寸,并编制建筑部分的技术说明书,结构工种应有建筑结构布置方案图,并附初步计算说明,设备工种也提供相应的设备图纸及说明书。

(4)施工图设计阶段:通过反复协调、修改与完善,产生一套能够满足施工要求的,反映房屋整体和细部全部内容的图样,即为施工图,它是房屋施工的重要依据。

10.1.2　施工图的分类及编排顺序

1. 施工图的分类

施工图按专业分工,主要分为建筑施工图、结构施工图和设备(水暖电)施工图三部分。

(1)建筑施工图(简称“建施”)。建筑施工图主要表示房屋的建筑设计内容。它包括总平面图、平面图、立面图、剖面图、基本图和构造详图等。

(2)结构施工图(简称“结施”)。结构施工图主要表示房屋的结构设计内容。它包括结构平面布置图、构件详图等。

(3)设备施工图(简称“设施”,包括“水施”、“暖施”、“电施”)。设备施工图主要表示给水排水、采暖通风、电气照明等设备的设计内容。它包括平面布置图、系统图等。

2. 施工图的编排顺序

施工图一般按专业编排顺序应为图纸目录、总平面图、建筑施工图、结构施工图、给排水施工图、暖通空调施工图、电气施工图等。其中,每个专业的图纸排序应为:主要的在前,次要的在后;全局性的在前,局部性的在后;先施工的在前,后施工的在后。

10.2　房屋建筑施工图的规定和常用图例

10.2.1　建筑施工图的相关规定

1. 定位轴线

定位轴线是表示建筑物主要结构或构件位置的点画线。凡是承重墙、柱、梁、屋架等主要承重构件都应画上轴线,并编上轴线号,以确定其位置;对于次要的墙、柱等承重构件,则编附加轴线号确定其位置。

定位轴线应用细单点长画线绘制。定位轴线应编号,编号应注写在轴线端部的圆内。圆应用细实线绘制,直径为 8～10 mm。定位轴线圆的圆心应在定位轴线的延长线上或延长线的折线上。除较复杂需采用分区编号或圆形、折线形外,平面图上定位轴线的编号,宜标注在图样的下方或左侧。横向编号应用阿拉伯数字,从左至右顺序编写;竖向编号应用大写拉丁字母,从下至上顺序编写,如图 10.1 所示。

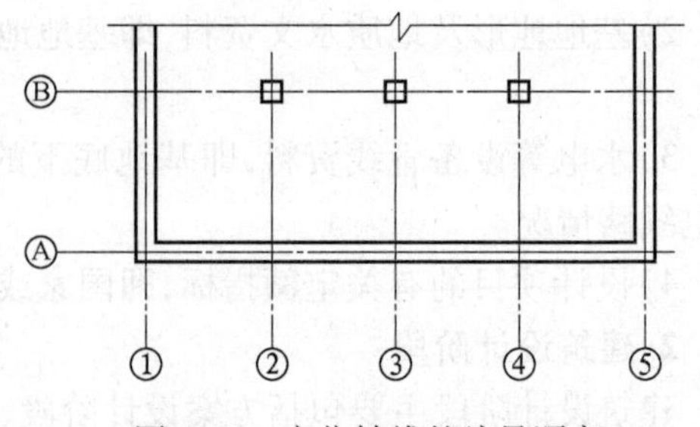

图 10.1　定位轴线的编号顺序

拉丁字母作为轴线号时,应全部采用大写字母,不应用同一个字母的大小写来区分轴线号。拉丁字母的 I、O、Z 不得用做轴线编号。当字母数量不够使用,可增用双字母或单字母加数字注脚。

组合较复杂的平面图中定位轴线也可采用分区编号,如图10.2所示。编号的注写形式应为“分区号——该分区编号”。“分区号——该分区编号”采用阿拉伯数字或大写拉丁字母表示。

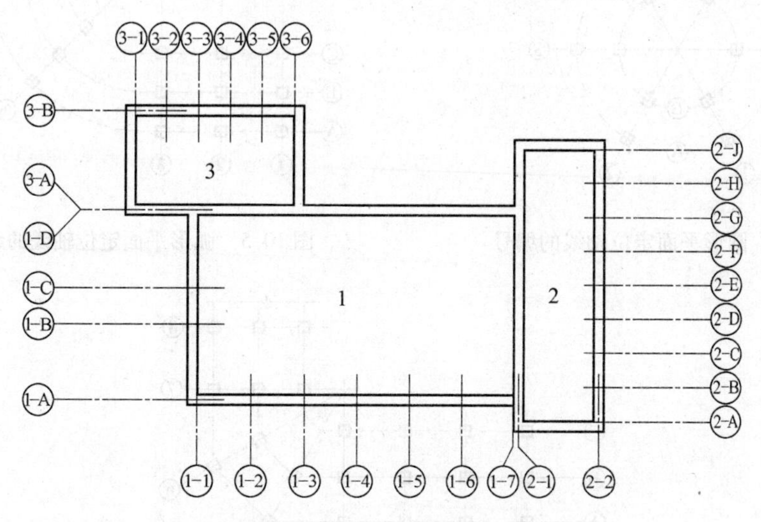

图10.2 定位轴线的分区编号

附加定位轴线的编号,应以分数形式表示,并应符合下列规定:

1)两根轴线的附加轴线,应以分母表示前一轴线的编号,分子表示附加轴线的编号。编号宜用阿拉伯数字顺序编写。

2)1号轴线或A号轴线之前的附加轴线的分母应以01或0A表示。

一个详图适用于几根轴线时,应同时注明各有关轴线的编号,如图10.3所示。

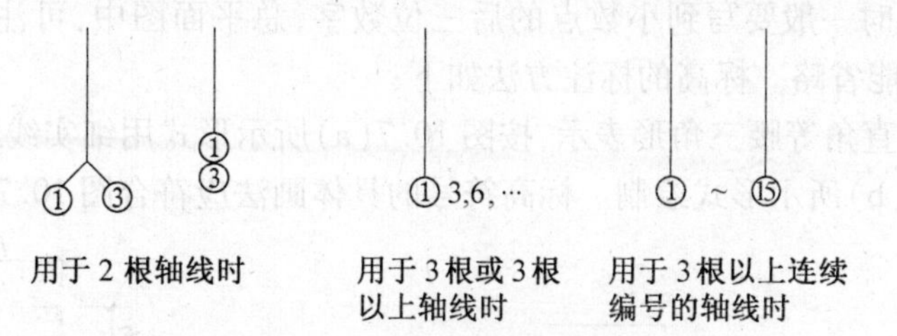

图10.3 详图的轴线编号

通用详图中的定位轴线,应只画圆,不注写轴线编号。

圆形与弧形平面图中的定位轴线,其径向轴线应以角度进行定位,其编号宜用阿拉伯数字表示,从左下角或-90°(若径向轴线很密,角度间隔很小)开始,按逆时针顺序编写;其环向轴线宜用大写阿拉伯字母表示,从外向内顺序编写,如图10.4、图10.5所示。

折线形平面图中定位轴线的编号可按图10.6的形式编写。

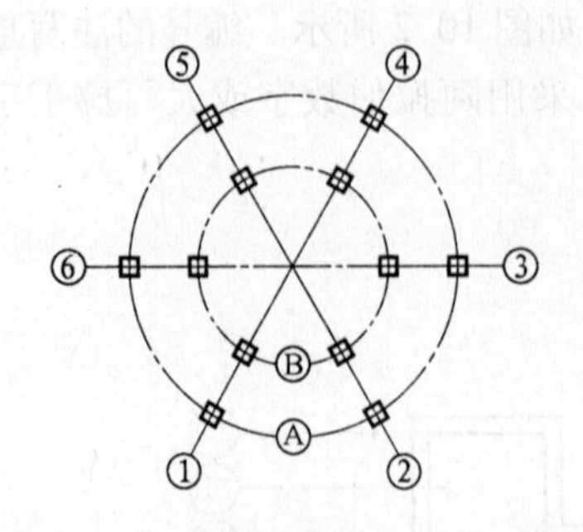

图 10.4　圆形平面定位轴线的编号

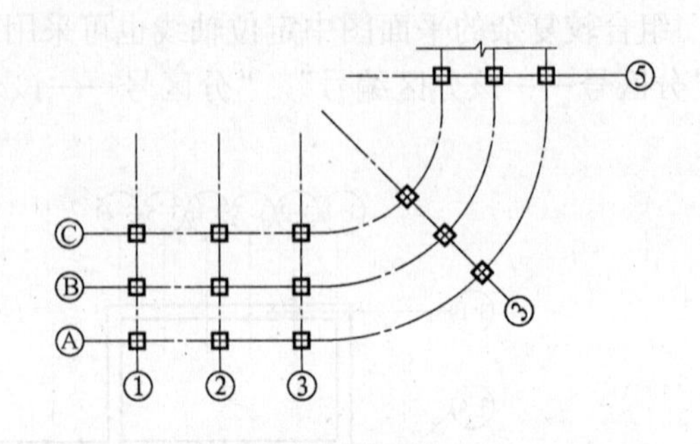

图 10.5　弧形平面定位轴线的编号

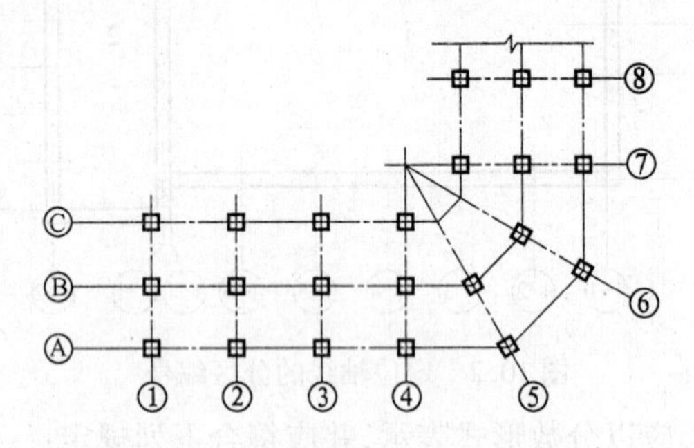

图 10.6　折线形平面定位轴线的编号

2. 标高

标高是表示建筑物的地面或某个部位的高度。通常将建筑物首层地面标高定为±0.000，在其上部的标高定为“+”值，常省略不写；在其下部的标高定为“-”值，标注时必须写上，如-0.300。标高注写时一般要写到小数点的后三位数字，总平面图中，可注写到小数点以后第二位，但±0.000 不能省略。标高的标注方法如下：

标高符号应以直角等腰三角形表示，按图 10.7(a)所示形式用细实线绘制，当标注位置不够，也可按图 10.7(b)所示形式绘制。标高符号的具体画法应符合图 10.7(c)、(d)的规定。

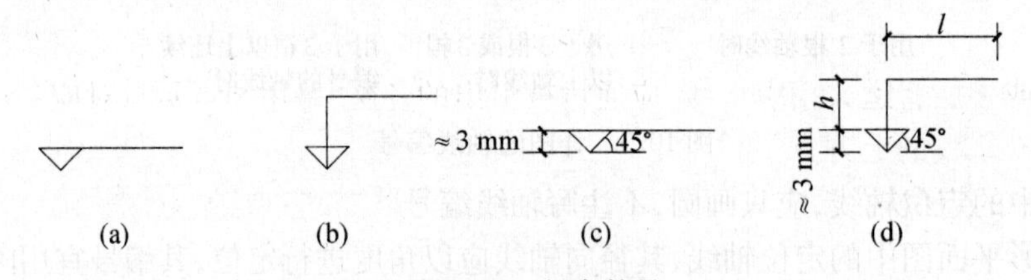

图 10.7　标高符号

l—取适当长度注写标高数字；*h*—根据需要取适当高度

总平面图室外地坪标高符号，宜用涂黑的三角形表示，具体画法应符合图 10.8 的规定。

图 10.8　总平面图室外地坪标高符号

标高符号的尖端应指至被注高度的位置。尖端宜向下，也可向上。标高数字应注写在标高符号的上侧或下侧，如图 10.9 所示。

标高数字应以米为单位,注写到小数点以后第三位。在总平面图中,可注写到小数字点以后第二位。

零点标高应注写成±0.000,正数标高不注“+”,负数标高应注“-”,例如 3.000、-0.600。

在图样的同一位置需表示几个不同标高时,标高数字可按图 10.10 的形式注写。

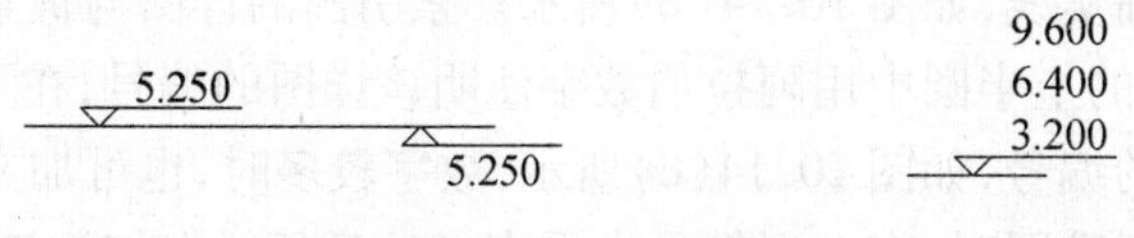

图 10.9 标高的指向　　图 10.10 同一位置注写多个标高数字

3. 引出线

引出线应以细实线绘制,宜采用水平方向的直线、与水平方向成 30°、45°、60°、90°的直线,或经上述角度再折为水平线。文字说明宜注写在水平线的上方,如图 10.11(a)所示,也可注写在水平线的端部,如图 10.11(b)所示。索引详图的引出线,应对准索引符号的圆心,如图 10.11(c)所示。

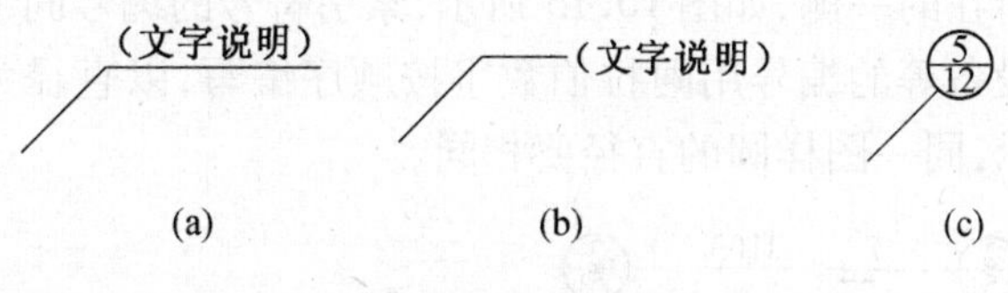

图 10.11 引出线

同时引出几个相同部分的引出线,宜互相平行,如图 10.12(a)所示,也可画成集中于一点的放射线,如图 10.12(b)所示。

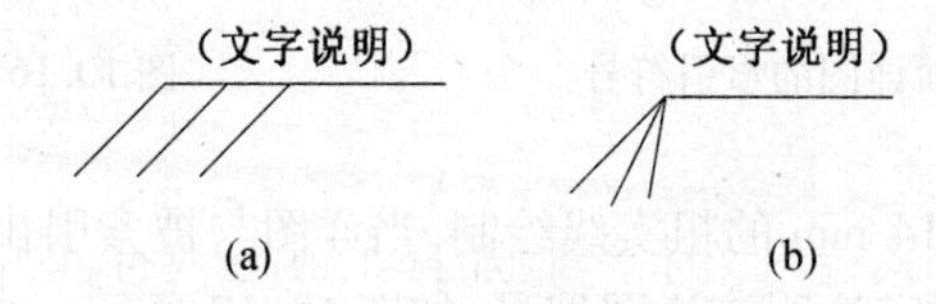

图 10.12 共用引出线

多层构造或多层管道共用引出线,应通过被引出的各层,并用圆点示意对应各层次。文字说明宜注写在水平线的上方,或注写在水平线的端部,说明的顺序应由上至下,并应与被说明的层次相互一致;若层次为横向排序,则由上至下的说明顺序应与由左至右的层次相互一致,如图 10.13 所示。

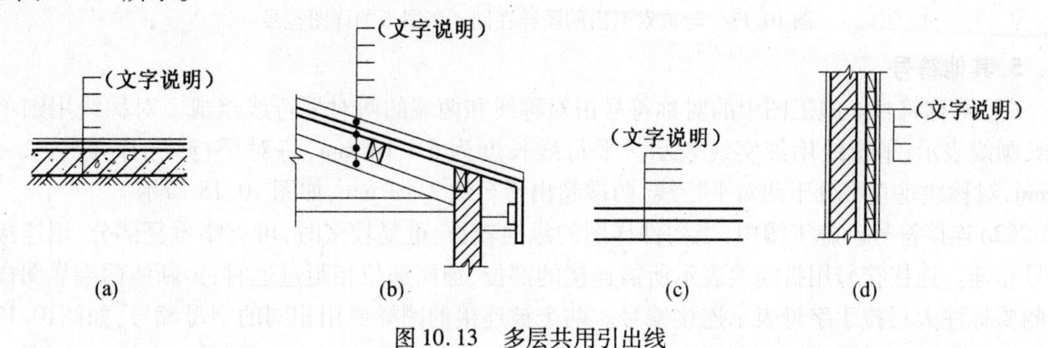

图 10.13 多层共用引出线

4. 索引符号与详图符号

图样中的某一局部或构件需另见详图时，以索引符号索引，如图 10.14(a)所示。索引符号由直径为 8 ~10 mm 的圆和水平直径组成，圆和水平直径用细实线表示。索引出的详图与被索引出的详图同在一张图纸时，在索引符号的上半圆中用阿拉伯数字注明该详图的编号，在下半圆中间画一段水平细实线，如图 10.14(b)所示。索引出的详图与被索引出的详图不在同一张图纸时，在索引符号的上半圆中用阿拉伯数字注明该详图的编号，在下半圆中用阿拉伯数字注明该详图所在图纸的编号，如图 10.14(c)所示，数字较多时，也可加文字标注。

索引出的详图采用标准图时，在索引符号水平直径的延长线上加注该标准图册的编号，如图 10.14(d)所示。

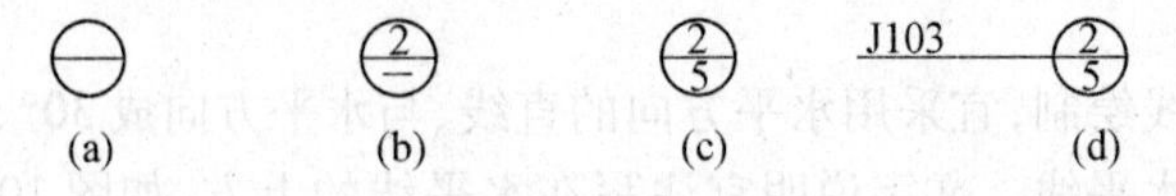

图 10.14　索引符号

索引符号用于索引剖视详图时，在被剖切的部位绘制剖切位置线，并用引出线引出索引符号，投射方向为引出线所在的一侧，如图 10.15 所示，索引符号的编号同上。

零件、钢筋、杆件、设备等的编号用阿拉伯数字按顺序编写，以直径为 5 ~6 mm 的细实线圆表示，如图 10.16 所示，同一图样圆的直径要相同。

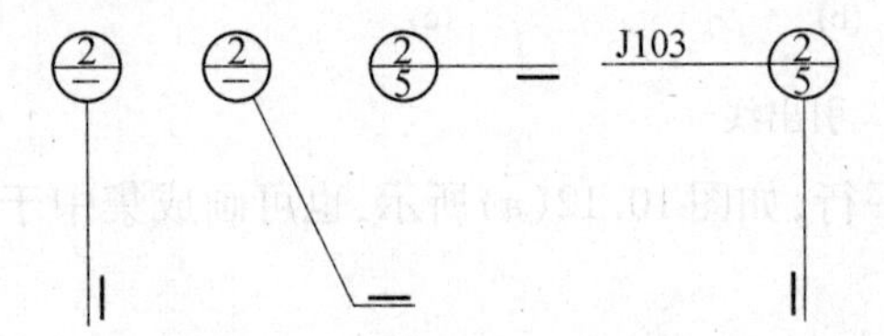

图 10.15　用于索引剖面详图的索引符号　　　　图 10.16　零件、杆件的编号

详图符号的圆用直径为 14 mm 的粗实线绘制，当详图与被索引出的图样在同一张图纸内时，在详图符号内用阿拉伯数字注明该详图编号，如图 10.17 所示。当详图与被索引出的图样不在同一张图纸时，用细实线在详图符号内画一水平直径，上半圆中注明详图的编号，下半圆注明被索引图纸的编号，如图 10.14(c)所示。

图 10.17　与被索引出的图样在同一张图纸的详图符号

5. 其他符号

(1)对称符号。施工图中的对称符号由对称线和两端的两对平行线组成。对称线用细单点长画线表示，平行线用细实线表示。平行线长度为 6 ~10 mm，每对平行线的间距为 2 ~3 mm，对称线垂直平分于两对平行线，两端超出平行线 2 ~3 mm，如图 10.18 所示。

(2)连接符号。施工图中，当构件详图的纵向较长、重复较多时，可省略重复部分，用连接符号相连。连接符号用折断线表示所需连接的部位，当两部位相距过远时，折断线两端靠图样一侧要标注大写拉丁字母表示连接编号。两个被连接的图样要用相同的字母编号，如图10.19 所示。

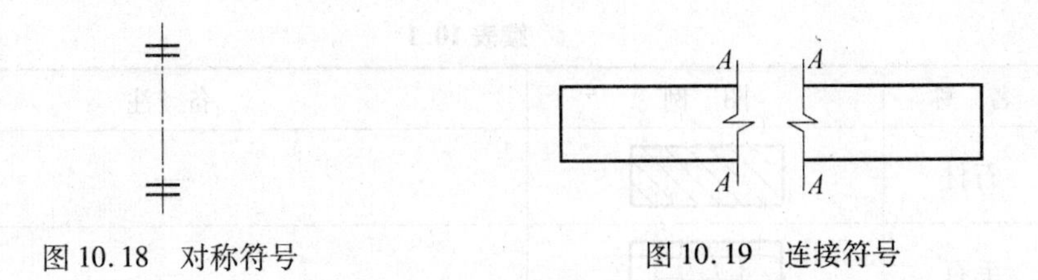

图10.18　对称符号　　图10.19　连接符号

(3)指北针。在总平面图中应画有指北针,以表示建筑物的方向。指北针的形状如图10.20所示,其圆的直径宜为24 mm,用细实线绘制;指针尾部的宽度宜为3 mm,指针头部应注“北”或“N”字。需用较大直径绘制指北针时,指针尾部宽度宜为直径的1/8。

(4)风向频率玫瑰图。为表示某一地区常年的风向情况,在总平面图中要画上风向频率玫瑰图(简称风玫瑰图),如图10.21所示。图中把东南西北划分为16个方位,各方位上的长度,就是把多年来各方位平均刮风的次数占刮风总次数的百分数值,按一定的比例定出的。图中所示的风向是指从外面刮向地区中心的方向。实线指全年的风向,虚线指夏季的风向。

(5)变更云线。对图纸中局部变更部分宜采用云线,并注明修改版次,如图10.22所示。

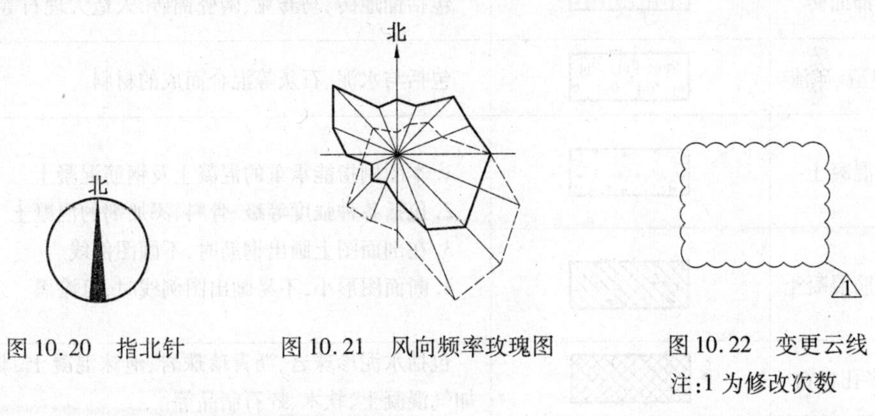

图10.20　指北针　　图10.21　风向频率玫瑰图　　图10.22　变更云线

注:1为修改次数

10.2.2　建筑施工图中常用图例

1.常用建筑材料图例

常用建筑材料图例见表10.1。

表10.1　常用建筑材料图例

序号	名　称	图　例	备　注
1	自然土壤		包括各种自然土壤
2	夯实土壤		—
3	砂、灰土		—
4	砂砾石、碎砖三合土		—

续表 10.1

序号	名 称	图 例	备 注
5	石材	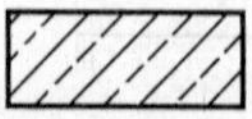	—
6	毛石	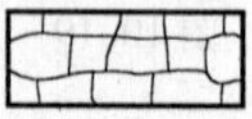	—
7	普通砖	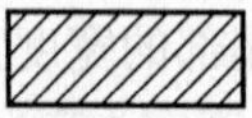	包括实心砖、多孔砖、砌块等砌体。断面较窄不易绘出图例线时，可涂红，并在图纸备注中加注说明，画出该材料图例
8	耐火砖		包括耐酸砖等砌体
9	空心砖	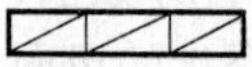	指非承重砖砌体
10	饰面砖	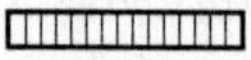	包括铺地砖、马赛克、陶瓷锦砖、人造大理石等
11	焦渣、矿渣	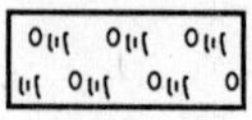	包括与水泥、石灰等混合而成的材料
12	混凝土		1. 本图例指能承重的混凝土及钢筋混凝土 2. 包括各种强度等级、骨料、添加剂的混凝土 3. 在剖面图上画出钢筋时，不画图例线 4. 断面图形小，不易画出图例线时，可涂黑
13	钢筋混凝土	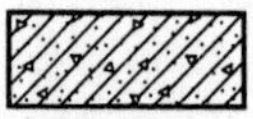	
14	多孔材料		包括水泥珍珠岩、沥青珍珠岩、泡沫混凝土、非承重加气混凝土、软木、蛭石制品等
15	纤维材料	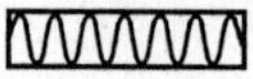	包括矿棉、岩棉、玻璃棉、麻丝、木丝板、纤维板等
16	泡沫塑料材料	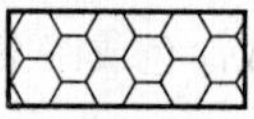	包括聚苯乙烯、聚乙烯、聚氨酯等多孔聚合物类材料
17	木材	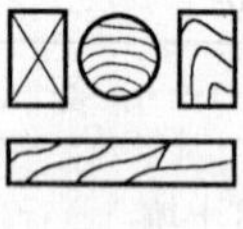	1. 上图为横断面，左上图为垫木、木砖或木龙骨 2. 下图为纵断面
18	胶合板	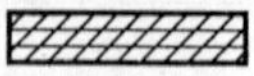	应注明为×层胶合板
19	石膏板	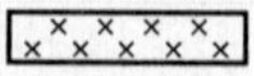	包括圆孔、方孔石膏板、防水石膏板、硅钙板、防火板等
20	金属		1. 包括各种金属 2. 图形小时，可涂黑

续表 10.1

序号	名　称	图　例	备　注
21	网状材料		1. 包括金属、塑料网状材料 2. 应注明具体材料名称
22	液体		应注明具体液体名称
23	玻璃		包括平板玻璃、磨砂玻璃、夹丝玻璃、钢化玻璃、中空玻璃、夹层玻璃、镀膜玻璃等
24	橡胶		—
25	塑料		包括各种软、硬塑料及有机玻璃等
26	防水材料		构造层次多或比例大时，采用上图例
27	粉刷		本图例采用较稀的点

注：序号 1、2、5、7、8、13、14、16、17、18 图例中的斜线、短斜线、交叉斜线等均为 45°。

2. 建筑构造及配件图例

建筑构造及配件图例见表 10.2。

表 10.2　建筑构造及配件图例

序号	名　称	图　例	备　注
1	墙体		1. 上图为外墙，下图为内墙 2. 外墙细线表示有保温层或有幕墙 3. 应加注文字或涂色或图案填充表示各种材料的墙体 4. 在各层平面图中防火墙宜着重以特殊图案填充表示
2	隔断		1. 加注文字或涂色或图案填充表示各种材料的轻质隔断 2. 适用于到顶与不到顶的隔断
3	玻璃幕墙		幕墙龙骨是否表示由项目设计决定
4	栏杆		—

续表 10.2

序号	名称	图例	备注
5	楼梯	下 下 上 上	1. 上图为顶层楼梯平面,中图为中间层楼梯平面,下图为底层楼梯平面 2. 需设置靠墙扶手或中间扶手时,应在图中表示
6	坡道	下	长坡道
		下 下 下	上图为两侧垂直的门口坡道,中图为有挡墙的门口坡道,下图为两侧找坡的门口坡道
7	台阶	下	—
8	平面高差	XX XX	用于高差小的地面或楼面交接处,并应与门的开启方向协调
9	检查口		左图为可见检查口,右图为不可见检查口
10	孔洞		阴影部分亦可填充灰度或涂色代替
11	坑槽		—
12	墙预留洞、槽	宽×高或ϕ 标高 宽×高或ϕ×深 标高	1. 上图为预留洞,下图为预留槽 2. 平面以洞(槽)中心定位 3. 标高以洞(槽)底或中心定位 4. 宜以涂色区别墙体和预留洞(槽)

续表 10.2

序号	名　称	图　例	备　注
13	地沟		上图为有盖板地沟,下图为无盖板明沟
14	烟道		1. 阴影部分亦可填充灰度或涂色代替 2. 烟道、风道与墙体为相同材料,共相接处墙身线应连通 3. 烟道、风道根据需要增加不同材料的内衬
15	风道		
16	新建的墙和窗		—
17	改建时保留的墙和窗		只要换窗,应加粗窗的轮廓线
18	拆除的墙		—
19	改建时在原有墙或楼板新开的洞		—

续表 10.2

序号	名称	图例	备注
20	在原有墙或楼板洞旁扩大的洞	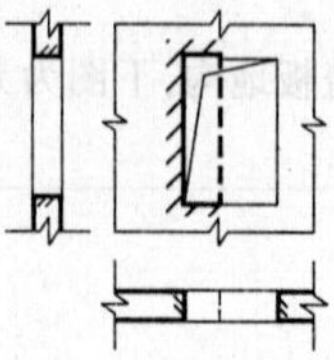	图示为洞口向左边扩大
21	在原有墙或楼板上全部填塞的洞	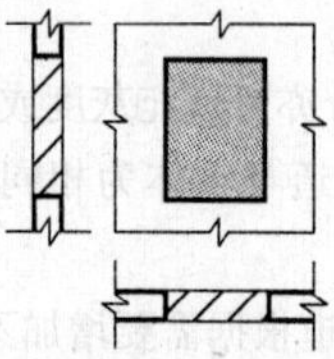	全部填塞的洞 图中立面填充灰度或涂色
22	在原有墙或楼板上局部填塞的洞	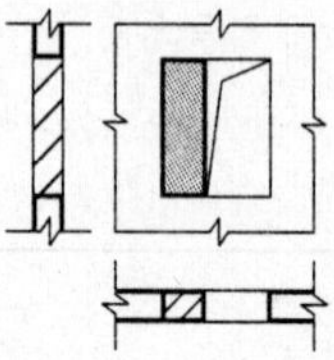	左侧为局部填塞的洞 图中立面填充灰度或涂色
23	空门洞	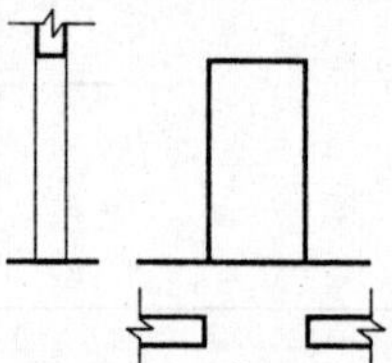 $h=$	h 为门洞高度
24	单面开启单扇门（包括平开或单面弹簧）	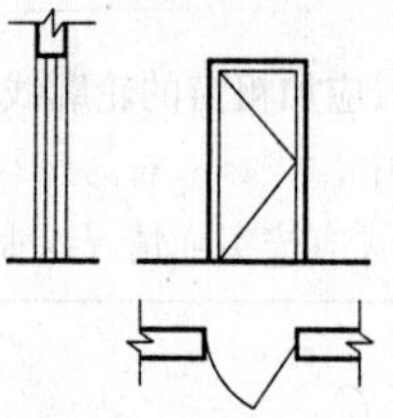	1. 门的名称代号用 M 表示 2. 平面图中，下为外，上为内 门开启线为 90°、60°或 45°，开启弧线宜绘出 3. 立面图中，开启线实线为外开，虚线为内开。开启线交角的一侧为安装合页一侧。开启线在建筑立面图中可不表示，在立面大样图中可根据需要绘出 4. 剖面图中，左为外，右为内 5. 附加纱扇应以文字说明，在平、立、剖面图中均不表示 6. 立面形式应按实际情况绘制
	双面开启单扇门（包括双面平开或双面弹簧）	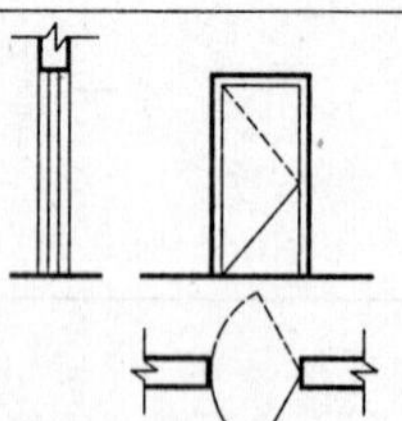	
	双层单扇平开门	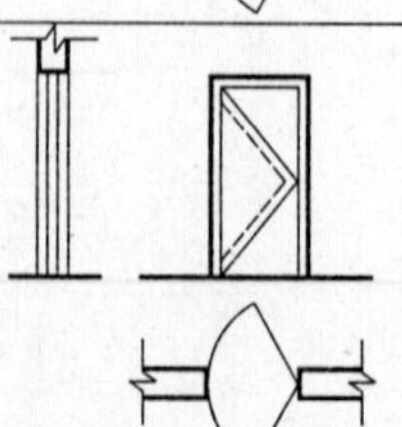	

续表10.2

序号	名称	图例	备注
25	单面开启双扇门（包括平开或单面弹簧）		1. 门的名称代号用M表示 2. 平面图中，下为外，上为内 门开启线为90°、60°或45°，开启弧线宜绘出 3. 立面图中，开启线实线为外开，虚线为内开。开启线交角的一侧为安装合页一侧。开启线在建筑立面图中可不表示，在立面大样图中可根据需要绘出 4. 剖面图中，左为外，右为内 5. 附加纱扇应以文字说明，在平、立、剖面图中均不表示 6. 立面形式应按实际情况绘制
	单面开启双扇门（包括双面平开或双面弹簧）		
	双层双扇平开门		
26	折叠门		1. 门的名称代号用M表示 2. 平面图中，下为外，上为内 3. 立面图中，开启线实线为外开，虚线为内开。开启线交角的一侧为安装合页一侧。 4. 剖面图中，左为外，右为内 5. 立面形式应按实际情况绘制
	推拉折叠门		
27	墙洞外单扇推拉门		1. 门的名称代号用M表示 2. 平面图中，下为外，上为内 3. 剖面图中，左为外，右为内 4. 立面形式应按实际情况绘制
	墙洞外双扇推拉门		

续表 10.2

序号	名称	图例	备注
27	墙中单扇推拉门	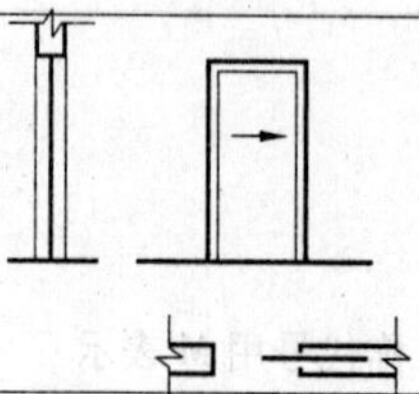	1. 门的名称代号用 M 表示 2. 立面形式应按实际情况绘制
	墙中双扇推拉门	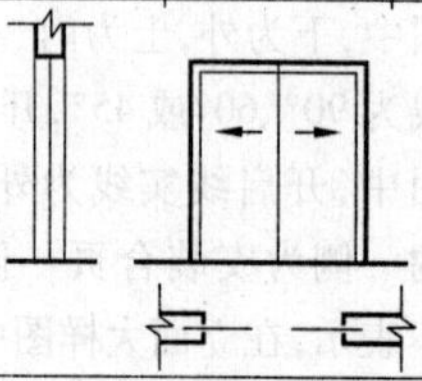	
28	推杠门	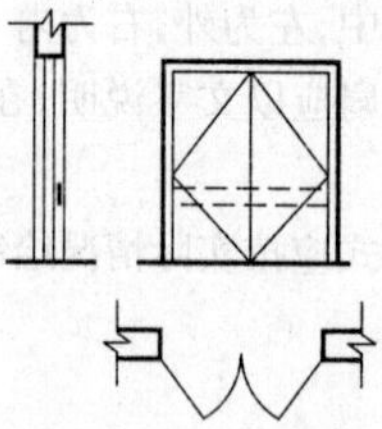	1. 门的名称代号用 M 表示 2. 平面图中，下为外，上为内 门开启线为 90°、60°或 45° 3. 立面图中，开启线实线为外开，虚线为内开。开启线交角的一侧为安装合页一侧。开启线在建筑立面图中可不表示，在室内设计门窗立面大样图中需绘出 4. 剖面图中，左为外，右为内 5. 立面形式应按实际情况绘制
29	门连窗	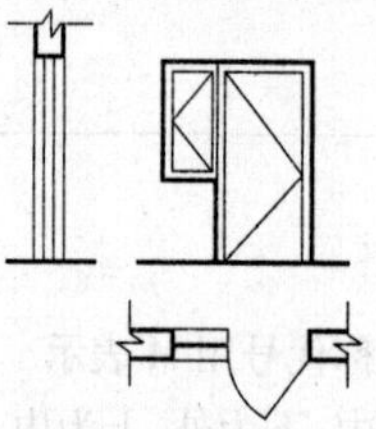	
30	旋转门	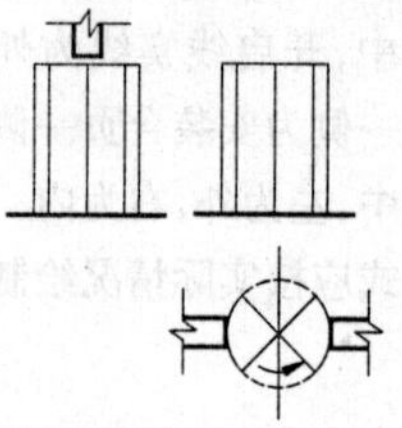	1. 门的名称代号用 M 表示 2. 立面形式应按实际情况绘制
	两翼智能旋转门	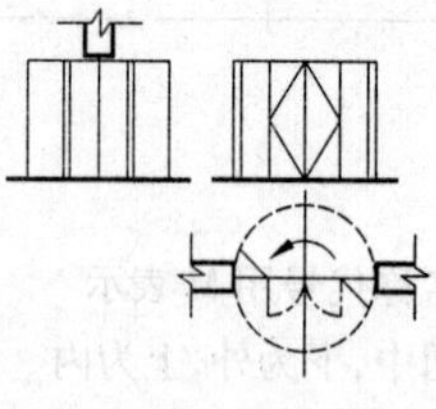	
31	自动门	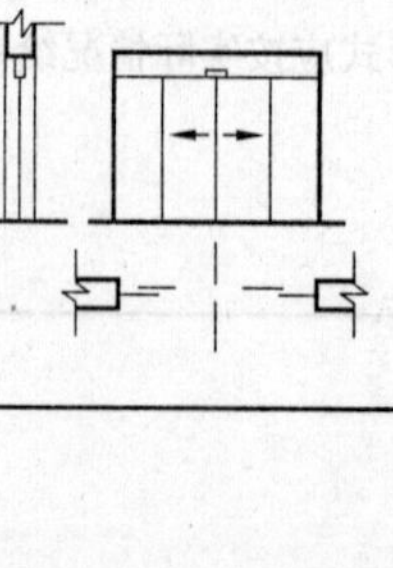	1. 门的名称代号用 M 表示 2. 立面形式应按实际情况绘制

续表 10.2

序号	名 称	图 例	备 注
32	折叠上翻门		1. 门的名称代号用 M 表示 2. 平面图中,下为外,上为内 3. 剖面图中,左为外,右为内 4. 立面形式应按实际情况绘制
33	提升门		1. 门的名称代号用 M 表示 2. 立面形式应按实际情况绘制
34	分节提升门		
35	人防单扇防护密闭门		1. 门的名称代号按人防要求表示 2. 立面形式应按实际情况绘制
	人防单扇密闭门		
36	人防双扇防护密闭门		1. 门的名称代号按人防要求表示 2. 立面形式应按实际情况绘制
	人防双扇密闭门		

续表 10.2

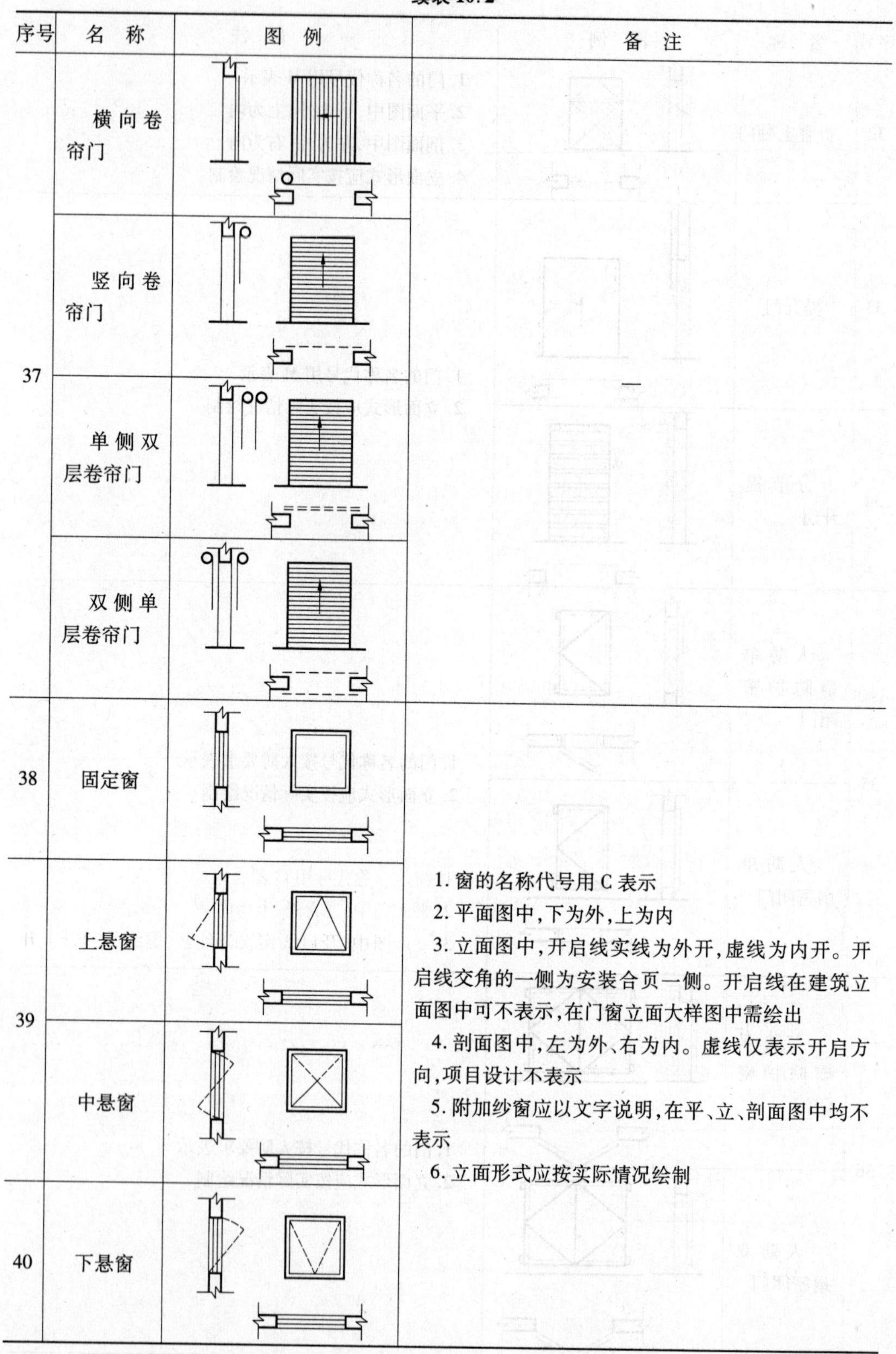

序号	名 称	图 例	备 注
37	横向卷帘门		—
	竖向卷帘门		
	单侧双层卷帘门		
	双侧单层卷帘门		
38	固定窗		1. 窗的名称代号用 C 表示 2. 平面图中，下为外，上为内 3. 立面图中，开启线实线为外开，虚线为内开。开启线交角的一侧为安装合页一侧。开启线在建筑立面图中可不表示，在门窗立面大样图中需绘出 4. 剖面图中，左为外、右为内。虚线仅表示开启方向，项目设计不表示 5. 附加纱窗应以文字说明，在平、立、剖面图中均不表示 6. 立面形式应按实际情况绘制
39	上悬窗		
	中悬窗		
40	下悬窗		

续表10.2

序号	名称	图例	备注
41	立转窗		1. 窗的名称代号用C表示 2. 平面图中,下为外,上为内 3. 立面图中,开启线实线为外开,虚线为内开。开启线交角的一侧为安装合页一侧。开启线在建筑立面图中可不表示,在门窗立面大样图中需绘出 4. 剖面图中,左为外、右为内。虚线仅表示开启方向,项目设计不表示 5. 附加纱窗应以文字说明,在平、立、剖面图中均不表示 6. 立面形式应按实际情况绘制
42	内开平开内倾窗		
43	单层外开平开窗		
	单层内开平开窗		
43	双层内外开平开窗		1. 窗的名称代号用C表示 2. 平面图中,下为外,上为内 3. 立面图中,开启线实线为外开,虚线为内开。开启线交角的一侧为安装合页一侧。开启线在建筑立面图中可不表示,在门窗立面大样图中需绘出 4. 剖面图中,左为外、右为内。虚线仅表示开启方向,项目设计不表示 5. 附加纱窗应以文字说明,在平、立、剖面图中均不表示 6. 立面形式应按实际情况绘制

续表 10.2

序号	名 称	图 例	备 注
44	单层推拉窗		1. 窗的名称代号用 C 表示 2. 立面形式应按实际情况绘制
	双层推拉窗		1. 窗的名称代号用 C 表示 2. 立面形式应按实际情况绘制
45	上推窗		1. 窗的名称代号用 C 表示 2. 立面形式应按实际情况绘制
46	百叶窗		1. 窗的名称代号用 C 表示 2. 立面形式应按实际情况绘制
47	高窗	h=	1. 窗的名称代号用 C 表示 2. 立面图中，开启线实线为外开，虚线为内开。开启线交角的一侧为安装合页一侧。开启线在建筑立面图中可不表示，在门窗立面大样图中需绘出 3. 剖面图中，左为外、右为内。 4. 立面形式应按实际情况绘制 5. h 表示高窗底距本层地面高度 6. 高窗开启方式参考其他窗型
48	平推窗		1. 窗的名称代号用 C 表示 2. 立面形式应按实际情况绘制

10.3　房屋建筑施工图的识读方法

房屋建筑施工图是用投影原理的各种图示方法和规定画法综合应用绘制的,所以识读房屋建筑施工图,必须具备相关的知识,按照正确的方法步骤进行识读。

10.3.1　施工图的识读方法

1. 施工图识读的一般要求

(1)具备基本的投影知识。

(2)了解房屋组成与构造。

(3)掌握形体的各种图示方法及制图标准规定。

(4)熟记常用比例、线型、符号、图例等,认真细致,全面准确。

2. 施工图识读的一般方法与步骤

(1)施工图识读的一般方法。

先看首页图(图纸目录和设计说明),按图纸顺序通读一遍,按专业次序仔细识读,先看基本图,后看详图,分专业对照识读(看是否衔接一致)。

(2)识读施工图的一般步骤。

一套房屋施工图是由不同专业工种的图样综合组成的,简单的有几张,复杂的有几十张,甚至几百张,它们之间有着密切的联系,读图时应注意前后对照,以防出现差错和遗漏。识读施工图的一般步骤如下:

1)对于全套图样:先看说明书、首页图,后看建施、结施和设施。

2)对于每一张图样:先看图标、文字,后看图样。

3)对于建施、结施和设施:先看建施,后看结施、设施。

4)对于建筑施工图:先看平面图、立面图、剖面图,后看详图。

5)对于结构施工图:先看基础施工图、结构布置平面图,后看构件详图。

当然上述步骤并不是孤立的,而是要经常相互联系进行,反复阅读才能看懂。

10.3.2　标准图的识读方法

一些常用的构配件和构造做法,通常直接采用标准图集,因此要查阅本工程所采用的标准图集。

1. 标准图集分类

标准图集按编制单位和使用范围可分为以下三类:

(1)国家通用标准图集(常用J102等表示建筑标准图集、G105等表示结构标准图集)。

(2)省级通用标准图集。

(3)各大设计单位(院级)通用标准图集。

2. 标准图的查阅方法

(1)按施工图中注明的标准图集的名称、编号和编制单位,查找相应图集。

(2)识读时应先看总说明,了解该图集的设计依据、使用范围、施工要求及注意事项等内容。

(3)按施工图中的详图索引编号查阅详图,核对有关尺寸和要求。

第11章 建筑施工图

11.1 总平面图

11.1.1 总平面图的形成与用途

1. 总平面图的形成

总平面图是将新建工程四周一定范围内的新建、拟建、原有和拆除的建筑物、构筑物连同其周围的地形、地物状况用水平投影方法和相应的图例所绘制的工程图样。

总平面图是建设工程及其临近建筑物、构筑物、周边环境等的水平正投影，是表明基地所在范围内总体布置的图样。它主要反映当前工程的平面轮廓形状和层数、与原有建筑物的相对位置、周围环境、地形地貌、道路和绿化的布置等情况。

2. 总平面图的用途

总平面图是建设工程中新建房屋施工定位、土方施工、设备专业管线平面布置的依据，也是安排在施工时进入现场的材料和构件、配件堆放场地，构件预制的场地以及运输道路等施工总平面布置的依据。

11.1.2 总平面图的图示内容与图示方法

1. 总平面图的图示内容

(1)新建建筑物所处的地形、用地范围及建筑物占地界限等。如地形变化较大，应画出相应的等高线。

(2)新建建筑物的位置，总平面图中应详细绘出其定位方式。新建建筑物的定位方式包括以下三种：

1)利用新建建筑物和原有建筑物之间的距离定位。

2)利用施工坐标确定新建建筑物的位置。

3)利用新建建筑物与周围道路之间的距离确定新建建筑物的位置。

(3)相邻原有建筑物、拆除建筑物的位置或范围。

(4)周围的地形、地物状况(例如道路、河流、水沟、池塘、土坡等)。应注明新建建筑物首层地面、室外地坪、道路的起点、变坡、转折点、终点及道路中心线的标高、坡向及建筑物的层数等。

(5)指北针或风向频率玫瑰图。

在总平面中通常画有带指北针的风向频率玫瑰图(风玫瑰)，来表示该地区常年的风向频率和房屋的朝向。明确风向有助于建筑构造的选用及材料的堆场，如有粉尘污染的材料应堆放在下风位。

(6)新建区域的总体布局，例如建筑、道路、绿化规划和管道布置等。

2. 总平面图的图示方法

(1)绘制方法与图例。总平面图是用正投影的原理绘制的,图形主要是以图例的形式表示,总平面图的图例采用《总图制图标准》(GB/T 50103—2010)规定的图例,画图时应严格执行该图例符号,如图中采用的图例不是标准中的图例,应在总平面图下说明。

(2)图线。图线的宽度 b,应根据图样的复杂程度和比例,按《房屋建筑制图统一标准》(GB/T 50001—2010)中图线的有关规定执行。主要部分选用粗线,其他部分选用中线和细线。如新建建筑物采用粗实线,原有的建筑物用细实线表示。绘制管线综合图时,管线采用粗实线。

(3)标高与尺寸。在总平面图中,采用绝对标高,室外地坪标高符号宜用涂黑的三角形表示,总平面图的坐标、标高、距离以米为单位,并应至少取至小数点后两位。

(4)总平面图绘制方向。总平面图应按上北下南方向绘制。根据场地形状或布局,可向左或右偏转,但是不宜超过 45°。

(5)指北针和风向频率玫瑰图(风玫瑰)。风玫瑰是根据当年平均统计的各个方向吹风次数的百分数,按一定比例绘制的,风的吹向是从外吹向该地区中心的。实线表示全年风向频率,虚线表示按 6 月、7 月、8 月三个月统计的风向频率。

(6)比例。总平面图一般采用 1 : 500、1 : 1 000 或 1 : 2 000 的比例绘制,因为比例较小,图示内容多按《总图制图标准》(GB/T 50103—2010)中相应的图例要求进行简化绘制,与工程无关的对象可省略不画。

11.1.3　总平面图的识读

图 11.1 为某职业技术学院教学楼总平面图。

(1)由于总平面图包括的区域较大,所以绘制时选择比例较小。该施工图为总平面图,比例为 1 : 500。

(2)了解工程性质、用地范围、地形地貌和周围环境情况。总平面图中为了说明新建建筑的用途,在建筑的图例内都标注出名称。当图样比例小或图面无足够位置时,也可编号列表注写在总平面图适当位置。

(3)了解新建建筑层数,在新建建筑物图形右上角标注房屋的层数符号,一般以数字表示,例如 5 表示该房屋为 5 层;当层数不多时,也可用小圆点数量来表示,例如“: :”表示为 4 层。

(4)了解新建建筑朝向和平面形状,新建办公楼平面形状为东西方向长方形,建筑总长度为 71.7 m,宽度西侧为 17.0 m,东侧为 15.5 m,层数西侧为 5 层,东侧为 4 层。

(5)新建办公楼的用地范围和原有建筑的位置关系,新建办公楼位于教学综合楼东南角,学校办公楼周围已建好的建筑西侧有一栋艺术楼,北侧有一栋教学综合楼,东侧有一栋试验楼,东北侧是远程网络教学区。

(6)了解新建建筑的位置,新建建筑采用与其相邻的原有建筑物的相对位置尺寸定位,该办公楼东墙距离试验楼左侧距离为 38.6 m,南墙距离南侧路边为 36.0 m。

(7)了解新建房屋四周的道路、绿化。由于总平面图的比例较小,各种有关物体均不能按照投影关系如实反映出来,只能用图例的形式进行绘制。在办公楼周围有绿化用地、硬化用地、园路及道路等。

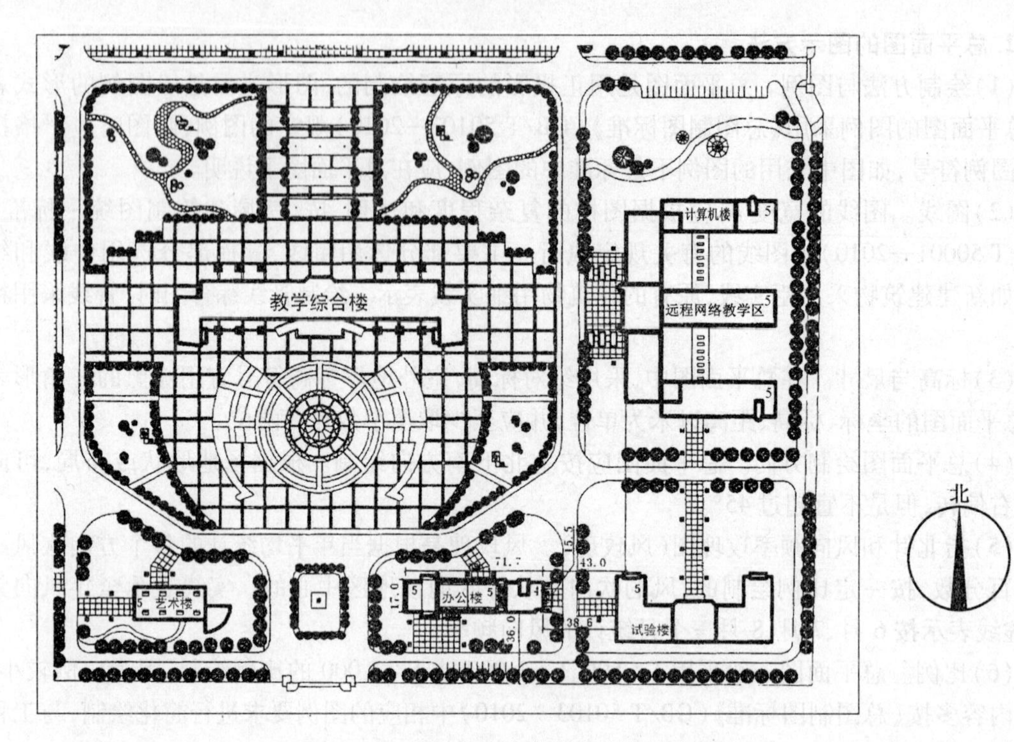

图 11.1　某职业技术学院教学楼总平面图

(8)总平面图中的指北针,明确建筑物的朝向,有时还要画上风向频率玫瑰图来表示该地区的常年风向频率。

11.2　建筑平面图

11.2.1　建筑平面图的形成与用途

1. 建筑平面图的形成

用一个假想的水平的剖切平面,沿着门窗洞口部位(窗台以上,过梁以下的空间)将房屋全部切开,移去上半部分后,把剖切平面以下的形体投影到水平面上,所得的水平剖面图,即为建筑平面图(简称平面图)。

2. 建筑平面图的用途

建筑平面图主要表示建筑的平面形状、内部平面功能布局及朝向。在施工中,是施工放线、墙体砌筑、构件安装、室内装饰及编制预算的主要依据。

11.2.2　建筑平面图的内容

建筑平面图的内容如下:

(1)表示平面功能的组织、房间布局。

(2)表示所有轴线及其编号,墙、柱、墩的位置、尺寸。

(3)表示所有房间的名称及其门窗的位置、洞口宽度与编号。

(4)表示室内外的有关尺寸及室内楼地面的标高。

(5)表示电梯、楼梯的位置、楼梯上下行方向及踏步和休息平台的尺寸。

(6)表示阳台、雨篷、台阶、斜坡、烟道、通风道、管井、消防梯、雨水管、散水、排水沟、花池等位置及尺寸。

(7)反映室内设备,例如卫生器具、水池、设备的位置及形状。

(8)表示地下室、地坑、地沟、墙上预留洞位置尺寸。

(9)在一层平面图上绘出剖面图的剖切符号及编号,标注有关部位的详细索引符号。

(10)左下方或右下方画出指北针。

(11)综合反映其他工种,例如水、暖、电、煤气等的要求,水池、地沟、配电箱、消火栓、墙或楼板上的预留洞位置和尺寸。

(12)屋顶平面一般应表示出的女儿墙、檐沟、屋面坡度、分水线与雨水口、变形缝、楼梯间、水箱间、天窗、上人孔、消防梯及其他构筑物等。

11.2.3　建筑平面图的识读

图 11.2 为某住宅楼底层平面图。

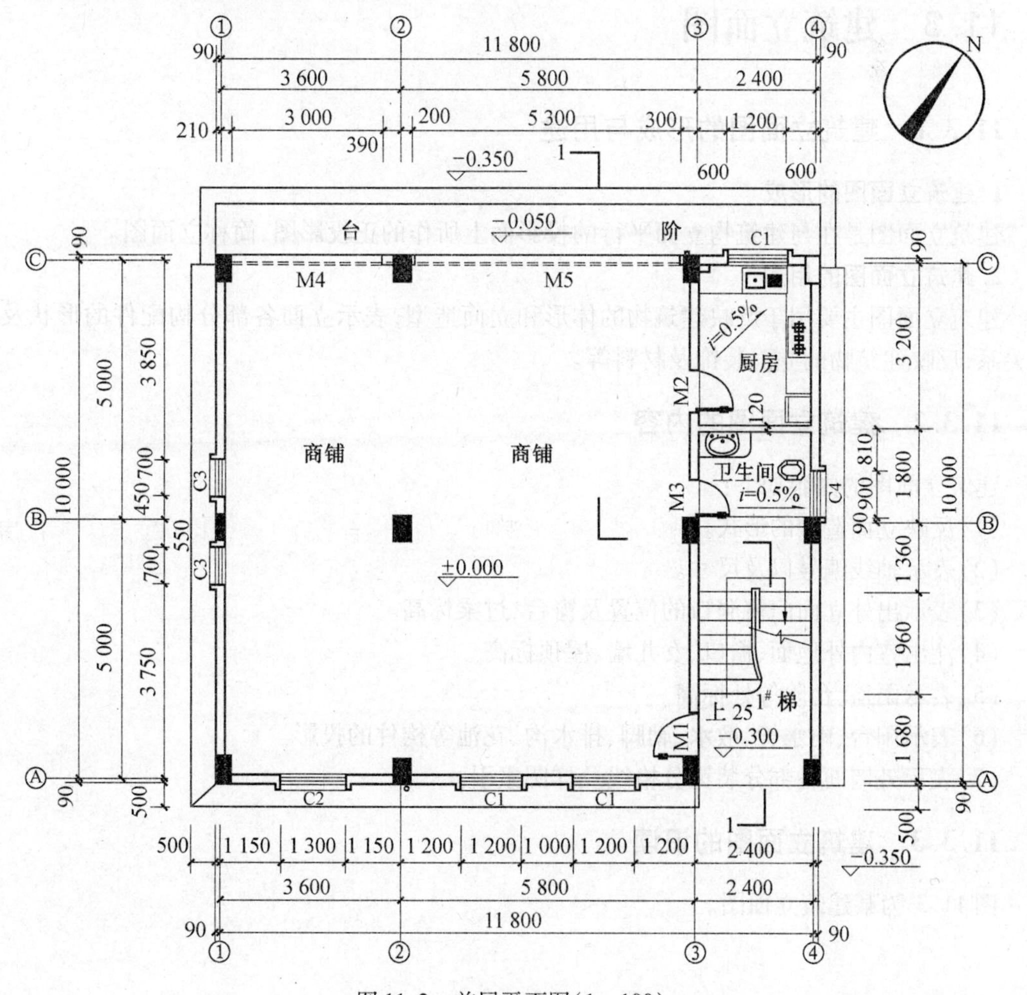

图 11.2　首层平面图(1 : 100)

(1)图 11.2 的绘图比例为 1∶100,该建筑底层为商店,从图中指北针可知房屋朝向为北偏西。

(2)整个建筑的总尺寸为 11 800 mm×10 000 mm。

(3)房屋的东面设有厨房、卫生间及楼梯间,商店外有两级台阶到室外,另三面外墙外设有 500 mm 宽的散水,室内外高差为 350 mm。

(4)平面图横向编号的轴线有①～④,竖向编号的轴线有 A～C。通过轴线表明商店的总开间和总进深为 9 400 mm×10 000 mm,厨房为 2 400 mm×3 200 mm,卫生间为 2 400 mm×1 800 mm,楼梯间为 2 400 mm×5 000 mm。墙体厚度除厨房与卫生间的隔墙为 120 mm 外,其余均为 180 mm(图中所有墙身厚度均不包括抹灰层厚度)。

(5)平面图中的门有 M1、M2……,窗 C1、C2……多种类型,各种类型的门窗洞尺寸,可见平面尺寸的标注。例如 M5 为 5 300 mm,C2 为 1 300 mm 等。

(6)底层平面图中有一个剖面剖切符号,表明剖切平面图 1—1,在轴线②～③之间,通过商店大门及③～④之间楼梯间的轴线所作的阶梯剖面。

11.3 建筑立面图

11.3.1 建筑立面图的形成与用途

1. 建筑立面图的形成

建筑立面图是在与建筑物立面平行的投影面上所作的正投影图,简称立面图。

2. 建筑立面图的用途

建筑立面图主要用于反映建筑物的体形和立面造型,表示立面各部分构配件的形状及相互关系,反映建筑物的立面装饰及材料等。

11.3.2 建筑立面图的内容

建筑立面图的内容如下:

(1)反映立面造型的形式。

(2)表示轴线编号以及尺寸。

(3)表示出外立面门窗洞口的位置及窗台、过梁标高。

(4)注出室内外地面、檐口、女儿墙、屋顶标高。

(5)表示雨篷、台阶等处标高。

(6)表示阳台、雨水管、散水、勒脚、排水沟、花池等构件的投影。

(7)表示外墙面各部分装饰分格线及详图索引。

11.3.3 建筑立面图的识读

图 11.3 为某建筑立面图。

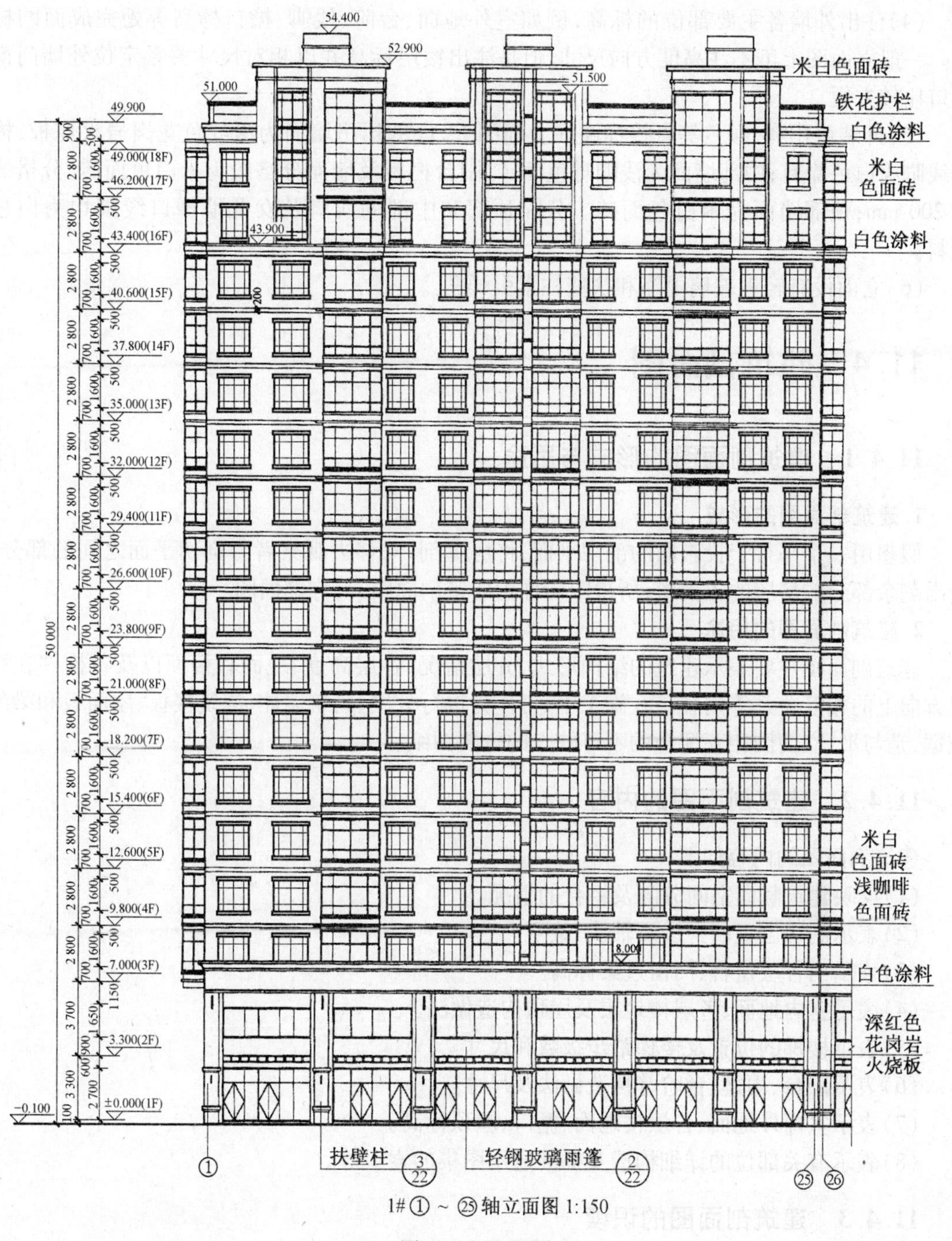

1# ① ~ ㉕ 轴立面图 1:150

图 11.3　立面图

(1)立面图比例为 1 : 150,是建筑沿街的外貌。17 层含可见的墙、扶壁柱、门窗外形、阳台栏板、阳台窗、线脚、雨篷、台阶、女儿墙、变形缝等构造形状。

(2)底部 2 层为商业用房,与上部建筑有 5 m 的前后关系,所以标高 8.0 m 处线型加粗,并标注女儿墙顶标高。

(3)通过线脚将顶部两层与中部 3 ~ 15 层区分,颜色也做变化,并标注女儿墙顶标高。

(4)注出外墙各主要部位的标高,例如室外地面、台阶、线脚、檐口标高等处完成面的标高。一般立面图上可不注高度方向尺寸,但是注出楼层标高并以相对尺寸关系定位外墙门窗洞口比较方便。

(5)外装修用料、颜色等直接标注在立面图上,底部裙房墙面为深红色花岗岩火烧板,檐部线脚为白色涂料;中部墙面为浅咖啡色面砖,阳台栏板及墙面分格线为米白色面砖,分格线宽200 mm;顶部墙面为米白色面砖。分隔顶部和中部的线脚及女儿墙檐口线脚均为白色涂料。

(6)立面设有轻钢玻璃雨篷和扶壁柱索引详图。

11.4 建筑剖面图

11.4.1 建筑剖面图的形成与用途

1. 建筑剖面图的形成

假想用一个平行于投影面的剖切平面,将房屋剖开,移去观察者与剖切平面之间的部分,绘出剩余部分的房屋的正投影,所得图样称为建筑剖面图,简称剖面图。

2. 建筑剖面图的用途

建筑剖面图主要表示建筑的结构形式、分层情况、各层高度、地面和楼面以及各构件在垂直方向上的相互关系等内容。在施工中,可作为进行分层、砌筑墙体、浇筑楼板、屋面板和梁的依据,是与平、立面图相互配合的不可缺少的重要图纸。

11.4.2 建筑剖面图的内容

建筑剖面图的内容如下:

(1)反映建筑竖向空间分隔及组合的情况。

(2)表示剖切位置墙身线及轴线、编号。

(3)表示出各层窗台、门窗过梁标高。

(4)表示室内地面、各层楼地层及屋顶构造做法。

(5)表示楼梯的位置及楼梯踏步级数和尺寸。

(6)表示阳台、雨篷、台阶等构造做法及尺寸。

(7)表示室内外地面、各层楼地面、檐口、屋顶标高。

(8)表示有关部位的详细构造及标准通用图集的索引等。

11.4.3 建筑剖面图的识读

图11.4为某建筑的剖面图。

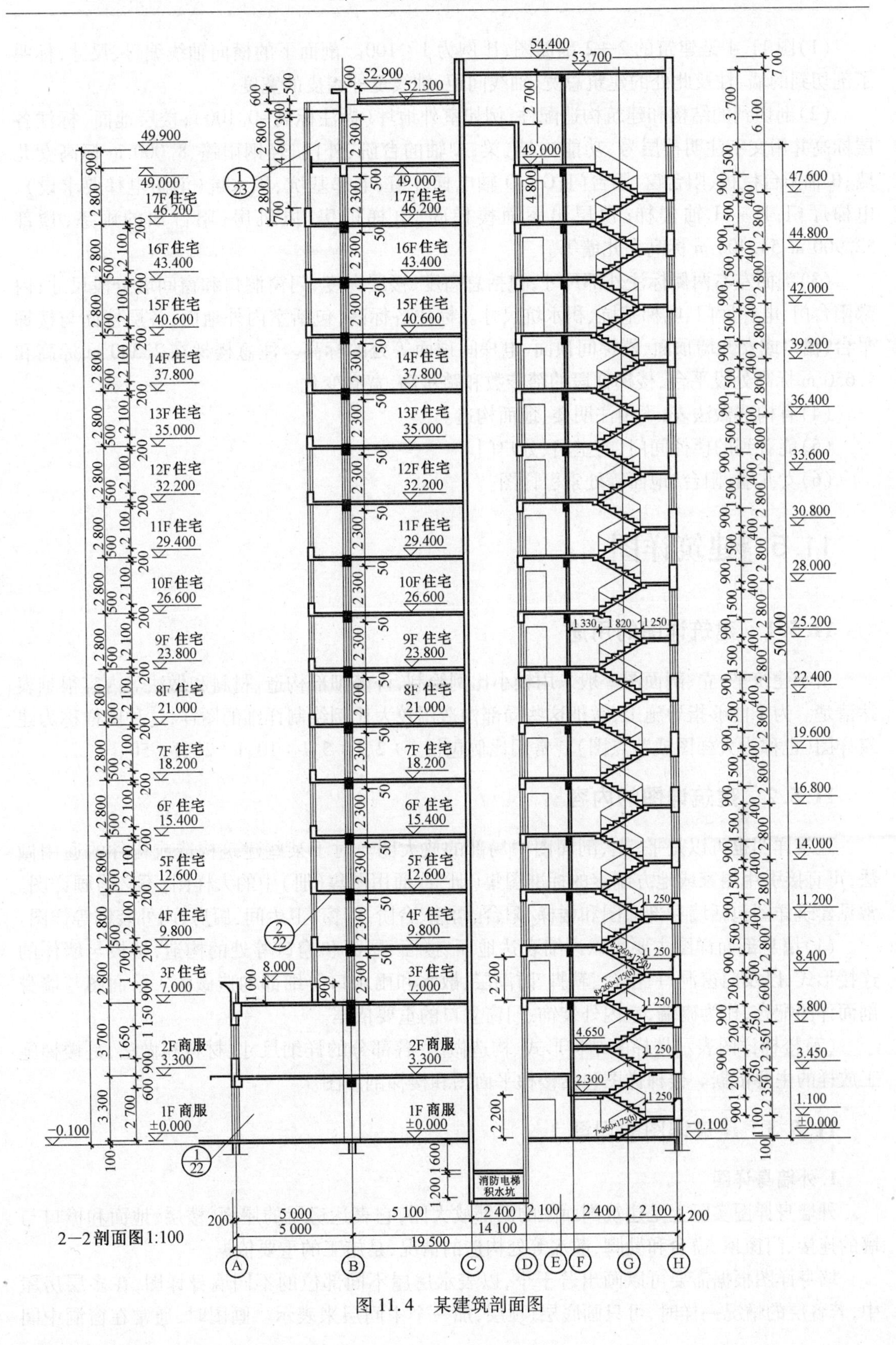

图11.4 某建筑剖面图

（1）图 11.4 是建筑的 2—2 剖面图，比例为 1 ∶ 100。剖面下的横向轴线编号、尺寸，标明了剖切到的墙、柱及此处的建筑总宽、轴线间距、轴线至外墙皮的宽度。

（2）剖切到的结构和建筑构造配件，例如室外地坪（标注标高-0.100）；楼层地面（标注各层标高并用文字注明楼层号、功能）；墙、梁；A 轴的台阶、外门、轻钢雨篷、8.000 m 标高女儿墙；B 轴阳台栏板、阳台窗、阳台门；C ~ D 轴电梯井道、电梯基坑、积水坑（消防电梯要求设）、电梯厅门；F ~ H 轴楼梯；顶层出屋面楼梯间、电梯机房、风机房；阳台顶的雨篷，顶部 52.900 m、54.400 m 标高女儿墙等。

（3）剖面左右两侧标注外部尺寸，包括总高度、楼层高度、门窗洞口和窗间墙分段尺寸；内部阳台门、电梯厅门、电梯基坑、积水坑尺寸。标注各标高，包括室内外地面、各层楼面与楼梯平台；檐口或女儿墙顶面、楼梯间顶面、电梯间顶面等处的标高。注意楼梯在 2.300 m 标高和 4.650 m 标高处设平台，楼梯梯段的踏步数和踏步高、宽有变化。

（4）有构造做法表，不用注明楼、地面构造。

（5）能看到的楼梯间门、前室门、分户门。

（6）女儿墙、阳台、地面等处索引详图。

11.5 建筑详图

11.5.1 建筑详图的用途

由于建筑平、立、剖面图一般采用较小比例绘制，许多细部构造、材料和做法等内容很难表达清楚。为了能够指导施工，常把这些局部构造用较大比例绘制详细的图样，这种图样称为建筑详图（也称为大样图或节点图）。常用比例包括 1 ∶ 2、1 ∶ 5、1 ∶ 10、1 ∶ 20、1 ∶ 50。

11.5.2 建筑详图的内容

建筑详图也可以是平、立、剖面图中局部的放大图。对于某些建筑构造或构件的通用做法，可直接引用国家或地方制定的标准图集（册）或通用图集（册）中的大样图，不必另画详图。常见建筑详图包括墙身剖面图和楼梯、阳台、雨篷、台阶、门窗、卫生间、厨房、内外装饰等详图。

（1）墙身剖面详图主要用以详细表达地面、楼面、屋面和檐口等处的构造，楼板与墙体的连接形式，以及门窗洞口、窗台、勒脚、防潮层、散水和雨水口等细部构造做法。平面图与墙身剖面详图配合，作为砌墙、室内外装饰、门窗立口的重要依据。

（2）楼梯详图表示楼梯的结构形式、构造做法、各部分的详细尺寸、材料和做法，是楼梯施工放样的主要依据。楼梯详图包括楼梯平面图和楼梯剖面图。

11.5.3 建筑详图的识读

1. 外墙身详图

外墙身详图实际上是建筑剖面图的局部放大图，它表达房屋的屋面、楼层、地面和檐口与墙的连接、门窗顶、窗台和勒脚、散水等处构造的情况，是施工的重要依据。

墙身详图根据需要可以画出若干个，以表示房屋不同部位的不同墙身详图，在多层房屋中，若各层的情况一样时，可只画底层、顶层，加一个中间层来表示。画图时，通常在窗洞中间处断开,成为几个节点详图的组合。

现以图 11.5 为例,说明外墙身详图的内容与识读方法:

1)看图名。从图名可知该图为墙身剖面详图,比例为 1∶50。

2)看檐口剖面部分。可知该房屋女儿墙(也称包檐)、屋顶层及女儿墙的构造。女儿墙构造尺寸如图 11.5 所示,女儿墙压顶有详图索引。屋顶层是钢筋混凝土楼板,下面有吊顶。

3)看窗顶剖面部分。可知窗顶钢筋混凝土过梁的构造情况,图中所示的各层窗顶都有一斜檐遮阳。

4)看楼板与墙身连接剖面部分。了解楼层地面的构造、楼板与梁、墙的相对位置等。

5)看墙脚剖面部分。可知散水、防潮层等的做法。

6)从图中外墙面指引线可知墙面装修的做法。

7)看图中的各部位标高尺寸可知室外地坪,室内一、二、三层地面,顶棚和各层窗口上下以及女儿墙顶的标高尺寸。

2. 楼梯详图

房屋中的楼梯是由楼梯段(简称梯段,包括踏步或斜梁)、平台(包括平台板和梁)和栏杆(或栏板)等组成。

楼梯详图主要表示楼梯的类型、结构形式、各部位的尺寸及装修做法,是楼梯施工放样的主要依据。

楼梯详图一般由楼梯平面图、剖面图及踏步、栏杆等详图组成。楼梯详图一般分建筑详图与结构详图,并分别绘制。但对比较简单的楼梯,有时可将建筑详图与结构详图合并绘制,列入建筑施工图或者结构施工图中均可。

现以住宅楼的楼梯(图 11.6、图 11.7)为例,说明楼梯详图的内容与识读方法:

(1)楼梯平面图。

楼梯平面图是用水平剖切面作出的楼梯间水平全剖图,通常底层和顶层是不可少的。若中间层楼梯构造都一样,只画一个平面并标明“×. ×层平面”或“标准层平面图”即可,否则要分别画出。

该楼梯位于③~④轴内,从图中可见一到夹层是三个梯段,夹层到二层是两个梯段。第一个梯段的标注是 7×280=1 960。说明,这个梯段是 8 个踏步,踏面宽 280 mm,梯段水平投影长 1 960 mm。从投影特性可知,8 个踏步从梯段的起步地面到梯段的顶端地面,其投影只能反映出 7 个踏面宽(即 7×280),而踢面积聚成直线 8 条(即踏步的分格线);而第二个梯段的标注是 8×280=2 240。说明,这个梯段是 9 个踏步,踏面宽 280 mm,梯段水平投影长 2 240 mm。第三个梯段及以上各梯段的标注均与第二个梯段相同。由此看出,一到夹层共 36 个踏步。夹层到二层设两个梯段,共 18 个踏步。梯段上的箭头指示上下楼的方向。

楼梯平面图对平面尺寸和地面标高作了详细标注,如开间进深尺寸为 2 400 mm 和 5 000 mm,梯段宽 1 190 mm,梯段水平投影长 1 960 mm 及 2 240 mm,平台宽 1 180 mm。入口地面标高为-0. 150 m,楼面标高为 3. 600 m,平台标高为 0. 900 m、2. 250 m 等。该平面图还对楼梯剖面图的剖切位置作了标志及编号,如图 11.6 所示。

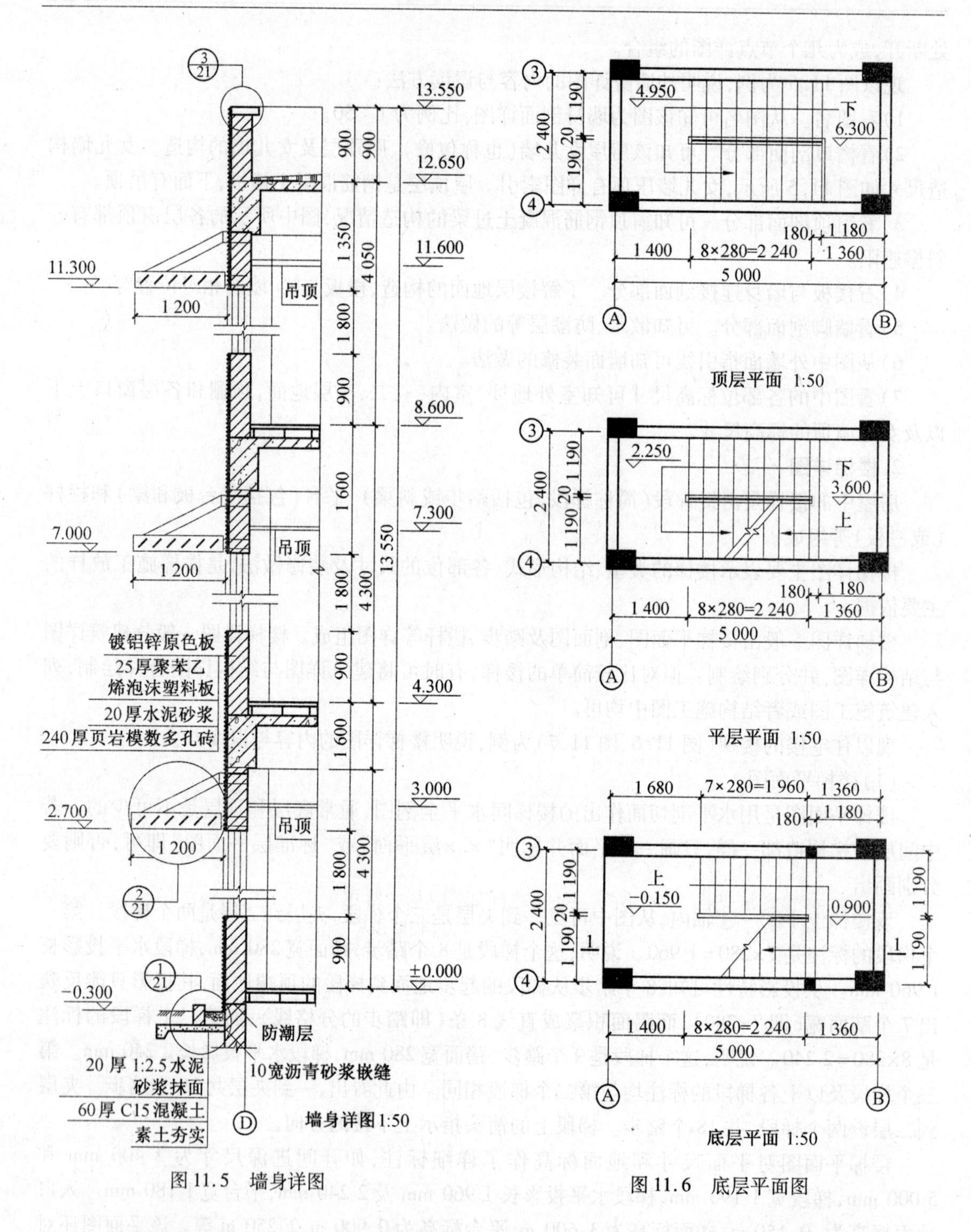

图 11.5　墙身详图　　　　图 11.6　底层平面图

(2)楼梯剖面图。

楼梯剖面图同房屋剖面图的形成一样,用一假想的铅垂剖切平面,沿着各层楼梯段、平台及窗(门)洞口的位置剖切,向未被剖切梯段方向所作的正投影图。它能完整地表示出各层梯段、栏杆与地面、平台和楼板等的构造及相互组合关系。图 11.7 所示的剖面图是图 11.6 楼梯平面图的剖切图。它从楼梯间的外门经过入室内的第二梯段剖切的,即剖切面将二、四梯段剖切,向一、三、五梯段作投影。被剖切的二、四梯段和楼板、梁、地面和墙等,都用粗实线表示,一、三、五梯段是作外形投影,用中实线表示。

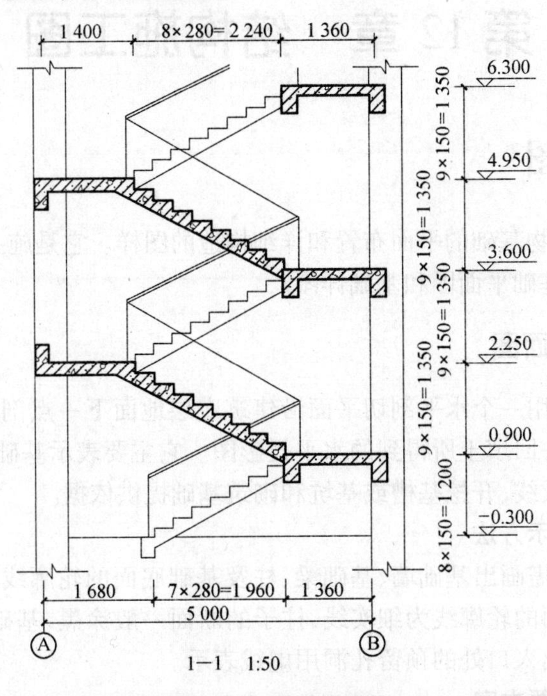

图 11.7　楼梯剖面图

从剖面图可见,一到夹层是三跑楼梯,夹层到二楼是两跑楼梯,第一跑(梯段)是 8×150=1 200,即 8 个踏步,高为 150 mm。其余每跑(梯段)都是 9×150=1 350,即 9 个踏步,高为 150 mm。地面到平台的距离为 1 200 mm,楼面到平台的距离均为 1 350 mm。

3. 其他建筑详图示例

室外台阶的做法如图 11.8 所示,阳台栏杆如图 11.9 所示。

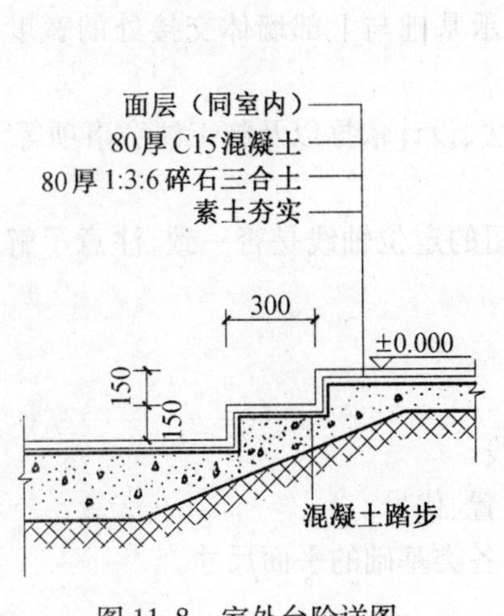

图 11.8　室外台阶详图

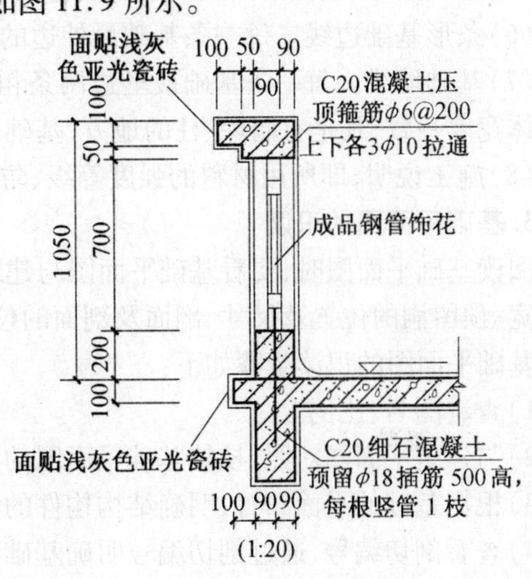

图 11.9　阳台栏杆详图

第 12 章　结构施工图

12.1　基础图

基础图是表示建筑物基础的平面布置和详细构造的图样。它是施工放线、开挖基槽、砌筑基础的依据，一般包括基础平面图和基础详图。

12.1.1　基础平面图

基础平面图是假想用一个水平剖切平面沿建筑底层地面下一点剖切建筑，把剖切平面上面的部分去掉，并且移去回填土所得到的水平投影图。它主要表示基础的平面布置以及墙、柱与轴线的关系，为施工放线、开挖基槽或基坑和砌筑基础提供依据。

1. 基础平面图的图示方法

在基础平面图中只需画出基础墙、基础梁、柱及基础底面的轮廓线。基础墙、基础梁的轮廓线为粗实线，基础底面的轮廓线为细实线，柱子的断面一般涂黑，基础细部的轮廓线通常省略不画，各种管线及其出入口处的预留孔洞用虚线表示。

2. 基础平面图的主要内容

(1)图名、比例一般与对应建筑平面图一致，例如 1 : 100。

(2)纵横向定位轴线及编号、轴线尺寸须与对应建筑平面图一致。

(3)基础墙、柱的平面布置，基础底面形状、大小及其与轴线的关系。

(4)基础梁的位置、代号。

(5)基础编号、基础断面图的剖切位置线及其编号。

(6)条形基础边线。每一条基础最外边的两条实线表示基础底的宽度。

(7)基础墙线。每一条基础最里边两条粗实线表示基础与上部墙体交接处的宽度，一般同墙体宽度一致，凡是有墙垛、柱的地方，基础应加宽。

(8)施工说明，即所用材料的强度等级、防潮层做法、设计依据以及施工注意事项等。

3. 基础平面图的识读

阅读基础平面图时，要看基础平面图与建筑平面图的定位轴线是否一致，注意了解墙厚、基础宽、预留洞的位置及尺寸、剖面及剖面的位置等。

基础平面图的识读步骤如下：

1)查看图名、比例。

2)与建筑平面图对照，校核基础平面图的定位轴线。

3)根据基础的平面布置，明确结构构件的种类、位置、代号。

4)查看剖切编号，通过剖切编号明确基础的种类，各类基础的平面尺寸。

5)阅读基础施工说明，明确基础的施工要求、用料。

6)联合阅读基础平面图与设备施工图，明确设备管线穿越基础的准确位置，洞口的形状、大小及洞口上方的过梁要求。

(1)砖混结构条形基础平面图的识读。

混合结构中的条形基础平面图识读,常以某轴线为例识读,轴线与墙体中心线的关系是重合还是偏心布置。如图 12.1 所示为某学生公寓楼条形基础平面图。比例为 1∶100,标注了纵横向定位轴线间距,例如横向定位轴线间距均为 3 600 mm。基础墙的轮廓线为粗实线,基础底面的轮廓线为细实线。标出了基础断面图的剖切位置线及其编号,例如 1—1、2—2、3—3,以①轴线为例,基础宽度为 1 200 mm,基础墙厚为 370 mm,基础墙的定位尺寸为 250 mm 和 120 mm 偏内布置,基础的定位尺寸为 665 mm 和 535 mm 略偏内布置。

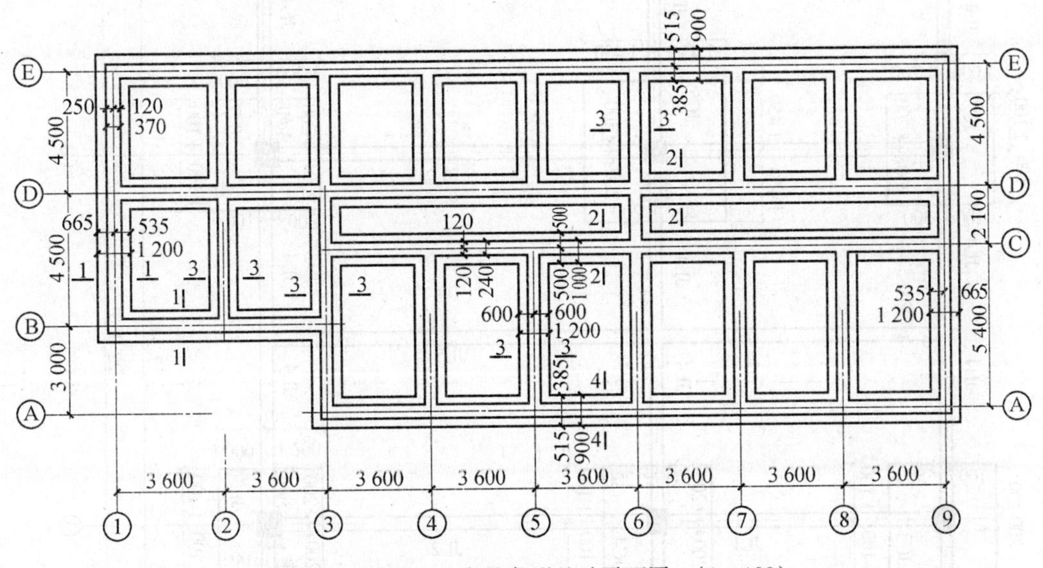

图 12.1　某学生公寓楼条形基础平面图　(1∶100)

(2)框架结构所示独立基础平面图的识读。

如图 12.2 所示为某办公楼的钢筋混凝土独立基础的平面图。绘图比例为 1∶100,横向轴线编号为①~⑤,纵向轴线编号为 A~C,应与建筑施工图轴线相一致。图中表达了独立基础、基础梁和柱三种构件的外部轮廓线、平面位置、尺寸及代号。独立基础有七种类型:JC1~JC7。基础梁有五种:JL1~JL6。柱的代号在此图中未写出,一般应标注。

12.1.2　基础详图

基础详图是假想用一个垂直的剖切面在指定的位置剖切基础所得到的断面图。它主要反应单个基础的形状、尺寸、材料、配筋、构造及基础的埋置深度等详细情况。基础详图要用较大的比例绘制,例如 1∶20。

1. 基础详图的图示方法

不同构造的基础应分别画出其详图。当基础构造相同,而仅部分尺寸不同时,也可用一个详图表示,但需标出不同部分的尺寸。基础断面图的边线一般用粗实线画出,断面内应画出材料图例;若是钢筋混凝土基础,则只画出配筋情况,不画出材料图例。

2. 基础详图的图示内容

(1)图名为剖断编号或基础代号及其编号,例如 1—1 或 J1,比例较大,例如 1∶20。

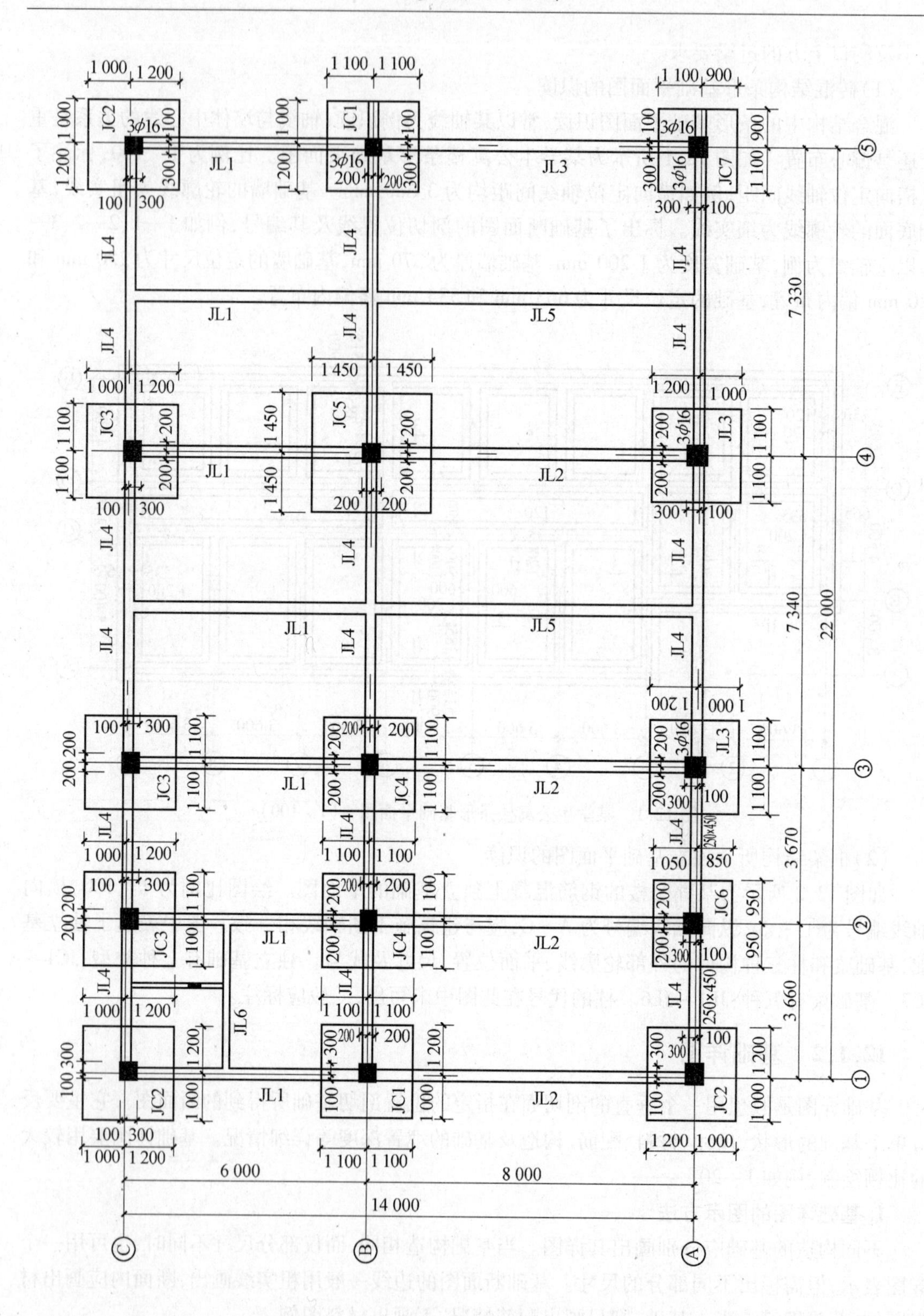

图 12.2　某办公楼基础平面图　(1∶100)

(2)定位轴线及其编号与对应基础平面图一致。

(3)基础断面的形状、尺寸、材料以及配筋。

(4)室内外地面标高及基础底面的标高。

(5)基础墙的厚度、防潮层的位置和做法。

(6)基础梁或圈梁的尺寸及配筋。

(7)垫层的尺寸及做法。

(8)施工说明等。

3. 基础详图的识读

(1)砖混结构条形基础详图的识读。

图12.3所示为某学生公寓楼条形基础详图。对应基础平面图(图12.1)中的1—1和2—2基础断面图,比例为1:20,从标注的图例可以看出,是毛石砌筑的条形基础。1—1为外墙基础详图,呈阶梯状,有三个台阶,基础宽度为1 200 mm。基础底面标高为-1.200 m,基础上面设有圈梁QL-1,圈梁上面为基础墙。室内外地面标高各为±0.000和-0.600 m。防潮层设在-0.060 m处。

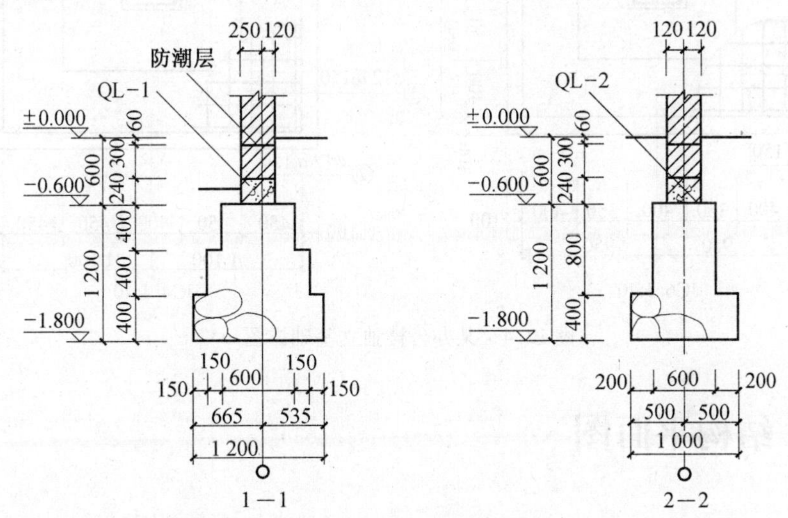

图12.3　某学生公寓楼条形基础详图　(1:20)

(2)框架结构独立基础详图的识读。

如图12.4所示为某办公楼独立基础的详图,从详图中可以看出基础JC4和JC6的详细尺寸与配筋。从图中可知,JC4为阶形独立基础,每阶高300 mm,总高600 mm;基底长宽为2 200 mm×2 200 mm,与平面图相一致;基础底部双向配置直径12 mm间距150 mm的Ⅰ级钢筋,竖向埋置8根直径18 mm的Ⅱ级钢筋,与柱连接,其中4根角筋伸出基础顶面1 400 mm,下端弯折180 mm,其余4根钢筋伸出基础顶面500 mm,并设3根直径8 mm的Ⅰ级箍筋,间距250 mm;基础下设100 mm厚素混凝土垫层,垫层每边宽出基础100 mm;基础底部标高为-1.650 m,基础的埋置深度为1.65 m。JC6与JC4只是基底尺寸不同,其余均相同。

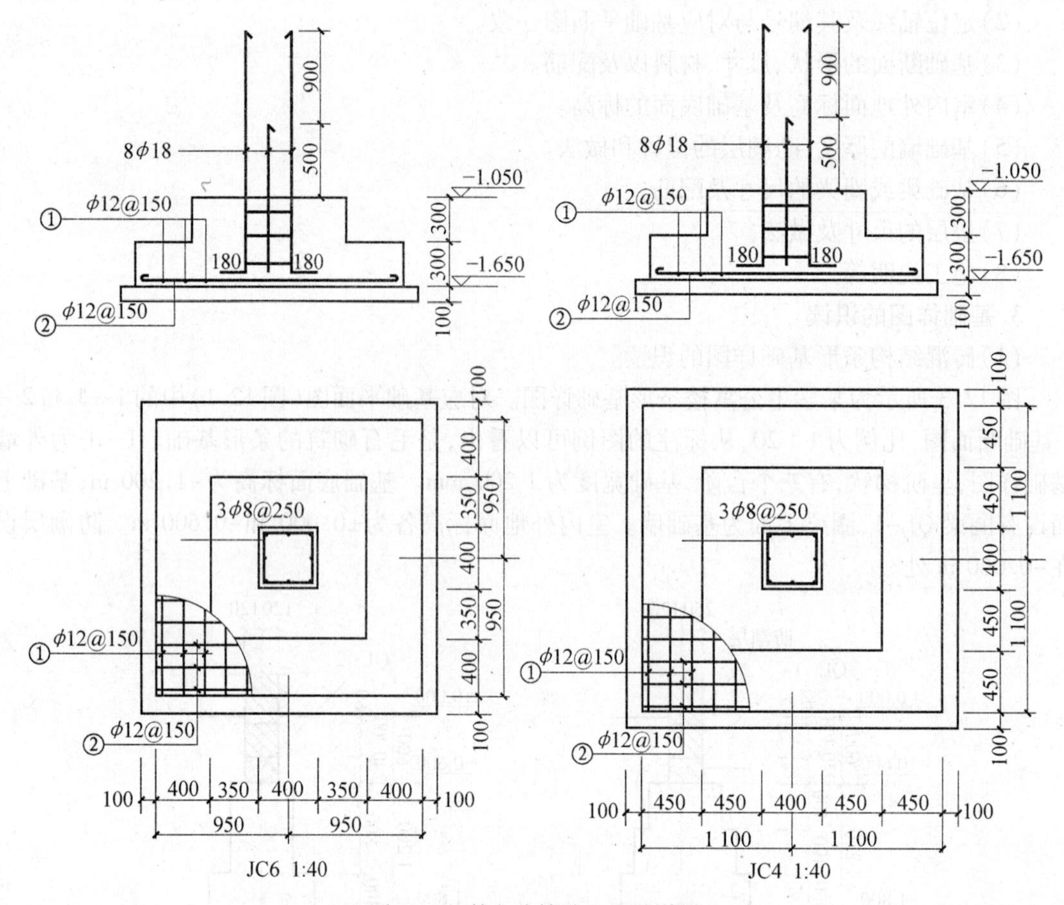

图 12.4　某办公楼独立基础详图

12.2　结构平面图

12.2.1　楼层结构平面图概述

用一个假想的水平剖切平面从各层楼板层中间剖切楼板层，得到的水平剖面图，称之为楼层结构平面图。主要表示各楼层结构构件（例如墙、梁、板、柱等）的平面位置，是建筑施工时构件布置、安装的重要依据。

12.2.2　楼层结构平面图的图示方法

在楼层结构平面图中外轮廓线用中粗实线表示被楼板遮挡的墙、柱、梁等，用细虚线表示，其他用细实线表示。图中的结构构件使用构件代号表示。楼层结构平面图的比例应当与建筑平面图的比例相同。

由于钢筋混凝土楼板有两种：预制楼板和现浇楼板，其表达方式不同。例如楼板层是预制楼板，则在结构平面布置图中主要表示支撑楼板的墙、梁、柱等结构构件的位置，预制楼板直接在结构平面图中进行标注，如图 12.5 所示。

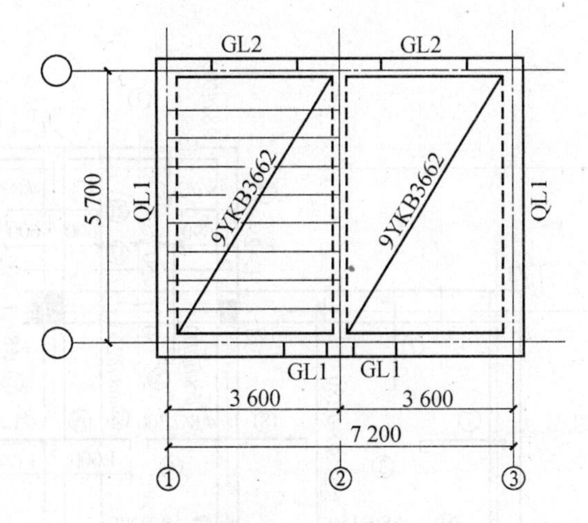

图 12.5　预制楼板的表示方法

图中 9YKB3662 各代号的含义表示如下：

9：表示构件的数量；

Y：表示预应力；

KB：表示空心楼板；

36：表示板的长度 3 600 mm；

6：表示板的宽度 600 mm；

2：表示板的荷载等级为 2 级。

若楼板层为现浇钢筋混凝土楼板，则可在构件平面布置图中直接进行配筋，

12.2.3　楼层结构平面图的识读

如图 12.6 为某商住楼楼层结构平面图。

(1)了解图名与比例。楼层结构平面布置图的比例一般同建筑平面图、基础平面图的比例一致。如图 12.6 某商住楼楼层结构平面图比例为 1∶100，与建筑平面图、基础平面图的比例相同。

(2)同建筑平面图对照，了解楼层结构平面图的定位轴线。

(3)通过结构构件代号了解该楼层中结构构件的位置与类型。在该图中，主要的结构构件是钢筋混凝土柱子的位置和编号，以及现浇板的位置、编号和配筋。

(4)了解现浇板的配筋情况及板的厚度。在楼层结构图中，把所有的现浇板进行编号，形状、大小、配筋相同的楼板编号相同，仅在每种楼板的一块楼板中进行配筋。为了突出钢筋的位置和规格，钢筋用粗实线表示。例如相邻的 12 号楼板，只在左面的 12 号楼板中配筋。12 号楼板厚度 $H=120$ mm，配置的纵横向钢筋有 30 号钢筋(ϕ10@150)及 31 号钢筋(ϕ8@200)。负筋有 14 号钢筋(ϕ12@150)，长度 2 500 mm；26 号钢筋(ϕ12@200)，长度 2 500 mm；32 号钢筋(ϕ12@120)，长度 3 320 mm。

(5)了解各部位的标高情况，并且与建筑标高对照，了解装修层的厚度。从图名可知，此图的结构标高为 6.8 m、9.8 m、12.8 m 和 15.8 m，用建筑标高减去本图的结构标高，然后减去楼板的厚度，即为楼板层装修的厚度。

(6)若有预制板，了解预制板的规格、数量等级和布置情况。

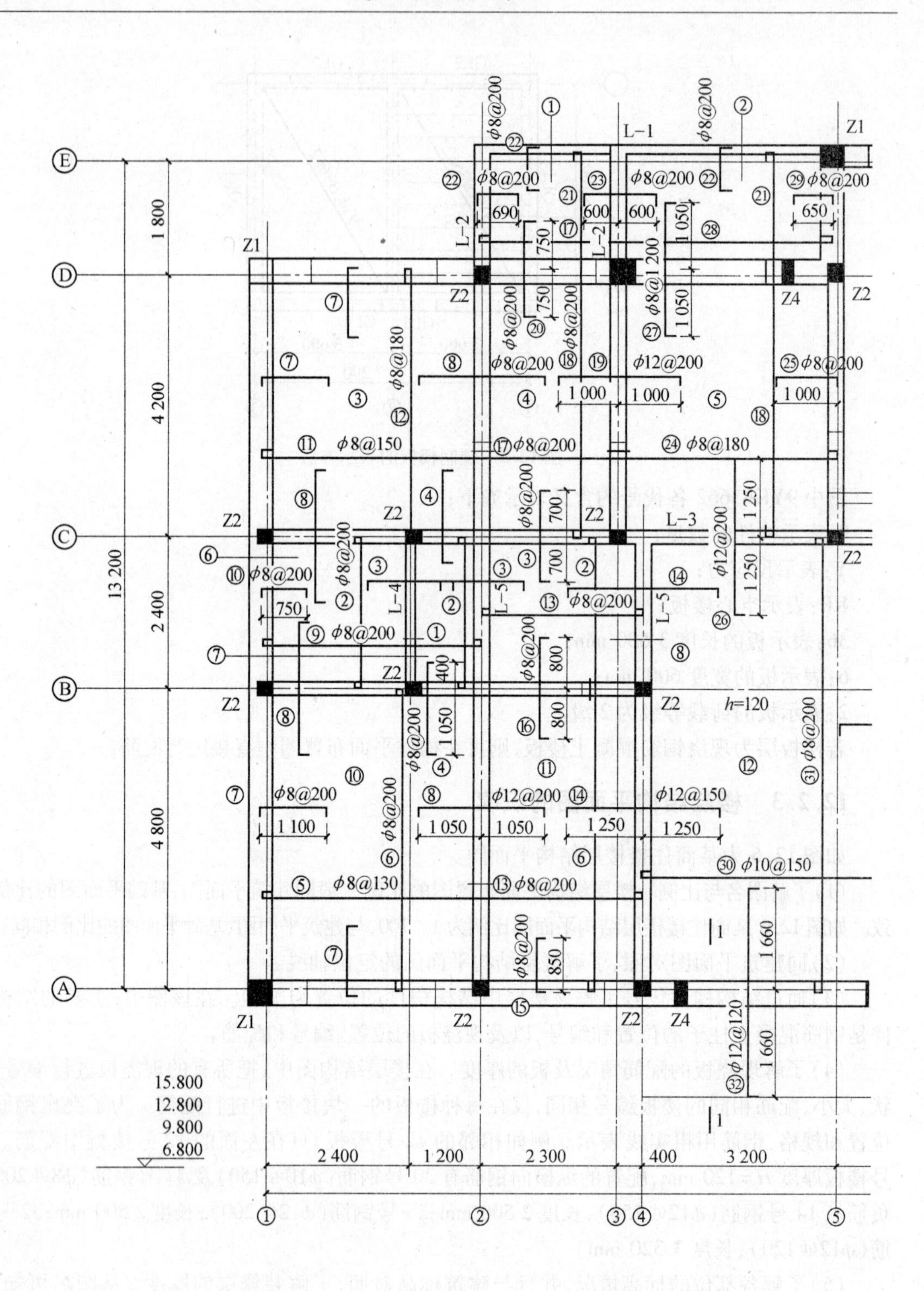

图 12.6　某商住楼楼层结构平面图

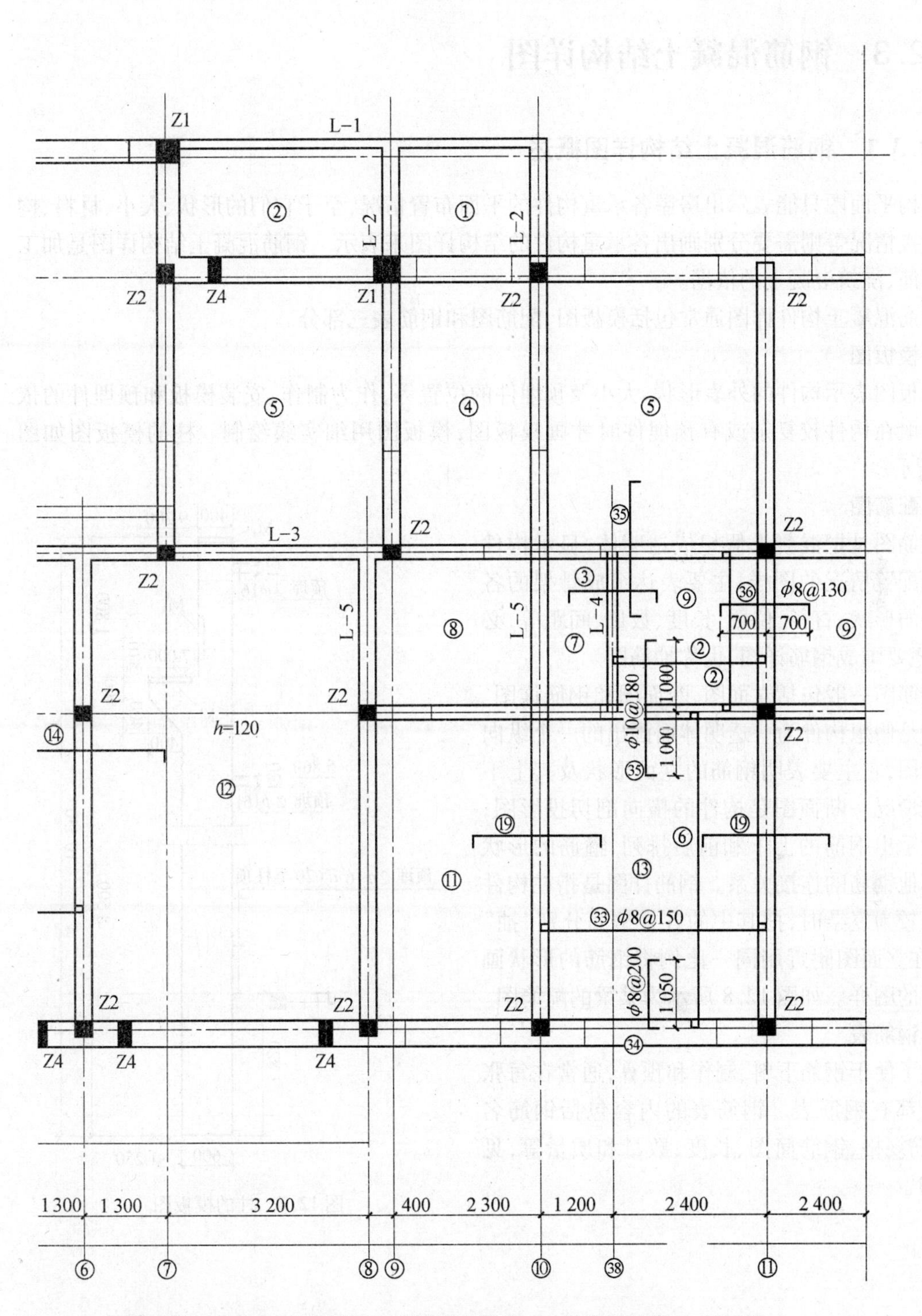

楼层结构平面图（现浇板未注明板厚者均为 100 卫生间另降 50 ）1:100

图 12.6　某商住楼楼层结构平面图（续）

12.3　钢筋混凝土结构详图

12.3.1　钢筋混凝土结构详图概述

结构平面图只能表示出房屋各承重构件的平面布置情况，至于它们的形状、大小、材料、构造和连接情况等则需要分别画出各承重构件的结构详图来表示。钢筋混凝土结构详图是加工制作钢筋、浇筑混凝土的依据。

钢筋混凝土构件详图通常包括模板图、配筋图和钢筋表三部分。

1. 模板图

模板图表示构件的外表形状、大小及预埋件的位置等，作为制作、安装模板和预埋件的依据。一般在构件较复杂或有预埋件时才画模板图，模板图用细实线绘制。柱的模板图如图12.7所示。

2. 配筋图

配筋图是把混凝土假想成透明体，显示构件中钢筋配置情况的图样，主要表达组成骨架的各号钢筋的形状、直径、位置、长度、数量、间距等，必要时，还要画成钢筋详图，也称抽筋图。

配筋图一般包括立面图、断面图和钢筋详图。立面图是假想构件为一透明体而画出的一个纵向正投影图，它主要表明钢筋的立面形状及其上下排列的情况。断面图是构件的横向剖切投影图，它能表示出钢筋的上下和前后排列、箍筋的形状及与其他钢筋的连接关系。钢筋详图是指在构件的配筋较为复杂时，把其中的各号钢筋分别“抽”出来，在立面图附近用同一比例将钢筋的形状画出所得的图样。如图12.8所示为某梁的配筋图。

3. 钢筋表

为了便于钢筋下料、制作和预算，通常在每张图纸中都有钢筋表。钢筋表的内容包括钢筋名称、钢筋规格、钢筋简图、长度、数量和质量等，见表12.1。

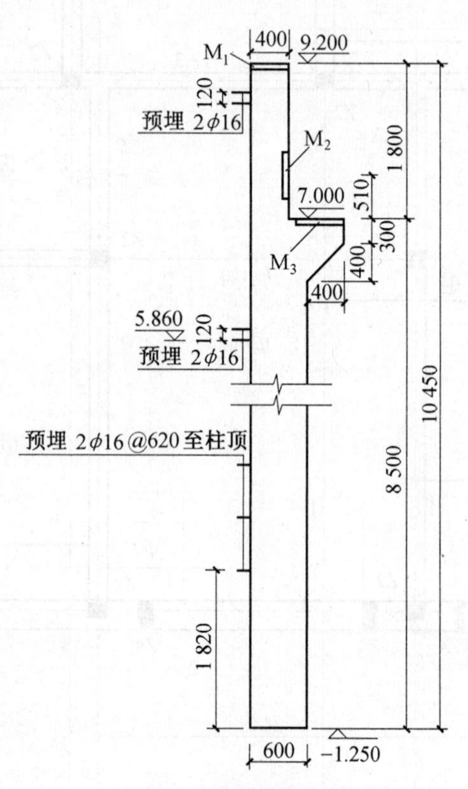

图12.7　柱的模板图

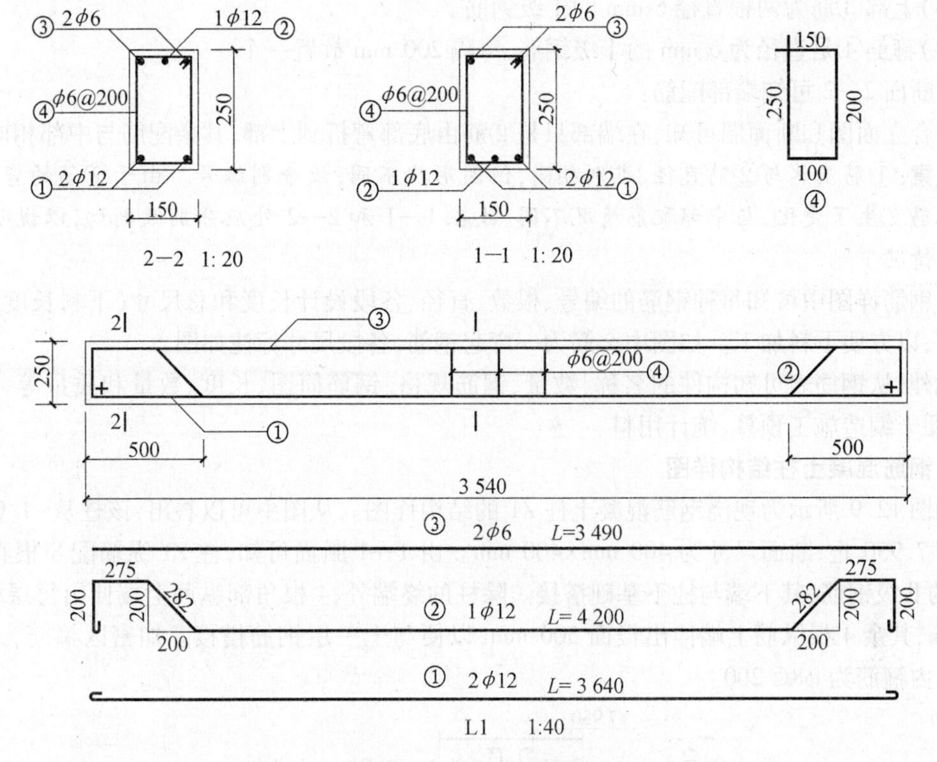

图 12.8　某梁的配筋图

表 12.1　梁 L1 钢筋明细表

构件名称	构件数	编号	规格	简图	单根长度/mm	根数	累计质量/kg
L1	1	1	φ12		3 640	2	7.41
		2	φ12		4 204	1	4.45
		3	φ6		3 490	2	1.55
		4	φ6		650	18	2.60

12.3.2　钢筋混凝土结构详图的识读

1. 钢筋混凝土梁结构详图

梁的结构详图由配筋图和钢筋表组成。

读图时先看图名，再看立面图和断面图，后看钢筋详图和钢筋表。

由图 12.8 所示的梁可知，图名 L1 表示该梁为一号梁，比例为 1 : 40。此梁为矩形断面的现浇梁，断面尺寸：梁长 3 540 mm、宽 150 mm、高 250 mm。梁的配筋情况如下：

从断面 1—1 可知中部配筋：

(1) 下部①筋为两根直径 12 mm 的Ⅰ级钢筋。

(2) ②筋为一根直径为 12 mm 的Ⅰ级钢筋，在距两端 500 mm 处弯起。

(3)上部③筋为两根直径 6 mm 的Ⅰ级钢筋。

(4)箍筋④是直径为 6 mm 的Ⅰ级钢筋,每隔 200 mm 放置一个。

从断面 2—2 可知端部配筋:

结合立面图和断面图可知,在端部只是②筋由底部弯折到上部,其余配筋与中部相同。

注意:①筋虽然与②筋直径、类别相同,但因形状不同,故分别编号。由于②筋的弯起,梁端处配筋发生了变化,与中部配筋情况不同,故在 1—1 和 2—2 处应分别做剖切,以说明各处的配筋情况。

从钢筋详图中可知每种钢筋的编号、根数、直径、各段设计长度和总尺寸(下料长度)及弯起角度,以方便下料加工。如图中②筋为一弯起钢筋,各段尺寸标注如图。

此外,从钢筋表可知构件的名称、数量、钢筋规格、钢筋简图、长度、数量和质量等详细信息,以便于编造施工预算,统计用料。

2. 钢筋混凝土柱结构详图

如图 12.9 所示为现浇钢筋混凝土柱 Z1 的结构详图。从图中可以看出,该柱从-1.050 起到标高 7.950 止,断面尺寸为 400 mm×400 mm。由 1—1 断面可知,柱 Z1 纵筋配 8 根直径为 8 mm的Ⅱ级钢筋,其下端与柱下基础搭接。除柱的终端外,4 根角部纵筋上端伸出每层楼面 1 400 mm,其余 4 根纵筋上端伸出楼面 500 mm,以便与上一层钢筋搭接。加密区箍筋为 ϕ8@100,柱内箍筋为 ϕ8@200。

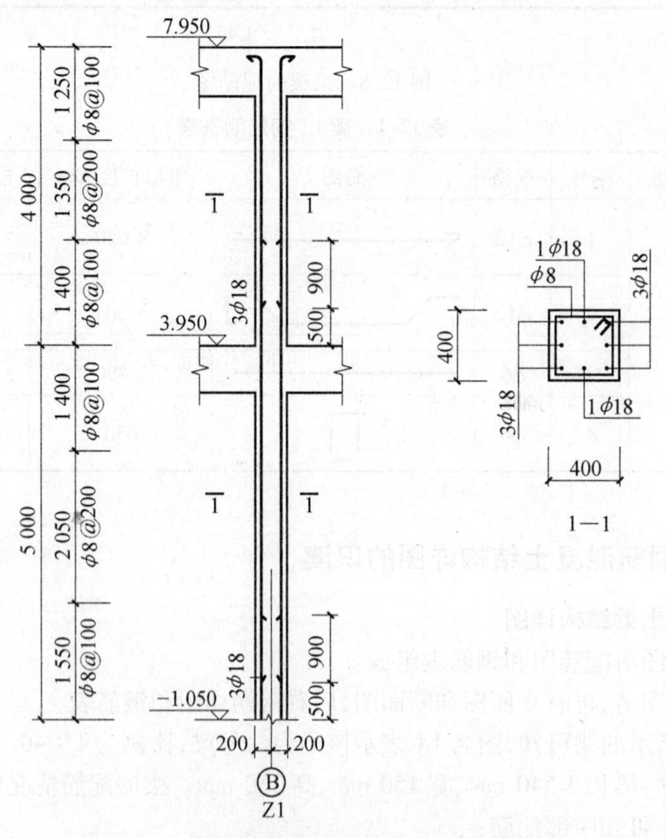

图 12.9　现浇钢筋混凝土柱 Z1 的结构详图

12.4　钢筋混凝土柱、墙、梁平法施工图的识读

12.4.1　柱平法施工图的识读

柱平法施工图是在柱平面布置图上,采用列表注写方式或截面注写方式,只表示柱的截面尺寸和配筋等具体情况的平面图。它主要表达了柱的代号、平面位置、截面尺寸、与轴线的几何关系和配筋等具体情况。

1. 柱的平面表示方法

(1)列表注写方式。

1)列表注写方式是在柱平面布置图上(一般只需采用适当比例绘制一张柱平面布置图,包括框架柱、框支柱、梁上柱和剪力墙上柱),分别在同一编号的柱中选择一个(有时需要选择几个)截面标注几何参数代号;在柱表中注写柱编号、柱段起止标高、几何尺寸(含柱截面对轴线的偏心情况)与配筋的具体数值,并配以各种柱截面形状及其箍筋类型图的方式,来表达柱平法施工图,如图 12.10 所示。

2)柱表注写内容规定如下:

①注写柱编号,柱编号由类型代号和序号组成,应符合表 12.2 的规定。

表 12.2　柱编号

柱类型	代　号	序　号
框架柱	KZ	××
框支柱	KZZ	××
芯柱	XZ	××
梁上柱	LZ	××
剪力墙上柱	QZ	××

注:编号时,当柱的总高、分段截面尺寸和配筋均对应相同,仅截面与轴线的关系不同时,仍可将其编为同一柱号,但应在图中注明截面与轴线的关系。

②注写各段柱的起止标高,自柱根部往上以变截面位置或截面未变,但配筋改变处为界分段注写。框架柱和框支柱的根部标高是指基础顶面标高;芯柱的根部标高是指根据结构实际需要而定的起始位置标高;梁上柱的根部标高是指梁顶面标高;剪力墙上柱的根部标高为墙顶面标高。

注意:剪力墙上柱 QZ 包括“柱纵筋锚固在墙顶部”、“柱与墙重叠一层”两种构造做法,设计人员应注明选用哪种做法。当选用“柱纵筋锚固在墙顶部”做法时,剪力墙平面外方向应设梁。

③对于矩形柱,注写柱截面尺寸 $b \times h$ 及与轴线关系的几何参数代号 b_1、b_2 和 h_1、h_2 的具体数值,需对应于各段柱分别注写。其中 $b=b_1+b_2$,$h=h_1+h_2$。当截面的某一边收缩变化至与轴线重合或偏到轴线的另一侧时,b_1、b_2、h_1、h_2 中的某项为零或为负值。

对于圆柱,表中 $b \times h$ 一栏改用在圆柱直径数字前加 d 表示。为表达简单,圆柱截面与轴线的关系也用 b_1、b_2 和 h_1、h_2 表示,并使 $d=b_1+b_2=h_1+h_2$

对于芯柱，根据结构需要，可以在某些框架柱的一定高度范围内，在其内部的中心位置设置（分别引注其柱编号）。芯柱截面尺寸按构造确定，并按标准图集构造详图施工，设计不需注写；当设计者采用不同的做法时，应另行注明。芯柱定位随框架柱，不需要注写其与轴线的几何关系。

④注写柱纵筋。当柱纵筋直径相同，各边根数也相同时（包括矩形柱、圆柱和芯柱），将纵筋注写在“全部纵筋”一栏中；除此之外，柱纵筋分角筋、截面 b 边中部筋和 h 边中部筋三项分别注写（对于采用对称配筋的矩形截面柱，可仅注写一侧中部筋，对称边省略不注）。

⑤注写箍筋类型号及箍筋肢数，在箍筋类型栏内注写。

⑥注写柱箍筋，包括钢筋级别、直径与间距。

当为抗震设计时，用斜线“/”区分柱端箍筋加密区与柱身非加密区长度范围内箍筋的不同间距。施工人员需根据标准构造详图的规定，在规定的几种长度值中取其最大者作为加密区长度。当框架节点核芯区内箍筋与柱端箍筋设置不同时，应在括号中注明核芯区箍筋直径及间距。

当箍筋沿柱全高为一种间距时，则不使用“/”线。

当圆柱采用螺旋箍筋时，需在箍筋前加“L”。

3）具体工程所设计的各种箍筋类型图以及箍筋复合的具体方式，需画在表的上部或图中的适当位置，并在其上标注与表中相对应的 b、h 和类型号。

注意：当为抗震设计时，确定箍筋肢数时要满足对柱纵筋“隔一拉一”及箍筋肢距的要求。

4）采用列表注写方式表达的柱平法施工图示例，如图 12.10 所示。

（2）截面注写方式。

1）截面注写方式是在柱平面布置图的柱截面上，分别在同一编号的柱中选择一个截面，以直接注写截面尺寸和配筋具体数值的方式来表达柱平法施工图。

2）对除芯柱之外的所有柱截面按表 12.2 的规定进行编号，从相同编号的柱中选择一个截面，按另一种比例原位放大绘制柱截面配筋图，并在各配筋图上继其编号后再注写截面尺寸 $b \times h$、角筋或全部纵筋（当纵筋采用一种直径且能够图示清楚时）、箍筋的具体数值，以及在柱截面配筋图上标注柱截面与轴线关系 b_1、b_2、h_1、h_2 的具体数值。

当纵筋采用两种直径时，需再注写截面各边中部筋的具体数值（对于采用对称配筋的矩形截面柱，可仅在一侧注写中部筋，对称边省略不注）。

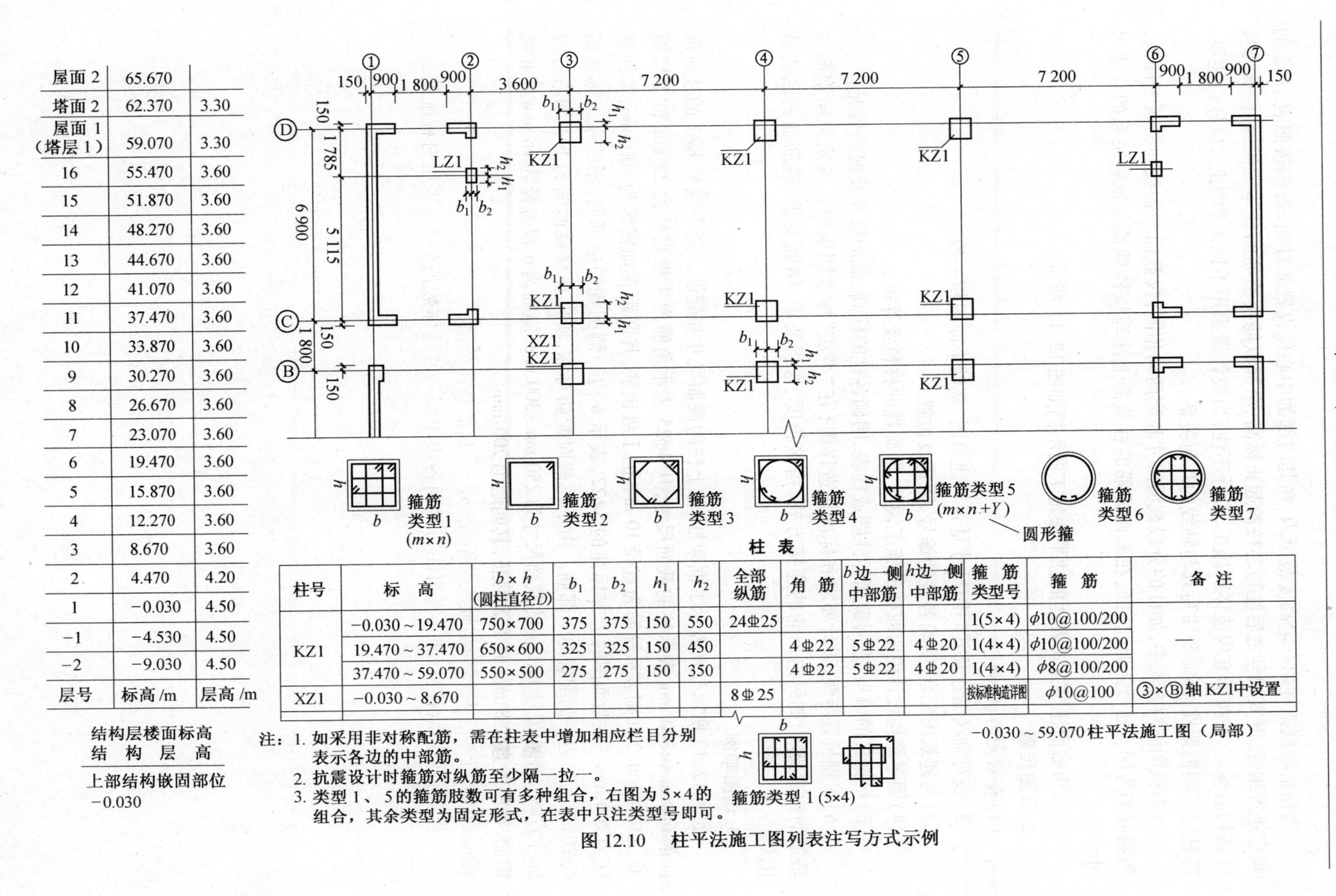

层号	标高/m	层高/m
屋面2	65.670	
塔面2	62.370	3.30
屋面1（塔层1）	59.070	3.30
16	55.470	3.60
15	51.870	3.60
14	48.270	3.60
13	44.670	3.60
12	41.070	3.60
11	37.470	3.60
10	33.870	3.60
9	30.270	3.60
8	26.670	3.60
7	23.070	3.60
6	19.470	3.60
5	15.870	3.60
4	12.270	3.60
3	8.670	3.60
2	4.470	4.20
1	-0.030	4.50
-1	-4.530	4.50
-2	-9.030	4.50

结构层楼面标高
结 构 层 高

上部结构嵌固部位
-0.030

柱 表

柱号	标 高	$b×h$（圆柱直径D）	b_1	b_2	h_1	h_2	全部纵筋	角 筋	b边一侧中部筋	h边一侧中部筋	箍筋类型号	箍 筋	备 注
KZ1	-0.030～19.470	750×700	375	375	150	550	24Ф25				1(5×4)	φ10@100/200	—
	19.470～37.470	650×600	325	325	150	450		4Ф22	5Ф22	4Ф20	1(4×4)	φ10@100/200	
	37.470～59.070	550×500	275	275	150	350		4Ф22	5Ф22	4Ф20	1(4×4)	φ8@100/200	
XZ1	-0.030～8.670						8Ф25				按标准构造详图	φ10@100	③×Ⓑ轴KZ1中设置

注：1. 如采用非对称配筋，需在柱表中增加相应栏目分别表示各边的中部筋。
2. 抗震设计时箍筋对纵筋至少隔一拉一。
3. 类型1、5的箍筋肢数可有多种组合，右图为5×4的组合，其余类型为固定形式，在表中只注类型号即可。

图12.10　柱平法施工图列表注写方式示例

当在某些框架柱的一定高度范围内，在其内部的中心位设置芯柱时，首先按照表 12.2 的规定进行编号，继其编号之后注写芯柱的起止标高、全部纵筋及箍筋的具体数值，芯柱截面尺寸按构造确定，并按标准构造详图施工，设计不注；当设计者采用不同的做法时，应另行注明。芯柱定位随框架柱，不需要注写其与轴线的几何关系。

3）在截面注写方式中，如柱的分段截面尺寸和配筋均相同，仅截面与轴线的关系不同时，可将其编为同一柱号。但此时应在未画配筋的柱截面上注写该柱截面与轴线关系的具体尺寸。

4）采用截面注写方式表达的柱平法施工图示例如图 12.11 所示。

2. 识图步骤

（1）查看图名、比例。

（2）核对轴线编号及其间距尺寸是否与建筑图、基础平面图相一致。

（3）与建筑图配合，明确各柱的编号、数量及位置。

（4）通过结构设计说明或柱的施工说明，明确柱的材料及等级。

（5）根据柱的编号，查阅截面标注图或柱表，明确各柱的标高、截面尺寸及配筋情况。

（6）根据抗震等级、设计要求和标准构造详图（在"平法"标准图集中），确定纵向钢筋和箍筋的构造要求，如纵向钢筋的连接方式、搭接长度、弯折要求、锚固要求、箍筋加密区的范围等。

3. 识图举例

如图 12.12 所示分别表示了框架柱、梁上柱的截面尺寸和配筋。图中编号 KZ1 的柱所标注的 650 mm×600 mm 表示柱的截面尺寸，其 4ϕ25 表示角筋为 4 根直径为 25 mm 的Ⅱ级钢筋，ϕ10@100/200 则表示箍筋为直径 10 mm 的Ⅰ级钢筋，其间距在加密区为 100 mm，非加密区为 200 mm。柱截面图的上方标注的 5ϕ22，表示 b 边一侧配置的中部筋，图的左方标注的 4ϕ20，表示 h 边一侧配置的中部筋。由于柱截面配筋对称，所以在柱截面图的下方和右方的标注省略。图中编号 LZ1 柱的截面尺寸为 250 mm×300 mm，纵筋为 6 根直径为 16 mm 的Ⅱ级钢筋，箍筋为直径 8 mm 的Ⅰ级钢筋，其间距为 200 mm。

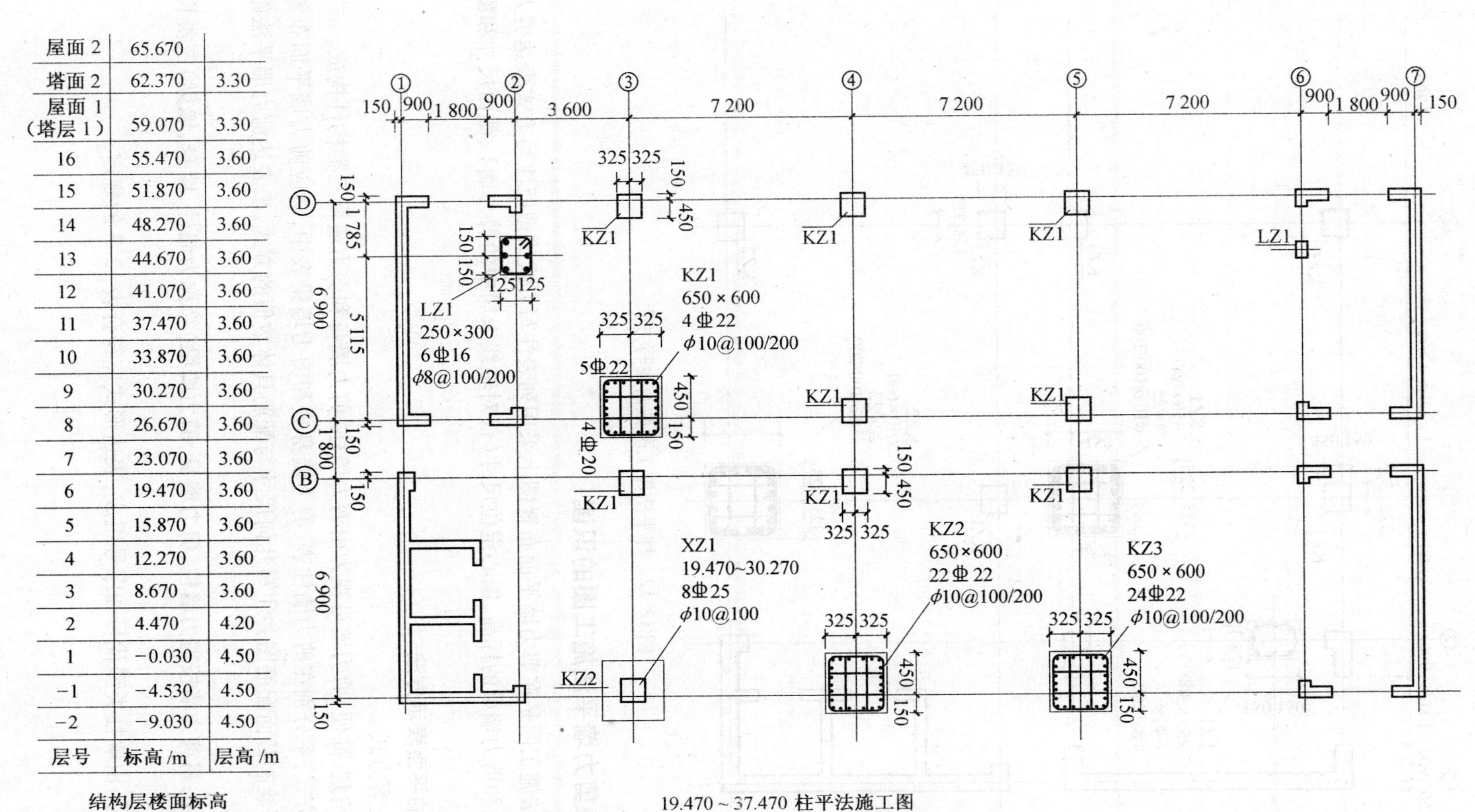

层号	标高/m	层高/m
屋面2	65.670	
塔面2	62.370	3.30
屋面1（塔层1）	59.070	3.30
16	55.470	3.60
15	51.870	3.60
14	48.270	3.60
13	44.670	3.60
12	41.070	3.60
11	37.470	3.60
10	33.870	3.60
9	30.270	3.60
8	26.670	3.60
7	23.070	3.60
6	19.470	3.60
5	15.870	3.60
4	12.270	3.60
3	8.670	3.60
2	4.470	4.20
1	−0.030	4.50
−1	−4.530	4.50
−2	−9.030	4.50

结构层楼面标高
结构层高

上部结构嵌固部位：
−0.030

图 12.11　柱平法施工图截面注写方式示例

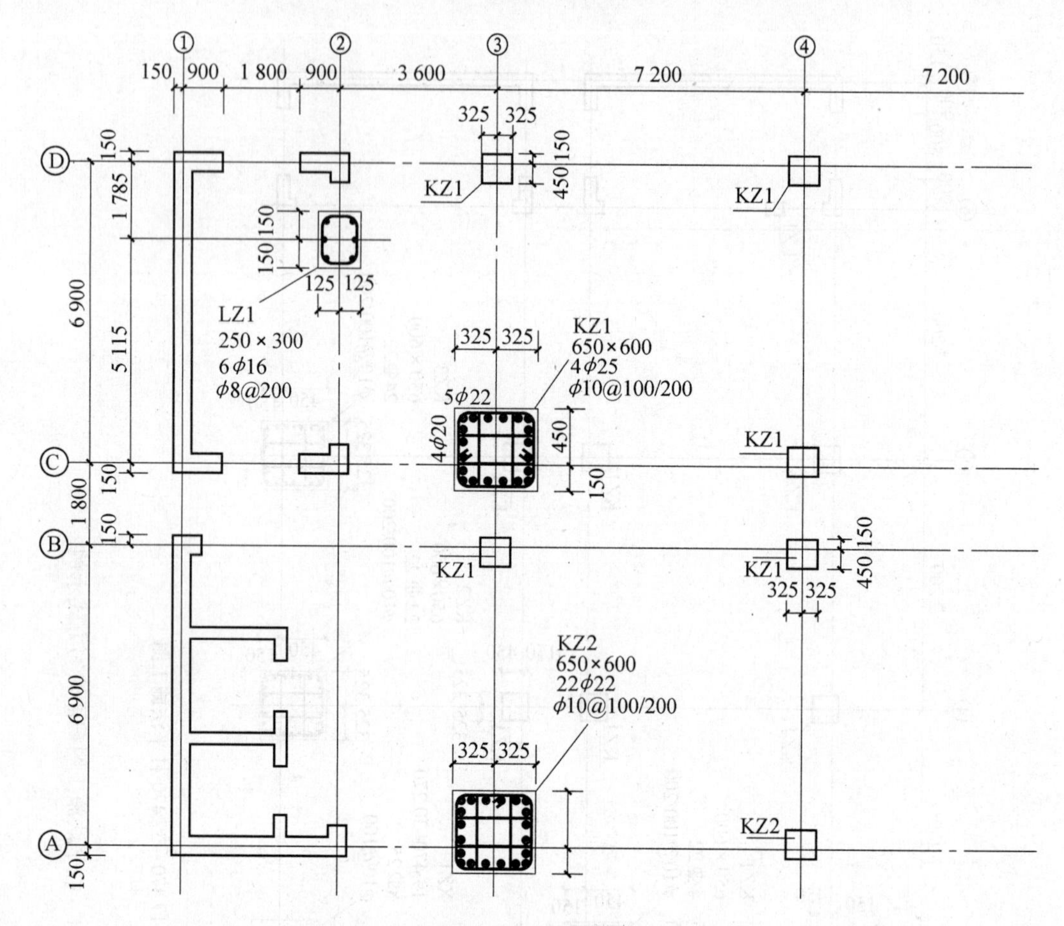

图 12.12　柱平法施工图截面注写方式

12.4.2　剪力墙平法施工图的识读

剪力墙平法施工图是在剪力墙平面布置图上采用列表注写方式或截面注写方式表达剪力墙柱、剪力墙身和剪力墙梁的标高、偏心定位尺寸（仅对轴线未居中的剪力墙）、截面尺寸和配筋情况等。

1. 剪力墙的平面表示方法

（1）列表注写方式。

1）为表达清楚、简便，剪力墙可视为由剪力墙柱、剪力墙身和剪力墙梁三类构件构成。

列表注写方式，系分别在剪力墙柱表、剪力墙身表和剪力墙梁表中，对应剪力墙平面布置图上的编号，用绘制截面配筋图并注写几何尺寸与配筋具体数值的方式，来表达剪力墙平法施工图。

2）编号规定：将剪力墙按剪力墙柱、剪力墙身、剪力墙梁（简称为墙柱、墙身、墙梁）三类构件分别编号。

①墙柱编号，由墙柱类型代号和序号组成，表达形式应符合表 12.3 的规定。

表12.3 墙柱编号

墙柱类型	代号	序号
约束边缘构件	YBZ	××
构造边缘构件	GBZ	××
非边缘暗柱	AZ	××
扶壁柱	FBZ	××

注:约束边缘构件包括约束边缘暗柱、约束边缘端柱、约束边缘翼墙、约束边缘转角墙四种,如图12.13所示。构造边缘构件包括构造边缘暗柱、构造边缘端柱、构造边缘翼墙、构造边缘转角墙四种,如图12.14所示。

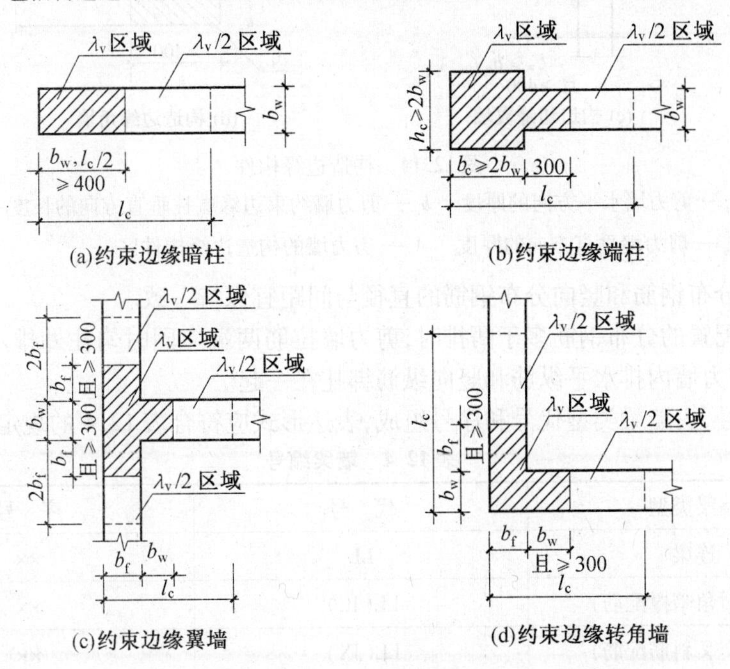

图12.13 约束边缘构件

λ_v— 剪力墙约束边缘构件配箍特征值 l_c— 剪力墙约束边缘构件沿墙肢的长度

b_f— 剪力墙水平方向的厚度 b_c— 剪力墙约束边缘端柱垂直方向的长度

b_w— 剪力墙垂直方向的厚度

②墙身编号,由墙身代号、序号及墙身所配置的水平与竖向分布钢筋的排数组成,其中,排数注写在括号内。表达形式为

QXX(X排)

注意:①在编号中:如若干墙柱的截面尺寸与配筋均相同,仅截面与轴线的关系不同时,可将其编为同一墙柱号;又如若干墙身的厚度尺寸和配筋均相同,仅墙厚与轴线的关系不同或墙身长度不同时,也可将其编为同一墙身号,但应在图中注明与轴线的几何关系。

②当墙身所设置的水平与竖向分布钢筋的排数为2时可不注。

③对于分布钢筋网的排数规定:非抗震:当剪力墙厚度大于160时,应配置双排;当其厚度不大于160时,宜配置双排。抗震:当剪力墙厚度不大于400时,应配置双排;当剪力墙厚度大于400时,但不大干700时,宜配置三排;当剪力墙厚度大于700时,宜配置四排。

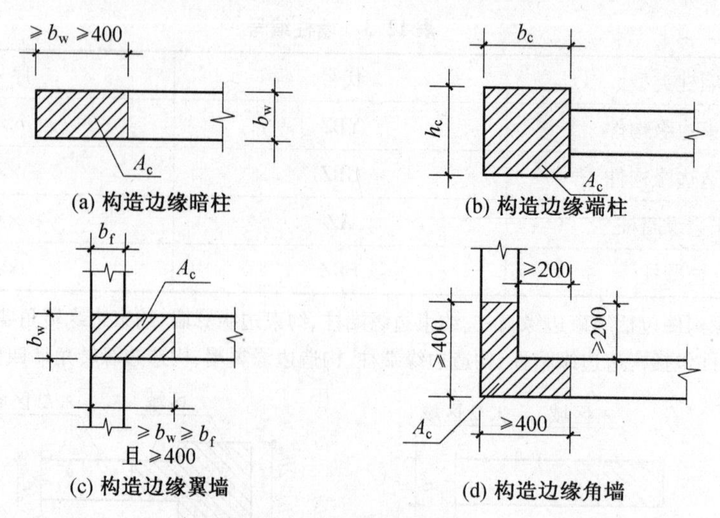

图 12.14　构造边缘构件

b_f—剪力墙水平方向的厚度　b_c—剪力墙约束边缘端柱垂直方向的长度

b_w—剪力墙垂直方向的厚度　A_c—剪力墙的构造边缘构件区

各排水平分布钢筋和竖向分布钢筋的直径与间距宜保持一致。

当剪力墙配置的分布钢筋多于两排时，剪力墙拉筋两端应同时勾住外排水平纵筋和竖向纵筋，还应与剪力墙内排水平纵筋和竖向纵筋绑扎在一起。

③墙梁编号，由墙梁类型代号和序号组成，表达形式应符合表 12.4 的规定。

表 12.4　墙梁编号

墙梁类型	代　号	序　号
连梁	LL	××
连梁(对角暗撑配筋)	LL(JC)	××
连梁(交叉斜筋配筋)	LL(JX)	××
连梁(集中对角斜筋配筋)	LL(DX)	××
暗梁	AL	××
边框梁	BKL	××

注：在具体工程中，当某些墙身需设置暗梁或边框梁时，宜在剪力墙平法施工图中绘制暗梁或边框梁的平面布置图并编号，以明确其具体位置。

3）在剪力墙柱表中表达的内容，规定如下：

①注写墙柱编号（表 12.3），绘制该墙柱的截面配筋图，标注墙柱几何尺寸。

a. 约束边缘构件，如图 12.13 所示需注明阴影部分尺寸。

注意：剪力墙平面布置图中应注明约束边缘构件沿墙肢长度 l_c（约束边缘翼墙中沿墙肢长度尺寸为 $2b_f$ 时可不注）。

b. 构造边缘构件（如图 12.14 所示）需注明阴影部分尺寸。

c. 扶壁柱及非边缘暗柱需标注几何尺寸。

②注写各段墙柱的起至标高，自墙柱根部往上以变截面位置或截面未变但配筋改变处为界分段注写。墙柱根部标高一般指基础顶面标高（部分框支剪力墙结构则为框支梁顶面标

高)。

③注写各段墙柱的纵向钢筋和箍筋,注写值应与在表中绘制的截面配筋图对应一致。纵向钢筋注总配筋值;墙柱箍筋的注写方式与柱箍筋相同。

约束边缘构件除注写阴影部位的箍筋外,尚需在剪力墙平面布置图中注写非阴影区内布置的拉筋(或箍筋)。

设计施工时应注意以下两点:

a.当约束边缘构件体积配箍率计算中计入墙身水平分布钢筋时,设计者应注明。此时还应注明墙身水平分布钢筋在阴影区域内设置的拉筋。施工时,墙身水平分布钢筋应注意采用相应的构造做法。

b.当非阴影区外圈设置箍筋时,设计者应注明箍筋的具体数值及其余拉筋。施工时,箍筋应包住阴影区内第二列竖向纵筋。当设计采用与本构造详图不同的做法时,应另行注明。

4)在剪力墙身表中表达的内容,规定如下:

①注写墙身编号(含水平与竖向分布钢筋的排数)。

②注写各段墙身起止标高,自墙身根部往上以变截面位置或截面未变但配筋改变处为界分段注写。墙身根部标高一般指基础顶面标高(部分框支剪力墙结构则为框支梁的顶面标高)。

③注写水平分布钢筋、竖向分布钢筋和拉筋的具体数值。注写数值为一排水平分布钢筋和竖向分布钢筋的规格与间距,具体设置几排已经在墙身编号后面表达。

拉筋应注明布置方式"双向"或"梅花双向",如图12.15。

5)在剪力墙梁表中表达的内容,规定如下:

①注写墙梁编号,见表12.4。

②注写墙梁所在楼层号。

③注写墙梁顶面标高高差,是指相对于墙梁所在结构层楼面标高的高差值。高于者为正值,低于者为负值,当无高差时不注。

④注写墙梁截面尺寸 $b \times h$,上部纵筋,下部纵筋和箍筋的具体数值。

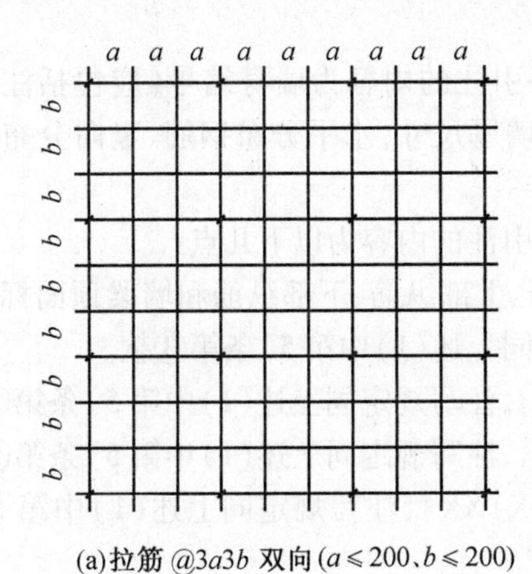

(a)拉筋@3a3b 双向($a \leqslant 200$、$b \leqslant 200$)

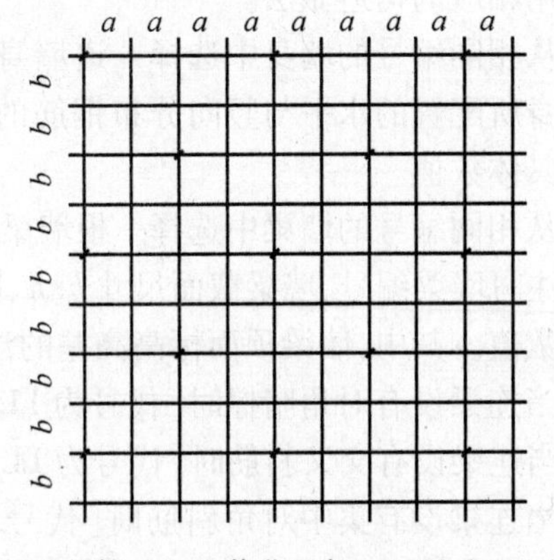

(b)拉筋@4a4b 梅花双向($a \leqslant 150$、$b \leqslant 150$)

图12.15　双向拉筋与梅花双向拉筋示意

a—竖向分布钢筋间距　b—水平分布钢筋间距

⑤当连梁设有对角暗撑时[代号为 LL(JC)XX],注写暗撑的截面尺寸(箍筋外皮尺寸);注写一根暗撑的全部纵筋,并标注×2 表明有两根暗撑相互交叉;注写暗撑箍筋的具体数值。

⑥当连梁设有交叉斜筋时[代号为 LL(JX)XX],注写连梁一侧对角斜筋的配筋值,并标注×2 表明对称设置;注写对角斜筋在连梁端部设置的拉筋根数、规格及直径,并标注×4 表示四个角都设置;注写连梁一侧折线筋配筋值,并标注×2 表明对称设置。

⑦当连梁设有集中对角斜筋时[代号为 LL(DX)XX],注写一条对角线上的对角斜筋,并标注×2 表明对称设置。

墙梁侧面纵筋的配置,当墙身水平分布钢筋满足连梁、暗梁及边框梁的梁侧面纵向构造钢筋的要求时,该筋配置同墙身水平分布钢筋,表中不注,施工按标准构造详图的要求即可;当不满足时,应在表中补充注明梁侧面纵筋的具体数值(其在支座内的锚固要求同连梁中受力钢筋)。

图 12.16 示例为列表注写方式。

(2)截面注写方式。

1)截面注写方式,系在分标准层绘制的剪力墙平面布置图上,以直接在墙柱、墙身、墙梁上注写截面尺寸和配筋具体数值的方式来表达剪力墙平法施工图。

2)选用适当比例原位放大绘制剪力墙平面布置图,其中对墙柱绘制配筋截面图;对所有墙柱、墙身、墙梁分别按上述(1)中第 2)条①、②、③款的规定进行编号,并分别在相同编号的墙柱、墙身、墙梁中选择一根墙柱、一道墙身、一根墙梁进行注写,其注写方式按以下规定进行。

①从相同编号的墙柱中选择一个截面,注明几何尺寸,标注全部纵筋及箍筋的具体数值。

注意:约束边缘构件(如图 12.13)除需注明阴影部分具体尺寸外,还需注明约束边缘构件沿墙肢长度 l_c,约束边缘翼墙中沿墙肢长度尺寸为 $2b_f$ 时可不注。除注写阴影部位的箍筋外还需注写非阴影区内布置的拉筋(或箍筋)。当仅 l_c 不同时,可编为同一构件,但应单独注明 l_c 的具体尺寸并标注非阴影区内布置的拉筋(或箍筋)。

设计施工时应注意:当约束边缘构件体积配箍率计算中计入墙身水平分布筋时,设计者应注明。还应注明墙身水平分布钢筋在阴影区域内设置的拉筋。施工时,墙身水平分布钢筋应注意采用相应的构造做法。

②从相同编号的墙身中选择一道墙身,按顺序引注的内容为墙身编号(应包括注写在括号内墙身所配置的水平与竖向分布钢筋的排数)、墙厚尺寸,水平分布钢筋、竖向分布钢筋和拉筋的具体数值。

③从相同编号的墙梁中选择一根墙梁,按顺序引注的内容为以下几点:

a. 注写墙梁编号、墙梁截面尺寸 $b \times h$、墙梁箍筋、上部纵筋、下部纵筋和墙梁顶面标高高差的具体数值。其中,墙梁顶面标高高差的注写规定同上述(1)中第 5)条第③款。

b. 当连梁设有对角暗撑时[代号为 LL(JC)XX],注写规定同上述(1)中第 5)条第⑤款。

c. 当连梁设有交叉斜筋时[代号为 LL(JX)XX],注写规定同上述(1)中第 5)条第⑥款。

d. 当连梁设有集中对角斜筋时[代号为 LL(DX)XX],注写规定同上述(1)中第 5)条第⑦款。

当墙身水平分布钢筋不能满足连梁、暗梁及边框梁的梁侧面纵向构造钢筋的要求时,应补充注明梁侧面纵筋的具体数值;注写时,以大写字母 N 打头,接续注写直径与间距。其在支座内的锚固要求同连梁中受力钢筋。

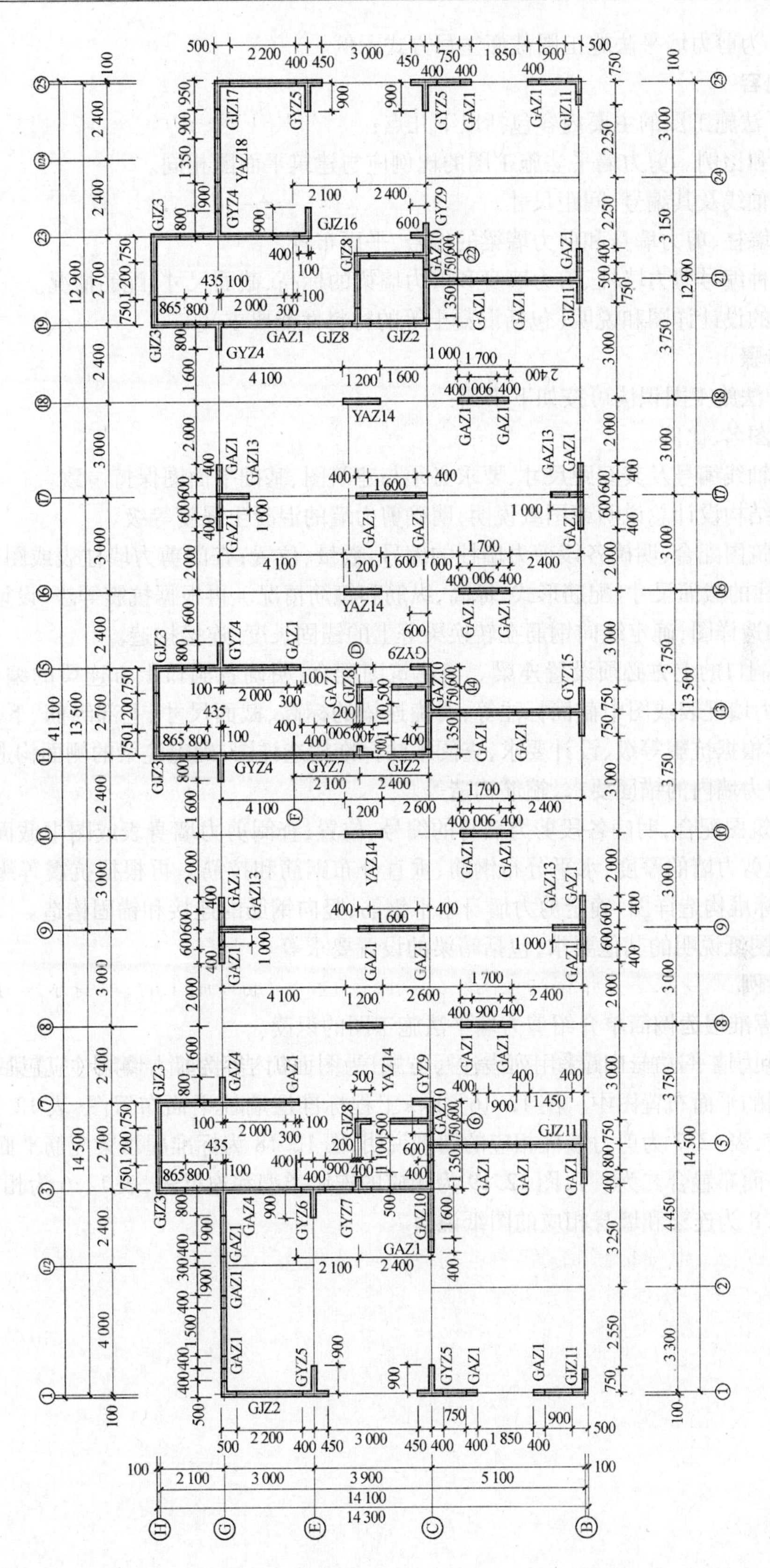

图12.16　××工程标准层顶梁配筋平面图

图 12.17 为剪力墙平法施工图截面注写方式示例。

2. 主要内容

剪力墙平法施工图的主要内容包括以下几点：

(1)图名和比例。剪力墙平法施工图的比例应与建筑平面图相同。

(2)定位轴线及其编号、间距尺寸。

(3)剪力墙柱、剪力墙身和剪力墙梁的编号、平面布置。

(4)每一种编号剪力墙柱、剪力墙身和剪力墙梁的标高、截面尺寸、配筋情况。

(5)必要的设计详图和说明(包括混凝土等的材料性能要求)。

3. 识图步骤

剪力墙平法施工图识读可按如下步骤：

(1)查看图名、比例。

(2)校核轴线编号及其间距尺寸,要求必须与建筑图、基础平面图保持一致。

(3)阅读结构设计总说明或图纸说明,明确剪力墙的混凝土强度等级。

(4)与建筑图配合,明确各段剪力墙柱的编号、数量、位置;查阅剪力墙柱表或图中截面标注等,明确墙柱的截面尺寸、配筋形式、标高、纵筋和箍筋情况。再根据抗震等级、设计要求,查阅平法标准构造详图,确定纵向钢筋在转换梁等上的锚固长度、连接构造。

(5)所有洞口的上方必须设置连梁。与建筑图配合,明确各洞口上方连梁的编号、数量、位置;查阅剪力墙柱表或图中截面标注等,明确连梁的标高、截面尺寸、上部纵筋、下部纵筋和箍筋情况。再根据抗震等级、设计要求,查阅平法标准构造详图,确定连梁的侧面构造钢筋、纵向钢筋伸入剪力墙内的锚固要求、箍筋构造等。

(6)与建筑图配合,明确各段剪力墙身的编号、位置;查阅剪力墙身表或图中截面标注等。明确各层各段剪力墙的厚度、水平分布钢筋、垂直分布钢筋和拉筋。再根据抗震等级、设计要求,查阅平法标准构造详图,确定剪力墙身水平钢筋、竖向钢筋的连接和锚固构造。

(7)明确图纸说明的其他要求,包括暗梁的设置要求等。

4. 识图举例

在此,以标准层为例简单介绍剪力墙平法施工图的识读。

××工程剪力墙平法施工图采用列表注写方式,为图面简洁,将剪力墙墙柱、墙梁和墙身分别绘制在不同的平面布置图中。图 12.16 为××工程标准层墙柱平面布置图,表 12.5 为相应的剪力墙柱表,表 12.7 为剪力墙柱相应的图纸说明,图 12.18 为标准屋顶梁配筋平面图(将墙梁和楼面梁平面布置合二为一),图 12.19 为相应的连梁类型和连梁表,表 12.6 为相应的剪力墙身表,表 12.8 为连梁和墙身相应的图纸说明。

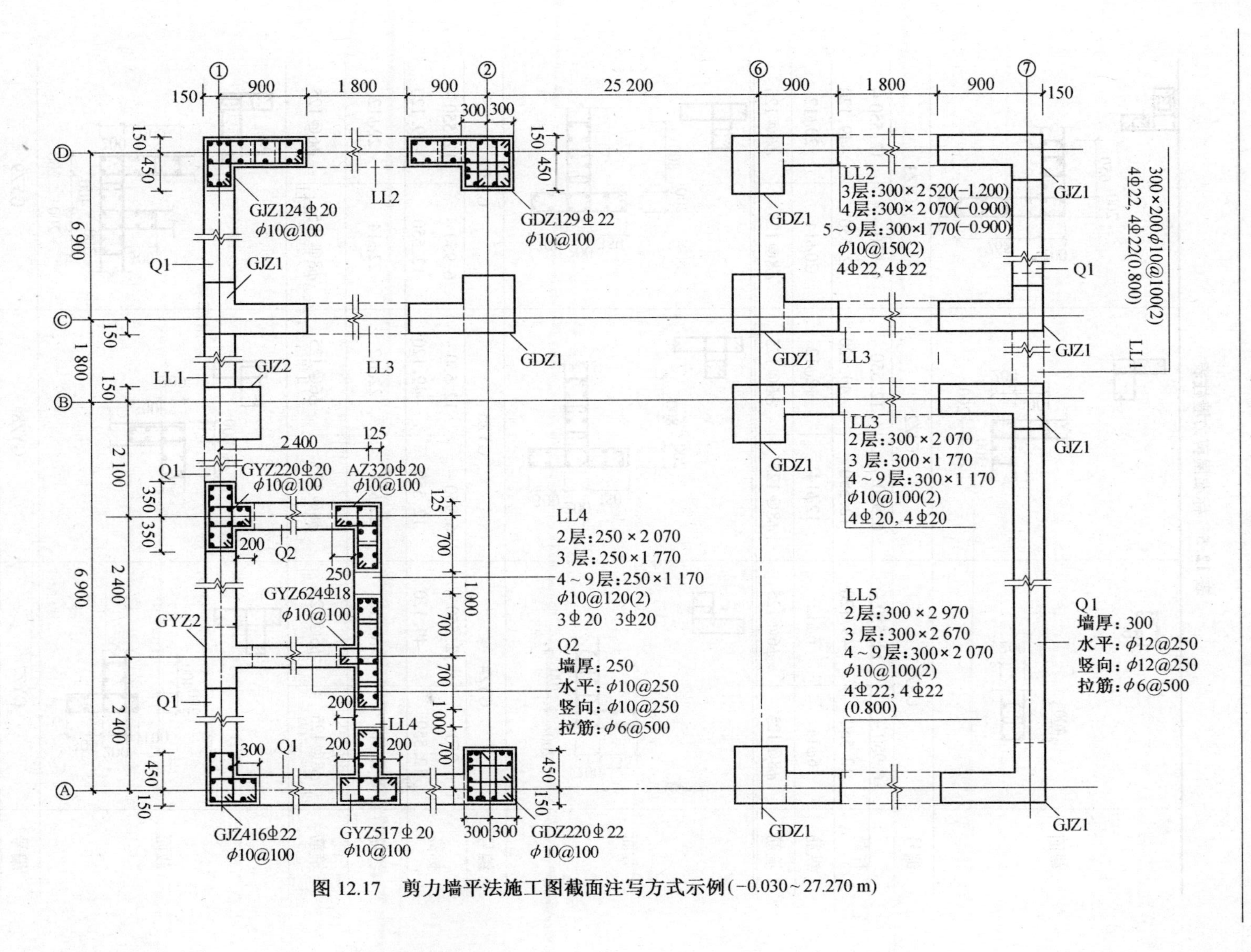

图 12.17　剪力墙平法施工图截面注写方式示例(−0.030~27.270 m)

表 12.5　标准层剪力墙柱表

截面	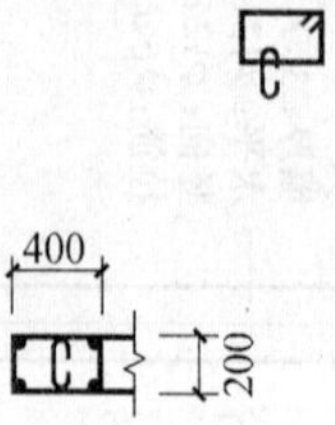		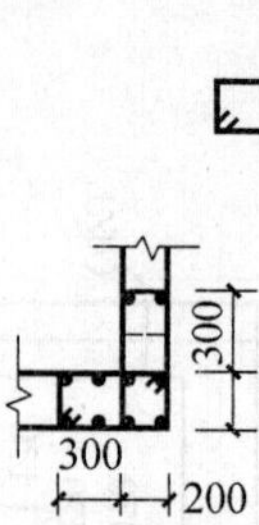		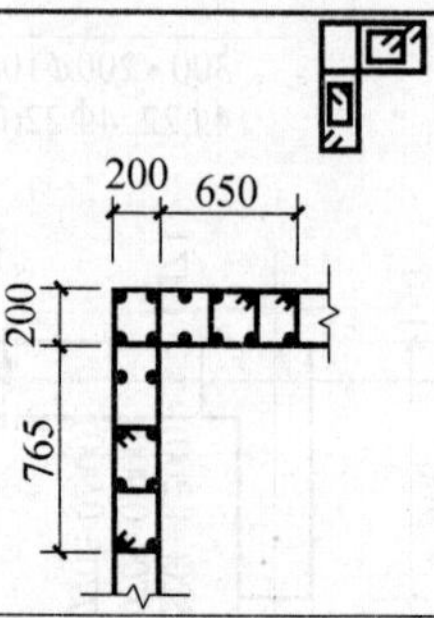	
编号	GAZ1		GJZ2		GJZ3	
标高	6.950 ~ 12.550	12.550 ~ -49.120	6.950 ~ 12.550	12.550 ~ -49.120	6.950 ~ 12.550	12.550 ~ -49.120
纵筋	6ϕ14	6ϕ12	12ϕ14	12ϕ12	20ϕ14	20ϕ12
箍筋	ϕ8@125	ϕ6@125	ϕ8@125	ϕ6@125	ϕ8@125	ϕ6@125
截面	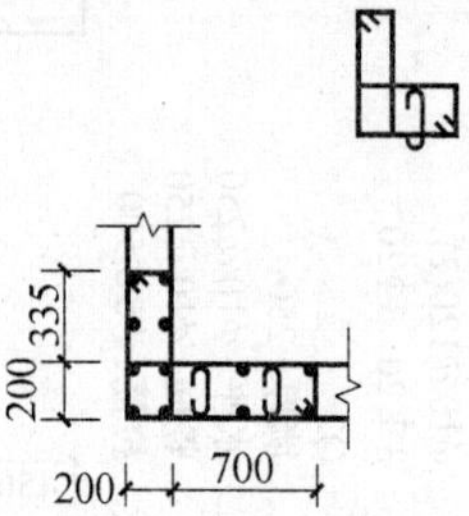		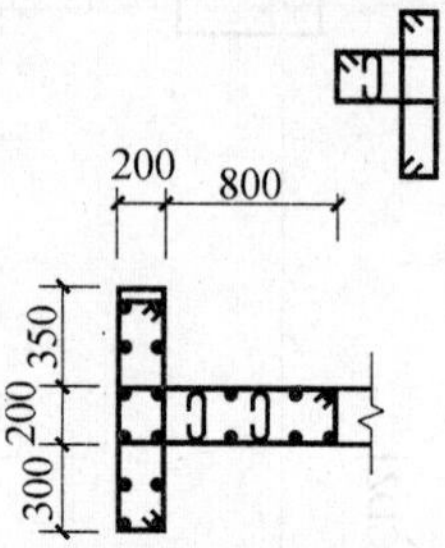		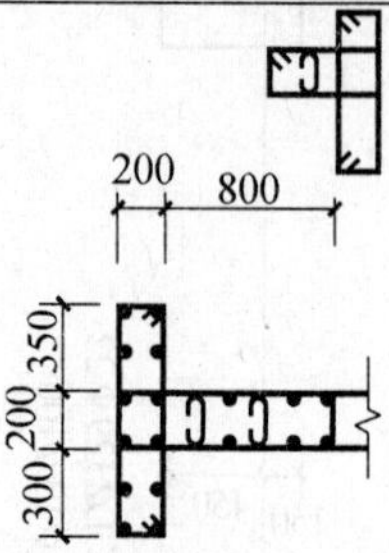	
编号	GYZ4		GYZ5		GYZ6	
标高	6.950 ~ 12.550	12.550 ~ -49.120	6.950 ~ 12.550	12.550 ~ -49.120	6.950 ~ 12.550	12.550 ~ -49.120
纵筋	16ϕ14	16ϕ12	22ϕ14	22ϕ12	22ϕ14	22ϕ12
箍筋	ϕ8@125	ϕ6@125	ϕ8@125	ϕ6@125	ϕ8@125	ϕ6@125
截面	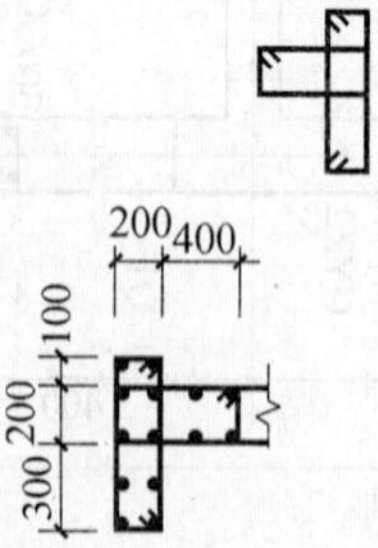		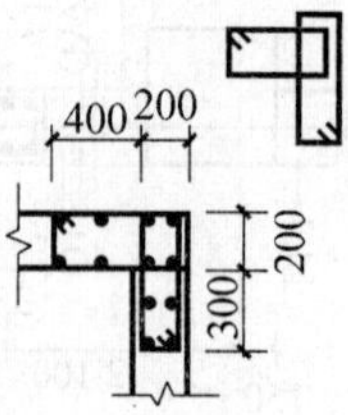		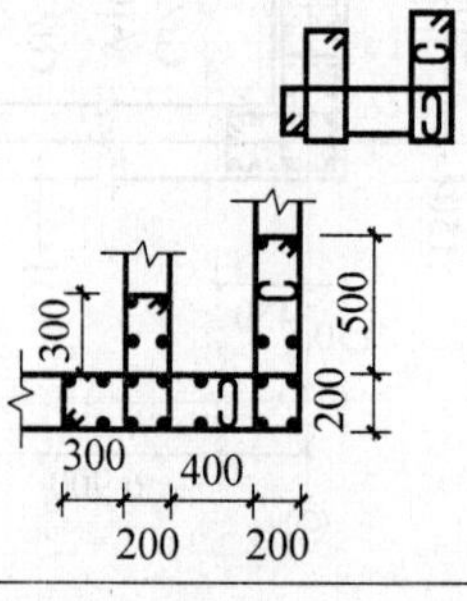	
编号	GYZ7		GYZ8		GYZ9	
标高	6.950 ~ 12.550	12.550 ~ -49.120	6.950 ~ 12.550	12.550 ~ -49.120	6.950 ~ 12.550	12.550 ~ -49.120
纵筋	14ϕ14	14ϕ12	12ϕ14	12ϕ12	26ϕ14	26ϕ12

续表 12.5

箍筋	ϕ8@125	ϕ6@125	ϕ8@125	ϕ6@125	ϕ8@125	ϕ6@125
截面						
编号	GYZ10		GYZ11		YAZ12	
标高	6.950 ~ 12.550	12.550 ~ -49.120	6.950 ~ 12.550	12.550 ~ -49.120	6.950 ~ 12.550	12.550 ~ -49.120
纵筋	8ϕ14	8ϕ12	16ϕ14	16ϕ12	14ϕ20	14ϕ16
箍筋	ϕ8@125	ϕ6@125	ϕ8@125	ϕ6@125	ϕ12@125	ϕ10@125
截面						
编号	GAZ13		GAZ14		GJZ15	
标高	6.950 ~ 12.550	12.550 ~ -49.120	6.950 ~ 12.550	12.550 ~ -49.120	6.950 ~ 12.550	12.550 ~ -49.120
纵筋	14ϕ14	14ϕ12	24ϕ14	24ϕ12	16ϕ14	16ϕ12
箍筋	ϕ8@125	ϕ6@125	ϕ8@125	ϕ6@125	ϕ8@125	ϕ6@125
截面						
编号	GJZ16		YAZ17		GYZ18	
标高	6.950 ~ 12.550	12.550 ~ -49.120	6.950 ~ 12.550	12.550 ~ -49.120	6.950 ~ 12.550	12.550 ~ -49.120

续表 12.5

纵筋	$16\phi14$	$16\phi12$	$16\phi20$	$16\phi16$	$30\phi14$	$30\phi12$
箍筋	$\phi8@125$	$\phi6@125$	$\phi12@125$	$\phi10@125$	$\phi8@125$	$\phi6@125$

从图 12.16、表 12.5、表 12.7 可以了解以下内容：

(1)图 12.16 为剪力墙柱平法施工图，绘制比例为 1∶100。

(2)轴线编号及其间距尺寸与建筑图、框支柱平面布置图一致。

(3)阅读结构设计总说明或图纸说明知，剪力墙混凝土强度等级为 C30。一、二层剪力墙及转换层以上两层剪力墙，抗震等级为三级，以上各层抗震等级为四级。

表 12.6　剪力墙身表

墙　号	水平分布钢筋	垂直分布钢筋	拉　筋	备　注
Q1	$\phi12@250$	$\phi12@250$	$\phi8@500$	3、4 层
Q1	$\phi10@250$	$\phi10@250$	$\phi8@500$	5～16 层

表 12.7　标准层墙柱平面布置图图纸说明

说明：

1. 剪力墙、框架柱除标注外，混凝土等级均为 C30
2. 钢筋采用 HPB235(ϕ)，HRB335(ϕ)
3. 墙水平筋伸入暗柱
4. 剪力墙上留洞不得穿过暗柱
5. 本工程暗柱配筋采用平面接体表示法，(简称平法)，选自《11G101—1》，施工人员必须阅读图集说明，理解各种规定，严格按设计要求施工

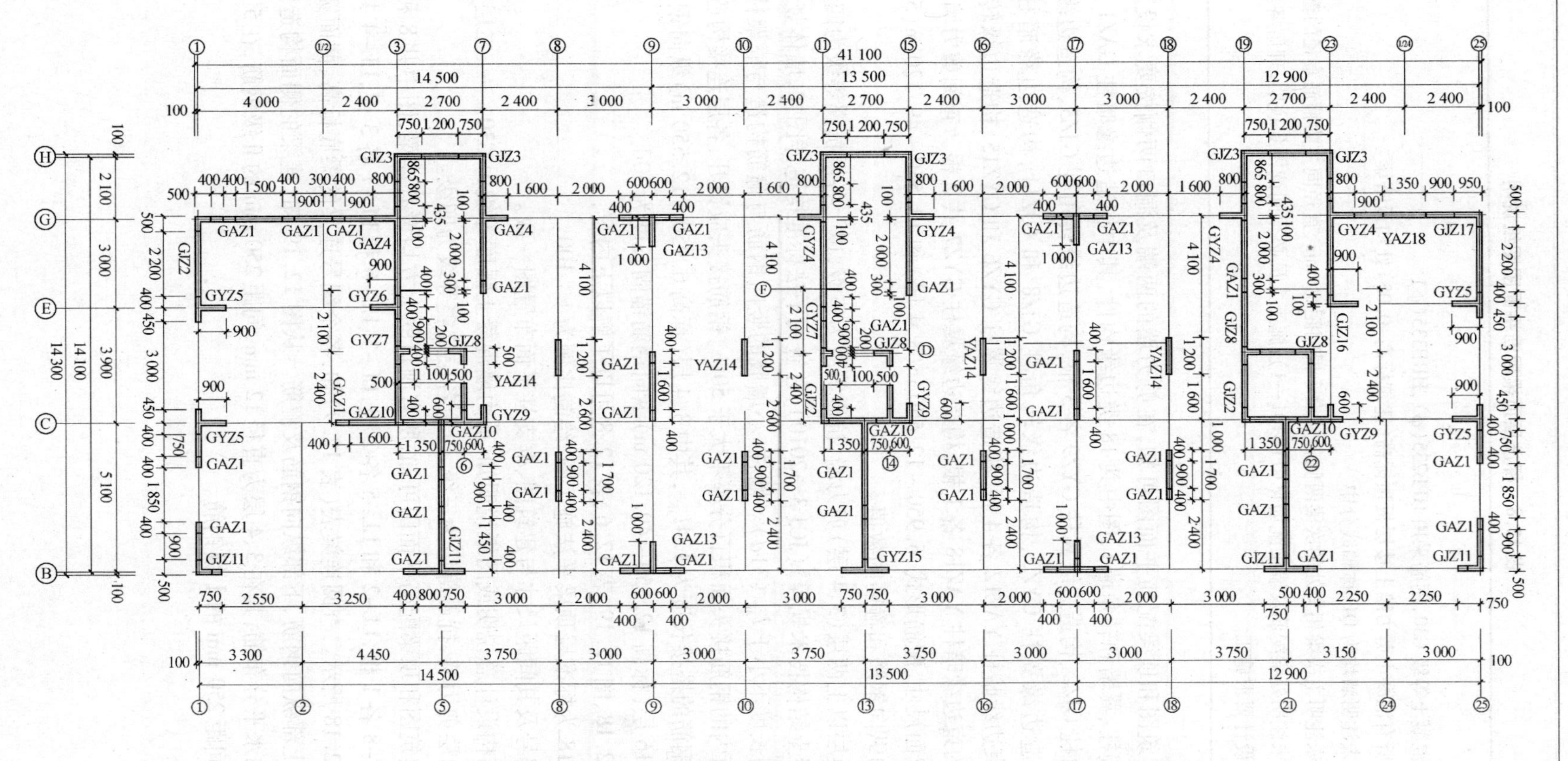

图12.18　标准屋顶梁配筋平面图

表 12.8 标准层顶梁配筋平面图图纸说明

说明：
1. 混凝土等级 C30，钢筋采用 HPB235（ϕ），HRB335（ϕ）
2. 所有混凝土剪力墙上楼层板顶标高（建筑标高-0.05）处均设暗梁
3. 未注明墙均为 Q1，称轴线分中
4. 未注明主次梁相交处的次梁两侧各加设 3 根间距 50 mm、直径同主梁箍筋直径的箍筋
5. 未注明处梁配筋及墙梁配筋见（11G101—1），施工人员必须阅读图集说明，理解各种规定，严格按设计要求施工

对照建筑图和顶梁配筋平面图可知，在剪力墙的两端及洞口两侧按要求设置边缘构件（即暗柱、端柱、翼墙和转角墙），图中共 18 类边缘构件，其中构造边缘暗柱 GAZ1 共 40 根，构造边缘转角柱 GJZ2、构造边缘翼柱 GYZ9 各 3 根，构造边缘转角柱 GJZ3、构造边缘翼柱 GYZ4 各 6 根，构造边缘翼柱 GYZ5、构造边缘转角柱 GJZ8 和 GJZ11、构造边缘暗柱 GAZ10 和 GAZ13、约束边缘暗柱 YAZ12 各 4 根，构造边缘翼柱 GYZ6 和 GYZ15、构造边缘转角柱 GJZ16 和 GJZ17、约束边缘暗柱 YAZ18 各 1 根，构造边缘翼柱 GYZ7 共 2 根。查阅剪力墙柱表知各边缘构件的截面尺寸、配筋形式，6.950～12.550 m（3、4 层）和 12.550～49.120 m（5～16 层）标高范围内的纵向钢筋和箍筋的数值。

因转换层以上两层（3、4 层）剪力墙，抗震等级为三级，以上各层抗震等级为四级，根据《高层建筑混凝土结构技术规程》（JCJ 3—2010），并查阅平法标准构造详图知，墙体竖向钢筋在转换梁内锚固长度不小于 l_{aE}（$31d$）。墙柱、小墙肢的竖向钢筋与箍筋构造与框架柱相同，为保证同一截面内的钢筋接头面积百分率不大于 50%，钢筋接头应错开，各层连接构造如图 12.20 所示，纵向钢筋的搭接长度为 $1.4l_{aE}$，其中 3、4 层（标高 6.950～12.550 m）纵向钢筋锚固长度为 $31d$，5～16 层（标高 12.550～49.120 m）纵向钢筋锚固长度为 30d。

从图 12.18、图 12.19、表 12.6、表 12.8 可以了解以下内容：

图 12.18 为标准层顶梁平法施工图，绘制比例为 1∶100。

轴线编号及其间距尺寸与建筑图、框支柱平面布置图一致。

阅读结构设计总说明或图纸说明知，剪力墙混凝土强度等级为 C30。一、二层剪力墙及转换层以上两层剪力墙，抗震等级为三级，以上各层抗震等级为四级。

对照建筑图和顶梁配筋平面图可知，所有洞口的上方均设有连梁，图中共 8 种连梁，其中 LL-1 和 LL-8 各 1 根，LL-2 和 LL-5 各 2 根，LL-3、LL-6 和 LL-7 各 3 根，LL-4 共 6 根，平面位置如图 12.18 所示。查阅连梁表（表 12.9）知，各个编号连梁的梁底标高、截面宽度和高度、连梁跨度、上部纵向钢筋、下部纵向钢筋及箍筋。从图 12.19 知，连梁的侧面构造钢筋即为剪力墙配置的水平分布筋，其在 3、4 层为直径 12 mm、间距 250 mm 的Ⅱ级钢筋，在 5～16 层为直径 10 mm、间距 250 mm 的Ⅰ级钢筋。

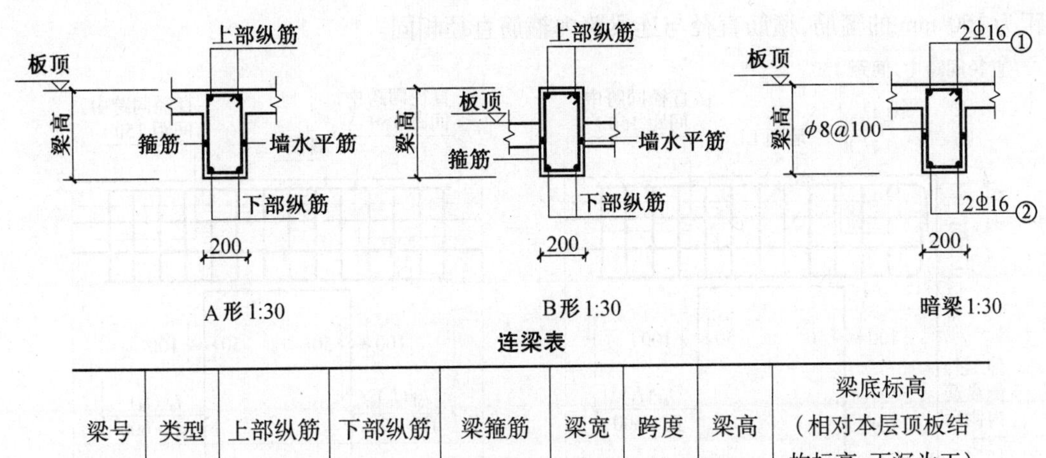

连梁表

梁号	类型	上部纵筋	下部纵筋	梁箍筋	梁宽	跨度	梁高	梁底标高（相对本层顶板结构标高，下沉为正）
LL-1	B	2φ25	2φ25	φ8@100	200	1 500	1 400	450
LL-2	A	2φ18	2φ18	φ8@100	200	900	450	450
LL-3	B	2φ25	2φ25	φ8@100	200	1 200	1 300	1 800
LL-4	B	4φ20	4φ20	φ8@100	200	800	1 800	0
LL-5	A	2φ18	2φ18	φ8@100	200	900	750	750
LL-6	A	2φ18	2φ18	φ8@100	200	1 100	580	580
LL-7	A	2φ18	2φ18	φ8@100	200	900	750	750
LL-8	B	2φ25	2φ25	φ8@100	200	900	1 800	1 350

图 12.19 连梁类型和连梁表

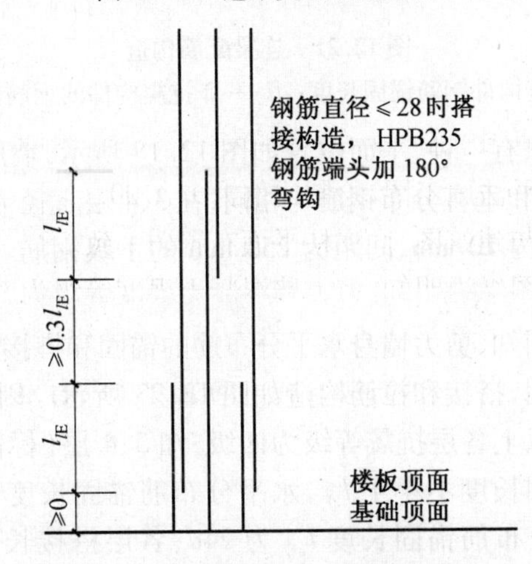

图 12.20 构造边缘构件纵向钢筋连接构造

l_{lE}—抗震纵向受拉钢筋的搭接长度

查阅平法标准构造详图可知，连梁纵向钢筋伸入剪力墙内的锚固要求和箍筋构造如图12.21所示。因转换层以上两层（3、4层）剪力墙，抗震等级为三级，以上各层抗震等级为四级，知3、4层（标高6.950～12.550 m）纵向钢筋锚固长度为$31d$，5～16层（标高12.550～49.120 m）纵向钢筋锚固长度为$30d$。顶层洞口连梁纵向钢筋伸入墙内的长度范围内，应设置间距为 150 mm 的箍筋，箍筋直径与连梁跨内箍筋直径相同。

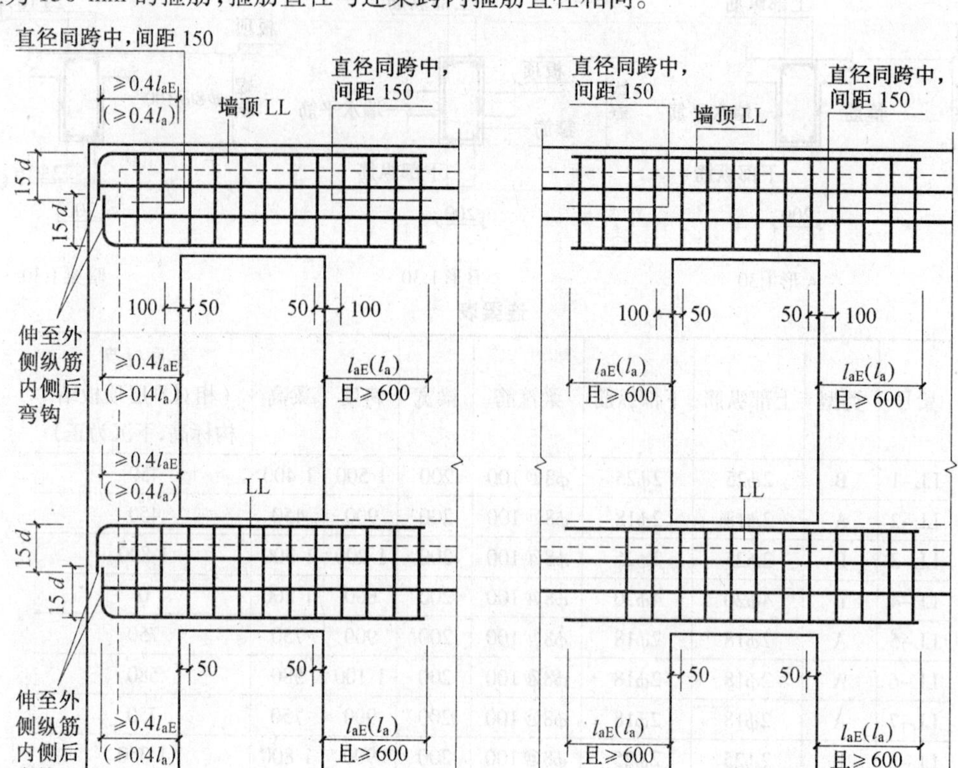

图 12.21　连梁配筋构造

l_{aE}— 抗震构件钢筋锚固长度　l_a —非抗震构件的钢筋锚固长度

图中剪力墙身的编号只有一种，平面位置如图 12.18 所示，墙厚 200 mm。查阅剪力墙身表知，剪力墙水平分布钢筋和垂直分布钢筋均相同，在3、4 层直径为 12 mm、间距为 250 mm 的Ⅱ级钢筋，在 5 ~ 16 层直径为 10 mm、间距为 250 mm 的Ⅰ级钢筋。拉筋直径为 8 mm 的Ⅰ级钢筋，间距为 500 mm。

查阅平法标准构造详图知，剪力墙身水平分布筋的锚固和搭接构造如图 12.22 所示，剪力墙身竖向分布筋的顶层锚固、搭接和拉筋构造如图 12.23 所示。因转换层以上两层(3、4 层)剪力墙，抗震等级为三级，以上各层抗震等级为四级，知 3、4 层(标高 6.950 ~ 12.550 m)墙身竖向钢筋在转换梁内的锚固长度不小于 l_{aE}，水平分布筋锚固长度 l_{aE} 为 $31d$，5 ~ 16 层(标高 12.550 ~ 49.120 m)水平分布筋锚固长度 l_{aE} 为 $24d$，各层搭接长度为 $1.4l_{aE}$；3、4 层(标高 6.950 ~ 12.550 m)水平分布筋锚固长度 l_{aE} 为 $31d$，5 ~ 16 层(标高 12.550 ~ 49.120 m)水平分布筋锚固长度 l_{aE} 为 $24d$，各层搭接长度为 $1.6l_{aE}$。

根据图纸说明，所有混凝土剪力墙上楼层板顶标高处均设暗梁，梁高 400 mm，上部纵向钢筋和下部纵向钢筋同为 2 根直径 16 mm 的Ⅱ级钢筋，箍筋直径为 8 mm、间距为 100 mm 的Ⅰ级钢筋，梁侧面构造钢筋即为剪力墙配置的水平分布筋，在 3、4 层设直径为 12 mm、间距为 250 mm的Ⅱ级钢筋，在 5 ~ 16 层设直径为 10 mm、间距为 250 mm 的Ⅰ级钢筋。

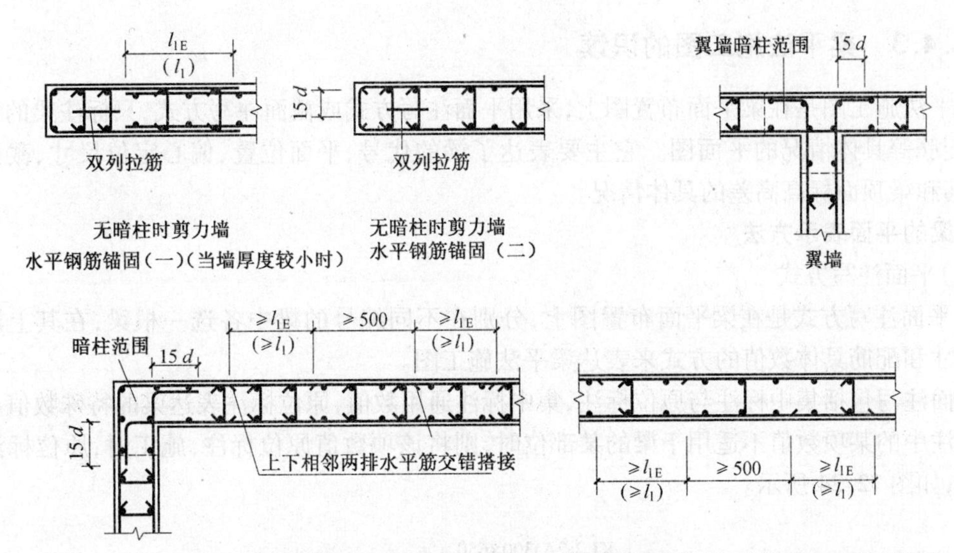

图 12.22　剪力墙身水平钢筋构造

l_{lE}— 抗震纵向受拉钢筋的搭接长度　l_1— 非抗震纵向受拉钢筋的搭接长度

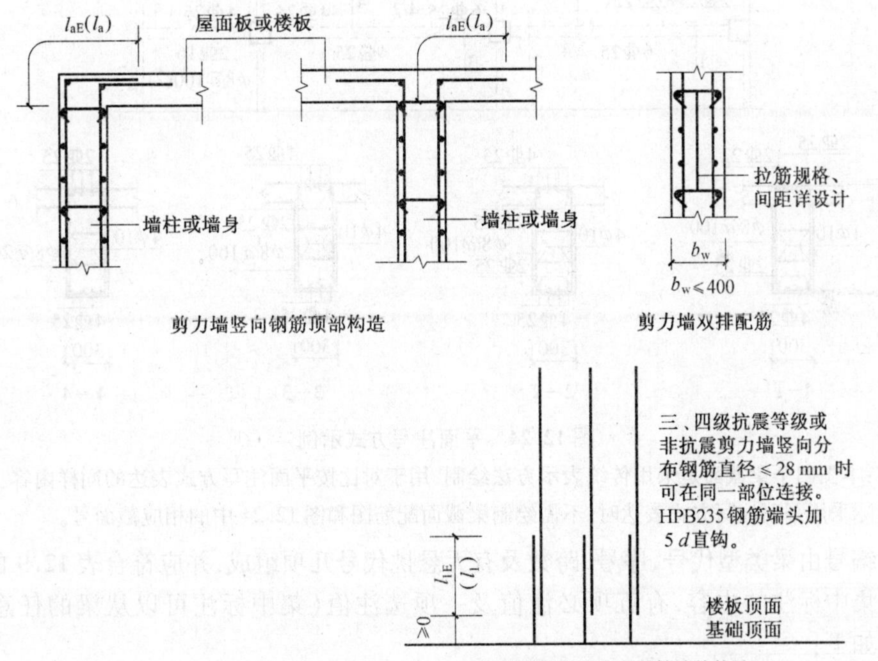

图 12.23　剪力墙身竖向钢筋构造

l_{aE}— 抗震构件钢筋锚固长度　l_a— 非抗震构件的钢筋锚固长度

l_{lE}— 抗震纵向受拉钢筋的搭接长度　l_1— 非抗震纵向受拉钢筋的搭接长度

b_w —剪力墙垂直方向的尺寸(厚度)

12.4.3 梁平法施工图的识读

梁平法施工图是在梁平面布置图上,采用平面注写方式或截面注写方式,只标注梁的截面尺寸、配筋等具体情况的平面图。它主要表达了梁的代号、平面位置、偏心定位尺寸、截面尺寸、配筋和梁顶面标高高差的具体情况。

1.梁的平面表示方法

(1)平面注写方式。

1)平面注写方式是在梁平面布置图上,分别在不同编号的梁中各选一根梁,在其上注写截面尺寸和配筋具体数值的方式来表达梁平法施工图。

平面注写包括集中标注与原位标注,集中标注通用数值,原位标注表达梁的特殊数值。当集中标注中的某项数值不适用于梁的某部位时,则将该项数值原位标注,施工时,原位标注取值优先,如图12.24所示。

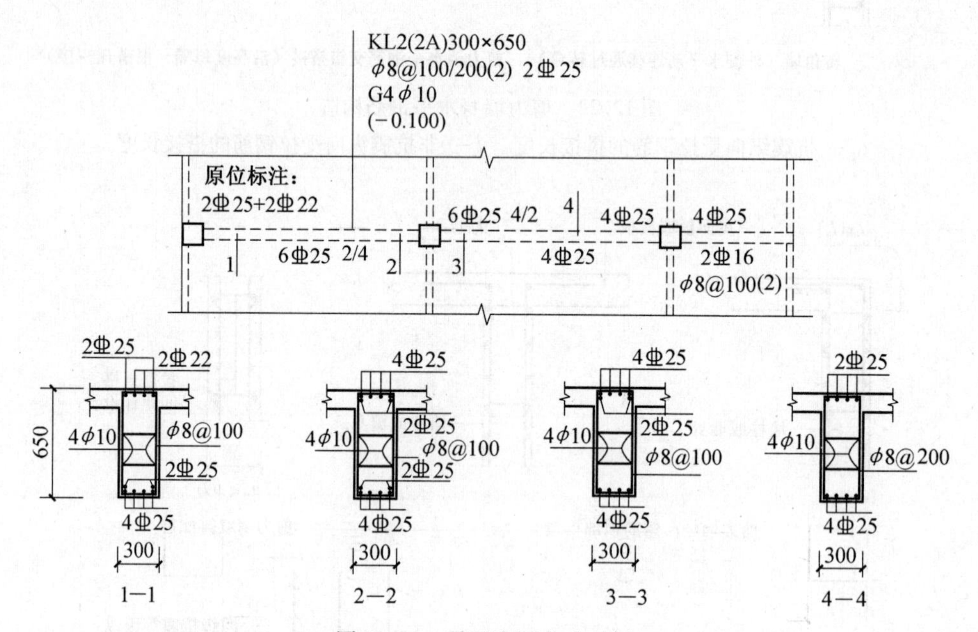

图12.24 平面注写方式示例

注:本图四个梁截面是采用传统表示方法绘制,用于对比按平面注写方式表达的同样内容。

实际采用平面注写方式表达时,不需绘制梁截面配筋图和图12.24中的相应截面号。

2)梁编号由梁类型代号、序号、跨数及有无悬挑代号几项组成,并应符合表12.9的规定。

3)梁集中标注的内容,有五项必注值及一项选注值(集中标注可以从梁的任意一跨引出),规定如下:

①梁编号,见表12.9,该项为必注值。

②梁截面尺寸,该项为必注值。

当为等截面梁时,用 $b\times h$ 表示;

表 12.9　梁编号

梁类型	代号	序号	跨数及是否带有悬挑
楼层框架梁	KL	××	(××)、(××A)或(××B)
屋面框架梁	WKL	××	(××)、(××A)或(××B)
框　支　梁	KZL	××	(××)、(××A)或(××B)
非框支梁	L	××	(××)、(××A)或(××B)
悬　挑　梁	XL	××	
井　字　梁	JZL	××	(××)、(××A)或(××B)

注：(××A)为一端有悬挑，(××B)为两端有悬挑，悬挑不计入跨数。例如 KL7(5A)表示第 7 号框架梁，5 跨，一端有悬挑；L9(7B)表示第 9 号非框架梁，7 跨，两端有悬挑。

当为竖向加腋梁时，用 $b\times h$　GY$c_1\times c_2$表示，其中 c_1为腋长，c_2为腋高，如图 12.25 所示；

当为水平加腋梁时，一侧加腋时用 $b\times h$　PY$c_1\times c_2$表示，其中 c_1为腋长，c_2为腋宽，加腋部位应在平面图中绘制，如图 12.26 所示；

当有悬挑梁且根部和端部的高度不同时，用斜线分隔根部与端部的高度值，即为 $b\times h_1/h_2$，如图 12.27 所示。

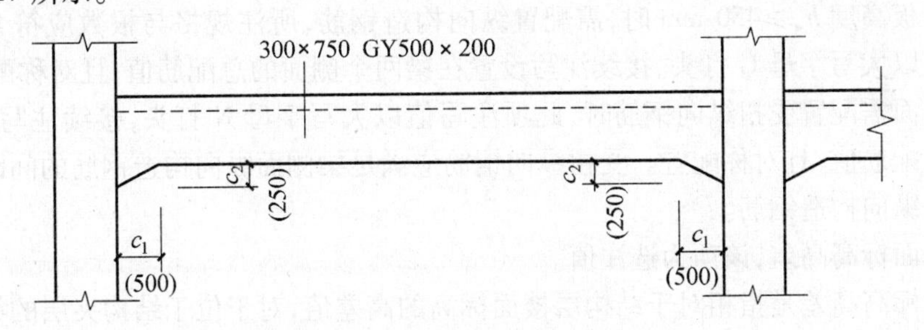

图 12.25　竖向加腋截面注写示例

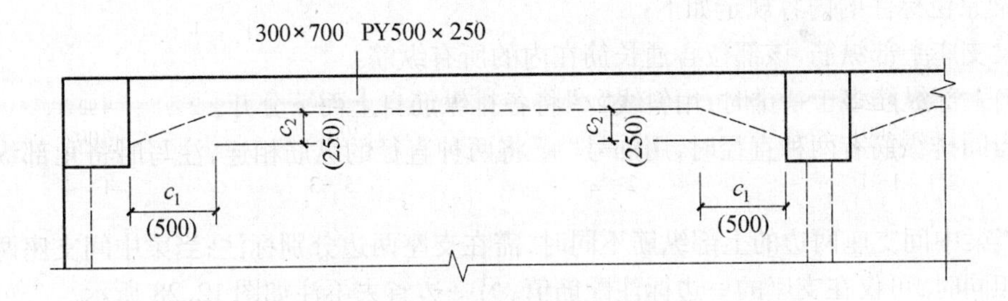

图 12.26　水平加腋截面注写示例

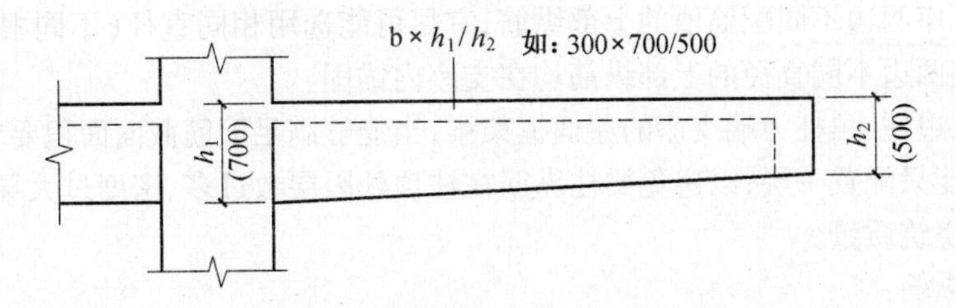

图 12.27　悬挑梁不等高截面注写示例

③梁箍筋，包括钢筋级别、直径、加密区与非加密区间距及肢数，该项为必注值。箍筋加密区与非加密区的不同间距及肢数需用斜线“/”分隔；当梁箍筋为同一种间距及肢数时，则不需

用斜线；当加密区与非加密区的箍筋肢数相同时，则将肢数注写一次；箍筋肢数应写在括号内。加密区范围见相应抗震等级的标准构造详图。

当抗震设计中的非框架梁、悬挑梁、井字梁，及非抗震设计中的各类梁采用不同的箍筋间距及肢数时，也用斜线“/”将其分隔开来。注写时，先注写梁支座端部的箍筋（包括箍筋的箍数、钢筋级别、直径、间距与肢数），在斜线后注写梁跨中部分的箍筋间距及肢数。

④梁上部通长筋或架立筋配置（通长筋可为相同或不同直径采用搭接连接、机械连接或焊接的钢筋），该项为必注值。所注规格与根数应根据结构受力要求及箍筋肢数等构造要求而定。当同排纵筋中既有通长筋又有架立筋时，应用加号“+”将通长筋和架立筋相连。注写时需将角部纵筋写在加号的前面，架立筋写在加号后面的括号内，以示不同直径及与通长筋的区别。当全部采用架立筋时，则将其写入括号内。

当梁的上部纵筋和下部纵筋为全跨相同，且多数跨配筋相同时，此项可加注下部纵筋的配筋值，用分号“;”将上部与下部纵筋的配筋值分隔开来，少数跨不同者，按上述第1)条的规定处理。

⑤梁侧面纵向构造钢筋或受扭钢筋配置，该项为必注值。

当梁腹板高度 $h_w \geqslant 450$ mm 时，需配置纵向构造钢筋，所注规格与根数应符合规范规定。此项注写值以大写字母 G 打头，接续注写设置在梁两个侧面的总配筋值，且对称配置。

当梁侧面需配置受扭纵向钢筋时，此项注写值以大写字母 N 打头，接续注写配置在梁两个侧面的总配筋值，且对称配置。受扭纵向钢筋应满足梁侧面纵向构造钢筋的间距要求，且不再重复配置纵向构造钢筋。

⑥梁顶面标高高差，该项为选注值。

梁顶面标高高差是指相对于结构层楼面标高的高差值，对于位于结构夹层的梁，则指相对于结构夹层楼面标高的高差。有高差时，需将其写入括号内，无高差时不注。

4)梁原位标注的内容规定如下：

①梁支座上部纵筋，该部位含通长筋在内的所有纵筋：

a. 当上部纵筋多于一排时，用斜线“/”将各排纵筋自上而下分开。

b. 当同排纵筋有两种直径时，用加号“+”将两种直径的纵筋相连，注写时将角部纵筋写在前面。

c. 当梁中间支座两边的上部纵筋不同时，需在支座两边分别标注；当梁中间支座两边的上部纵筋相同时，可仅在支座的一边标注配筋值，另一边省去不注如图 12.28 所示。

设计时应注意：

Ⅰ. 对于支座两边不同配筋值的上部纵筋，宜尽可能选用相同直径（不同根数），使其贯穿支座，避免支座两边不同直径的上部纵筋均在支座内锚固。

Ⅱ. 对于以边柱、角柱为端支座的屋面框架梁，当能够满足配筋截面面积要求时，其梁的上部钢筋应尽可能只配置一层，以避免梁柱纵筋在柱顶处因层数过多、密度过大导致不方便施工和影响混凝土浇筑质量。

②梁下部纵筋：

a. 当下部纵筋多于一排时，用斜线“/”将各排纵筋自上而下分开。

b. 当同排纵筋有两种直径时，用加号“+”将两种直径的纵筋相连，注写时角筋写在前面。

c. 当梁下部纵筋不全部伸入支座时，将梁支座下部纵筋减少的数量写在括号内。

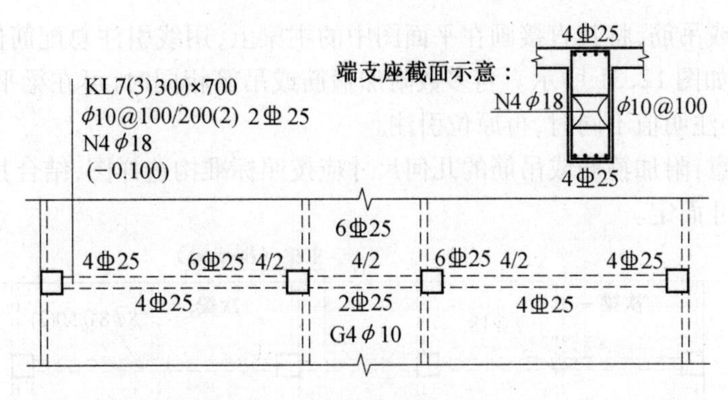

图12.28　大小跨梁的注写示例

d.当梁的集中标注中已按上述第3)条第④款的规定分别注写了梁上部和下部均为通长的纵筋值时，则不需在梁下部重复做原位标注。

e.当梁设置竖向加腋时；加腋部位下部斜纵筋应在支座下部以Y打头注写在括号内，如图12.29所示，本图集中框架梁竖向加腋构造适用于加腋部位参与框架梁计算，其他情况设计者应另行给出构造。当梁设置水平加腋时，水平加腋内上、下部斜纵筋应在加腋支座上部以Y打头注写在括号内，上下部斜纵筋之间用"/"分隔，如图12.30所示。

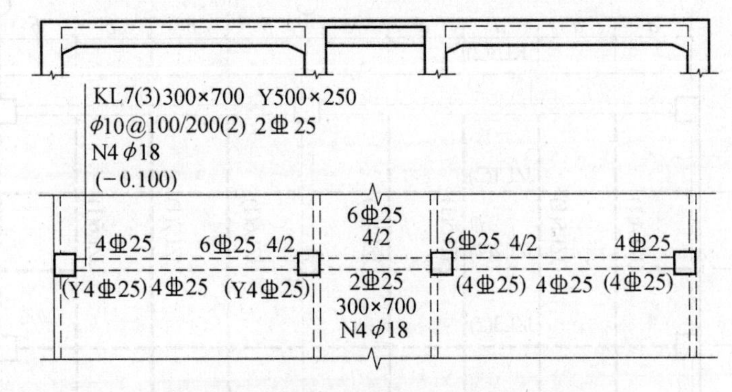

图12.29　梁加腋平面注写方式表达示例

③当在梁上集中标注的内容（即梁截面尺寸、箍筋、上部通长筋或架立筋，梁侧面纵向构造钢筋或受扭纵向钢筋，以及梁顶面标高高差中的某一项或几项数值）不适用于某跨或某悬挑部分时，则将其不同数值原位标注在该跨或该悬挑部位，施工时应按原位标注数值取用。

当在多跨梁的集中标注中已注明加腋，而该梁某跨的根部却不需要加腋时，则应在该跨原位标注等截面的$b×h$，以修正集中标注中的加腋信息，如图12.29所示。

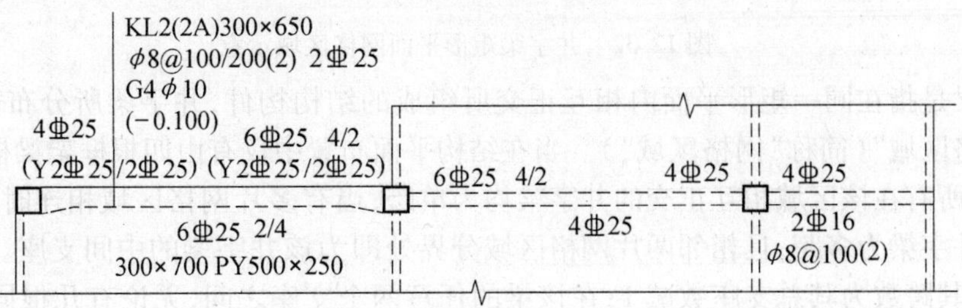

图12.30　梁水平加腋平面注写方式表达示例

④附加箍筋或吊筋,将其直接画在平面图中的主梁上,用线引注总配筋值(附加箍筋的肢数注在括号内),如图 12.31 所示。当多数附加箍筋或吊筋相同时,可在梁平法施工图上统一注明,少数与统一注明值不同时,再原位引注。

施工时应注意:附加箍筋或吊筋的几何尺寸应按照标准构造详图,结合其所在位置的主梁和次梁的截面尺寸而定。

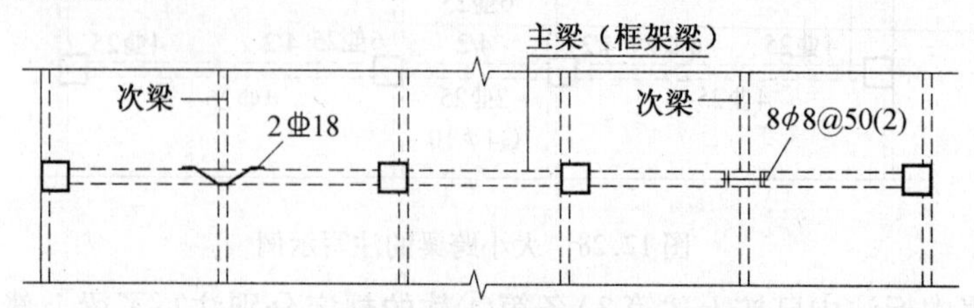

图 12.31　附加箍筋和吊筋的画法示例

5)井字梁通常由非框架梁构成,并以框架梁为支座(特殊情况下以专门设置的非框架大梁为支座)。在此情况下,为明确区分井字梁与作为井字梁支座的梁,井字梁用单粗虚线表示(当井字梁顶面高出板面时可用单粗实线表示),作为井字梁支座的梁用双细虚线表示(当梁顶面高出板面时可用双细实线表示)。

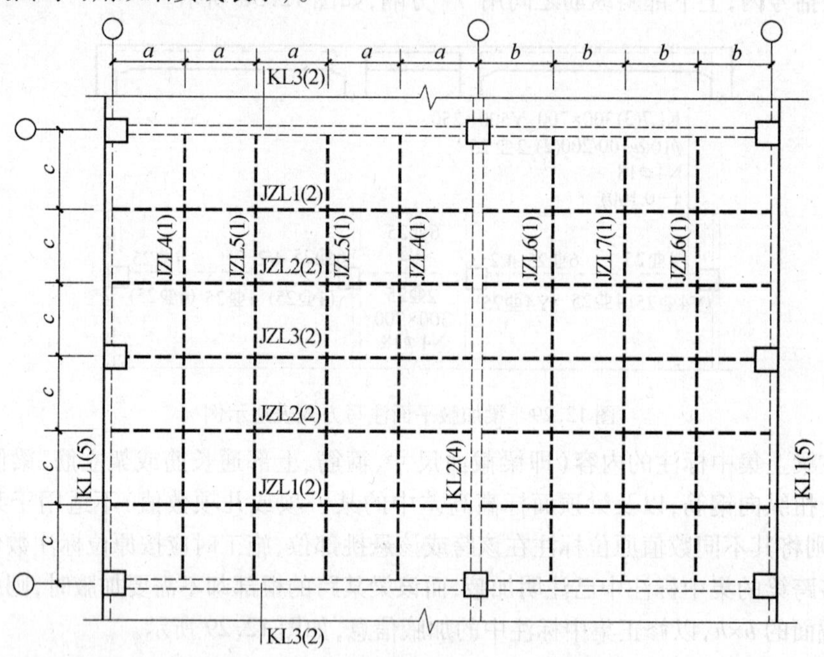

图 12.32　井字梁矩形平面网格区域示意

井字梁是指在同一矩形平面内相互正交所组成的结构构件,井字梁所分布范围称为“矩形平面网格区域”(简称“网格区域")。当在结构平面布置中仅有由四根框架梁框起的一片网格区域时,所有在该区域相互正交的井字梁均为单跨;当有多片网格区域相连时,贯通多片网格区域的井字梁为多跨,且相邻两片网格区域分界处即为该井字梁的中间支座。对某根井字梁编号时,其跨数为其总支座数减 1;在该梁的任意两个支座之间,无论有几根同类梁与其相交,均不作为支座如图 12.32 所示。

井字梁的注写规则符合上述第 1)~4)条规定。除此之外,设计者应注明纵横两个方向梁相交处同一层面钢筋的上下交错关系(指梁上部或下部的同层面交错钢筋何梁在上何梁在下),以及在该相交处两方向梁箍筋的布置要求。

6)井字梁的端部支座和中间支座上部纵筋的伸出长度值,应由设计者在原位加注具体数值予以注明。

当采用平面注写方式时,则在原位标注的支座上部纵筋后面括号内加注具体伸出长度值,如图12.33所示;

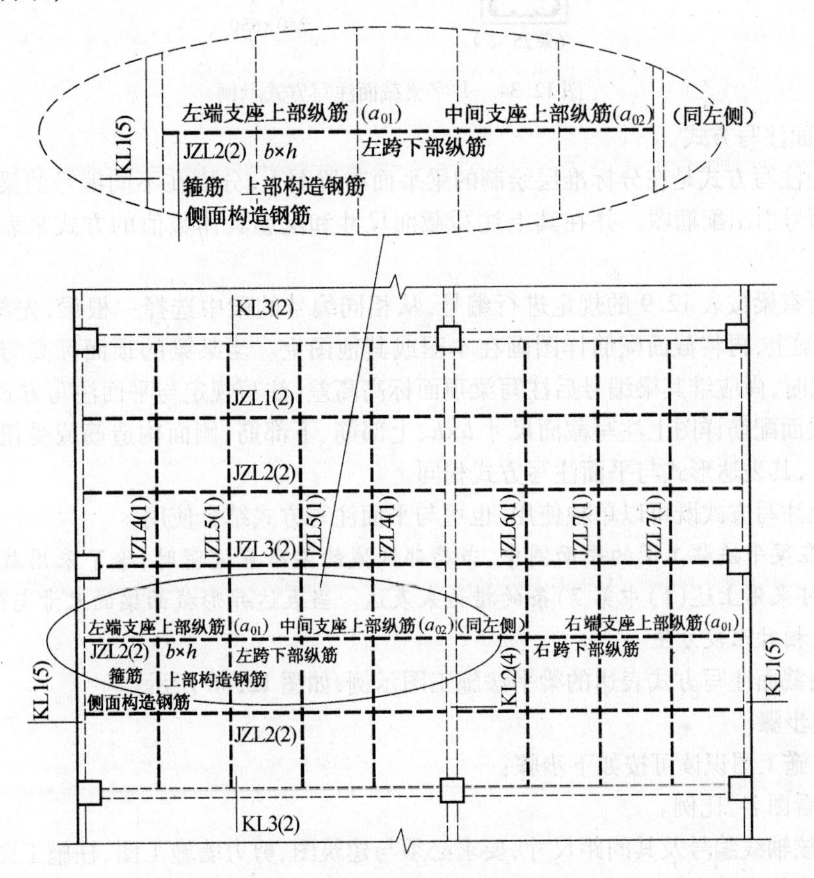

图12.33　井字梁平面注写方式示例

注:本图仅示意井字梁的注写方法,未注明截面几何尺寸 $b×h$,支座上部纵筋伸出长度 a_{01} ~ a_{03},以及纵筋与箍筋的具体数值。

当为截面注写方式时,则在梁端截面配筋图上注写的上部纵筋后面括号内加注具体伸出长度值,如图12.34所示。

设计时应注意:

①当井字梁连续设置在两片或多排网格区域时,才具有上面提及的井字梁中间支座。

②当某根井字梁端支座与其所在网格区域之外的非框架梁相连时,该位置上部钢筋的连续布置方式需由设计者注明。

7)在梁平法施工图中,当局部梁的布置过密时,可将过密区用虚线框出,适当放大比例后再用平面注写方式表示。

8)采用平面注写方式表达的梁平法施工图示例,如图12.35所示。

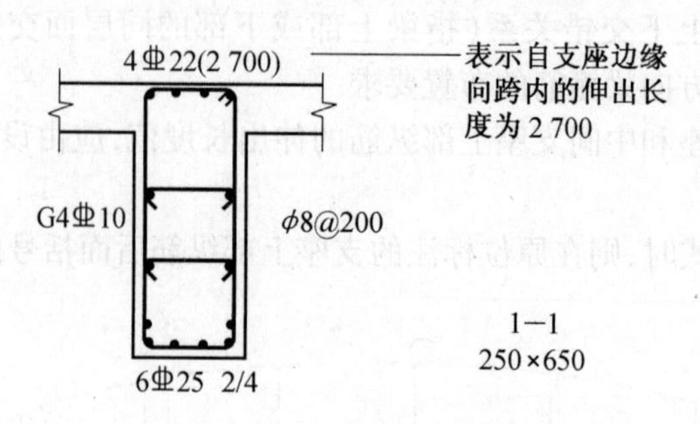

图12.34 井字梁截面注写方式示例

(2)截面注写方式。

1)截面注写方式是在分标准层绘制的梁平面布置图上,分别在不同编号的梁中各选择一根梁用剖面号引出配筋图。并在其上注写截面尺寸和配筋具体数值的方式来表达梁平法施工图。

2)对所有梁按表12.9的规定进行编号,从相同编号的梁中选择一根梁,先将“单边截面号”画在该梁上,再将截面配筋详图画在本图或其他图上。当某梁的顶面标高与结构层的楼面标高不同时,尚应继其梁编号后注写梁顶面标高高差(注写规定与平面注写方式相同)。

3)在截面配筋详图上注写截面尺寸 $b \times h$、上部筋、下部筋、侧面构造筋或受扭筋及箍筋的具体数值时,其表达形式与平面注写方式相同。

4)截面注写方式既可以单独使用,也可与平面注写方式结合使用。

注意:在梁平法施工图的平面图中,当局部区域的梁布置过密时,除了采用截面注写方式表达外,也可采用上述(1)中第7)条的措施来表达。当表达异形截面梁的尺寸与配筋时,用截面注写方式相对比较方便。

5)应用截面注写方式表达的梁平法施工图示例,如图12.36所示。

2.识图步骤

梁平法施工图识读可按如下步骤:

(1)查看图名、比例。

(2)校核轴线编号及其间距尺寸,要求必须与建筑图、剪力墙施工图、柱施工图保持一致。

(3)与建筑图配合,明确梁的编号、数量和布置。

(4)阅读结构设计总说明或有关说明,明确梁的混凝土强度等级及其他要求。

(5)根据梁的编号,查阅图中平面标注或截面标注,明确梁的截面尺寸、配筋和标高。再根据抗震等级、设计要求和标准构造详图确定纵向钢筋、箍筋和吊筋的构造要求(例如纵向钢筋的锚固长度、切断位置、弯折要求和连接方式、搭接长度;箍筋加密区的范围;附加箍筋、吊筋的构造等)。

(6)其他有关的要求。

需要强调的是,应注意主、次梁交汇处钢筋的高低位置要求。

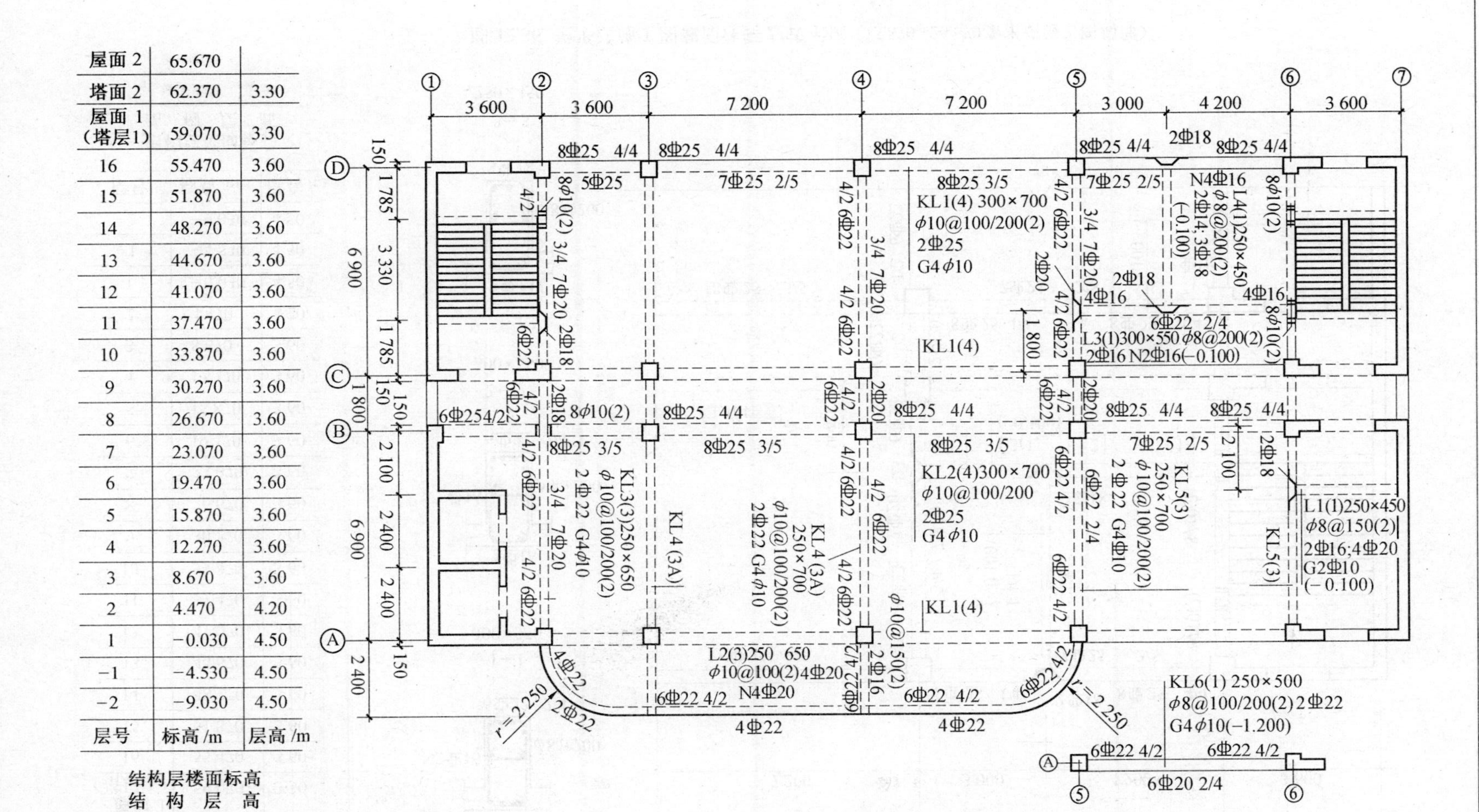

屋面 2	65.670	
塔面 2	62.370	3.30
屋面 1 (塔层1)	59.070	3.30
16	55.470	3.60
15	51.870	3.60
14	48.270	3.60
13	44.670	3.60
12	41.070	3.60
11	37.470	3.60
10	33.870	3.60
9	30.270	3.60
8	26.670	3.60
7	23.070	3.60
6	19.470	3.60
5	15.870	3.60
4	12.270	3.60
3	8.670	3.60
2	4.470	4.20
1	−0.030	4.50
−1	−4.530	4.50
−2	−9.030	4.50
层号	标高 /m	层高 /m

结构层楼面标高
结　构　层　高

图 12.35　梁平法施工图平面注写方式示例 18.870 ~26.670 梁平法施工图

屋面 2	65.670	
塔面 2	62.370	3.30
屋面 1（塔层 1）	59.070	3.30
16	55.470	3.60
15	51.870	3.60
14	48.270	3.60
13	44.670	3.60
12	41.070	3.60
11	37.470	3.60
10	33.870	3.60
9	30.270	3.60
8	26.670	3.60
7	23.070	3.60
6	19.470	3.60
5	15.870	3.60
4	12.270	3.60
3	8.670	3.60
2	4.470	4.20
1	−0.030	4.50
−1	−4.530	4.50
−2	−9.030	4.50
层号	标高 /m	层高 /m

结构层楼面标高
结 构 层 高

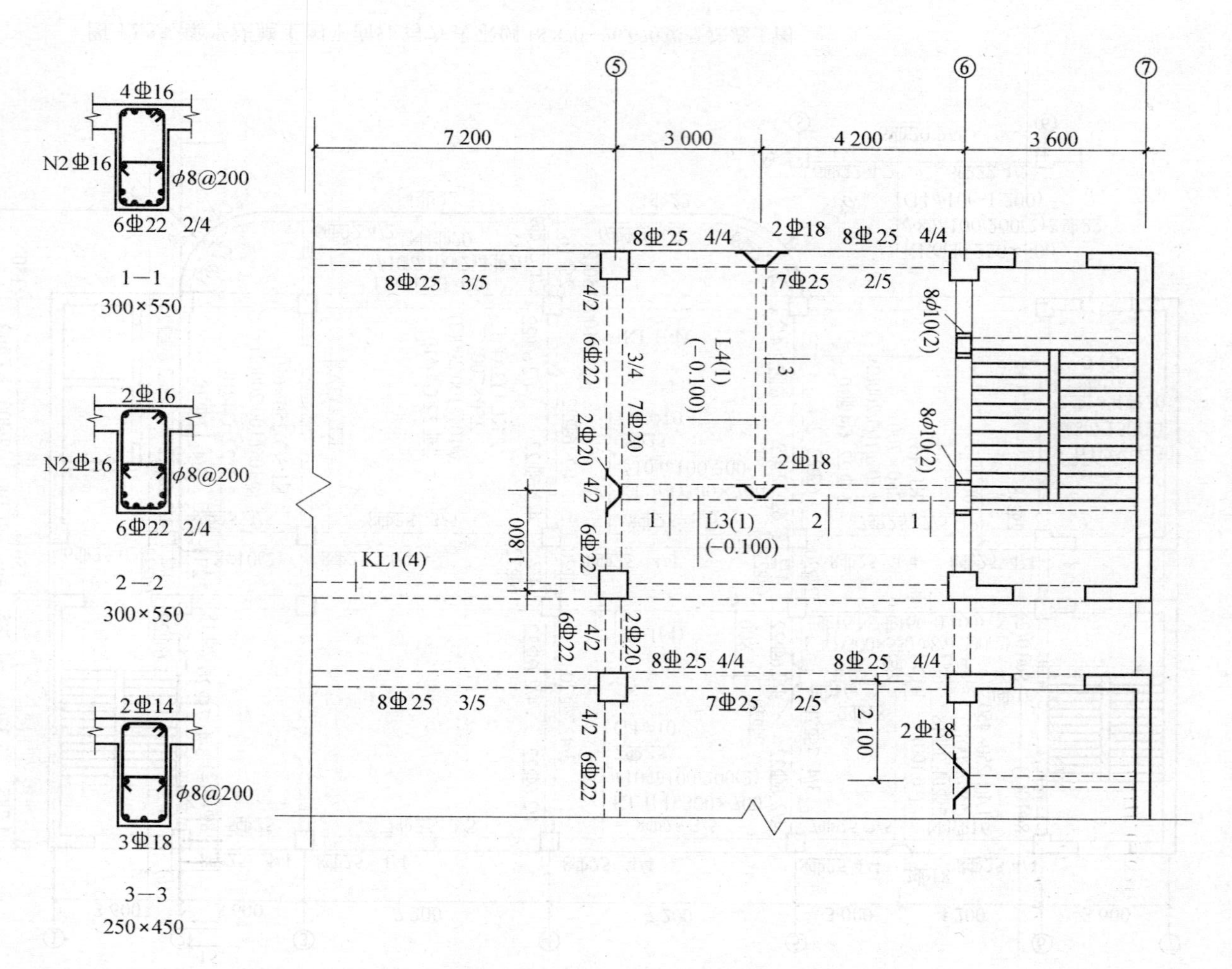

图 12.36 梁平法施工图截面注写方式示例（15.870~26.670 梁平法施工图局部）

3.识图举例

图12.18、表12.8即为梁平法施工图和图纸说明，其部分连梁采用平面注写方式。从中我们可以了解以下内容：

图名为标准层顶梁配筋平面图，比例为1∶100。

轴线编号及其间距尺寸与建筑图、标准层墙柱平面布置图一致。

梁的编号从LL1至LL26(其中LL12、LL13和LL18在2号楼图中)，标高参照各层楼面，数量每种1～4根，每根梁的平面位置如图12.18所示。

由图纸说明可知，梁的混凝土强度为C30。

以LL1、LL3、LL14为例说明如下：

LL1(1)位于①轴线和㉕轴线上，1跨；截面200 mm×450 mm；箍筋为直径8 mm的Ⅰ级钢筋，间距为100 mm，双肢箍；上部2ϕ16通长钢筋，下部2ϕ16通长钢筋。梁高≥450 mm，需配置侧向构造钢筋，侧面构造钢筋应为剪力墙配置的水平分布筋，其在3、4层直径为12 mm、间距为250 mm的Ⅱ级钢筋，在5～16层为直径为10 mm、间距为250 mm的Ⅰ级钢筋。因转换层以上两层(3、4层)剪力墙，抗震等级为三级，以上各层抗震等级为四级，知3、4层(标高6.950～12.550 m)纵向钢筋伸入墙内的锚固长度l_{aE}为$31d$，5～16层(标高12.550m～49.120m)纵向钢筋的锚固长度l_{aE}为$30d$。如为顶层，连梁纵向钢筋伸入墙内的长度范围内，应设置间距为150 mm的箍筋，箍筋直径与连梁跨内箍筋直径相同。

LL3(1)位于②轴线和㉔轴线上，1跨；截面200 mm×400 mm；箍筋直径为8 mm的Ⅰ级钢筋，间距为200 mm，双肢箍；上部2ϕ16通长钢筋，下部2ϕ22(角筋)+1ϕ20通长钢筋；梁两端原位标注显示，端部上部钢筋为3ϕ16，要求有一根钢筋在跨中截断，由于LL3两端以梁为支座，按非框架梁构造要求截断钢筋，构造要求如图12.37所示，其中纵向钢筋锚固长度l_{aE}为$30d$。

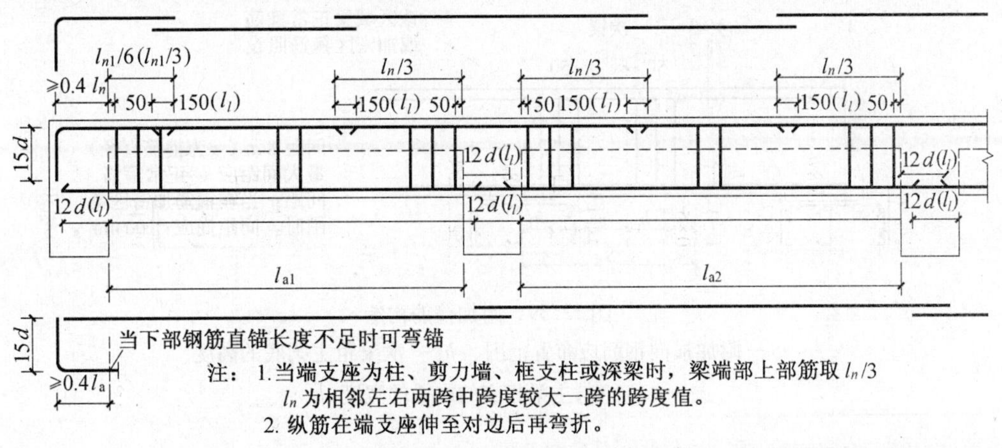

图12.37　梁配筋构造

l_a、l_{a1}、l_{a2}— 非抗震构件的钢筋锚固长度　l_l— 非抗震纵向受拉钢筋的搭接长度

l_n— 相邻左右两跨中跨度较大一跨的跨度值　l_{n1}— 第1跨梁的净跨值

LL14(1)位于B轴线上，1跨；截面200 mm×450 mm；箍筋为直径8 mm的Ⅰ级钢筋，加密区间距为100 mm，非加密区间距为150 mm，双肢箍，连梁沿梁全长箍筋的构造要求按框架梁梁端加密区箍筋构造要求采用，构造如图12.38所示，图中h_b为梁截面高度；上部2ϕ20通长钢筋，下部3ϕ22通长钢筋；梁两端原位标注显示，端部上部钢筋为3ϕ20，要求有一根钢筋在跨

中截断,参考框架梁钢筋截断要求,其中一根钢筋在距梁端1/4静跨处截断。梁高≥450 mm,需配置侧向构造钢筋,侧面构造钢筋应为剪力墙上配置水平分布筋,其在3、4层直径为12 mm、间距为250 mm的Ⅱ级钢筋,在5~16层直径为10 mm、间距为250 mm的Ⅰ级钢筋。因转换层以上两层(3、4层)剪力墙,抗震等级为三级,以上各层抗震等级为四级,知3、4层(标高6.950~12.550 m)纵向钢筋伸入墙内的锚固长度 l_{aE} 为31d,5~16层(标高12.550~49.120 m)纵向钢筋的锚固长度 l_{aE} 为30d。如为顶层,连梁纵向钢筋伸入墙内的长度范围内,应设置间距为150 mm的箍筋,箍筋直径与连梁跨内箍筋直径相同。

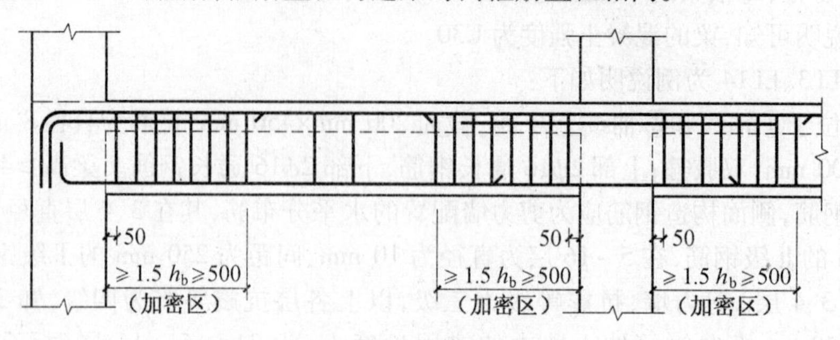

图12.38　梁箍筋构造

h_b—梁截面高度

此外,图中梁纵、横交汇处设置附加箍筋,例如LL3与LL14交汇处,在LL14上设置附加箍筋6根直径为16 mm的Ⅰ级钢筋,双肢箍。根据平法标准构造图集,附加箍筋构造要求如图12.39所示。

注意　主、次梁交汇处上部钢筋主梁在上,次梁在下。

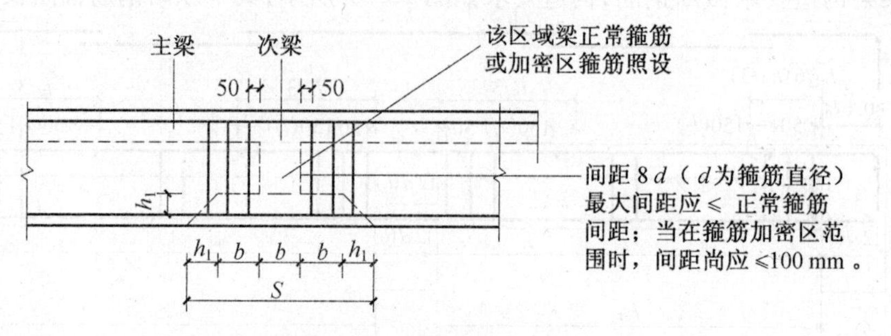

图12.39　附加箍筋构造

S—附加横向钢筋应布置范围　h_1—次梁距主梁底的高度

b—与主梁相交的次梁的宽度

12.4.4　板平法施工图的识读

1.有梁楼盖平法施工图

有梁楼盖的制图规则适用于以梁为支座的楼面与屋面板平法施工图设计。

(1)有梁楼盖板平法施工图的表示方法。

1)有梁楼盖板平法施工图,是在楼面板和屋面板布置图上,采用平面注写的表达方式。板平面注写主要包括板块集中标注和板支座原位标注。

2)为方便设计表达和施工识图,规定结构平面的坐标方向如下:

①当两向轴网正交布置时,图面从左至右为 X 向,从下至上为 Y 向。

②当轴网转折时,局部坐标方向顺轴网转折角度做相应转折。

③当轴网向心布置时,切向为 X 向,径向为 Y 向。

此外,对于平面布置比较复杂的区域,例如轴网转折交界区域、向心布置的核心区域等,其平面坐标方向应由设计者另行规定并在图上明确表示。

(2)板块集中标注。

1)板块集中标注的内容为板块编号、板厚、贯通纵筋以及当板面标高不同时的标高高差。

对于普通楼面,两向均以一跨为一板块;对于密肋楼盖,两向主梁(框架梁)均以一跨为一板块(非主梁密肋不计)。所有板块应逐一编号,相同编号的板块可择其一做集中标注,其他仅注写置于圆圈内的板编号,以及当板面标高不同时的标高高差。

板块编号应符合表12.10的规定。

表12.10　板块编号

板类型	代号	序号
楼面板	LB	××
屋面板	WB	××
悬挑板	XB	××

板厚注写为 h =×××(为垂直于板面的厚度);当悬挑板的端部改变截面厚度时,用斜线分隔根部与端部的高度值,注写为 h =×××/×××;当设计已在图注中统一注明板厚时,此项可不注。

贯通纵筋按板块的下部和上部分别注写(当板块上部不设贯通纵筋时则不注),并以B代表下部,以T代表上部,B&T代表下部与上部;X 向贯通纵筋以X打头,Y 向贯通纵筋以Y打头,两向贯通纵筋配置相同时则以X&Y打头。

当为单向板时,分布筋可不必注写,而在图中统一注明。

当在某些板内(例如在悬挑板XB的下部)配置有构造钢筋时,则 X 向以Xc,Y 向以Yc打头注写。

当 Y 向采用放射配筋时(切向为 X 向,径向为 Y 向),设计者应注明配筋间距的定位尺寸。

当贯通筋采用两种规格钢筋"隔一布一"方式时,表达为 ϕxx/yy@xxx,表示直径为xx的钢筋和直径为yy的钢筋二者之间间距为xxx,直径xx的钢筋的间距为xxx的2倍,直径yy的钢筋的间距为xxx的2倍。

板面标高高差,是指相对于结构层楼面标高的高差,应将其注写在括号内,且有高差则注,无高差不注。

2)同一编号板块的类型、板厚和贯通纵筋均应相同,但板面标高、跨度、平面形状以及板支座上部非贯通纵筋可以不同,如同一编号板块的平面形状可为矩形、多边形及其他形状等。施工预算时,应根据其实际平面形状,分别计算各块板的混凝土与钢材用量。

设计与施工应注意:单向或双向连续板的中间支座上部同向贯通纵筋,不应在支座位置连接或分别锚固。当相邻两跨的板上部贯通纵筋配置相同,且跨中部位有足够空间连接时,可在两跨任意一跨的跨中连接部位连接;当相邻两跨的上部贯通纵筋配置不同时,应将配置较大者越过其标注的跨数终点或起点伸至相邻跨的跨中连接区域连接。

设计应注意板中间支座两侧上部贯通纵筋的协调配置，施工及预算应按具体设计和相应标准构造要求实施。等跨与不等跨板上部贯通纵筋的连接有特殊要求时，其连接部位及方式应由设计者注明。

（3）板支座原位标注。

1）板支座原位标注的内容为板支座上部非贯通纵筋和悬挑板上部受力钢筋。

板支座原位标注的钢筋，应在配置相同跨的第一跨表达（当在梁悬挑部位单独配置时则在原位表达）。在配置相同跨的第一跨（或梁悬挑部位），垂直于板支座（梁或墙）绘制一段适宜长度的中粗实线（当该筋通长设置在悬挑板或短跨板上部时，实线段应画至对边或贯通短跨），以该线段代表支座上部非贯通纵筋，并在线段上方注写钢筋编号（例如①、②等）、配筋值、横向连续布置的跨数（注写在括号内，且当为一跨时可不注），以及是否横向布置到梁的悬挑端。

板支座上部非贯通筋自支座中线向跨内的伸出长度，注写在线段的下方位置。

当中间支座上部非贯通纵筋向支座两侧对称伸出时，可仅在支座一侧线段下方标注伸出长度，另一侧不注，如图12.40所示。

当向支座两侧非对称伸出时，应分别在支座两侧线段下方注写伸出长度，如图12.41所示。

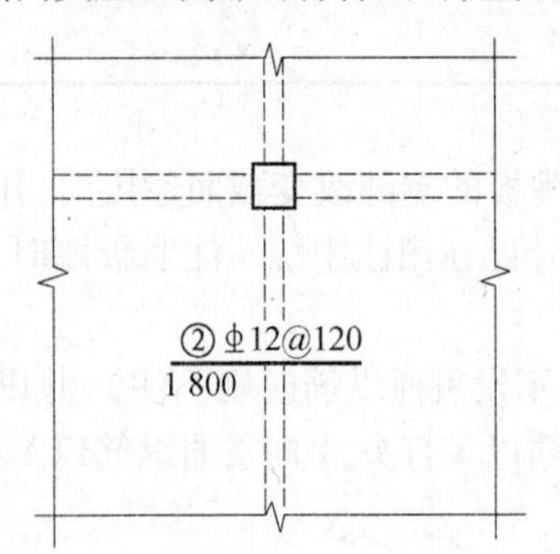

图12.40　板支座上部非贯通筋对称伸出

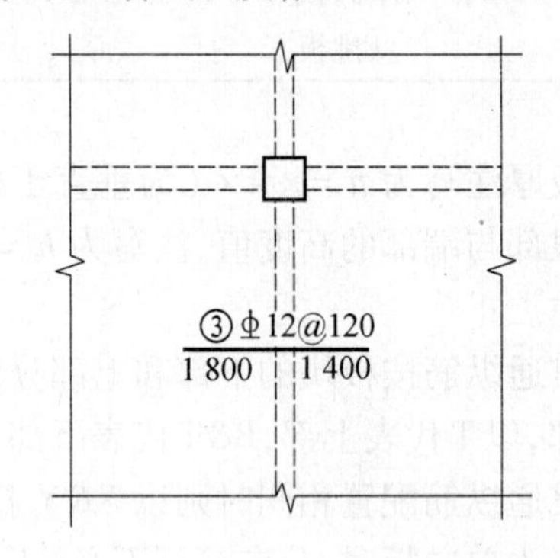

图12.41　板支座两侧非贯通筋非对称伸出

对线段画至对边贯通全跨或贯通全悬挑长度的上部通长纵筋，贯通全跨或伸出至全悬挑一侧的长度值不注，只注明非贯通筋另一侧的伸出长度值，如图12.42所示。

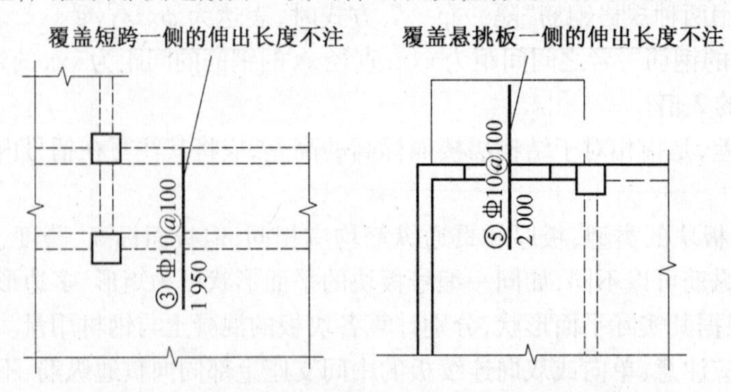

图12.42　板支座非贯通筋贯通全跨或伸出至悬挑端

当板支座为弧形,支座上部非贯通纵筋呈放射状分布时,设计者应注明配筋间距的度量位置并加注"放射分布" 四字,必要时应补绘平面配筋图,如图 12. 43 所示。

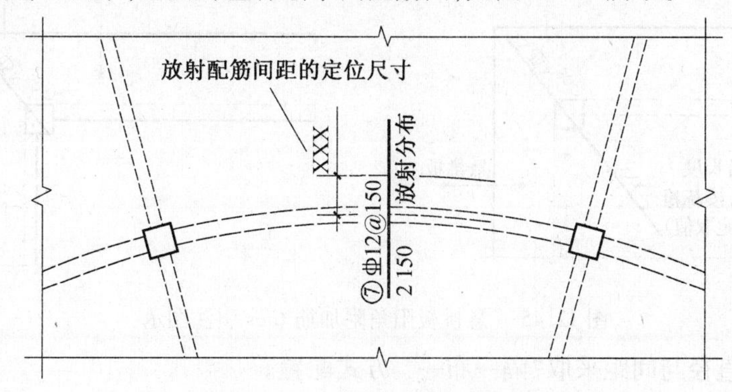

图 12. 43　弧形支座处放射配筋

关于悬挑板的注写方式如图12. 44 所示。当悬挑板端部厚度不小于150 时,设计者应指定板端部封边构造方式,当采用 *U* 形钢筋封边时,尚应指定 *U* 形钢筋的规格、直径。

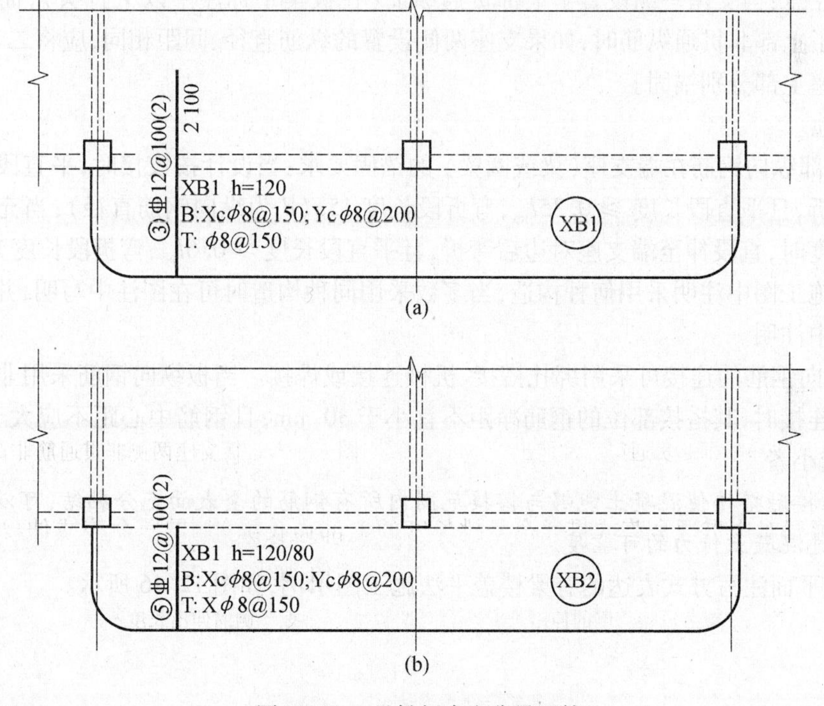

图 12. 44　悬挑板支座非贯通筋

此外,悬挑板的悬挑阳角上部放射钢筋的表示方法,如图 12. 45 所示。

在板平面布置图中,不同部位的板支座上部非贯通纵筋及悬挑板上部受力钢筋,可仅在一个部位注写,对其他相同者则仅需在代表钢筋的线段上注写编号及按本条规则注写横向连续布置的跨数即可。

此外,与板支座上部非贯通纵筋垂直且绑扎在一起的构造钢筋或分布钢筋,应由设计者在图中注明。

2）当板的上部已配置有贯通纵筋,但需增配板支座上部非贯通纵筋时,应结合已配置的

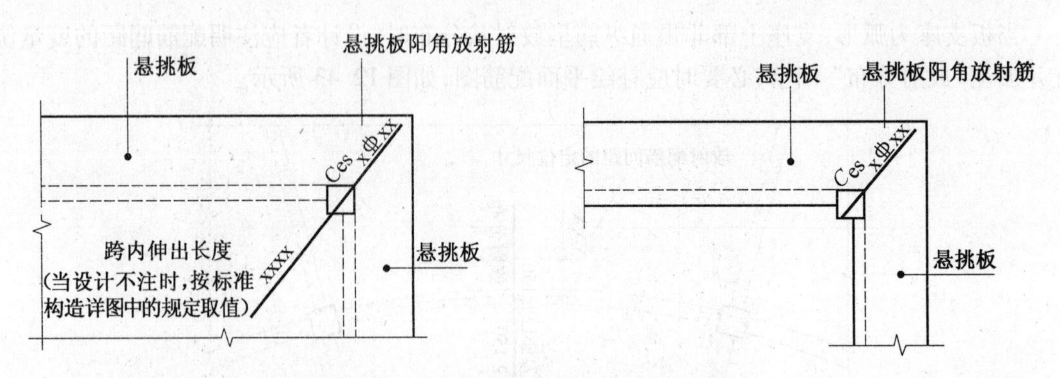

图 12.45　悬挑板阳角附加筋 C es 引注图示

同向贯通纵筋的直径与间距采取"隔一布一"方式配置。

"隔一布一"方式，为非贯通纵筋的标注间距与贯通纵筋相同，两者组合后的实际间距为各自标注间距的1/2。当设定贯通纵筋为纵筋总截面面积的50%时，两种钢筋应取相同直径；当设定贯通纵筋大于或小于总截面面积的50%时，两种钢筋则取不同直径。

施工应注意：当支座一侧设置了上部贯通纵筋（在板集中标注中以 T 打头），而在支座另一侧仅设置了上部非贯通纵筋时，如果支座两侧设置的纵筋直径、间距相同，应将二者连通，避免各自在支座上部分别锚固。

（4）其他。

1）板上部纵向钢筋在端支座（梁或圈梁）的锚固要求：当设计按铰接时，平直段伸至端支座对边后弯折，且平直段长度 $\geqslant 0.35l_{ab}$，弯折段长度 $15d$（d 为纵向钢筋直径）；当充分利用钢筋的抗拉强度时，直段伸至端支座对边后弯折，且平直段长度 $\geqslant 0.6l_{ab}$，弯折段长度 $15d$。设计者应在平法施工图中注明采用何种构造，当多数采用同种构造时可在图注中写明，并将少数不同之处在图中注明。

2）板纵向钢筋的连接可采用绑扎搭接、机械连接或焊接。当板纵向钢筋采用非接触方式的绑扎搭接连接时，其搭接部位的钢筋净距不宜小于 30 mm，且钢筋中心距不应大于 $0.2l_l$ 及 150 mm 的较小者。

注意：非接触搭接使混凝土能够与搭接范围内所有钢筋的全表面充分黏结，可以提高搭接钢筋之间通过混凝土传力的可靠度。

3）采用平面注写方式表达的有梁楼盖平法施工图示例，如图 12.46 所示。

层号	标高/m	层高/m
屋面2	65.670	
塔面2	62.370	3.30
屋面1（塔层1）	59.070	3.30
16	55.470	3.60
15	51.870	3.60
14	48.270	3.60
13	44.670	3.60
12	41.070	3.60
11	37.470	3.60
10	33.870	3.60
9	30.270	3.60
8	26.670	3.60
7	23.070	3.60
6	19.470	3.60
5	15.870	3.60
4	12.270	3.60
3	8.670	3.60
2	4.470	4.20
1	−0.030	4.50
−1	−4.530	4.50
−2	−9.030	4.50

结构层楼面标高
结构层高

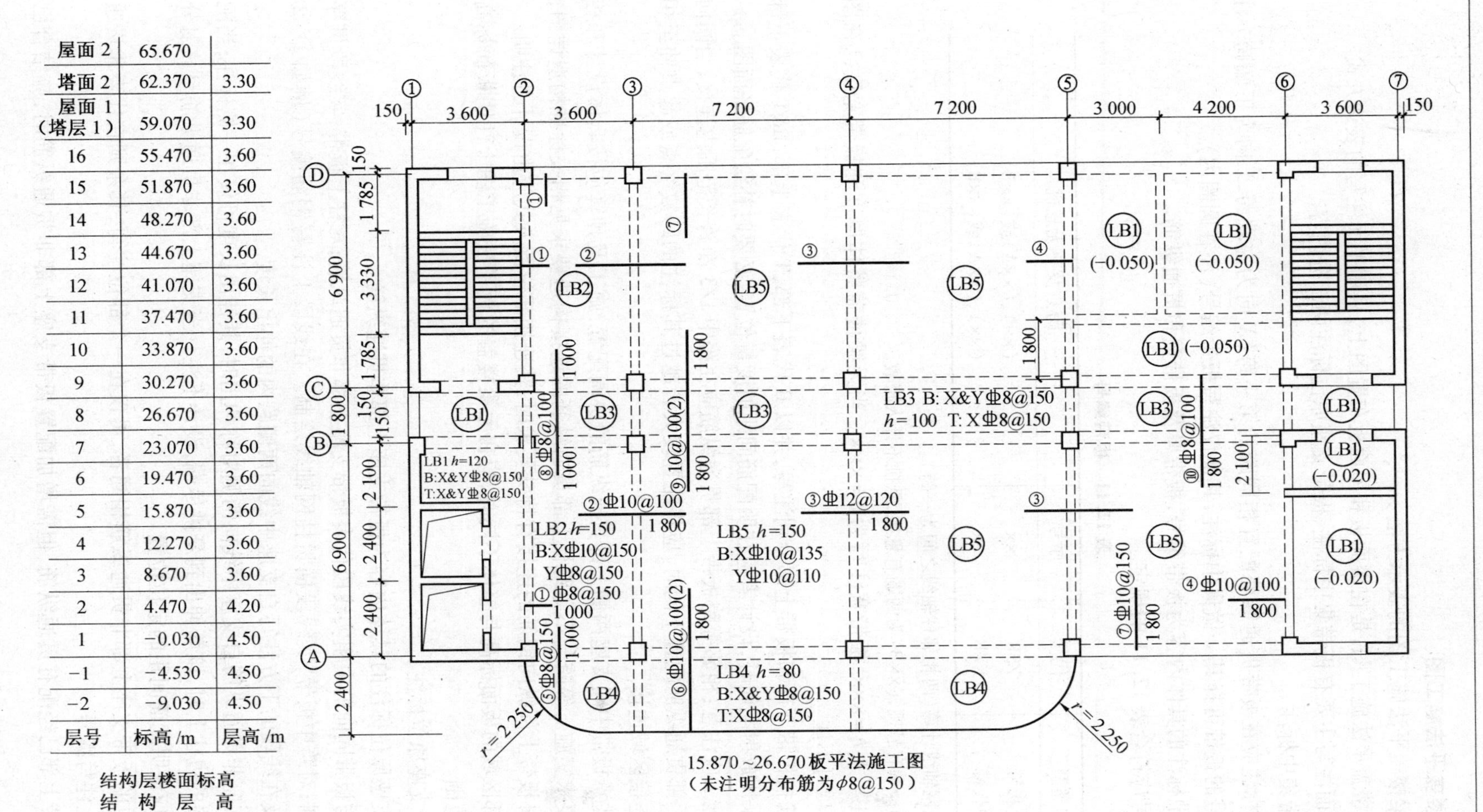

图12.46　有梁楼盖平法施工图示例

2. 无梁楼盖平法施工图

(1) 无梁楼盖平法施工图的表示方法。

1) 无梁楼盖平法施工图,是在楼面板和屋面板布置图上,采用平面注写的表达方式。

2) 板平面注写主要有板带集中标注、板带支座原位标注两部分内容。

(2) 板带集中标注。

1) 集中标注应在板带贯通纵筋配置相同跨的第一跨(X 向为左端跨,Y 向为下端跨)注写。相同编号的板带可择其一做集中标注,其他仅注写板带编号(注在圆圈内)。

板带集中标注的具体内容为板带编号,板带厚及板带宽和贯通纵筋。

板带编号应符合表 12.11 的规定。

表 12.11 板带编号

板带类型	代号	序号	跨数及有无悬挑
柱上板带	ZSB	××	(××)、(××A)或(××B)
跨中板带	KZB	××	(××)、(××A)或(××B)

注:1. 跨数按柱网轴线计算(两相邻柱轴线之间为一跨)。

2. (××A)为一端有悬挑,(××B)为两端有悬挑,悬挑不计入跨数。

板带厚注写为 h=×××,板带宽注写为 b=×××。当无梁楼盖整体厚度和板带宽度已在图中注明时,此项可不注。

贯通纵筋按板带下部和板带上部分别注写,并以 B 代表下部,T 代表上部,B&T 代表下部和上部。当采用放射配筋时,设计者应注明配筋间距的度量位置,必要时补绘配筋平面图。

设计与施工应注意:相邻等跨板带上部贯通纵筋应在跨中 1/3 净跨长范围内连接;当同向连续板带的上部贯通纵筋配置不同时,应将配置较大者越过其标注的跨数终点或起点伸至相邻跨的跨中连接区域连接。

设计应注意板带中间支座两侧上部贯通纵筋的协调配置,施工及预算应按具体设计和相应标准构造要求实施。等跨与不等跨板上部贯通纵筋的连接构造要求见相关标准构造详图;当具体工程对板带上部纵向钢筋的连接有特殊要求时,其连接部位及方式应由设计者注明。

2) 当局部区域的板面标高与整体不同时,应在无梁楼盖的板平法施工图上注明板面标高高差及分布范围。

(3) 板带支座原位标注。

1) 板带支座原位标注的具体内容为板带支座上部非贯通纵筋。

以一段与板带同向的中粗实线段代表板带支座上部非贯通纵筋;对柱上板带,实线段贯穿柱上区域绘制;对跨中板带,实线段横贯柱网轴线绘制。在线段上注写钢筋编号(例如①、②等)、配筋值及在线段的下方注写自支座中线向两侧跨内的伸出长度。

当板带支座非贯通纵筋自支座中线向两侧对称伸出时,其伸出长度可仅在一侧标注;当配置在有悬挑端的边柱上时,该筋伸出到悬挑尽端,设计不注。当支座上部非贯通纵筋呈放射分布时,设计者应注明配筋间距的定位位置。

不同部位的板带支座上部非贯通纵筋相同者,可仅在一个部位注写,其余则在代表非贯通纵筋的线段上注写编号。

2) 当板带上部已经配有贯通纵筋,但需增加配置板带支座上部非贯通纵筋时,应结合已配同向贯通纵筋的直径与间距,采取“隔一布一”的方式配置。

(4)暗梁的表示方法。

1)暗梁平面注写包括暗梁集中标注、暗梁支座原位标注两部分内容。施工图中在柱轴线处画中粗虚线表示暗梁。

2)暗梁集中标注包括暗梁编号、暗梁截面尺寸(箍筋外皮宽度×板厚)、暗梁箍筋、暗梁上部通长筋或架立筋四部分内容。暗梁编号应符合表 12.12 的规定,其他注写方式详见 12.4.3 节 1. 梁的平面表示方法中第(1)条的第 3)项。

表 12.12　暗梁编号

构件类型	代号	序号	跨数及有无悬挑
暗梁	AL	××	(××)、(××A)或(××B)

注:1. 跨数按柱网轴线计算(两相邻柱轴线之同为一跨)。
2. (××A)为一端有悬挑,(××B)为两端有悬挑,悬挑不计入跨数。

3)暗梁支座原位标注包括梁支座上部纵筋、梁下部纵筋。当在暗梁上集中标注的内容不适用于某跨或某悬挑端时,则将其不同数值标注在该跨或该悬挑端,施工时按原位注写取值。注写方式详见 12.4.3 节 1. 梁的平面表示方法中第(1)条的第 4)项。

4)当设置暗梁时,柱上板带及跨中板带标注方式与上述第(2)、(3)条一致。柱上板带标注的配筋仅设置在暗梁之外的柱上板带范围内。

5)暗梁中纵向钢筋连接、锚固及支座上部纵筋的伸出长度等要求同轴线处柱上板带中纵向钢筋。

(5)其他。

1)无梁楼盖跨中板带上部纵向钢筋在端支座的锚固要求:详见上述 1. 有梁楼盖平法施工图中第(4)条第 1)项。

2)板纵向钢筋的连接可采用绑扎搭接、机械连接或焊接,其要求详见上述 1. 有梁楼盖平法施工图中第(4)条第 2)项。

3)上述关于无梁楼盖的板平法制图规则,同样适用于地下室内无梁楼盖的平法施工图设计。

4)采用平面注写方式表达的无梁楼盖柱上板带、跨中板带及暗梁标注图示,如图 12.47 所示。

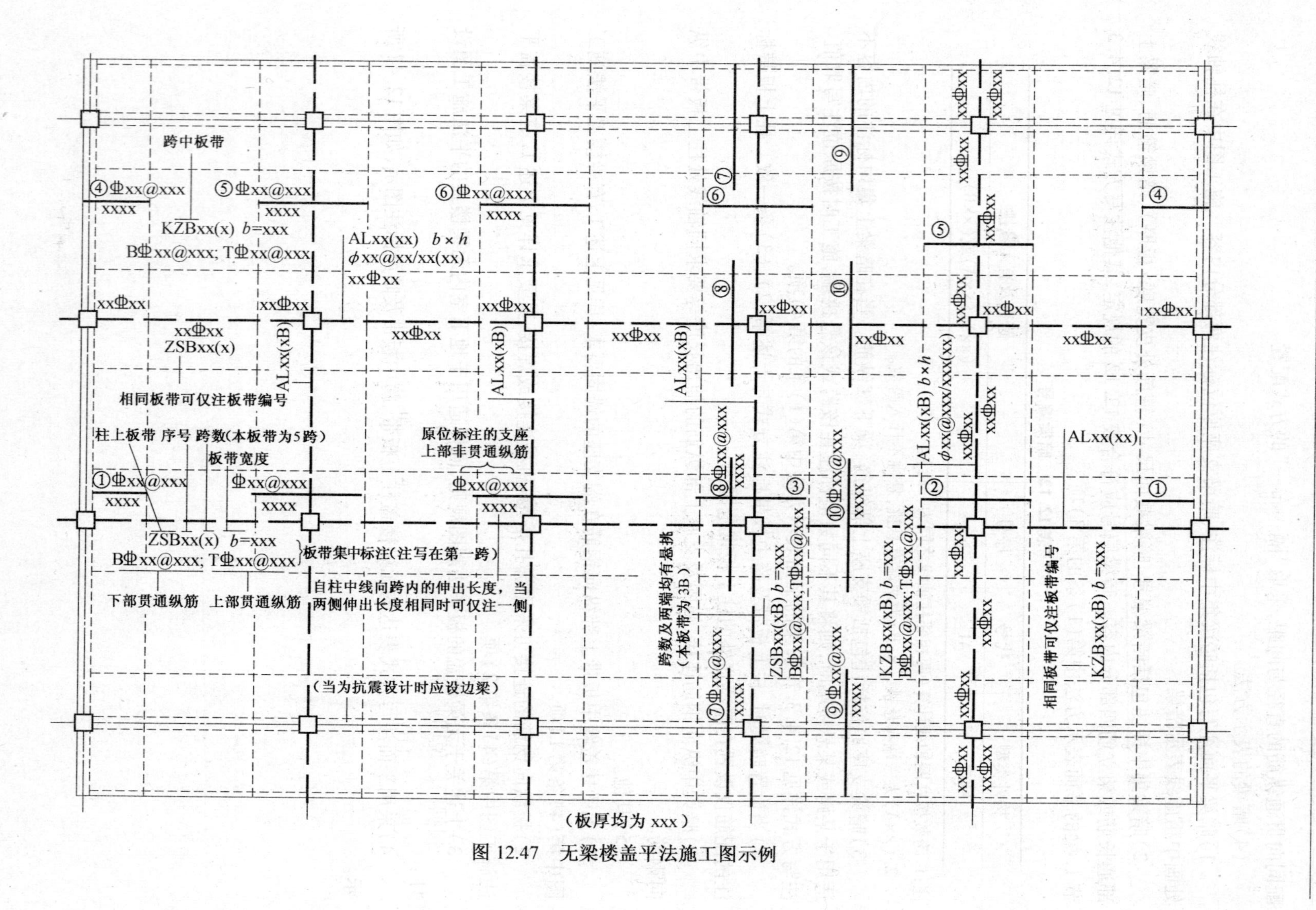

（板厚均为 xxx）

图 12.47　无梁楼盖平法施工图示例

3. 现浇板施工图识图步骤

现浇板施工图的识读步骤如下：

(1)查看图名、比例。

(2)校核轴线编号及其间距尺寸，要求必须与建筑图、梁平法施工图保持一致。

(3)阅读结构设计总说明或图纸说明，明确现浇板的混凝土强度等级及其他要求。

(4)明确现浇板的厚度和标高。

(5)明确现浇板的配筋情况，并参阅说明，了解未标注的分布钢筋情况等。

识读现浇板施工图时，应注意现浇板钢筋的弯钩方向，以便确定钢筋是在板的底部还是顶部。

需要特别强调的是，应分清板中纵横方向钢筋的位置关系。对于四边整浇的混凝土矩形板，由于力沿短边方向传递的多，下部钢筋一般是短边方向钢筋在下，长边方向钢筋在上，而下部钢筋正好相反。

4. 现浇板施工图识图举例

图 12.48 为××工程现浇板施工图，设计说明见表 12.13。

表 12.13　标准层顶板配筋平面图设计说明

说明：
1. 混凝土等级 C30，钢筋采用 HPB235(ϕ)，HRB335(　)
2. 　　所示范围为厨房或卫生间顶板，板顶标高为建筑标高-0.080 m，其他部位板顶标高为建筑标高-0.050 m，降板钢筋构造见标准图集(11G101—4)
3. 未注明板厚均为 110 mm
4. 未注明钢筋的规格均为 ϕ8@140

从中我们可以了解以下内容：

图 12.48 图号为××工程标准层顶板配筋平面图，绘制比例为 1:100。

轴线编号及其间距尺寸，与建筑图、梁平法施工图一致。

根据图纸说明知，板的混凝土强度等级为 C30。

板厚度有 110 mm 和 120 mm 两种，具体位置和标高如图。

以左下角房间为例，说明配筋：

下部：下部钢筋弯钩向上或向左，受力钢筋为 ϕ8@140(直径为 8 mm 的Ⅰ级钢筋，间距为 140 mm)沿房屋纵向布置，横向布置钢筋同样为 ϕ8@140，纵向(房间短向)钢筋在下，横向(房间长向)钢筋在上。

上部：上部钢筋弯钩向下或向右，与墙相交处有上部构造钢筋，①轴处沿房屋纵向设 ϕ8@140(未注明，根据图纸说明配置)，伸出墙外 1 020 mm；②轴处沿房屋纵向设 ϕ12@200，伸出墙外 1 210 mm；B 轴处沿房屋横向设 ϕ8@140，伸出墙外 1 020 mm；C 轴处沿房屋横向设 ϕ12@200，伸出墙外 1 080 mm。上部钢筋作直钩顶在板底。

根据《混凝土结构施工图平面整体表示方法制图规则和构造详图》(11G101—4)，有梁楼盖现浇板的钢筋锚固和降板钢筋构造如图 12.49、图 12.50 和图 12.51，其中Ⅰ级钢筋末端作 180°弯钩，在 C30 混凝土中Ⅰ级钢筋和Ⅱ级钢筋的锚固长度 l_a分别为 24d 和 30d。

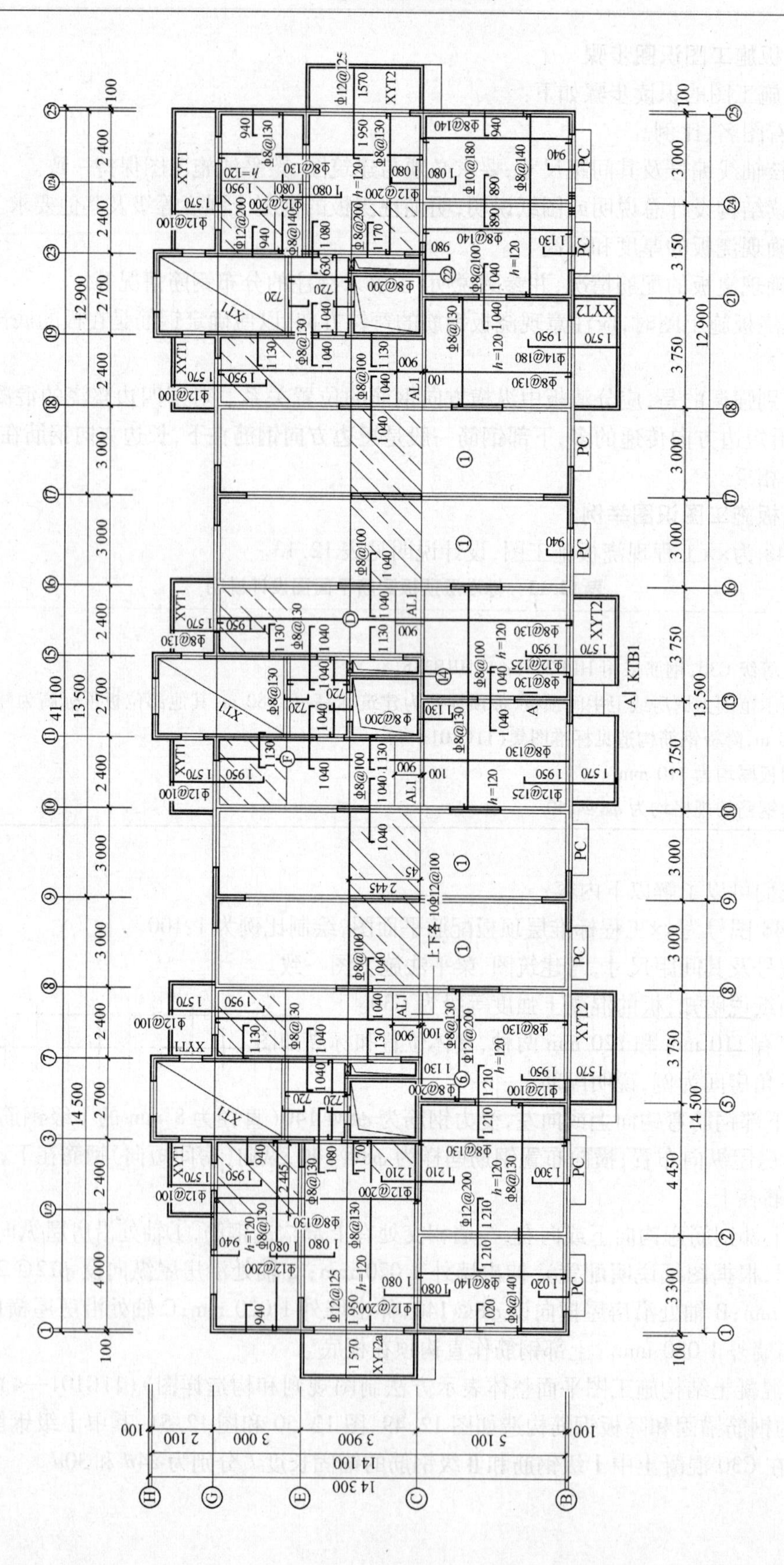

图 12.48 标准层顶板配筋平面图

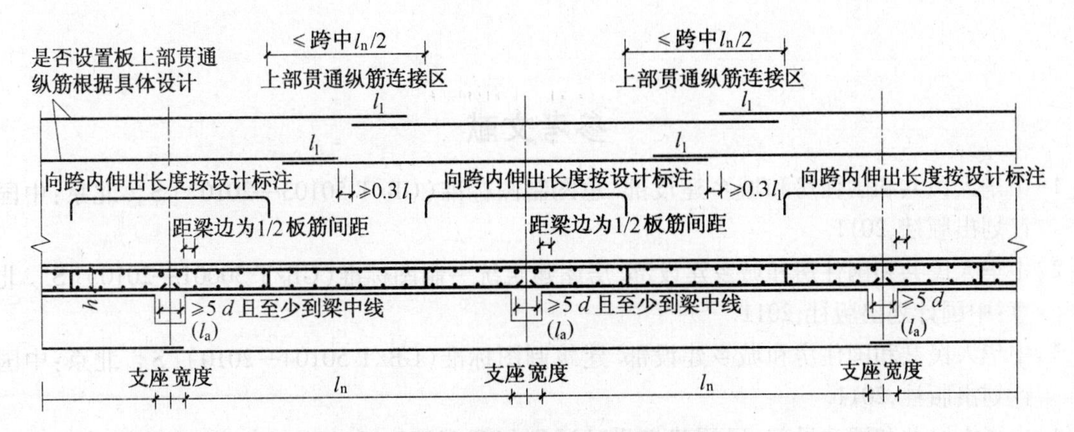

图 12.49　有梁楼盖现浇板钢筋构造

l_1—钢筋的搭接长度　l_a—钢筋的锚固长度　h—板厚

l_n—相邻左右两跨中跨度较大一跨的跨度值

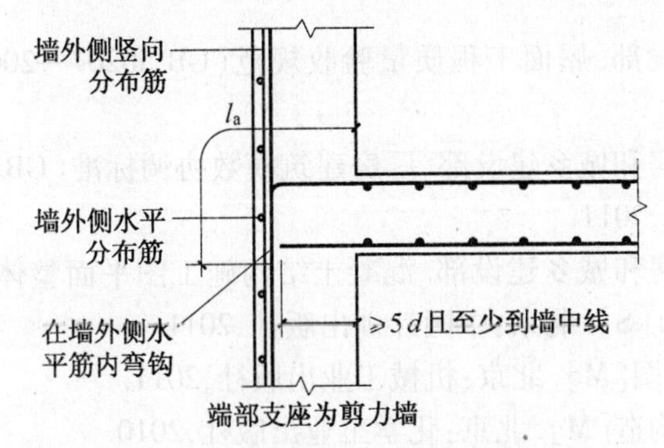

图 12.50　板在端部支座的锚固构造

l_a—钢筋的锚固长度

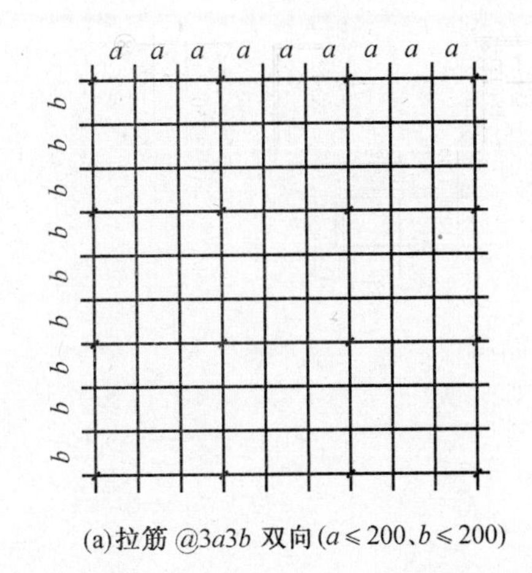

(a)拉筋 @3a3b 双向($a \leqslant 200$、$b \leqslant 200$)

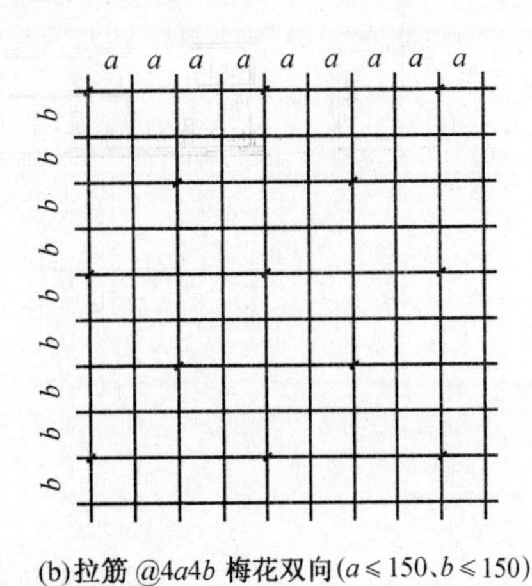

(b)拉筋 @4a4b 梅花双向($a \leqslant 150$、$b \leqslant 150$)

图 12.51　局部升降板构造

l_a—钢筋的锚固长度　h—板厚

参考文献

[1]中华人民共和国住房和城乡建设部.总图制图标准(GB/T 50103—2010)[S].北京:中国计划出版社,2011.

[2]中华人民共和国住房和城乡建设部.房屋建筑统一制图标准(GB/T 50001—2010)[S].北京:中国计划出版社,2011.

[3]中华人民共和国住房和城乡建设部.建筑制图标准(GB/T 50104—2010)[S].北京:中国计划出版社,2011.

[4]中华人民共和国建设部.民用建筑设计通则(GB 50352—2005)[S].北京:中国建筑工业出版社,2005.

[5]中华人民共和国建设部.建筑设计防火规范(GB 50016—2006)[S].北京:中国标准出版社,2006.

[6]中华人民共和国建设部.屋面工程质量验收规范(GB 50207—2002)[S].北京:中国建筑工业出版社,2002.

[7]中华人民共和国住房和城乡建设部.厂房建筑模数协调标准(GB/T 50006—2010)[S].北京:中国计划出版社,2011.

[8]中华人民共和国住房和城乡建设部.混凝土结构施工图平面整体表示方法制图规则和构造详图(11G101—1)[S].北京:中国计划出版社,2011.

[9]魏明.建筑构造与识图[M].北京:机械工业出版社,2011.

[10]朱缨.建筑识图与构造[M].北京:化学工业出版社,2010.

[11]陈梅,郑敏华.建筑识图与房屋结构[M].武汉:华中科技大学出版社,2010.

[12]杨福云.建筑构造与识图[M].北京:中国建材工业出版社,2011.